U0162585

本书获天津市高等学校综合投资规划项目资助

世界生态哲学

（第一辑）

World Eco-Philosophy（Vol.1）

佟　立 主编

沈学甫　姚东旭 编

天津出版传媒集团

天津人民出版社

图书在版编目(ＣＩＰ)数据

世界生态哲学. 第一辑 / 佟立主编 ; 沈学甫, 姚东
旭编. -- 天津 : 天津人民出版社, 2021.11
ISBN 978-7-201-17797-7

Ⅰ. ①世… Ⅱ. ①佟… ②沈… ③姚… Ⅲ. ①生态学
—哲学—研究—世界 Ⅳ. ①Q14-02

中国版本图书馆 CIP 数据核字(2021)第 237824 号

世界生态哲学(第一辑)
SHIJIE SHENGTAI ZHEXUE(DI YI JI)

出　　版	天津人民出版社
出 版 人	刘　庆
地　　址	天津市和平区西康路35号康岳大厦
邮政编码	300051
邮购电话	(022)23332469
电子信箱	reader@tjrmcbs.com

责任编辑	王佳欢
特约编辑	郭雨莹
装帧设计	汤　磊

印　　刷	天津新华印务有限公司
经　　销	新华书店
开　　本	710毫米×1000毫米　1/16
印　　张	31.75
插　　页	2
字　　数	350千字
版次印次	2021年11月第1版　2021年11月第1次印刷
定　　价	138.00元

《世界生态哲学》（第一辑）

前　言

　　《世界生态哲学》(第一辑)是天津市高等学校"十三五"综合投资规划项目资助出版的研究成果。策划出版《世界生态哲学》的目的,是通过中外生态环境哲学领域的双向互动与交流,开展科研合作,促进中外生态文明领域的交流互鉴、互译、互学,与时俱进,不断吸纳时代精华,服务人类命运共同体和全球生态文明建设,培养生态哲学"研译双修"人才,促进生态哲学"研译创新",为党和政府决策服务。建设"天蓝、地绿、水净"的美好家园,是"每个中国人的梦想",也是"全人类共同谋求的目标"。习近平总书记指出:"共谋全球生态文明建设","关乎人类未来,建设绿色家园是人类的共同梦想……"①

　　当今世界处于新的大变局中,人类社会既充满希望,又充满挑战。全球问题和深层次矛盾不断凸显,不稳定性、不确定性因素增多。构建人类命运共同体,建设美好和谐的世界,是人类的共同愿望和时代精神之潮流。

　　人类社会的基本标志是文明,"每一种文明都扎根于自己的生存土壤,

---

① 《习近平谈治国理政》(第三卷),外文出版社,2020年,第364页。

凝聚着一个国家、一个民族的非凡智慧和精神追求,都有自己存在的价值"①。世界文明的多样性和丰富性,构成了人类社会的基本特征,交流互鉴、互译、互学,是人类文明发展的基本要求。几千年的人类社会发展史,也是人类文明发展史、交流史,"每种文明都有其独特魅力和深厚底蕴,都是人类的精神瑰宝。不同文明要取长补短、共同进步,文明交流互鉴成为推动人类社会进步的动力、维护世界和平的纽带"②。世界在人类各种文明的交流、互鉴中走到今天,并走向未来,而哲学研究与文献翻译在促进不同民族、语言和文化交流中发挥了重要作用。习近平总书记指出:"文明之美集中体现在哲学、社会科学等经典著作和文学、音乐、影视剧等文艺作品之中……帮助人们加深对彼此文化的理解和欣赏,为展示和传播文明之美打造交流互鉴平台。"③人类社会的可持续发展,需要加强中外生态文明领域的交流互鉴、互译、互学,增进相互了解,注入新鲜血液,以促进和平与发展,应对日益突出的全球性挑战。

公平正义是人类社会的永恒追求,是构建人类命运共同体的崇高目标。人类社会的进步需要反对弱肉强食的丛林法则,反对唯我独尊的霸权主义和强权政治,推动全球治理体系朝着更加公正合理的方向发展,实现"和平、发展、公平、正义、民主、自由是全人类的共同价值,也是联合国的崇高目标"④。共商共建共享是世界各国人民的普遍期待和国际社会的共同意愿。加强互利合作,促进交流互鉴,弥合发展鸿沟,走出一条"公平、开放、全面、创新"的共同发展之路,推动全球治理理念创新发展,构建人类命运共同体,弘扬"共

---

① 《习近平谈治国理政》(第三卷),外文出版社,2020年,第468页。
② 《习近平谈治国理政》(第二卷),外文出版社,2017年,第544页。
③ 《习近平谈治国理政》(第三卷),外文出版社,2020年,第469页。
④ 《习近平谈治国理政》(第二卷),外文出版社,2017年,第522页。

商共建共享的全球治理观"①,携手应对气候变化、恐怖主义、网络安全、能源资源安全、重大自然灾害等全球问题,共同呵护人类赖以生存的地球家园,是全人类的共同意愿。

构建人类命运共同体的思想,汲取中华优秀传统文化精髓,继承人类社会发展优秀成果,揭示了世界各国相互依存和人类命运紧密相连的客观规律,反映了中外优秀文化和全人类共同价值追求。"万物并育而不相害,道并行而不相悖"体现了中华文化的博大精深与和合之道,这也是"国与国共处之道,人与人相处之道"。构建人类命运共同体,尊重世界文明的丰富性和文明理念的多样性,促进世界和平和文明共生。文明的进步,"离不开求同存异,开放包容",交流互鉴、互译、互学,为人类和谐发展提供精神力量,建设新时代新文明,"让人类创造的各种文明交相辉映,编织出斑斓绚丽的图画,共同消灭现实生活中的文化壁垒,共同抵制妨碍人类心灵互动的观念纰缪,共同打破阻碍人类交往的精神隔阂,让各种文明和谐共存,让人人享有文化滋养"②。

构建人类命运共同体,坚持树立文明平等观。以"平等、互鉴、对话、包容的文明观",交流互鉴,同生共长,相得益彰,"以文明交流超越文明隔阂,以文明互鉴超越文明冲突,以文明共存超越文明优越"③。构建人类命运共同体,"不是倡导每个国家必须遵循统一的价值标准","不是推进一种或少数文明的单方主张","更不是一种制度替代另一种制度、一种文明替代另一种文明",而是主张"不同社会制度、不同意识形态、不同历史文明、不同发展水平的国家",在国际活动中"目标一致、利益共生、权利共享、责任共担",为

---

①③ 《习近平谈治国理政》(第三卷),外文出版社,2020年,第441页。

② 同上,第434页。

此,构建人类命运共同体,促进人类社会和谐发展,共同创造世界的美好未来,"把世界各国人民对美好生活的向往变成现实"①。

构建人类命运共同体,迈向人类更加美好的未来,既需要经济科技的力量,也需要生态文明的力量。倡导坚持环境友好,合作应对气候变化,保护好人类赖以生存的地球家园,共享机遇,共迎挑战,共建人类命运共同体,共建更加美好的世界,共享更加光明的未来,符合各国人民利益。习近平总书记指出:"世界文明历史揭示了一个规律:任何一种文明都要与时偕行,不断吸纳时代精华。我们应该用创新增添文明发展动力、激活文明进步的源头活水,不断创造出跨越时空、富有永恒魅力的文明成果。激发人们创新创造活力,最直接的方法莫过于走入不同文明,发现别人的优长,启发自己的思维。"②

构建人类命运共同体是一项充满艰辛和曲折的事业。用进步代替落后,用福祉消除灾祸,用文明化解野蛮,是人类文明发展的大趋势,是人类文明进步的道义所在。"纵观人类历史,把人们隔离开来的往往不是千山万水,不是大海深壑,而是人们相互认知上的隔膜。莱布尼茨说,唯有相互交流我们各自的才能,才能共同点燃我们的智慧之灯。"③

地球是人类唯一赖以生存的家园,珍爱和呵护地球是人类唯一的选择,"我们要像保护自己的眼睛一样保护生态环境,像对待生命一样对待生态环境,同筑生态文明之基,同走绿色发展之路!"④

《世界生态哲学》(第一辑)的出版,要特别感谢天津市哲学社会科学工作领导小组办公室、天津市教育委员会、天津市社会科学界联合会、天津外

---

① 《习近平谈治国理政》(第三卷),外文出版社,2020年,第433页。
② 同上,第470页。
③ 《习近平谈治国理政》,外文出版社,2014年,第264页。
④ 《习近平谈治国理政》(第三卷),外文出版社,2020年,第374页。

国语大学、天津人民出版社、中国自然辩证法研究会环境哲学专业委员会、中国伦理学会环境伦理学分会等有关单位对本项目研究工作的大力支持，谨致感谢！

我们相信在各级领导和专家学者的帮助下，《世界生态哲学》会越办越好！在服务中外文明交流互鉴、互译和人类命运共同体建设中，努力发挥桥梁纽带作用！

由于我们编审水平有限，一定存在诸多不足和疏漏之处，欢迎专家学者批评指正。

佟立

2020 年 8 月 18 日

目 录
CONTENTS

生态哲学新篇双语专栏

生态哲学新篇新译专栏

韩国生态哲学新篇新译专栏

外国生态哲学新著新介与术语双语专栏

2019 年

2020 年

中国生态哲学新论专栏

主持人语

叶平*

今天正在世界蔓延的新冠肺炎疫情，与 18 年前的非典相比更为凶猛。防疫将成为一种日常生活方式，这就是所谓的人类生活进入后疫情时代。后疫情时代，一切事情应以人类的生命和健康为至高无上的权利，为此，需切断与疫源地的联系，隔离易感动物。国家公布《中华人民共和国生物安全法（草案）》(2019)，发布《关于全面禁止非法野生动物交易、革除滥食野生动物陋习、切实保障人民群众生命安全的决定》(2020)，人与动物的关系问题再次成为研究的热点。迟学芳和叶平的《后疫情时代人与动物的生态文明关系刍议》，从人的身体与其他动物身体的相似性，类比诠释动物需要、价值和利益，并从生物圈人类、动物、植物和微生物不可分割的结构性关联阐释病毒的致病机理，为后疫情时代遵法守法，以及确立人与动物生态文明的伦理自觉，提供一种合情合理的崭新理解。

---

* 叶平，哈尔滨工业大学（威海）海洋生态文明与科技社会发展研究中心教授，环境科学与工程博士，主要研究方向为生态哲学与可持续发展、生态文明的社会生态转型。

邮箱：yeping@hit.edu.cn

后疫情时代的到来并不是偶然的，它再一次敲响了全球生态危机的警钟。从卡逊以"明天的寓言"警示人类，已经过去半个多世纪，全球生态危机日益严峻。人们不禁要问，为什么会这样? 早在 1987 年，约翰·德雷泽克就发现：发达国家环境质量在 1980 年以后趋于好转，这被称为"全球生态文明 1.0 版本"①。但发展中国家环境却继续恶化，原因是污染物由发达国家向发展中国家转移。②中国则致力于以生态文明(被称为 2.0 版本)的发展方式超越"生态帝国主义"逻辑，以贡献和责任而不是争夺霸权凸显特色社会主义形象和荣誉。③后疫情时代，中国重新唤起经济活力，发展是硬道理，但发展归根结底是人的发展，特别是公民生态文明素质的提高。靳利华的《生态文明建设中公民生态素质的深层解读》，提出公民生态素质的"三阶段养成说"，即生态认知、生态情感、生态意志的养成活动。其个性是对自然的情怀德性，共性是体现人类素质进步性，具有结构性新意。沿着对自然的情怀德性进一步阐释其内容，刘怡在《试析〈太平经〉生态思想的当代价值》中给出一个范例。她认为《太平经》的"太平"，基于万物同构论，支撑人与自然和谐的生态整体观；基于万物同源论，形成敬畏天地敬畏生命的道德态度和对人类职责的规范，值得我们反思。

① 李志青：《如何打造全球生态文明 2.0? 》，《中国环境报》，2015 年 4 月 15 日。

② John S.Dryzek, *Rational Ecology:Environmental and Political Economy*, Basil Blackwell Inc, 1987, pp.17–23.

③ 郇庆治：《"碳政治"的生态帝国主义逻辑批判及其超越》，《中国社会科学》，2016 年第 6 期。

后疫情时代人与动物的生态文明关系刍议

迟学芳*　叶平

关于新冠肺炎疫情的起源，目前尚无定论。罗伯特·加里说："我们的分析以及其他一些分析都指向了比那更早的起源。武汉那里有一些病例，但绝不是该病毒的源头。"美国国立卫生研究院所长弗朗西斯·柯林斯也支持这篇文章的论点。

有观点认为病毒来源于自然，问题是自然为何物？麦克基本在《自然的终结》中提出，所谓人在地球上出现之前的那种自然，现如今已经被人类干预的人工自然所影响甚至改变。因此无论是病毒源于动物论还是源于自然论，都不能摆脱与人类活动的关系。

根据人类世理论，发生在地球上的一切事件都不能排除人类力量的影响。有资料预测，现在每20分钟就会灭绝一个物种，人类已经成为破坏自然的一种力量，而且这种力量对未来正在起着决定性的作用。回想1962年卡

* 迟学芳，哈尔滨工业大学（威海）马克思主义学院副教授，医学科学博士，主要研究方向为中国传统生命文化、生态哲学思想史、生态文明与社会转型。

邮箱：philosophy2008@126.com

逊发表《寂静的春天》警示人类：人类滥用农药和杀虫剂，不仅使人类食物链中毒，可能毁灭人类，也会进入地球大气圈、水圈，污染生物圈，可能毁灭以食物网维系的地球生命之网，呈现"死寂的春天"。

然而盖娅假说则不这样认为。按照盖娅假说，地球产生于46亿年前。距今36亿年前地球产生生命，此后在漫长的地球演变过程中，生命实体发生各种形态上的变化，各种生命形式持续地改变地球环境，使其逐渐变得适合生命存在和繁衍，形成植物生产者、动物消费者和微生物（病毒）还原者网络，实现物质的封闭循环及能量流动和转换，符合能量守恒规律。这种在人类产生之前的自然，是地球生命与其环境协同进化的历史积累的成就，是适合生命存在和繁衍的生生不息的生态稳态。人类在地球上出现，那是距今3百万至2百万年前，真正对地球生态环境和生物多样性造成破坏性影响，是从英国的工业革命以后开始，距今200多年；而造成全球生态危机，距今也就60多年。盖娅假说的一个基本观点是：人类作为后来者，无论科技和工业的力量有多大，都不可能毁灭地球上一切生命，相反倒可能导致人类的加速灭绝。由此，摆脱人类造成的全球生态危机，最直接的理由和根据不是为了保护地球上的生命，而是保护人类自己。

按照地球生态的非平衡理论，地球从诞生之日起就没有一个绝对的平衡态，始终处于动态-稳态的变动过程中。这种理论认为，人类出现之前的自然与人类出现以后再造的人工自然形成了一种随遇平衡态，但这种新的平衡态，既不是人类产生之前的地球自然，也不是人工自然，而是一种混合交融的自然状态，或称不能排除人类影响的复合自然。这种复合自然的发展，如果能保持地球上的生命生生不息且能够维持地球生物形态的正向演替，那么这种复合自然就是稳态的,否则就是失稳的,甚至是被破坏的。①

当代的全球生态危机,正是生物形态的负向演替而非正向演替引起了全世界的关注,由于不能排除人类对地球生态环境的破坏性影响,产生了世界环境保护的任务。现在世界环境保护运动已经进入第三个阶段,即环境保护(1962)到可持续发展(1992),再到我国提出的生态文明(2007)。如果说环境保护阶段和可持续发展阶段,只是针对经济无限发展观的偏颇,分别采取环境要素限制、社会要素限制,从而形成经济、社会和环境可持续发展的世界环境运动,那么,生态文明阶段则不仅仅是经济发展方式的转变,而是人类文明的"格式塔"转变,即人类文明从工业文明向生态文明的转变。

所谓生态文明,是对生态讲文明与对文明讲生态的双向建构。所谓对生态讲文明,就是指把那些与人类命运相关的生态纳入人类文明考虑,创造生态的文明知识和智慧。如建构生态哲学、生态伦理学、生态社会学、生态经济学、生态法学等,用生态学的立场、观点和方法论指导人文和社会科学转变,规范人对自然的行为并作为人与自然关系决策的意识和观念。所谓对文明讲生态,就是把那些与生态命运相关的人类文明活动纳入生态学考虑,创造文明的生态知识和智慧,建构哲学生态学、文化生态学、经济生态学、政治生态学、社会生态学等。由此可以发现学科发展的两大趋势:一是生态学扩展到人文与社会科学,建立起一系列生态思想指导下的人文和社会科学交叉学科。二是在上述交叉学科影响下,在生态学内部形成一系列新的生态学交叉学科,推进生态学科自身的发展。由此逻辑,此次新冠肺炎疫情给我们上了一课,必将促进与疫情相关的一些交叉学科的发展,包括防疫政治学、防疫经济学、防疫文化学和防疫社会学,以及病毒生态学、生物安全和健康学、

---

① 地球生态形态的正向演替,是指地球生态演化漫长的历史过程中发生的,生物由简单到复杂、由单一到多样、由低级到高级的演替过程。参见叶平:《回归自然:新世纪生态伦理》,福建人民出版社,2004 年,第 498~499 页。

全生命周期健康管理学等新学科,促进人们的生活进入后疫情时代。

无论新冠肺炎疫情源自哪里,本质上都不能脱离野生动物与人类活动的关系。因此,一方面切断人与疫源地的联系,特别是人与病毒寄主动物乃至一切可能携带不明病毒的野生动物的联系就成为当务之急。为此,我国已经启动《生物安全法》,做出《关于全面禁止非法野生动物交易、革除滥食野生动物陋习、切实保障人民群众生命健康安全的决定》。①另一方面,为把法律法规变成自觉地行动,需要探讨和揭示人与动物的关系,包括人与动物关系的性质和特征,揭示他们在基本生存和健康上的同一性和差异性,以及人与动物关系的价值、利益和需要三者之间的联系,为后疫情时代构建动物伦理学奠定思想基础。

一、人与动物关系的性质和特征

动物有高级动物、低级动物之分。无论什么动物,都是生命世界的组成部分,他们都有生、死、健康、疾病四种生存状态,其中生存和健康是最基本的需求。

动物的生存和健康主要是指动物的个体体内平衡态和个体间形成的种群,及种群间形成的群落等相生相克的生态稳态。就体内平衡而言,机体的生存和健康是生理与心理的适应性,表现为基于生长过程中必须被满足的物质和生态需要,以及成熟发育过程中种内和种间竞争引发的体内器官组织的协调生长。如豹子身手敏捷,大象身体硕大而结实,长颈鹿高大而轻健,

---

① 2019年10月,我国第十三届全国人大常委会第十四次会议对《生物安全法(草案)》进行初次审议。经广泛征求意见修改形成的二审稿,共计十章八十五条,聚焦防范和应对生物威胁,保障人民生命健康,促进生物技术健康发展,保护生物资源和生态环境。2020年2月24日第十三届全国人民代表大会常务委员第十六次会议,通过《关于全面禁止非法野生动物交易、革除滥食野生动物陋习、切实保障人民群众生命健康安全的决定》。

雄鹰展翅翱翔等都是内在机体的发育与外在环境的刺激产生的结果。就个体形成的种群和种群间形成的群落(或称生命共同体的稳态)而言,个体动物的健康与种群的健康紧密相关。美国黄石国家公园"大角羊的灾难"是由于狼的缺失,导致大角羊种群的疯长,也导致大角羊种群健康的衰落,出现肥胖和红眼病并传染至整个种群,乃至与大角羊相关的其他种群,相互感染导致个体数量锐减,这表明动物个体的健康与种群的健康紧密相关,群落的不健康也导致种群不健康。事实上,人是另一类有文化的高级动物,但也脱离不开动物所具有的个体健康、种群健康和群落健康(又称生命共同体健康)相互影响的规律。

尽管人类有文化并能够制造工具,形成了今天所谓的人类的物质、精神世界,但是人类科学技术和工程再发达也改变不了人是动物世界的成员这个现实,改变不了人的生命属性。人的生存和健康是非常重要的人生状态,但是人往往在患病的时候,在健康丧失的时候才发现、才认识到自己是动物之身。这是由于人类的文化强势和事业激励的欲望,以及个人期待和希望往往以"上进""有事业心的人"的文化意志掩盖其动物身体的自然极限,所以人活着往往说是精神活着,或者说,"活就要活出精神来,活得精神!"这与"文化大革命"时期践行的"小车不倒只管推""死在办公桌上的同志是好同志"有相近之处。历史是试金石,也是最好的老师。今天我们已经改变了那种华而不实、浮夸冒进的不良作风,深刻认识到,人首先得生存、身体健康,没有生存和健康就没有其他的一切。

就人的生存而言,我们需要清新的空气,就这一点,我们与其他动物没有什么差别。就健康而言,我们确实有精神健康、肉体健康之说,但是对于我们身边的小猫小狗,以及野生动物狼、虎、熊和鹿而言,他们也有肉体健康和精神健康,而且某些哺乳动物如大象、海豚等在健康上特别是在西医的理化指标上与人类差异不大。因为任何生命运动都包含物理运动、化学运动,用物理化学的方式描述的人体健康的指标，也同样可以类比到其他非人类动物，兽医学和兽医药学就是这样建立起来的。这是因为物理化学指示的健康标准并没有区分人的健康在精神上与其他动物的本质差异，而是表达二者的相似性。

动物与人的生存和健康所需要的条件尽管本质上相异，但是在形式上是相同的。如动物需要水、食物、隐蔽地和环境条件；人也需要水、食物和居住环境。动物与人都有生存态和健康态，身体的内在机能都表现为自我调整、自我更新和自我复制，在生长周期内都对疾病和外界变化有一定的抵抗能力，都有一定的寿命，等等。而且全球化不仅使人类世界成为一个地球村，也使非人类之间的自然隔离遭到破坏，人类与非人类都被压缩在一个村落、一个生命共同体中。大型野生物种的加速灭绝和人类恶性疾病的增多之间有一定的联系。2003年的非典型肺炎和现在正在世界蔓延的新冠肺炎疫情，都是病毒从疫源地经过中间寄主动物变异后进入人类世界并造成人类生命和健康危机的全球重大公共卫生事件。这给我们的启示之一，就是人类与其他动物和病毒都处于一个生命世界。

在生命世界中，感觉是生命存在方式中一种高级的神经敏感性的外在表达，通常我们说眼、耳、鼻、舌、身是感觉器官，用信息论的观点看，这些器官是通过外部信号的刺激传递给大脑神经中枢，并经过益-害信息判断做出行为的决策。有感觉的生命代表包括有感觉动物和人类。在亚里士多德看来，有感觉灵魂的动物不是一个灵魂，而是两个灵魂，即营养灵魂和感觉灵魂。因此，感觉是在肉体之上的各个器官协调的机制。在保尔·泰勒看来，"有机体有其自身的善"，同理，动物有其自身的善。这个善表达了动物有趋利避害的本能，这一点已成为不争的事实。进一步说，动物与人类一样能够感受到苦乐，就人类而言，人类的感受性及对感受性的评价体现为四个方面：一是感性认识，二是知性认识，三是理性认识，四是合理性的认识。这四个方面与动物认知相类比,动物有感性认识,但是是否有其他三个方面的认识还是一个悬而未决的问题。巴普洛夫条件反射理论证实动物有学习的能力,学习的前提是条件和环境的刺激及动物对食物的欲求,学习的结果是形成习惯性的行为,这不仅能够解释动物生存适应性,也可以解释人类早期适应自然环境的低层次发展阶段。根据詹姆斯·V.帕克的"有意识的生命主体(Conscious Subjects-of-a-life)分类说",动物有感知和感性活动,如宠物猫知道主人的意图并选择相应的活动,如果它想讨好主人就顺着主人的意愿而行动,否则它会选择符合自身的意愿而行动。动物也有标记时空嗅记的能力,如狗和其他猫、犬科动物巡视自己的领地或远行都以排泄物作为嗅记来标识领地和足迹。动物认识事物与人类认识事物尽管不同,但是它们对于个别事物的认知有非常敏感的记忆力,俗话说的"老马识途"就是指马能通过个别事物存在的路标识别并返回原住地的现象。动物的认知和感受往往不可分离,动物的行为和习惯也往往与它的经验相关。训练战马能够使马在敌占区悄无声息地进入作战状态,使其卧倒、飞奔、躲避枪弹和寻找最有利的位置,都使战士与战马形成难以分离的战友。实质上,这种高级动物的认识不局限于感性认识,它是通过对个别事物的认知形成经验和习惯的模式,具体的认识过程有"认知的三个阶段和意识的三个相互连接的层次",即感觉经验、质疑和理解,以及对证据的排列编组和惯例的类推从而得出判断。

相对人类的理性而言,某些高级动物比如大象和海豚等也有一些"理性推理能力"或称"弱理性能力"。如高级动物种间捕食行为,捕食者与被捕食者的追逐展现出速度、耐力和瞬间转向能力。捕食者捕食成功,根据艾什比提出的著名控制论判据:"就是控制者比被控制者掌握更多的信息。事实上,动物的意识活动并不是断续的,而是以连续的意识流的形式存在的。视觉、听觉、嗅觉和感觉是与身体活动紧密相连的。"由此可见,高级动物与人类在感知事物方面有统一的内在机理,尽管人的认识更加复杂,但是最基本的对事物的感受、感知和行为之间的关系有共同的理性基础,对苦乐的感受也是如此。

高级动物与人类一样,都有不同程度的欲望、希望和期待,达不到目标有不满足感,期待成为一种念想或盼望,久而久之就会转变为一种痛苦的等待和挣扎。如东北林业大学中国野生动物管理学科开拓者马健章院士讲述他家的宠物狗时,就谈到小狗与他之间的情感交流。他说:"每当我出差收拾东西准备出行,小狗就会感觉到恋恋不舍,每当我回到家中打开门第一眼就望见小狗迎面扑来欣喜若狂。而我不在家期间,我老伴说小狗每天都闷闷不乐,每一次门开了,小狗都抬头、睁眼,期待开门进来的是我。这种相同情感至今令我不能释怀。"

高级动物与人类都是肉体之身,过高的温度或过低的温度,空气稀薄到一定程度,压力到一定的高度,肉体都会产生痛苦感受。相反,快乐与向往的目标和希望紧密相关,形成一种正反馈的关系,目标的实现、希望的达到都使满足感成为一种由外向内、由内向外的身体的渴望与精神追寻的共鸣,这就是快乐。摩尔的伦理学就是快乐至上、趋乐避苦的道德哲学,动物伦理学不是教动物的而是指导人的行为的伦理学,认识到高级动物与人同样有苦乐,理解动物进而确立相同情感,是伦理学上的一个进步。

动物与人类在地球上的出现是地球地质和生物进化过程中的重大事件,地球科学表明,在距今大约36亿年前地球上出现原始生命,后来经过漫长的海洋中的生物的繁衍和进化,在陆地上形成所谓动物和植物的分化。

动物的进化过程经历由低级到高级、由简单到复杂的一系列的阶段,先有爬行类,后有鸟类;先有卵生,后有胎生;先有无脊椎的,后有有脊椎的;有脊椎的动物进一步进化出有意识的动物,直至进化出猿类,再进化出早期类人猿到原始人类。这是达尔文生物进化论描绘出的生物谱系树,人在这个过程中晚于其他动物。今天的人类靠科学技术和经济两个车轮推动着人类社会的高速发展,似乎从根本上改变人类作为一个物种的属性。正如麦克基本在《自然的终结》中所言,人类已经超出自然选择的范围,用科学技术的人工选择代替自然选择。然而人类也同样面临着生物机体与科学技术疯狂发展所刺激的无止境的欲望之间的矛盾。麦克基本发现人不是自然,但也发现人离不开自然的尴尬局面。

刘福森发现,人类在科学技术保护罩即人工选择下使得人个体得到充分享受的同时,正在导致整个人类物种的严重退化,因为汽车使人行走的肌肉萎缩,电脑使人手写的能力衰减,机器人代替人的劳动与工厂化"化学养殖"业的空前发达,使人缺失运动量,再加上高蛋白、高脂肪的"化学肉和蛋",使人类特别是中国人有2亿—3亿人患上糖尿病、血管病和肿瘤病。"生物圈二号试验"(1993—1996)失败①,也从根本上表明人类科学技术这种人工选择,无法取代生物圈的自调节机制,这种自调节机制是地球生态系统自然而然的自组织过程,是地球生态整体的自然选择。这个试验花费1亿美元,得出结论就是维持地球生命生生不息的自然,不可替代。

今天的自然,既包括历史上长期遗留和积累下来的经过几十亿年选择的生态结构和生态过程为特征的第一自然,也包括人类迄今为止所创造的一切以物质形态存在着的人类科学技术和工业产物,以及人类存在形态本身的所谓第二自然,这两个自然在地球生态系统中都必然要经过地球生物圈自调节机制的选择,在本文中我们主张人类与动物一样都归根结底要接受自然的选择,就是在这个意义上阐释的。

然而动物和人类都要接受自然选择,这种自然选择是"整体支配并决定部分"的机制,是不以动物也不以人的意志为转移的,也作为对"有意识生命主体"进行自我调控的选择机制。遗憾的是今天的动物正在面临着一场浩

---

① 叶平、武高辉:《科学技术与可持续发展》,高等教育出版社,2004年,第233~235页。

劫,野生物种正在加速灭绝,人类恶性疾病也在不断地增多。一个重要的原因就是人类的某些行为不符合自然规律,使其他的物种面临灭绝的境地,人类自身也遭到生物圈自调节机制的惩罚即"大自然的报复",正如马尔库塞所言,人类成为"单向度"的人。也如里夫金所言,人类如同买了一个走向死亡的单程车票,乐此不疲地勇猛前进。

今天环境保护、可持续发展和生态文明这些不同时期的新概念,是在政治高度强调保护生态环境,旨在限制和约束人类的盲目行为,"替天行道",弘扬中国古代"天人合一"的传统文化。最终的目的是使人类与其他动物能够适应和使之适应、被动性适应与主动性适应地球生物圈的自然选择,实现协同进化、可持续发展。

新冠肺炎疫情为什么现在发生?或许跟人类对自然平衡的破坏有一定的关系。就现在的病毒学判断而言,人类感染上的新型冠状病毒是通过某种动物宿主变异而来,而且将来还可能有其他病毒通过动物传播给人类,因此如何正确认识人与动物的关系特别是价值关系非常重要。

二、人的价值与动物的价值

人的价值与动物价值确实具有差异性,这在亚里士多德的灵魂分类说,以及近代唯理论的先驱笛卡尔的"动物是机器"的学说中都有体现。亚里士多德把人界定为理性的动物,认为没有理性就不是人而是动物或者植物。那么理性是什么呢?沿着理性的思路,笛卡尔提出"我思故我在"。德国古典哲学家康德在《对于动物的责任》一文中也主张人的价值与动物的价值完全不同。他认为动物是为人而存在,动物只具有人类的工具价值。"人对动物只有间接的责任";"人对动物要友善,因为对动物残忍的人也会对他人残忍"。①

这个世界上存在着各种动物,有与人类密切相关的宠物、家养动物和动物园中的动物,还有大量的鲜为人知的野生动物,有的野生动物生活在地球的无人区域,迄今为止,我们还数不清到底有多少种。从地球生态学的角度看,地球生态的健康不能没有野生物种,无论它们与人类有何不同,它们与其他生命形式一道构成了地球生态平衡的旋钮。

实质上,康德阐释的动物只具有人的工具价值的学说,也内含着人与动物关系的伦理意义。这是以人与动物差异性的视角界定人与动物伦理关系的辩证逻辑。他告诫我们人对动物有责任,参照系是对人的益害,人是评价者。从积极意义上说,人与动物的最大差异在于理性,但人类的理性体现的不是征服能力而是负责任的能力。对待动物要友善,要在人类道德的角度上自我反省。只有人类有文明,进而把动物纳入文明考虑,即看一个人或者一个社会是否文明就是要看其对待动物的态度。只不过,这种态度在根本上是为了人类的利益。

雷根则不这样认为,他扩展高级动物价值的参照系,认为高级动物是生命主体。其逻辑在于:任何动物包括人类都是生命共同体中的一员,高级动物有趋利避害的意识并能支配行动,实现以生存和健康为目的和中心的完善,体现生命的主动性、能动性、灵活性。

我们认为,任何生命形式,无论是动物还是人类都是地球生态系统结构完整、功能稳定的组成部分,他们的存在有其内在价值,即保持地球生物圈自调节机能的价值,这是一种固有价值。也就是说,他们的存在不是从对人有无益处,而是从他们自身作为生物圈自调节机能的要素来评价的,这种固有价值既支撑人类和其他动物生生不息的目标,同时也构成地球生态系统

① 北京大学西方哲学史教研室编译:《西方哲学原著选读》(上册),商务印书馆,1981年,第16~17页。

的演变秩序,其中内含着人的利益与动物的利益。

三、人的利益与动物的利益

人有利益,同样,动物也有利益。人的利益有常态也有失态。所谓人的利益的常态是指人正当地满足自身生存、健康和发展需要的基本利益,包括基本的生存空间;基本的食物供应和多样性需求的满足,以及清新的空气、适宜的温度和湿度、和煦的阳光和碧水蓝天等生态环境条件需要的满足。归根结底,人的利益的常态对人的正当需求的满足主要有三个层次:一是人类生存的需求,主要是指基本的衣食住行的满足;二是安全和健康的需求,在法律范围内不被伤害,接受教育并从事某种职业,保持身体健康和精神健康的需求;三是个人正当价值的实现和履行社会义务的需求。

在社会物质文明、精神文明、生态文明的指导下正当的谋取个人的自我价值的实现就是所谓个人正当价值。个人正当价值的实现与履行社会义务相统一,是把个人利益与社会集体利益有机结合并协调发展的基本原则,是保证人类利益常态发展的基本手段之一。在这个框架下,人与动物的利益关系受生态文明的制约,对动物讲文明与对人讲文明具有相似性,即把那些与人类命运相关的动物纳入伦理考虑,创造动物伦理知识,并借助这些知识调整和规范人类利益并形成新的社会秩序。这种符合生态文明的秩序,即是弘扬和落实动物伦理原则和规范,这是人类利益常态发展的重要方式。

人类利益的失态是指人类利益的坐标出现扭曲甚至错位,从而导致人类利益无限膨胀的现象。这种失态,在美国著名学者艾伦·杜宁所著的《多少算够?》一书中揭示得淋漓尽致。首先,当今社会进入消费异化社会。消费者对物质的需求欲望不受理性控制,进而变成"消费怪兽"——生产为了消费,消费为了生产,这种不断的正反馈的效应激发出爆炸性的消费欲望,而且这种欲望是无止境的、有瘾的。这就是人类利益失态的问题。

这个问题不仅来源于强大的内在心理需求，而且也来源于生产方式。生产类似一个"绞肉机"，众多的心灵和多样的追求乃至理想，都经过这个"绞肉机"变成疯狂消费商品的欲望，从追求大众商品变成奢侈品，再追求奢侈品再变成大众商品。这个转换过程越快，消费速度越快，由此需要进入生产的原料就越多、生产产品时产生的废弃物或垃圾就越多，这是造成索取的自然资源超过生态环境承载力而面临耗竭，以及投放的废弃物或垃圾超过生态环境同化能力而造成环境污染的根源。

"绞肉机"能不断地创造出奢侈品引领消费，由此不仅刺激人的感官，而且也刺激并转变人的品位。似乎存在着这样一个公理：消费是社会发展的标量，不消费社会就不能发展。实质上，没有人反对消费，问题是消费什么和如何消费。新冠肺炎疫情通过蝙蝠等动物传染给人类，不能排除"消费野味"惹的祸。在人类的生命和健康受到威胁的紧要关头，改变不良的消费习惯和风俗习惯，特别是改变食、用、玩野生动物的习惯成为必然。

实质上消费并不意味着仅仅是物质上的索取和占有，正如圣·弗朗西斯把利用和欣赏区别开来那样，我们也要把物质消费和精神消费区别开来，精神消费特别是文化层面的欣赏在人与自然关系中是改变人类消费变态，进而治疗人类利益失态的一剂良方。

其他动物利益是与动物需要、动物福利和动物生存与健康紧密相关的概念，通常是指满足动物生存和健康必需的物质条件和生态条件。动物利益的常态是指维持动物生存和健康自然而然的资源和环境条件，包括个体生存和健康的常态需要，特别是指水、食物和隐蔽地环境条件，也包括种群健康所必需的维持物种生存所展开的种内竞争和种间竞争。

在地球生态系统中，寒带或寒温带深山中的老虎、热带或亚热带草原中的狮子以及丘陵地带中的狼，形成生态水平结构中不同类型物种的二维生态位;空中翱翔的鸟类、江河湖海中的鱼类以及陆地上的兽类,构成生态垂直结构中的三维生态位。与人类社会职业相比,这些动物都在生物圈"动物生态社会"中有它们的角色,履行它们的岗位职责,局部的斗争性构成了整体的稳定性。动物利益的常态是在这个生态社会中被评价、被选择、被固定。往往个体的消亡评价要以物种的状况来决定,物种的消亡状况往往要以群落和系统乃至地球生物圈的整体稳态状况来决定。动物利益的常态归根结底受内在的遗传和外在整体自然选择两方面因素的影响。

　　动物利益的常态与动物利益的失态是　对范畴,用以描述动物生存、生长、壮大、衰老和死亡的过程。在自然生态中有生就有死,前后相继的动物种类是同时并存的多样动物种类的逻辑补充。由此看来,动物利益的常态或者说稳态是相对的,失态却是绝对的、必然的。在自然界当中,动物可以养育幼小但从未见到养老。然而动物利益的失态有一个过程,失态不是死亡或灭绝,而是稳定状态的波动和涨落。所以动物利益的失态有一定的弹性恢复限度,这是由于外界的冲击和干扰导致常态变失态,在一定的弹性恢复限度内失态可以调回为常态,所以保持动物利益的常态不是一个静态的概念,是兼有常态与失态之间的交替往复,承载阈限就成为一个非常重要的描述这种状态改变的术语。当然,自然的物种灭绝也是自然生态过程当中不可或缺的组成部分,此时动物利益的常态转变成失态是一个必然的过程,不是生态系统和外界的什么东西伤害动物,而是动物本身灭绝的自然过程。

　　在当今科技、经济和全球化发展的过程中,动物利益的常态已经很难维持,动物利益的失态直至导致野生物种的加速灭绝倒变得司空见惯。这主要由于人类占据海陆空,把几乎所有的动物乃至昆虫纳入人的食物链范围。英国一位营养学家与生物学家联手开发"昆虫食品"取得成功并大加报道。据说,为改变人们在视觉上的恐惧,他们把几百种昆虫粉碎成末与面粉添加在一起,并经过加工,已经成为市场上炙手可热的上等佳肴。

　　所以说，我们在这里谈论的动物利益的常态和失态，不只是一个学术问题，而且是一个人的心灵和道德考问的问题。人作为一个物种，是谁给他权利宰割其他物种？以什么样的理由和根据能够对这种行为给出合理的解释并能够使人心安理得？如果有外星人到地球来，比如他们硕大无比、以人为食，我们抗议、出动军队抗击都无济于事，按照外星人的逻辑，就是"强者统治的逻辑"，人类无话可说，只有被宰割的份。同理，人类对其他动物肆无忌惮的行为也是"强者统治逻辑"的结果。然而，人类与外星人不同，人类有哲学，有文明，建立动物伦理就是声张人与动物和谐关系的文明和伦理，显然现在对此进行的研究很不够。

四、把人的需要、价值和利益扩展到人与动物的关系

　　我们要建立动物伦理学，把人类的需要、价值、利益这些概念类比移植到人与动物关系，借助这些基本概念描绘和刻画人与动物关系的伦理信念、道德态度和行为规范是一种途径。动物的需要是在自然界中种群意志的个体表达，动物物种的延续依赖于个体的数量和质量，也体现为动物个体行为的需要，这一点在社会型动物种群中表现得尤为明显。如蜜蜂是一个等级森严的"社会建制"，为了蜜蜂种群的延续即蜂王的安危，个体蜜蜂会不惜牺牲自己。这种蜜蜂个体的消亡成为内在的需要，仅出现在当蜂王作为物种处于极度危险的时候。一年四季中的大雁，春天从南方飞回北方，晚秋季节又从北方飞回南方，路途遥远，飞行艰难，它们一会儿排成一个"一"字，一会儿排成一个"人"字，这是种群整体信息转变成个体行为的内在需要，即为了物种的生存和安全所做出的自我选择。但是至今我们对个体与种群之间的通讯和控制信息的信号表达还处于空白，事实上，我们人类通过科技传递信息并表现为语言符号和指令，那些迁徙的鸟类起飞、降落、编队、在起飞直至到达

目的地,信号的接收和传递不一定比我们差。

上述种群的群体指令变成个体的内在需要,这在人类看来是有内在价值的,即个体是为他的种群集体也为他自己。群体指令与个体的接收并转变成需要之间到底有哪些信号传递? 哪些是指令性信号? 我们不知道,但显然群体指令具有系统价值。在罗尔斯顿看来,这是一种历史积累的成就。在达尔文看来,这是一种自然选择的信号。系统的价值是一种选择价值,特别是在生物圈中,个体的内在价值与工具价值都在生物圈系统价值的选择下发挥作用,从而保证个体、种群、群落和生态系统相互依存、相互作用,保持生态稳态。

动物的需要、价值与人类的需要、价值出现冲突,主要表现为利益上的冲突。极端的人类中心主义以人类利益为唯一尺度,遭到学者的批判。美国生态伦理学家诺顿认为,人类要想与地球共存,就必须从极端的人类中心主义走向弱化的人类中心主义。他告诫我们人类要生存要发展就必须满足自身的一些需要,但不是所有的需要都能被满足,只有那些经过谨慎的生态世界观、价值观、生态美学和伦理学观点选择后的那些人类需要才能获得合理性的评价。也就是说人类的需要不都是合理的,只有那些"益于人类、促进生态"的需要才是合理的。人类的利益与非人类的利益在此被结合起来,这是一种对待人与动物关系的基本伦理原则。

沿此思路,功利主义者认为不管动机如何,只要结果是好的就是符合道德的。事实上,这个结果在发生前是很难断定的,因为仅根据人类的目标、需要、价值行为和评价,只能得出满足人类的结果,尽管不排除克服眼前和暂时的局部人的利益。至于长远的、超出人类之外的人与自然关系(包括人与动物的评价),需要借助科学知识和人类良知。现在主流的科学知识是数理化知识,被称为"征服自然"的数理化文化与人文知识,构成斯诺所说的"两种文化",前者信奉"科学技术无所不能",后者居安思危。两者的差异不可怕,可怕的是两者缺乏交流的中介和桥梁。人类的良知又局限于人本身,不顾其他非人类及其环境,那么这种功利主义的结果论产生"非目的性"效应或风险是必然的。所以,功利主义的结果论在人与动物关系的伦理考问上是有问题的。

与此不同,实用主义的动物伦理重在管理学领域,如野生动物的管理伦理,或原始森林的管理伦理,即大地伦理不失为一种进步。西方大地伦理是一种实用主义的生态伦理,它起源于 20 世纪 30 年美国森林管理和野生动物保护问题的迫切需要,顺应生态学与伦理学交叉融合式发展,由美国生态学家利奥波德在美国林业部门创立并得到发展,是继 19 世纪末 20 世纪初美国林业局局长吉福德·平肖提出"明智利用"森林原则之后,又一个具有划时代意义的、促进美国森林管理走上科学管理道路的重要学说。利奥波德提出的大地伦理原则是,"一切事情只要有助于生命共同体的完整、稳定和美丽就是对的,否则就是错的"(Aldo Leopold,1933)。按照这一原则管理人与动物的关系,可以得出:森林是可以利用的,狩猎动物也是可行的,只要没有破坏生命共同体的完整、稳定和美丽。由此大地伦理把森林管理与土地景观整体管理联系起来。从一个整体的整体,直至地球陆地生态的整体;一个部分的整体和整体的部分,统筹兼顾,遵从"整体支配并决定部分"的规律,为将森林、湿地、草原、湖泊纳入农田、乡村和城市景观的整体性、完整性设计和规划,提供可操作的实践观念。

如果把大地伦理应用于解决人与动物的关系,那么人与动物就纳入大地整体的构成要素。大地伦理关怀的对象是部分的整体利益,包括森林、湿地、草原、湖泊,以及所有动物和人类,其伦理尺度是整体而非个体。即狼、鹿、熊等动物的个体不是伦理关怀的唯一焦点,而是它们的种群或不同种群构成的群落,以及由不同群落与环境构成的整体生态系统。这与动物权利论者主要关怀动物个体完全不同,辛格认为,有感觉动物与人类相似,都有感觉痛苦的能力，这种能力赋予它们不被蓄意地造成痛苦的权利和不被造成不必要痛苦的权利。有感觉快乐的能力，这种能力赋予它们自由地追求它们快乐的权利。对于那些践踏这些权利的行为，则应当追究是否有充分的道德根据。

大地伦理关于人与动物关系的整体论，在林业管理部门具有重要的实用价值。无论是用于解释狼吃鹿，还是用于诠释人类狩猎鹿的行为，都具有生态合理性，把这种血淋淋的"丛林法则"类比到人类社会行为，便是社会达尔文主义，是"以大欺小、以强欺弱"为特征的霸权主义产生的根源。因此，不能把大地伦理作为人类社会运行规则的基础，人类在荒野中的狩猎行为也应当有所限制。狩猎是人类仿效自然的一种运动，当然这是远古采集–狩猎社会流传下来的一种习俗，在西方作为一种特殊的人与自然体验的运动一直流传到今天。我国狩猎的人不多，有人到森林中休闲和游玩，但没有多少人愿意狩猎，这与中国佛教不杀生的传统有关。

大地伦理不能用于社会领域人与家养动物的关系，也不能用于人与野生动物园中被人管理的动物。首先，被人管理的动物是有主人的。其次，被人管理的动物都是个体，每一个个体的健康、疾病都需要主人关怀和照料，形成对主人的生存依赖并作为生活习惯。因此有什么样的主人就有什么样的被管理的动物的生活状态。最后，辛格关于"不造成有感觉动物不必要的痛苦"，是主人对被管理动物的行为进行自我约束的基本伦理规范。如不能故意使它们挨饿受冻，不能打骂恫吓，不能见它们患病而不给医治，更不能抛弃它们。

西方有学者把大地伦理诊断为环境法西斯主义。雷根说："为了生命共同体的完整、稳定和美丽，个体必须为更大的生命共同体的'善'做出牺牲。在这样一种……可恰当地称之为环境法西斯主义的论点中，我们很难为个体权利的观念找到一个恰当的位置。"(T.Regan,1988)我们认为雷根的观点把大地伦理用错了地方，"真理越雷池一步就是谬误"，更何况大地伦理。因此大地伦理的应答域只是在天然森林和野生动物管理领域，或者说它是一门管理荒野的哲学和伦理学说。

也有西方学者认为大地伦理混淆生态学"事实"与"价值"之间的关系，犯了"自然主义的谬误"，这一点在罗尔斯顿的"生态伦理是否存在"论文中已经有明确的回应（Holmes Rolston Ⅲ, 1986）。事实上，森林学科、生态学科关于森林健康、生态健康的概念，已经有类比人类健康和一切生命健康的价值意蕴。所以就健康而言，既是一个生命集合整体状态的事实，也是一种超级有机体状态的价值。

我们一般都承认人的健康，但不知社会健康为何物。我国制定《健康中国行动（2019—2030 年）》，由此也就能够类比到健康社会、健康社区，也就间接懂得健康社会的意义。同理，我们知道狼、鹿、虎、熊等动物有健康这件事，但不知道森林健康为何意。在森林学中，森林生态系统作为陆地生态系统的主体，在生态整体上是"建群物种"，具有健康的需要和建群的利益，也就具有系统的价值。这是生态学的描述与伦理学的意蕴吻合在一起的语境和语用，体现双重语义：生态学的描述和伦理学的规定。从人的健康到动物的健康、森林的健康及其关系，体现人类与森林、动物三者的伦理意蕴，其中是否潜在微生物的健康？它们有没有需要、价值和利益？值得研究。

五、微生物的需要、价值和利益

微生物有没有其本身的需要、价值和利益？一切动物，包括人类在内，体内都潜藏着无数细菌，它能帮助动物（包括人）消化、分解食物，因此它本身是有价值的。病毒也是一种微生物，它的存在形式多种多样。天花病毒只寄生在人体，其他动物不染这种病毒，牛瘟只有牛得，人和其他动物不得。还有一些对人和动物都侵染的病毒。自然界没有人类时就存在着天然的疾病疫源地，疫病源于多种可能，一种可能是微生物包括病毒通过一定的传播媒介，如苍蝇、蚊子和其他易感体生物，使被感染的生物产生疾病反应的现象。有的生物感染病毒很快死掉，有的生物的自然免疫力超过病毒感染强度，这种生物就能存活，并使病毒繁殖密度和活动频度被限制在一定范围内，成为弱毒，从而该生物具有免疫的能力。通常再有这种疾病流行时，该生物就不受干扰。但是当外来生物入侵时可能带来新的疫病源，使本地生物染上外来病毒，或激活木地生物承载着的弱毒转变成强毒，从而造成病毒的交叉感染。外来生物能耐受本地病毒的就能存活，本地生物能耐受外来病毒也能存活，否则它们就会在各自有关病毒的选择下，趋于种群缩减或灭绝。在这种以生物为载体的病毒变化中，病毒的需要、价值和利益与其他寄主、传播媒介、刺激环境不可分割，都是维持病毒发挥基本生态制约或强制功能的基础，具有重要的生态固有价值。

由于病毒变化得特别快，尽管人们有时用药物控制它，但它还是不断地卷土重来。天花病毒是对人类有害的，人类为了健康想消灭它，但是这在全球范围内是不可能做到的。因此，人类要保存天花病毒，一旦有人患了天花，就可取出天花病毒经过灭活转变成天花疫苗，给人接种天花疫苗就可抵抗天花病毒。通常病毒有三种活动幅度，一是强毒，二是灭活，三是弱毒。人类保存病毒使其成为灭活状态，也就是成为有利于人的疫苗，用以抵抗病毒，即以毒攻毒，使病毒从强毒变成弱毒，维持身体健康。

在荒野中，微生物病毒是生态平衡的重要因子。荒野中总存在着病源、病毒易感体和病毒传播媒介。动物患病和免疫完全是自然的，具有免疫能力的动物能适应疾病的选择。病毒有其确定的生态位，它有助于保持种间隔离和种群稳态。人和动物、植物以及微生物都有固有的利益和价值，这些利益和价值受生态系统平衡规律制约和控制，服从系统整体平衡的利益和价值。

事实上，自从英国工业革命以来人类改造自然就已经形成大规模的态势，经过三次工业革命、两次世界大战，到 20 世纪 60 年代就已出现全球生态危机，至今这种危机越来越严峻。生物多样性被破坏，特别是气候异常和全球变暖，由此下去，地球两极冰帽将加速融化，海平面上升、陆地减少导致人类无法生存。

世界各国的天然森林作为陆地生态系统的主体——"建群物种"在锐减，本质上它是一切野生生物的家园，如果不对天然森林加以保护，不仅灌丛、草地会由于缺少高大乔木的结构性庇护而萎缩退化，而且湿地、湖泊、河流也将由于缺乏"陆地蓄水储备库"而逐渐干涸，野生动物就没有栖身之所而加速灭绝，某些微生物包括病毒由于没有了动物或植物归宿就会活跃起来，四处寻找宿主，其他动物、植物和人成了它捕获的对象。按此逻辑，新冠肺炎疫情将划了一个时代，分为疫情前和疫情后。疫情后时代一个主要特征就是，防疫将进入日常生活和常规公共卫生管理。要确立"一个地球，两个世界"的生命世界观、野性与人性和谐并存的价值观，人类与其他动物有别，特别是与野生动物隔离的生活观。这方面的研究另文再论。

六、结论

后疫情时代重新思考人与动物的关系，一个基本的出发点就是人类也是动物。尽管人是有文化的高级动物，但是人类在身体的生物功能上还是属于动物身体。由此，探讨人与动物的关系，源于人与自身动物身体的关系。理解人与动物的关系，也源于人对自身动物身体的理解。人类生存与健康的常态和失态直接影响或决定人与动物的关系状态。之所以新冠肺炎疫情袭来并造成人类生命安全危机和健康危机，主要是人类"征服自然"遭到大自然报复，体现在"病毒报复"的一种形式。善待动物身体，善待其他野生动物，二者一荣俱荣一损俱损。由此,不仅应当把与人类生命和健康紧密相关的野生动物纳入生态文明的考虑,也应当把危及野生动物生命和健康的那些人类活动纳入生态文明考虑,创造挽救人类和野生动物生命和健康并对人类行为做出限制的生态文明知识和智慧。如人与动物关系的伦理学、人与动物关系的社会学、人与动物关系的法学以及文化学等。同时也要修改现行的野生动物管理学,切断人与病毒疫源地以及病毒寄主野生动物的关联渠道,制定保证生物安全的法律法规是当务之急。

生态文明建设中公民生态素质的深层解读：内涵、特点与时代价值

靳利华*

生态文明建设要求公民应具备与之相适应的生态素质，这种素质需经过生态认知到生态情感再到生态意志，最终才能养成。养成后的公民生态素质具有鲜明的个性特征，强调人对自然的伦理道德情怀，体现了人类素质的进步性，形成"人–自然"高度整合为一体的素质体系。在生态文明建设背景下，公民的生态素质对于人们健康和谐的生活、社会物质基础的提供、人的全面发展、生态文明社会的构建和国家正面国际形象的构建等都具有重要的时代价值。

人的素质内涵是与时代发展和社会需要紧密结合在一起的，而生态文明建设对人的素质内涵提出了新的生态要求。公民是现代国家社会中最具活力的生命个体，也是生态文明建设的生力军。公民自身的生态素质必然体现在生态文明建设中，形成独特的内涵与特征，并对个人发展、社会进步、国

* 靳利华，天津外国语大学国际关系学院副教授，主要从事生态治理研究。
邮箱：jinlihua55@sina.com

家建设等带来重要的意义。

一、公民生态素质的内涵

在现代国家中,公民是指具有一国国籍,并根据该国法律规定享有特定权利和承担相应义务,参与管理社会和国家等公共事务的人。公民素质就是指个人具有的与一个国家特定的法律制度、政治制度和经济体制等相适应的,品德、知识、机能和情感等融合而成的综合素质。生态素质是特指生态文明建设中对人的文明素质的生态要求,体现出人对自然世界和生命现象的敬重与关爱,为此形成自觉认知与情感认同,从而达到道德文明程度和理性人文情怀。生态素质需要人们把个体自我与外部自然界的双向关系置于人文伦理域境,认同自然生态环境的道德情感,展现出整体的道德文明进步性和个体的自我素质提升完善性。公民生态素质是公民在生态文明建设过程中必备的特定素质内容,是人的全面文明素质的核心部分,它反映了自然界和人类社会发展的生态需要和共同利益。

(一)公民生态素质的概念

公民生态素质是一个内涵丰富的新概念。它是指与国家生态文明建设相适应的现代公民应该具备的,生态方面的品德、知识、技能和情感等基本修养。它是以生态的世界观、价值观和伦理观为内核,以生态的思维方式和行为规范为引导,以生态方法转化而来的人的内化物。生态修养深深地融入公民基本素质中,内化为公民个体的基本生态素质。从这个意义上讲,这些基本修养融合在一起构成了公民生态素质的内核。

生态品德是生态素质的内核引领,是公民在"社会-生态"结构活动中,基于本身的先天基本素质,经过后天生态方面的教育、学习,以及社会生态环境的熏陶、影响和教化,形成的对人与生物、人与环境和人与自然等关系的基本的生态品质和道德思想,具体包括生态道德伦理和正确的生态价值观、生态公平观、生态正义观、生态法制观、生态消费观、生态补偿观、生态自然观和生态和谐观等。一旦公民的生态道德品质形成,就会对公民的生态行为给予约束和指导,进而促进公民生态素质的养成。

生态知识是生态素质的内生根基,是人们拥有的关于"人-自然-社会"和谐关系的知识体系,是公民生态素质的内化元素,是公民外化生态行为的根基。生态知识是公民在生态实践中认识自然世界(包括自身)的相关事实、信息的描述以及获得相关技能等成果体系。生态知识的获得需要经历感觉、交流以及推理等复杂过程。生态知识一旦获得便具有一定的公允性、一致性,而且它是能够被检验、被相信、被正确的认知共生体系。生态知识具有多重维度,包括具体与抽象、显性与隐性、独有与共有、单纯与复杂等。

生态技能是公民生态素质的内在手段,是指在社会的生态文明建设中,公民在对生态资源和生态环境实施消费、治理、保护、管理、修复以及建设等各种活动中所掌握的行为技能,是公民"社会-生态"实践的结果。生态技能是人们形成的对人、生物和环境等各要素在生态和谐、共生发展中的科学行为,是公民的生态品德、知识和情感等内化于自身并与科学技术整合的外显。

生态情感是公民生态素质的内部保障,是公民在生态文明建设中养成的对生物、环境等热爱、保护和管理的认同感情,是生态素质养成的基本保障。它离不开公民自身的先天素质,后天的生态教育、学习和社会生态环境的教化,关键是需要公民通过自身认知和"社会-生态"实践过程最终才能完成情感的认同。这种生态情感包含着公民对自然界珍爱、负责的高尚情操,对自然界保护和治理的义务感和责任感;这种生态情感需要公民运用政策、法律、道德等手段自觉而全方位地维护生态系统的平衡和生态环境的良性发展。

在我国生态文明建设过程中,公民需要具备与之相适应的生态素质。从这个意义上讲,公民生态素质就是指公民基于自身先天的身体心理道德素质,经过后天的生态教育训练和社会生态环境的影响,通过自身认知和"社会-生态"实践而养成的生态文明素养和品质。

(二)公民生态素质的养成

从实践路径上看,公民生态素质是公民内在认知与外在技能的统合体,是公民经过由内到外和由外而内的双向互动而养成的。公民生态素质经历了从低级到高级的心理内化发展过程。换言之,人对外界事物的心理反应需要经历认知阶段,然后是情感阶段和意志阶段。因此,公民经过从生态认知到生态情感和生态意志,最终完成生态素质的养成。

第一阶段是生态认知的形成。生态认知是生态素质养成的初级阶段和基础阶段。它是人们在生态文明建设中对生态及有关问题的"感觉—知觉—记忆—思维"等的感性认知和理性认知。生态认知形成的前提是首先要对生态构成要素进行了解,对人与生态环境关系要素知晓,然后在生态实践中通过自身的意识达到对生态相关知识与观念的感性认同。该阶段是人们对生态素质养成的初级阶段,会出现对生态的心理感悟、思维记忆和意识情感。当该阶段完成后,人们对生态的认知便开始进入理性认知阶段。人们将对生态的初步感性认识做出系统严密、比较深刻的反映,形成不同层级的生态思考。人们关于生态认识的养成是需要经历从感性到理性的。

第二阶段是生态情感的形成。生态情感是人们在生态文明建设过程中形成的关于生态及生态文明的道德态度、感触体验和好恶情愫。第一阶段的生态认知反映的是人们对生态文明建设的初步感知,第二阶段的生态情感阶段体现的是人们在生态文明建设过程中产生的一种理性情怀。第一阶段是人们对生态现象的直接印象，后一阶段是一种由刺激而引起的人们的主观体验。生态情感是人们在生态认知的基础上，经由外部因素刺激而产生的，其过程就是对生态及生态文明的主观判断。不同倾向的生态情感将对人们生态认知的发展带来不同的影响。

第三阶段是生态意志的形成。生态意志是人的一种生态心理状态，是人在生态文明建设的实践中根据自己对生态的认识和信念，经过独立判断和自觉执行而实现预期目标的心理过程。它既有独立性，也离不开认识过程。生态意志属于人的主观意识，是人对自身与自然生态环境价值关系的主观反映。在生态文明建设的实践中，人们通过五个阶段的活动来完成，即确立生态价值目标、设计整体生态规划、制定生态活动实施细则、落实具体生态行动和修正生态意志动力，最终生态意志形成。

只有在生态认知的基础上产生认同生态的情感，经过生态意志的定型，生态素质的养成才能最终完成。这里，生态的认知和情感将人对生态、生态文明及其有关问题内化为自身所持有的先进观念和好恶体验；生态意志将人的生态认知和情感外显为生态活动的技术操作，确定为自身的行为目标。前者是内化能力，后者是外显能力。在生态素质养成过程的各个阶段，不同生态要素都要参与进来，发挥自己的功效，从而形成统一有机的生态素质体系。在生态文明建设中，人们在精神上和心灵上应形成某种关于自然生态整体的大观念，维护所有生命的完美形态。"从逻辑上讲，关于人处于进化顶峰的这一生态学真理，应当能使人看到他之外和之下的其他存在物的价值，使他形成开放的全球整体观，使他产生一种对自然界具有贵族气质的责任感。"①这样我们才能成功地创造一个美丽的文明世界，在那里，最美好的人类文明素质与自然界互存相通，在融洽而祥和的气氛中达到繁荣昌盛，而只

---

① ［美］霍尔姆斯·罗尔斯顿：《环境伦理学：大自然的价值以及人对大自然的义务》，杨通进译，中国社会科学出版社，2000年，第459页。

有具备了生态素质的人才能使我们实现这种目标。

二、公民生态素质的特点

生态文明建设意味着要改变人与自然之间的不和谐、不协调,意味着人要对自然形成道德意识和伦理情怀。人与自然的相伴相处,并非二元论意义上的主客体关系,而是与其他生物一样,人是自然界中最普通的一员。但人又由于自身的特性而使其对其他事物产生影响,因此也应对此负有责任。公民生态素质属于伦理道德范畴,它与生态文明建设的实践活动相连,对公民的思想行为起着指导和调节作用,并融合成一种独有特性。

(一)公民生态素质强调人对自然应具备伦理道德情怀

公民生态素质是社会中公民的生态认知、情感、意志在生态文明建设中的自然展现,它包含着人对自然的敬重、关爱和珍惜。只要人类还想继续生存,就应站在地球的角度客观地把它看作一个生生不息的生态系统。人类对自然的基本态度应是协调而不是征服,对自身与自然的关系应具有系统的生态观念。现代公民的生态道德伦理应具有全球性和世界情怀,它不分国度、不分地域,这种道德伦理以科学为先导,它超越了阶级、集团、民族和国家,把道德伦理的对象范围从人、社会推延到生命界及其整个生态系统。但是生态道德伦理依然是以人为主体,对全人类行为进行调节,一旦出现少数人违反生态道德将会殃及多数人,它的影响跨越时空界限,跨越地理空间,将波及整个人类生存的空间及其子孙后代的生存环境。生态素质的本质,就是人对自然表达的生态理性和善的生态情感,正如"生命伦理学的任务,就是要开发人的道德资质,来修补人对自己和环境所施加的损害,恢复这两者之间所失去的平衡。只有这样,人类才能扭转地球环境恶化的现状"①。

(二)公民生态素质是"人−自然"高度融为一体的素质体系

公民生态素质是集中了生态的品德、情感、知识与技能为一体的综合素质体系,是经过认知、情感与意志等过程,并与行为能力共同构建的素质体系。在这个体系中,生态行为能力外化为生态文明活动,生态价值观是核心并引领生态知识建构,统领生态行为能力,并可直接决定生态素质。在这个体系中,"生态知识即生态本身,当生态作为认知对象时,谓之生态知识,是关于自然界基本状况及其运行规律等方面的知识,如生态系统的构成、生态系统活动规律、生态科学的常识等方面的内容"②。生态品德就是人们在生态文明建设中以地球上的生命物种为对象,善待、珍爱自然界,对自然界认同的一种伦理道德思考。生态情感就是人们在生态文明建设中与生命物种的双向互构过程中形成的对自然生物的善恶感、公平感和责任感等。生态技能是人们在生态文明建设的实践中通过对生态系统的理解、认识以及检验而形成的一种外显的技术能力。生态素质的这些要素从知识、品德、情感到技能,最后内化为素质体系,再经过生态行为将内化的生态素质外现出来。正如顾智明所言,"本来生态学仅局限于人与自然的关系,当人们处理人与自然关系时,离不开人与人的关系,并深刻地影响和最终决定着人对人、人对自身及其整个世界的态度。由此形成一种世界观,又落实到价值观和人生观"③。可见,生态素质是由众多生态修养要素构成的关于人与自然关系的高度整合的完整体和统一体,并体现在生态文明建设的实践活动中。

---

① [日]池田大作、[意]奥锐里欧·贝恰:《21世纪的警钟》,卞立强译,中国国际广播出版社,1988年,第21页。

② 饶世权:《论公民生态文明素质的结构体系重构》,《高等农业教育》,2013年第13期。

③ 顾智明:《追寻现代人的澄明之境——生态人观探析》,《福建论坛》(人文社会科学版),2004年第11期。

（三）公民生态素质体现了人类素质的进步性

　　生态素质是在全球生态危机爆发后，在生态文明建设中提出的对人的素质内涵的新生态要求，是人的全面素质发展的新阶段和新趋势。"从深层次上讲，它包括人们对大自然规律、生物生理特性及其与人类的生产、生活、生存之间关系的正确把握和合理的保护利用。"①人类对自然界的态度，以及人与自然关系在经历了"人类中心主义""科技至上""人定胜天"等片面认识之后，开始重新确立"人-自然 社会"的整体和谐新观念。马克思和恩格斯指出人类解放就是实现人的全面而自由的发展，"我们统治自然界，决不像征服者统治异民族人那样，绝不是像站在自然界之外的人似的，——相反地，我们连同我们的肉、血和头脑都是属于自然界和存在于自然之中的；我们对自然界的全部统治力量，就在于我们比其他一切生物强，能够认识和正确运用自然规律"②。正是人类这种对自然的理性与情感，形成了一种闪光的生态素质，它展现了人类对自然界保护、珍惜和尊重的新品质和新修养，是人类全面自由发展的更高阶段。生态素质将人的发展置于自然生态系统之中，确保人的生存条件不被破坏。只有生存才有发展。全球性生态危机给人类社会的发展敲响了警钟，向人类的素质发展提出新的生态要求，公民的生态素质恰好体现了生态文明建设中人类素质的全面自由发展，体现了人类素质发展的进步性。

三、公民生态素质的时代价值

　　2020 年全球新冠肺炎疫情的爆发深刻地揭示了当代公民生态素质培育

---

① 王继红：《论公民生态文明素质的提升》，《商业文化》，2009 年第 3 期。
② 《马克思恩格斯选集》(第四卷)，人民出版社，1995 年，第 383~384 页。

的重要价值与实践意义。在生态文明建设进程中,公民自身所具有的对大自然的伦理道德情怀、对自然环境的爱惜与保护,以及对自身的生态行为等生态素质,对人的全面发展、生态文明社会的构建、健康和谐的生产与生活方式、社会的物质基础提供和国家正面国际形象的构建等具有重要的时代价值。

(一)生态素质可以提升人的全面发展

从人的全面发展的素质构成要素上看,生态素质属于高层级,它将人对自身关爱的道德情感推延到人的生存环境,实现人对自然道德情感的认同。人的生态素质的形成是人将自身与自然界之间的关系进行了重构,把自然界也纳入人自身的构成要素之中。人类在自身的生命和健康得到保障的基础上,不应再牺牲和伤害自然界中其他的生命或生物,应自觉地、有意识地对自然界进行爱惜、修护。人对自然有意识、有善意的道德与情感是人类社会进步的体现,是现代公民社会基本的道德素质,是个人素质发展的新尺度。"每个人的全面而自由的发展,不仅是社会个体的全面自由发展,还是自然生态系统一部分的协调一致的发展。"①人的生态素质的发展将人与自然重新融合在一起,在生态文明建设中提升了人类整体素质,推动人的全面发展。可见,公民的生态素质是实现人的现代化发展与提升人自身素质发展的双重客观需要。

(二)生态素质关系到生态文明社会的进展

人类与自然界是相互影响、相互建构的。人类既是自然界孕育的,同时又作用于自然界。这种作用表现为两种不同的方面。一方面是正向的积极影

---

① 靳利华:《生态文明视域下的制度路径选择》,社会科学文献出版社,2014年,第38页。

响。人类运用自己的智慧改善生存环境，维护生态环境，发展更加适合人类的人工生态系统，满足自身的需要。另一方面是反向的消极影响。人类过度消耗自然资源、破坏自然生态结构，造成自然生态系统的紊乱和环境功能的退化与弱化，从而引发自然界对人类的报复。生态文明社会就是要实现人、自然和社会之间的系统和谐。也就是说，人与人的系统和谐、人与自然的系统和谐、人与社会的系统和谐，其中强调的是人与自然的系统和谐。可见，人是"人-自然-社会"和谐系统的核心，人的素质水平，尤其是生态素质水平直接关系到生态文明社会建设的成效和进展。"一个国家、国民素质的高低更多地取决于一个国家、民族的传统美德是否依然普遍地被现代国民认同和遵守，这种保存传统美德的信念和方式又是否符合时代发展的特征和社会进步的需求。"①生态文明社会需要人的生态素质，公民作为生态文明建设的基层实施者与直接受益者，其生态素质的高低将直接影响到一国生态文明社会的进展。

（三）生态素质有助于人们形成健康和谐的生产与生活方式

人的行为和对待自然的态度是受其价值观念支配的，而要改变其态度与行为首先要做的是转变其自身的价值观念。人对自然的价值观念深受传统的生产与生活方式、生存与生活理念的影响。形成对金钱和财富的无休止的占有欲，这不仅泯灭了人生的道德意义和精神价值，而且也使人陷入一种盲目追求经济增长导致生态危机的恶性生存处境之中。生态素质既是缓解和消除人与自然紧张关系之所需，也是使人获得意义和价值之所需。生态素质够推动人们形成文明健康的生产与生活方式。生态素质的应有之义能够对人们施加影响，培育人们的生态理念，在生态价值观和生态道德理想的指

---

① 潘一禾：《文化安全》，浙江大学出版社，2007年，第98页。

引下改变人们传统的行为方式和生活方式,规范人们的非生态行为,使人们的生态行为符合生态道德规范,这必将推动人们形成文明、健康、和谐的生产和生活方式。

(四)生态素质有利于保护人类社会发展的物质基础

生态素质为保护人类生存与发展的物质基础提供了基本的精神保障。基本的生态素质能够确保人类有意识地保护自身生存发展的物质基础不会被破坏,在此前提下还能继续发展,并为人类提供连续不断的物质基础。人类一旦丧失基本的生态素质,就会肆无忌惮地从自然界掠夺财富,疯狂地获取自然界的资源,最终导致资源枯竭、环境恶劣和生态失衡。目前,生态环境的恶化问题和资源短缺问题等都是由生态素质缺乏而造成的。因此生态素质是人类生存与发展中必须获得的基本品质与素养,它为人类的可持续发展提供了必备的精神品质,保护人类社会持续发展的物质基础。

(五)生态素质有助于国家塑造正面的国际形象

当今世界的全球化和国际化推动各国愈来愈多的公民走出国门,在异国他乡生活、就业、旅游,一国公民的言谈举止也越来越受到国际性的评论,并引起国家间关系的复杂化。公民个体言行代表某种国家色彩,只要走出国门,他就是该国的形象使者。保护生态环境、爱护文化遗产、注重文明行为等已经成为国际社会的共识,这对公民的生态素质提出现实的要求。公民生态素质的重要性已经上升到国际层面,具有全球意义。具备生态素质的一国公民能够为本国在国际社会上赢得正面评价、积极反响和良好健康的国际形象;反之,缺乏生态素质的公民不仅遭到国际社会的强烈指责和激烈批评,还会给国家形象带来恶劣的负面影响。由此可见,一国良好国际形象的塑造是全体公民行为的外显,需要依赖全体公民的共同塑造。随着越来越多的国人走出国门,公民生态素质对一个国家的国际形象的塑造越来越重要。

综上所述,生态文明建设已经成为新时代的重要建设内容。在生态文明建设中,作为社会主体的公民发挥着基础性作用,因此公民生态素质显得尤为重要。理解公民生态素质的构成要素、基本属性和时代价值等对生态公民的培育具有重要的实践意义。

试析《太平经》生态思想的当代价值

刘怡*

　　《太平经》是成书于汉代的一部早期道教经典，包含丰富的生态思想。《太平经》通过万物同源、同构的理论将天地、人、自然万物纳入一个庞大的体系当中。它主张以"太平"为理想目标，实现人与自然界的和谐相处。它的生态整体观以及敬畏天地、生命的态度和对人类职责的规范，值得我们现代人反思。

　　当前全球生态危机持续恶化，人类的生产与生活受到越来越严重的挑战。在饱受环境污染的困扰后，人们不得不重新审视人与自然的关系。正是在这样的背景之下，生态伦理学应运而生。面对日益严峻的生态危机，许多西方学者不约而同地将目光投向了东方，如怀特海、施韦泽、卡普拉、汤因比、罗尔斯顿都对中国文化予以较为中肯的评价，特别是对充满自然色彩的道家哲学给予很高的评价，如卡普拉曾说："在伟大的诸传统中，据我看，道

---

　　* 刘怡,西北大学中国思想文化研究所博士生,主要从事中国古代生态思想研究。
邮箱:531819714@qq.com

家提供了最深刻并且最完美的生态智慧。"①作为道教的一部早期重要经典,《太平经》蕴含的生态思想逐渐进入了人们的视野。《太平经》以"太平"为目标,思考天地、人、自然万物之间的关系,探索解决生存危机的方法和治理天下的良方,希望实现人与自然的和谐稳定。这些思想观念对于反思我们人类的行为具有重要的启迪作用,也能够为构建生态文明建设提供丰富的思想资源。

一、生态整体观

"道生一,一生二,二生三,三生万物。"②道家"道生万物"的观念将道提升到宇宙根源的高度,不仅奠定了道家思想的哲学基础,而且也成为孕育中国生态文明的重要土壤。这一基本理论为后来的道家所承袭和发展。《太平经》认为:"夫道者,乃大化之根,大化之师长也,故天下莫不象而生者也。"③道的重要特征和作用就是能够"化",道是化育天地万物的总根源和总依据。"夫天以要真道生物,乃下及六畜禽兽。"④《太平经》在承继道家道生万物的同时,又强调"气"的生生作用,以气释道。"天、地、人本同一元气,分为三体。"⑤天、地、人均是由元气构成的,不仅如此,世间万物皆含有元气。"元气归留,诸谷草木蚑行喘息蠕动,皆含元气,飞鸟步兽,水中生亦然。"⑥无论是飞禽走兽还是花草树木都是由元气构成的。《太平经·戊部》甚至将老子"道生一"的理论框架演变成"气生一"的模式:"元气恍惚自然,共凝成一,名为天也;分而生阴而成地,名为二也;因为上天下地,阴阳相合施生人,名为三

---

① 葛荣晋:《道家文明与现代文明》,中国人民大学出版社,1991年,第194页。

② [魏]王弼注,楼宇烈校释:《老子道德经注校释》,中华书局,2008年,第117页。

③ 王明:《太平经合校》,中华书局,1960年,第662页。

④ 同上,第430页。

⑤ 同上,第236页。

⑥ 俞理明:《〈太平经〉正读》,巴蜀书社,2001年,第430~431页。

也。三统共长,长养凡物。"①道生一演变成气生一,一、二、三分别对应天、地、人。元气又有太阳、太阴、中和三名。②世间万物的化育就是阴、阳、中和三气共同作用的结果,也可以说是天、地、人共同作用的结果。"三统共长"就是指天、地、人三者和合,共同努力以生成万物。无论是从总源头还是从构成的因素来看,天、地、人、万物都是由道、气化生而来的,这使得宇宙万物之间具有了同源性。

天地人万物之间的同源性,为它们之间的同构性提供了理论前提。《太平经》认为万事万物都包含着"阴阳"的基本结构。概括而言,阳类为天、日、白昼、春夏、甲丙戊庚壬、子寅辰午申戌、男、雄、君等,其性质是主生,与之相对,阴类为地、月星、黑夜、秋冬、乙丁己辛癸、丑卯巳未酉亥、女、雌、臣,其性质是主养。③总之,天、地、人、万物及其运行规则、道德属性等等都可以融入"阴阳"结构中。《太平经》继承和发展阴阳结构学说,并尤为重视人的作用,最终将此发展为"三一"结构。孟安排《道教义枢》即以"三一"为该经的宗旨:"太平者,此经以三一为宗。"④具体来说,《太平经》中"三一"结构包含了"太阳、太阴、中和""天、地、人""君、臣、民""父、母、子""道、德、仁""生、养、施""一、二、三"与"神、气、精"等项目。⑤在这种"三一"结构中,《太平经》强调各个"一"之间相互融通、并力同心,只有将三者融会贯通才能实现这种"三一"结构。在这个体系中,天、地、人三者需要相互协调,共同努力才能生化、治理万物。天父、地母、人子应如家人一样,相互配合、共同努力才能生养万物、治理好万物。人们应当努力行仁以合乎天心地意,如此才能实现天地人、道德

---

① 王明:《太平经合校》,中华书局,1960年,第304页。

② 同上,第19页。

③ 同上,第220~221页。

④ 《道藏·道教义枢》(第24册),文物出版社、上海书店出版社、天津古籍出版社,1988年影印本,第814页。

⑤ 段致成:《〈太平经〉思想研究》,花木兰文化出版社,2011年,第258~272页。

仁的"三合相通"，才能达到一种和谐稳定的状态，否则就会失衡。

《太平经》通过"三一"结构、天人感应等学说将天地万物与人类社会融合成一个统一的整体，肯定人与自然世界的有机联系，并认为人道与天道、人类社会与自然秩序相辅相成，要求人事活动与自然机制保持协调，以实现天地、人、万物的"太平"为理想，倡导实现人与自然界的和谐相处，这种认知对于处理人与自然的关系无疑具有深刻的意义。但是我们也应该看到这种生态整体观建立在经验直觉的基础上，并没有上升到科学认识的高度，其生态思想仍然停留在初级阶段，缺乏系统性、科学性和生态性。

二、敬畏天地

《太平经》认为天地是生养、化育人类的源头，也是人类得以栖居的场所。从形上层面来讲，天地是生养人类的根源。"天者养人命，地者养人形。"[1]天赋予人生命、精神，地养育人的形体。从形下层面来看，天地为人类生存提供了必备的条件。"天地怜哀之，共为生可饮食，既饮既食。……天使其有一男一女，色相好，然后能生也。……天为生万物，可以衣之；不衣，但穴处隐同活耳，愁半伤不尽灭死也，此名为半急也。"[2]饮食、男女、衣物等人类生活的必要条件都是天地的有意安排。《太平经》甚至将天地的生养功能上升到了"天父地母"的高度。

天父地母乐于生养、教化人子，而人子对待天地也应当像对待父母一样忠诚孝顺。《贤不肖自知法》以对天地的不同态度为标准，区分了上士、中士、下士："上士高贤，事无大小，悉尽畏之；中士半畏之，下士全无可畏。上士所以畏之者，反取诸身，不取他人，心开意通无不包容。知元气自然之根，尊天

---

① 王明：《太平经合校》，中华书局，1960年，第114页。

② 同上，第43~44页。

重地,日月列星、五行四时、六甲阴阳……畏之,不敢妄行。"①上士之"畏",实是畏自身、畏元气自然、畏天地、畏神灵。以"畏"与"不畏"来区分士的高低,表达出人们对天地自然的敬畏之情。《太平经》甚至将老子"天法道,道法自然"的说法篡改为"天畏道,道畏自然"②。《太平经》用"畏"字取代"法"字,"这种一字之变,却把哲学转化为神学"③。先秦道家效法自然的哲学思维更进一步演变成了畏惧自然的神学思路。这种转变使之认识到天地自然不只是可供利用的资源与工具,而且是具有生命意识的有机体,甚至是有着合理性追求的道德主体。"畏"字折射出的宗教含义,不仅说明天地的道德意义,更说明天地对人类的主宰意义。

天父地母对人的养育之恩,理应受到人们的孝敬,但是普通民众往往不能深刻地理解到这点。《起土出书诀》用大量篇幅控诉了人们戕害"地母"的各种恶行,"穿凿地,大兴土功",修建"大屋丘陵冢,及穿凿山阜,采取金石,陶瓦竖柱,妄掘凿沟渎",大肆凿井等,这种行为是取"地之血"、破"地之骨"、伤"地之肉",乃"甚无状"。④人类的无端行为甚至会引起天父地母的怨恨,导致灾异的产生。"故父灾变复起,母复怒,不养万物。父母俱怒,其子安得无灾乎?夫天地至慈,唯不孝大逆,天地不赦。"⑤《太平经》敏锐地观察到人类行为与天地自然的密切联系,指出人类需要顺应乃至畏惧天地自然,爱护自然万物,如此才能实现人与天地万物的和谐相处。相反,人类肆意破坏天地自然,势必会遭到天地的报复,尤其是人类大兴土木,不仅容易导致地力的丧失,更会遭到天气灾害的惩罚,而恶禽猛兽对人的伤害,乃是"神灵生此灾也"⑥。

① 王明,《太平经合校》,中华书局,1960年,第724~725页。
② 同上,第701页。
③ 黄钊:《道家思想史纲》,湖南师范大学出版社,1991年,第255页。
④ 王明:《太平经合校》,中华书局,1960年,第112~125页。
⑤ 同上,第115~116页。
⑥ 同上,第116页。

自然灾害乃至人兽冲突乃是天父地母对人类肆意掠夺自然的一种惩戒。为此,《太平经》通过借助天地的宗教权威告诫凡民,务必敬畏天地,孝顺天父地母。《太平经》宣扬的这种对天地的敬畏之情、感恩之情以及天地对人类的惩罚等,虽然充满着宗教迷信色彩,但对于我们反思人类的行为,改善人类与自然环境的关系仍有不少借鉴作用。当今人们的肆意毁林开荒、开山挖矿、攫取地下水、污染大气层等行为无疑是对天地的肆意践踏。他们既不懂天地的养育之恩,也全然不知天地的可敬可畏,着实让人担忧。经文强调对天地的重视与敬畏之情,不但彰显了道教"有机思维"的模式,凸显了古人敬畏生命、感恩生命的意识,而且还以各种禁忌和承负说的威慑机制唤起了人们对大地的感恩之心,最大限度地规避了人们对大地的伤害。正因此,有学者甚至指出《太平经》中《起土出书诀》,可谓是中国最早的大地伦理学。①

大地伦理学主张将人与天地、自然万物纳入统一的系统中,但利奥多德强调用有机的、整体的世界观看待整个大自然。他以"生物区系金字塔"为基础,从生态学的角度探索土壤、植物、昆虫、马和啮齿动物直至于食肉动物等在生物区系中的地位和作用,以及如何维护共同体的有序发展。这个共同体是一个"高度组织起来的结构,它的功能运转依赖于它的各个不同部分的相互配合和竞争"②。他通过食物链、能量循环将地球上的存在物连接在一起,并由此提出一种人与土地的伦理关系。"土地伦理只是扩大了这个共同体的界限,它包括土壤、水、植物和动物,或者把它们概括起来:土地。"③这一共同体的范围并不局限于人与人、人与社会的关系,还包括大地以及生长于斯的动植物,它将整个荒野世界作为生命的整体来思考。相比而言,《太平经》由

① 郭继民、苗青:《道教经典中的大地伦理学——以〈太平经·起土出书诀〉为例》,《中南民族大学学报》(人文社会科学版),2012年第5期。
② [美]利奥波德:《沙乡年鉴》,侯文蕙译,吉林人民出版社,1997年,第204页。
③ 同上,第192页。

于受到时代限制和本身思想内涵的局限性,并没有充分发展成为系统的大地生态伦理,如果有,也只是对天父地母的社会伦理、宗教伦理,仍然是在处理"人与人之间的关系""个人与社会的关系"。

第一,《太平经》对天地与自然万物的态度分属于两个不同的层次,其所言的"天父地母"并不包含生长于天地之间的生物在内。天地生养万物但不同于万物,两者之间是一种生养关系而非等同关系。经文强调人对天父地母的"孝"与"顺",又强调人是"万物之长",肩负着"理万物"的职能,前者是一种父母子女的血缘伦理关系,后者是一种管理与被管理的关系。

第二,《太平经》虽然也强调对大地的尊重与敬畏,但经文构筑的是天父、地母、人子的人伦血缘关系,这使得人类与天地自然之间具有了浓厚的道德色彩和宗教意味。

第三,两者的基本原则和立场迥异。大地伦理学主张"当一个事物有助于保护生物共同体的和谐、稳定和美丽的时候,它就是正确的,当它走向反而时,就是错误的"[1]。它的出发点在于维护共同体健康有序的发展。大地伦理学从维护共同体的角度出发赞同必要的牺牲,这种观点有生物进化的色彩。《太平经》则以道德仁义规范人与自然万物的关系。"天道有常运,不以故人也。故顺之则吉昌,逆之则危亡。"[2]经文中判断善恶的标准是对天道的遵循与否,顺天道则吉,逆天道则凶。依据天道好生的道德原则,《太平经》不乐纷争,甚至贬"争"为一种残杀,"更相残贼,争胜而已"[3]。《分别四治法》就说:"跂行者无礼义,万物者少知,无有道德。夫跂行万物之性,无有上下,取胜而已,故使乱败矣。"[4]经文刻意强调跂行万物无仁无义、无尊卑上下之分,以争

---

① [美]利奥波德:《沙乡年鉴》,侯文蕙译,吉林人民出版社,1997年,第213页。

② 王明:《太平经合校》,中华书局,1960年,第178页。

③ 同上,第573页。

④ 同上,第197页。

强好胜为能事,仅仅停留在生物竞争的层面上,故不可取。《太平经》之所以摒弃自然万物的"取胜"之道,与其重和合、重太平的思想有关。"万二千物不乐争分,多伤死,其岁大凶。凡事不乐争分,三光为之失明,帝王愁苦,万民流亡也。"①在经文看来,纷争必然导致死亡、混乱,唯有"乐""和""仁"才是值得效法的。

与大地伦理学强调人与自然关系的生态伦理不同,《太平经》强调的是一种以仁爱为核心的德性伦理学,这是儒家"仁民爱物"思想的沿袭与发展。这种德性伦理学扩展了道德的视野,使人类能够更加友善的对待动物、对待生命,为构建人类与动物的命运共同体创造了前提条件。但是这种德性伦理缺乏相应的生态机制,注重友爱而无视必要的生物竞争机制,未能深刻认识到自然生灵间的生态关系,更难理解生态位对于维系人与自然关系的重要意义,也不能理解狼与鹿群、牛群、尘暴之间的关系,更是无法"像大山一样的思考"。这些使得它的生态学意义大打折扣。就性质而言,《太平经》根本意义上是一种德性伦理学的扩展与翻版,并不是严格意义上的生态伦理,更不是以自然为核心的生态伦理,而毋宁说仍然是一种人类中心视野的生态伦理。但这种人类中心又并非是西方式的人类中心,而是一种弱人类中心主义,或者说,这不是以人类利益为中心,而是以人的问题为中心的人类中心主义。②

三、敬畏生命

《太平经》高扬天地的仁爱之心,强调天道恶杀好生,人不仅应当敬畏天地,而且应当敬畏生长于天地之间的生命个体。《太平经》认为万物的生长状

---

① 王明:《太平经合校》,中华书局,1960年,第684页。
② 蒙培元:《人与自然——中国哲学生态观》,人民出版社,2004年,第62页。

况可以直接反映天道的情况。从理论上讲,既然天道好生,那么通过观察万物的多少就可以推论出天道兴衰的情况。万物兴盛,则天道昌隆,反之,则天道衰微。从这一原则出发,人类应当爱护自然万物,切忌轻易伤害万物。杀生就是违逆天地心意,是不为"善",必然会招致天地的惩罚。从根本上说,这并不是一种生态学的思考,而是对天道好生原则的表征。

《太平经》反复告诫人们:"夫天道恶杀而好生,蠕动之属皆有知,无轻杀伤用之也;有可贼伤方化,须以成事,不得已乃后用之也。"①万物与人类无异,皆有"知",能感受到喜怒哀乐等各种感觉,特别是动物在面临死亡的时候能流露出恐惧的神情:"当死之时皆恐惧,近知不见活,故天诚矜之怜悯,为施防禁,犯者坐之。"②现代动物解放论者同样强调万物皆有知觉,承认动物与人具有相同的感受快乐与痛苦能力,因而拥有与人同等的利益,并由此推论出人应当同等地对动物予以道德上的关爱与保护。"如果一个存在物能够感受苦乐,那么拒绝关心它的苦乐就没有道德上的合理性。"③不同之处在于,《太平经》在万物的感受能力之上增加了"天道"的神秘力量。杀生是对天道"恶杀好生"原则的违背。《太平经》认为这种残忍的行为不利于人类社会的风化,可见其落脚点最终还是在天道、在人类本身。

著名的"丛林医生"施韦泽吸收了道教善待生命的思想,并在此基础上提出了"敬畏生命"的伦理学。"真正伦理的人认为,一切生命都是神圣的,包括那些从人的立场来看显得低级的生命也是如此,只是在具体情况和必然性的强制下,他才会做出区别。即他处于这种境况,为了保存其他生命,他必须决定牺牲哪些生命。在这种具体决定中,他意识到自己行为的主观和随意

① 王明:《太平经合校》,中华书局,1960年,第174页。
② 同上,第582页。
③ 李培超:《伦理拓展主义的颠覆——西方环境伦理思潮研究》,湖南师范大学出版社,2004年,第53页。

性质，并承担起对被牺牲的生命的责任。"①从这可以看出，施韦泽对生命的敬畏是人自主认识到生命本身的可贵、可敬。这种普遍生命的存在价值并不依赖于天地神灵的护佑，也不依赖于人类的价值需要。敬畏生命乃是真正意义上对生命的敬畏，而且它还要求人类主动承担相应的责任。

相比而言，《太平经》注意到人的怜悯之心，并依此提出"勿杀"的主张，但它对生命的敬畏依赖于对天地的敬畏，杀生即是对天地的不敬。人敬畏天地，再进而依此敬爱生养于天地间的万物。在此过程中，天地似乎居于主导的地位，而人则处于效法的地位。施韦泽敬畏生命的伦理学强调人虔心地敬畏生命，而且这种敬畏不因生命的高低贵贱有所区别。《太平经》对生命的敬畏与其敬畏天道、遵循天道好生的原则息息相关。这种敬畏生命的态度与其说是一种生态伦理，毋宁说是一种宗教伦理。尽管如此，基于这种敬畏天地、敬畏生命的态度，《太平经》极力反对人们肆意地虐待残杀生物。就此而言，《太平经》从天道好生的原则规劝人们切忌杀生，这无疑对于保护自然万物具有十分重要的作用，在对生命意识的重视方面，留下了浓墨重彩的一笔。

四、人类职责的规范

何为"太平"？据《太平经钞癸部》解释："太者，大也；大者，天也；天能覆育万物，其功最大。平者，地也，地平，然能养育万物。经者，常也；天以日月五星为经，地以岳渎山川为经。天地失常道，即万物悉受灾。帝王上法皇天，下法后地，中法经纬，星辰岳渎，育养万物。故曰大顺之道。"②王明指出，《太平经》"直解'太平'二字的含义，就是天地育养万物，这表明作者在全部《太平

---

① ［法］阿尔贝特·施韦泽：《敬畏生命：五十年来的基本论述》（第2版），陈泽环译，上海社会科学院出版社，2003年，第133页。

② 王明：《太平经合校》，中华书局，1960年，第718页。

经》书里特别对于天地生养万物的重视。"①需要指出的是,天地覆养之"万物"当然包括人与自然万物在内。天地能覆养、长养万物,并以此为常道,故其功劳最大。人类应当效法天地常道,以合天地心意,实现天地的常道、人类社会的大顺之道,如此甚至可以实现自然万物的"顺常"。

从其涵盖面来看,太平社会包括人类社会的太平、天地的太平、自然万物的太平三大重要部分。天地、人、万物之间的太平关系是相统一的,其核心在于人类社会的和谐。《太平经》讲的"太平"主要是人类社会的太平。正如乐爱国所说:"道教把人与自然之间的关系看成是一种和人与人之间、人与社会之间关系相同的伦理关系,这样也就构成了道教的生态伦理。"②这实际上隐含着将人与天地、万物之间的关系纳入人与人、人与社会的关系当中,更直接地说,它的生态伦理依附于它的社会政治伦理。这从它的"三统"论也可以看出。《太平经》讲"三才"说主要指天、地、人三者,与之相比,《阴符经》的三才已转换为天地、人、万物:"天地,万物之盗。万物,人之盗。人,万物之盗。"③《阴符经》明确将天地融合,又将万物单独列出,以"盗"将天地、人、万物相联系,分别论述了三者之间相互依存的关系。从《太平经》至《阴符经》的三才说,我们可以探知万物地位的逐渐上升过程,也可见古人对人与天地、万物关系的认识程度逐渐加深。《太平经》正处于这一认识过程中的中间环节。毋庸置疑,《太平经》对人与天地、万物的论述蕴藏着丰富的生态思想,即便是在今天也有一定的借鉴作用。

《太平经》强调人在天地、万物之间的地位及其重要性,认为人是天父地母之子,又是自然万物之长,这种特殊地位使之上可与天地相匹配,下可与万物相联系,更重要的是,它使人类能够肩负起实现太平的重要责任。《太平

① 王明:《道家和道教思想研究》,中国社会科学出版社,1960年,第111页。
② 乐爱国:《道教生态学》,中国社会科学出版社,2005年,第190页。
③ 黄帝著,伊尹等注:《阴符经集释》,中国书店,2013年,第5页。

经》以"太平"为根本目标,并认为太平气的到来即可实现太平。太平气如何才能到来?"如不力行真道,安得空致太平乎?"①可见,人们如果不力行真道,太平气就不会轻易到来。从三一结构来看,《太平经》强调三合相通,共同配合,其重点在"中和"、在"人"。"太和即出太平之气。断绝此三气,一气绝不达,太和不至,太平不出。阴阳者,要在中和。中和气得,万物滋生,人民和调,王治太平。"②太平气的到来,其要点在"中和"之气。太平气到来之后,人类也不是无所作为的。《方药厌固相治诀》即有:"今天太平气至,当与有德君并力治,无妄伤害,则乱太平之气,令治愦愦。"③可见,太平气来后,人们也应当力行真道,否则会扰乱太平气,反而使其治混乱。

在人与天地、万物的关系当中,《太平经》总体上要求人们担当起"助天生物,助地养形,助帝王修正"④的天职,并为不同人群划分了具体职能:"其无形委气之神人,职在理元气;大神人职在理天;真人职在理地;仙人职在理四时;大道人职在理五行;圣人职在理阴阳;贤人职在理文书,皆授语;凡民职在理草木五谷;奴婢职在理财货。"⑤忽略其中的神化因素,我们会发现《太平经》中人具有理元气、天地、四时、五行、阴阳、文书、草木五谷、财货等能力。理,突显了人类在万事万物形成、发展过程中的重要作用,要求人们恪守职责,协调统一。其中,有德之人的协助起着十分重要的作用。"是故古圣贤帝王将兴,皆得师道,入受其策智,以化其民人,师之贵之,乃言其能知天心意,象天为行也。天上亦尊贵善道人,言其可与和风气,顺四时,承五行,调风雨,助日月星宿为光明也,而使万物兴也。"⑥这就是说,太平世界的到来需要

---

① 王明:《太平经合校》,中华书局,1960年,第399页。

② 同上,第19~20页。

③ 同上,第385页。

④ 同上,第244页。

⑤ 同上,第88页。

⑥ 同上,第660页。

"道人"的辅助,以天地为法,教化百姓,使民众认识到自身的基本职责,如此,才能更妥善地理天地万物,实现太平的目标。

《太平经》追求的太平社会是人类社会的安居乐业,各守其职,天地无灾异,三光不失度,四时五行阴阳协调,自然万物的繁荣茂盛、自然生长的理想境界。这一理想境界也是人与自然和谐相处的表现。在太平理想中,人类社会的太平才是首要的、最重要的太平,实现人事的太平即可实现天地和谐、万物平安。可以说,人类社会的太平是实现整个人类社会、天地、自然万物太平的基本前提与根本保障。这种思想注重强调人的地位、利益和职责,甚至于天地、自然万物的状况都被落实到人类社会。在人与自然的关系中,人们往往局限于人类社会的视野,以至于无法从自然界本身的秩序出发,探索人与自然的关系。不可否认的是,"《太平经》看到自然万物的和谐与自然界系统的平衡的重要,但往往只是用宗教化的神学方式予以解释"①。《太平经》强调自然界的和谐是值得肯定的,但它对人与自然关系的认识仍然值得进一步探究,特别是宗教神学的特色使其难以发展成现代意义上的生态伦理学。但恰恰也是因为这种宗教特性,才能够对天地产生出一种敬畏之情,并通过天道的作用,强化对人类职责的规范与要求,对人的欲望的约束与限制,对人的仁爱之心的扩充与推广。这或许是我们需要进一步探索的地方。

---

① 卿希泰:《中国道教思想史》(第1卷),人民出版社,2009年,第252页。

外国生态哲学评论专栏

主持人语

卢风*

  有些欧美科学家称生态学为颠覆性的科学,他们认为生态学是一个整合性的学科,提供了一种"跨越各种边界的视野",发起了一种"抵抗运动"——不同于对人类自身力量的狂热。在他们看来,生态学提供了改变我们工程和社会规划中一切做法的要素。于是他们也认为世界需要知道生态学家们的发现,需要认真看待生态学知识,以改变我们获取食物、能源、材料、住所以及生计的方式。作为颠覆性科学的生态学应该融入建筑、工业、农业、景观管理、经济和政治。简言之,万物相互关联的观念应该从学术期刊走向主要街道、董事会的会议室、编辑部、法庭、立法会议和教室。事实上,自20世纪六七十年代以来,生态学对全球政治、经济、文化都产生了巨大影响。本专栏的四篇文章分别介绍了芬兰生态文明教育的借鉴、罗尔斯顿的生态美学思想、布克钦的生态社会学思想,以及卡逊、康芒纳等北美生态学家的思想。第一

  * 卢风,哲学博士,清华大学生态文明研究中心研究员,国际学术期刊 *Environmental Ethics* 编委,主要研究生态哲学和生态文明理论。

  邮箱:lufeng@tsinghua.edu.cn

篇文章分析借鉴芬兰生态文明教育经验。人与自然和谐共生是中国特色社会主义进入新时代的战略抉择。北欧芬兰在生态环境建设、促进绿色发展方面水平卓越,拥有完善的生态环境管理机制,在新时代的中国建设生态文明强国中会有所借鉴。第二篇文章把罗尔斯顿的环境美学思想称为生态美学,以便将美与环境伦理相联系,罗尔斯顿所期盼的"美学"并非某种仅仅注重形式的"美学",虽然看似分散,不那么体系化,但却追求让物回归于本身,让美自然地显现。第三篇文章把布克金的社会生态理论看成是建构论理性主义的一种典型体现,即假定每个人都完全均等地拥有理性,并相信社会制度的发展是人类理性设计的结果。第四篇文章探究卡逊、康芒纳等当代北美思想家们从聚焦具体的人工自然物到反思人工自然物背后的现代技术,再到探索更大范围的经济社会系统变革的环境效应,逐步推进对人与自然整体性关系的科学认知的过程。希望本专栏的四篇文章能够引发人们对欧美生态思想更深入的研究。

芬兰生态文明教育
对我国生态文明发展的借鉴意义

王烁*

人与自然和谐共生是中国特色社会主义进入新时代的战略抉择。习近平生态文明思想是对以往思想的总结、继承与发扬。马克思主义生态思想和中华传统生态观是习近平生态文明思想的理论发展起点，人与自然关系的探索是习近平生态文明思想的实践起点。随着人民生活水平的不断提高，中国对于生态环境的重视程度越来越高。生态文明教育是我国推进生态文明建设的重要任务之一。中国在这方面有一定基础，发展空间巨大。北欧芬兰在生态环境建设、促进绿色发展方面水平卓越。除完善的生态环境管理机制以外，芬兰本着"环境保护，教育为本"的理念，从学校教育和社会教育两个方面重视培养学生对于环境问题的责任感。

───────────

　＊王烁，天津外国语大学欧洲语言文化学院副教授，南开大学周恩来政府管理学院博士生，主要从事芬兰国别研究。

　邮箱：wangshuo@tjfsu.edu.cn

一、芬兰的生态文明教育特点

芬兰被称为"千湖之国",森林覆盖率超过 70%,它的生态文明理念不仅源于其得天独厚的自然条件,更来自社会各方对环境的高度关注、悉心维持以及改造建设。芬兰在促进绿色发展方面水平卓越,由于强有力的保护措施、不断开发的环保技术和行业研究,芬兰内陆水域的总体状况比几十年前要好很多。[①]但除了其完善的管理机制以外,芬兰在生态环境建设上的成就很大程度上得益于芬兰人民的环境意识,以及在学校教育和社会教育中培养出的环境责任感。

环境意识与环保意识不同,前者所涵盖的范围更广。公民的环境意识就是其环境观,也就是每个社会成员个体对于人与自然关系的认知。其表现可以体现在环保意识上,即成员参与社会活动、制定决策时主动自发地将环境因素纳入考虑范畴等。这种认知和积极性可以通过后天培养习得。环境意识是环保意识形成的基础,也是生态文明教育中最基础的部分。芬兰的生态文明教育分为学校教育和社会教育两个方面。在学校中主张传输理念,鼓励实践;在社会中主张全民参与,潜移默化。

芬兰生态文明教育由国家推动,国家教育委员会负责筹划课程大体框架。《国家基础教育核心课程 2014》(National Core Curriculum for Basic Education)[②]指出学生必须具备的七大通用能力,尤其强调培养学生"参与并创

[①] Maabräändivaltuuskunta, *Tehtävä Suomelle:Miten Suomi Osoittaa Vahvuutensa Ratkaisemalla Maailman Viheliäisimpiä Ongelmia*, Maabrändiraportti, 2010:7.

[②] Aulis Pitkälä, Jorma Kauppinen, *National Core Curriculum for Basic Education 2014*, Ministry of Education and Culture, Finland, 2014.

造可持续发展的未来"①方面的能力,这为将生态文明教育纳入教学大纲奠定了基础。发展生态文明教育的原因很多:一是各种战略框架的提出,希望通过提升公民环境意识,推动芬兰经济由"浅绿色"到"深绿色"型转变②;二是意识到人们在大力发展工业时经常忽视环境管理,要避免先污染后治理的问题;三是芬兰人民自身对绿色可持续生活的美好追求。大体来说,芬兰基础教育中的生态文明教育通过鼓励个人和群体发展其价值,运用其掌握的知识、技能,增强其环境意识,来帮助学生实现绿色可持续发展。而在芬兰的职业教育以及高等教育中会开设环境科学课程,其重点在于保护生态多样性,合理的生态消费和可持续发展的积极行动。③对不同人群采取侧重点不同的生态文明教育,有利于多维度全面地培养公民的环境意识。

在形式和内容方面,芬兰生态文明教育独树一帜。首先,芬兰生态文明教育在学校中普及程度很高,可持续发展教育体系完善。芬兰所有学校均开设相关课程,并有专门的教师组织活动。④学校鼓励以提高学生的环境意识为切入点,除将生态文明教育引入现有学科外,用课外活动和选修课程作为补充。由政府监管课程并给予充足的基金支持,教师作为教育的中心位置引导学生完成课程,各方互相配合。

其次,教育部门及教师对待课程认真严谨并在教学安排中层层递进、因材施教,较早较深地将环境意识传授给学生。学校的生态文明教育从内容上可分为基础教育中的绿色可持续发展和职业教育中的绿色生产。在基础教育中,把生态文明教育引入不同学科。老师们需先参加培训撰写论文,以便

---

① 黄丹、石秀秀、贺宇明等:《北欧四国生态文明教育实践与启示》,《河南师范大学学报》(哲学社会科学版),2019 年第 6 期。

② 陈帅、黄娟、崔龙燕:《北欧国家生态文明教育的三维向度》,《比较教育研究》,2019 年第 7 期。

③ 王飞贺:《芬兰可持续发展教育政策探析》,《"科学发展·生态文明——天津市社会科学界第九届学术年会"优秀论文集》(下),天津市社会科学界联合会,2013 年 10 月。

④ 杨丽明:《芬兰人的环保意识》,《决策与信息》,2004 年第 12 期。

具备更多的知识储备来制定针对不同阶段学生的有效的教学策略并开设相关课程。像幼儿园阶段,孩子就要开始接触"爱护自然"等概念;小学的环境自然课分为户内和户外两部分。在户外,学生席地而坐与教师一起辨认各种常见动植物;户内课时则近距离进行观察,课堂中强调如何正确看待人与自然的关系,初步形成环境意识。初中的生物、地理、家政课中,教师要讲解环境及环保的基本原理。高中的生物、地理、化学课则开设对于环境问题的讨论课。而面向企业员工的生态文明教育就更加丰富,依据各行各业的不同特点,重视帮助企业发展绿色生产方式、构建绿色生产体系。

最后,芬兰生态文明教育的实用性高,知识能够由课本走进生活,帮助解决实际问题。在实践中培养运用知识的能力是芬兰教育的显著特点。在单学科教学中增加户外实践课时,如小学自然课、初中家政课,或是增加学生动手实操的机会,如手工课、科学课。除了单学科教学的形式,为适应二十一世纪所带来的新的挑战,学校大力注重培养学生跨学科应用能力,创新性地将生态文明教育融入"现象教学",即在开设的选修课程或活动中,弱化学科概念,从某一现象入手,学生组成小组,运用多学科知识探究该现象。[①]每个小组确定一个学习主题,这些主题包括废物分类、回收和处理,濒危物种,周边环境等。教师负责参与规划方案和指导学生,校长负责制定计划、分配任务、与校外机构建立联系等。而在大学阶段,学校通常设有相关的环境科学机构,机构为各个学校开发更专业的课程,并且培训教师和组织环境项目。优秀项目成果为芬兰各行各业在节能减排、实现绿色发展提供可行方案及技术支持。

芬兰学校课程体系设计精良、层次丰富,公民在不同阶段都能接受良好的生态文明教育。在学校中,公民至少要进行三大模块的环境学习,包括了

---

① 于国文、曹一鸣:《跨学科教学研究:以芬兰现象教学为例》,《外国中小学教育》,2017 年第 7 期。

解环境(自然科学)、为了环境(伦理道德)和融入环境(实践探索)。这三大模块分别从知识、情感和技能上为学生形成良好的环境观奠定了坚实基础,同时也让学生留意到对后物质文化的追求是提高生活质量的重要途径。

在大多数情况下,芬兰学生在学校中已经良好掌握环境保护和可持续发展的观念,但是使公民了解实践层面的重要性,以及使绿色消费概念深入人心却是来自社会及家庭的生态文明教育。首先,芬兰环境学家、环保机构、企业等与学校合作联系,帮助学校完成实践活动。最为常见的活动是回收废弃物品,来自农业、林业部门的专家会帮助学校进行科学回收,在芬兰有96%的学校回收废纸,58%的学校回收玻璃瓶,51%的学校回收金属制品和塑料制品,30%的学校将厨余垃圾制成堆肥,还有38%的学校把食物残渣运送到农场再利用①,与大学的合作主要是开发新课程或开展科研活动,同时一些企业利用自身优势为学校提供教学活动,如安排参观日等。

除了学校和社会为学生们提供的生态文明教育,芬兰政府也通过潜移默化的方式做出自己的贡献,通过公民参与的形式进行自发的生态文明教育。芬兰政府或者企业的工程在立项前都要将工程有可能造成的环境影响公之于众,征求民众意见,并在地方环保中心的评估下对每一条意见进行恰当反馈。民众的意见对工程有着十分重要的作用,公民有权对工程提出必要质疑,公众的意见可能会推翻整个工程计划。环境影响着每个人的生活质量,通过行使自己的权利,争取更好的居住环境,不仅使芬兰民众的环境参与度更高,同时对环境保护也具有向好作用。

另一个全民参与的环保行动是垃圾分类。垃圾分类现已成为芬兰人的日常行为,垃圾回收逐渐从观念向产业发展。家长从孩子小的时候就向他们简单介绍垃圾分类,孩子在家长身边耳濡目染,自觉建立起了分类习惯。垃

---

① 谢燕妮:《芬兰中小学可持续发展教育研究》,《世界教育信息》,2017 年第 5 期。

圾经分类后会被带到垃圾处理厂二次回收再进行处理。采用绿色生活消费教育的末端倒推法来保护生态环境、节约能源资源是芬兰生态文明教育的良方。同时,芬兰拥有极其先进的资源循环利用系统。这体现在生活中的各种小事之中,例如对老旧损坏的电子设备进行回收,二手商品的低价出售,以及各大超市的瓶罐回收站。这种模式巧妙地抓住了消费者的心理,不仅促进了可回收资源的有效利用,同时又节省了自然资源。此外,在每年四月中旬的"吝啬周"期间,芬兰各地政府、企业、学校等联合举办以减少纸张消费为主题的研讨会,公共机构和媒体也会鼓励民众对此出谋划策,引导公众循环利用,提倡节约用纸。①

学校教育和社会教育构成了芬兰生态文明教育的完整体系,显著提升了公民的环境素养。学校教育讲解环境知识、提高环境意识、鼓励社会实践;社会教育在日常生活中提高环境参与度、锻炼对环境知识的应用能力、将环保意识融入日常行为,使全民重视支持生态文明教育的开展,再通过宣传激发对环境知识的好奇。这两种方式虽侧重不同,但表里相依、相互促进,形成了良好效果。由此可见,芬兰生态文明教育以实践参与、培养能力为关键,而非纯理论驱动。与强制性的法律法规相比,隐匿于日常生活中的生态文明教育更能激发公民的环境意识及对环境的热爱。也由于完整的生态文明教育体系,促使芬兰人民形成了对保护环境责无旁贷的态度与想法。

二、芬兰生态文明教育对我国生态文明建设的启示

经过多年的生态文明教育的实践探索,芬兰已经形成了具有北欧特色的生态文明教育模式,促使芬兰人养成绿色生态、绿色生产、绿色生活的良

---

① 刘少才:《从节约用纸看芬兰对森林资源的保护》,《资源与人居环境》,2016年第9期。

好习惯。芬兰生态文明教育实践与经验，对我国开展新时代生态文明教育，构建生态文明教育体系具有重要启示。

首先，提升教育质量，给予教师信任。我国生态文明教育的主阵地是学校，实施教育的重点在于教师。因此，提升教师队伍对于环境知识、意识、行为及评价水平的认识是生态文明教育取得较高质量的关键。芬兰教育的核心关键词是信任，多方信任促使芬兰教育民主平等。①教师占据芬兰教育的最中心地位，社会及家庭对教师的信任程度极高，教师对课程安排的自主度很大。信任感的维持与教师的高水平、对待知识不断进取的态度密不可分。芬兰教师专业水平过硬，必须经过严格的选拔机制层层筛选并通过大学环境科学机构开展的专门培训后方能开设环境课程，学期结束后教育部门会从多角度对课程进行评鉴考核。芬兰基础教育教师的环境论文发表率较高，这从侧面展示了高校及参与培训的教师对开展生态文明教育的重视程度。

生态文明教育涉猎范围很广，我国现阶段缺乏一定研究环境科学教育方面的专业机构，开展生态文明教育教师的培训工作尚未形成良好体系。通过定期对任课教师的培训，加深教师对环境问题的认识，更新知识、转变观念，使教师能够更紧密地将生态文明教育融入自己的学科之中，并有充足的拓展知识便于教师辅导学生进行课外活动。教师的综合水平提高也有利于提升社会对教师的信任度，同时也为生态文明建设在理论和实践中提供思路和经验。

其次，构建教育框架，完善教育体系。生态文明教育应贯穿社会成员成长的全过程，从幼儿园、小学、中学、大学延展到职业生涯中，而不是仅仅满足于某一阶段的培养目标。国家应整体建立生态文明教育体系，形成基础教育、专业教育、职业教育以及社会教育全面渗透，并在升学、就职等重要考核

---

① 左兵、蔡瑜琢：《信任，芬兰教育的文化基因》，《人民教育》，2018 年第 7 期。

时,着重开展对于应试人环境意识的考察。

框架搭构的前提要求教育部门和学校明确教育目的。生态文明教育需以人为主体,探究人与环境的平衡关系。除了对于环境知识的科普以外,还需跳出知识和技术层面,将其扩展到环境意识、态度和价值观的培养上。我国生态文明教育应开设专门的环境保护必修课,将生态文明教育与地理、政治、化学、生物课等进行结合,教育目的应在认识到日常生活中的环境问题的基础上,向深度发展。结合学科特点,简要介绍该学科发展所涉及的环境专业术语及操作,也可效仿开展芬兰式"现象教学",针对某一现象开展一堂跨学科的研究活动。[1]例如,初中研究水的一节课,可以从其物理性质、浮力、化学性质、化学反应、回收试剂、在自然界中的水循环等理论及实验的角度进行学习。

制定良好的教学计划,形成多层次化的教学内容来满足不同阶段生态文明教育的需求。在幼儿园阶段,让孩子多接触日常环保概念,将爱护环境的观念种植在他们的脑海中;义务教育阶段,提高学生对环境问题的关注度,并尝试自主解决这些问题;高中阶段所学知识更加精细,这时可以加强学生从生活延伸至对全球性环境问题和较为专业的环境概念的理解,并辅以跨学科项目,从多角度拉进学生与相对晦涩难懂知识的距离;针对成人教育及专业教育时,要格外保证知识的实时性,及时更新教学内容。在学习借鉴外国优秀经验的同时,我国的生态文明教育应因地制宜,结合地域性,将其"本土化",结合热点问题、学生见闻,使其更加具有实用性。

最后,鼓励全民参与,优化社会教育。每个人既是生态文明的受教育者,也是其践行者。广泛面对社会成员开展生态文明教育,会在潜移默化中影响人民日常的行为,将环境意识深入人心,提高环境参与度是生态文明建设中

---

① 俞建芬、蔡国英:《芬兰"现象教学"的理念、内涵与启示》,《教学与管理》,2019 年第 33 期。

的重中之重。由于我国人民环境意识不足,有关环保的法律法规也正处于发展健全的过程中,社会宣传成了对公众进行生态文明教育的重要途径之一。通过社会教育,帮助全体社会成员树立正确的环境观,激发民众的环保意识,鼓励参加环境保护活动,改善生活环境。

增强社会教育的一大举措是引导多方参与到生态文明教育。学校、社区街道、自然博物馆、自然保护区、家庭、企业、政府等共同努力,增强联系,营造面向全民的生态文明教育。尤其义务教育时期是学生拓宽知识面、形成独立思维的最佳时段,学校应把握这个时机,增强与民间环保团体的联系,为学生多提供参与课外活动、社会实践的机会及平台,同时建立相应奖励机制,鼓励学生参加活动。第二是进行多种形式的宣传工作。制作公益海报、在街道举办环保讲座或知识竞赛、在小区或私家车张贴环保标语图案、在货架边插入绿色小贴士等都是成本较低且时时刻刻能起到警示作用的办法。宣传过程中不可忽略网络作为信息载体的优越性:设计一些简单的小程序,通过游戏形式传播环境知识;利用短视频平台,发布一些生活节约小妙招;或是相关环境组织部门,开通网上交流平台,与民众进行互动。第三是日常行为习惯的养成。如同芬兰家长在孩子幼儿阶段便向他们灌输垃圾分类的概念并带领孩子参与分类及旧物回收的过程,家长应是孩子形成环境意识的第一任也是任期最长的老师。日常习惯的养成往往是润物无声的一些细节,如垃圾分类、时刻提倡"光盘行动"、不随意乱扔垃圾、减少使用一次性产品等。良好习惯的养成和保持需要家长及身边人以身作则并不断督促,在培养孩子的同时,也起到了反向规范家长及教师行为的作用。

芬兰的生态文明教育的成功经验值得我们吸收和借鉴。不过,任何事物都不可能尽善尽美,芬兰生态文明教育也在不断地发展完善中。由于各国面临的世情、国情、民情大不相同,生态文明教育内容、目标和要求也有所区别。世界上没有放之四海而皆准的生态文明教育模式,我们也不能简单照搬移植芬兰生态文明教育模式，各国要因地制宜探索自身特色的生态文明教育模式。相信中国以习近平生态文明思想为指导，一定可以把经济社会发展同生态文明建设统筹起来，充分发挥党的领导和我国社会主义制度能够集中力量办大事的政治优势，充分利用改革开放四十多年来积累的物质基础，加大力度推进生态文明建设，解决生态环境问题，做好生态文明教育，推动我国生态文明建设迈上新台阶。

罗尔斯顿的生态美学论析

张伊萱*

罗尔斯顿的美学思想与他的生态伦理观结合紧密，形成了一套客体性的生态美学思想观。他的生态美学思想主要有以下要点：①审美属性是客观的。他着重强调审美过程中审美属性——蕴含在自然作为客体之重要性。②我们不是欣赏自然中的美，而是欣赏自然的内在价值。而欣赏自然的内在价值，就意味着站在自然的角度欣赏自然。这是一种客体性的美学观。③在罗尔斯顿看来"自然全美"有待商榷。自然中有大量不能产生愉悦感的事物，但对生态系统而言，他们具有不可取代的内在价值，使消极审美价值转化为积极审美价值。这是一种生态美学观。正是对于生态系统的突出强调，使得罗尔斯顿的美学思想成为当代生态美学的重要组成部分。

当前学术界通常把罗尔斯顿美学思想视为环境美学，罗尔斯顿的论述中固然有环境美学因素，他的论文也被收入环境美学家伯林特的论著当中，但罗尔斯顿在论述中更多地用到了"生态美学"这个术语。根据我们的理解，

* 张伊萱，教育部人文社会科学重点研究基地山东大学文艺美学研究中心博士生。
邮箱：542696043@qq.com

把罗尔斯顿的思想称之为环境美学，远不如把他的思想称之为"生态美学"更能解释他美学的性质和特点。

为了将美与环境伦理相联系，多数学者倾向于采取伦理学或科学进路从事美学研究，因而往往将"美"的范围扩大。与之相比，罗尔斯顿则采取了更富效力的研究进路。其所讨论的"美"与康德意义上的"美"在限定上具有一致性，即将"美"界定为"形式"上的完善或统一，因而其不同于鲍姆嘉通意义上的"感性认识的完善"。然而，罗尔斯顿所期盼的"美学"却并非某种仅仅注重形式的"美学"。罗尔斯顿的美学思想看似分散，并不是体系化的，然而却有生态美学的根本思想在其中，即让物回归于本身，让美自然地显现。

一、审美属性的客体性

罗尔斯顿讨论美学问题的总体思路是，将审美体验分解为两种要素，审美能力（aesthetic capacities）和审美属性（aesthetic properties）。审美能力是观察者具有的体验能力，而审美品质是客观地存在于自然万物之中的客观特性，比如形式、结构、秩序等。①除此之外，他还提出系统的自然（systemic nature）具有审美力量（aesthetic power），因为它有产生审美品质的能力。

如果没有审美能力，即使自然中有丰富的形式，也不能使观察者产生审美感应。审美属性的存在让审美主体能够产生审美体验，并感受到美。罗尔斯顿谈到，一些生命的供给，如营养、资源获取，所有这些和它们身上的很多价值，我们都会承认它们客观地存在在自然中，在人类出现之前就存在。但

① Holmes Rolston Ⅲ, *Environmental Ethics: Duties to and Values in the Natural World*, Philadelphia: Temple University Press, 1988, p.235.中译本参见［美］霍尔姆斯·罗尔斯顿：《环境伦理学——大自然的价值以及人对大自然的义务》，杨通进译，中国社会科学出版社，2000 年。

是美呢？通过美，我们进入了更高的价值领域。关于美的体验是人带入世界中的，人类点燃了美，就像他们点燃了伦理学。①

如果审美属性不存在，即使观察者具有审美能力，也不会产生审美体验。"人类点燃了美"这个比喻暗示着，没有人的认识就不会有"审美"这个概念的存在，但没有这个概念审美属性依旧是客观存在的。罗尔斯顿认为，环境价值理论确实需要把审美价值从自然承载的其他许多价值中分离。美是一种过渡的类型。他举了很多实例，比如大自然和数学在某种程度上的相似——大自然是美的，和数学有某种程度的相似。但数学是人类的创造，并不存在于自然中，如经纬线、等高线等。但是这些发明却成功地帮助人们确定自己在地球上的位置。数学可以被说成是客观的，也可以被说成是主观的。数学的属性就在那里，但数学的体验却在等候人类的出现。②美也是如此。对于美的感受或许在我们心中，但我们感受的，其实是令我们形成美的体验的、具有审美属性的事物。

传统西方的自然审美欣赏中遵循着"如画"传统，主张把自然风景看成一张艺术风景画来欣赏。③罗尔斯顿非常不赞成将自然事物视为艺术品的观点，他在多篇论文中反复强调：自然不是为审美欣赏而生的，它们不是艺术品，但创生万物的自然（projective nature）有规则地创造了景观（landscape）和生态系统，包括山、海、草原、沼泽等。他们的属性包含美的弦外之音（overture of beauty），这些审美属性是依附于自然的。

罗尔斯顿之所以做这样一个简短、并不严谨的讨论，其学术目的并不是

---

① Holmes Rolston Ⅲ, *Environmental Ethics: Duties to and Values in the Natural World*, Philadelphia: Temple University Press, 1988, p.234.

② Ibid., p.235.

③ ［加拿大］艾伦·卡尔松：《从自然到人文——艾伦·卡尔松环境美学文选》，薛富兴译，广西师范大学出版社，2012年。

像中国 20 世纪 80 年代那场美学讨论那样，为了从学理上证明美究竟是主观的还是客观的。他针对的问题是，美是由于人的存在而产生，还是本来就客观的存在在自然世界之中？从他文段中句子间的关系我们不难发现，他对审美属性的强调要远甚于审美能力。比如：

> 审美价值确实是顶点的价值。但环境的价值则更为基础，具有生物多样的特征。审美经验现在需要叠加在更客观的层面上。（美的）潜能的实现需要一个具有审美能力的观察者，但更需要孕育它的力量——自然的力量。……持生态系统立场的人会发现，美是创生自然的神秘产物，审美属性的光环。这种光环需要具有审美能力的体验者来完成，但仍需要自然的力量去产生。
>
> 审美的这两个向度都是值得注意的：客观地存在于大自然中的景色，由眼睛和大脑配合而产生的对景色的感觉方式，他们都是大自然的产物，大自然进化的结果。①

罗尔斯顿究竟在哪种维度下言说"主体""客体"？他并未言明。中国美学界曾有过一场宏大的讨论。但当时的美学家主要在追问美的主客观问题。如朱光潜，他所谈的客观是指人类以外的客观自然物。他认为，"意识和一般心理方面的现象是主观的，意识所接触的外在世界是客观的"②。而罗尔斯顿将"对景色的感觉方式"这个本应属于主观的部分也划入"客体"范畴。这说明罗尔斯顿的讨论和美的主客观问题并不在一个层面。

罗尔斯顿的客体性审美，建立在他的客体性道德（objective morality）之

---

① Holmes Rolston III, *Environmental Ethics: Duties to and Values in the Natural World*, Philadelphia: Temple University Press, 1988, p.236.

② 朱光潜：《论美是客观与主观的统一》，《哲学研究》，1957 年第 5 期。

上。①因为在罗尔斯顿看来,环境伦理学超越了康德伦理学,超越了人本主义伦理学,把其他存在物也当并列的目的来对待。这样既能从自己的角度,又能从其他存在物的角度来欣赏这个世界。②审美属性不是我们站在人的角度去调查和细分自然事物的种种细节,而是站在自然事物的角度去感受它的自为之善。这是罗尔斯顿与环境美学家的不同之处。环境美学家面临的问题是自然审美,生态美学家强调的则是审美方式。③

二、内在价值与审美属性之间的关系

环境伦理学家面临的共同问题就是,如何为保护自然创立坚实的伦理基础? 这个问题如果深挖下去就可以转化成,我们究竟如何看待自然中的万事万物?

生命中心主义的伦理学家如阿尔贝特·史怀泽的理论是,通过表现生命的伟大来建立人们对生命的敬畏感。他认为大自然的生命都值得敬畏,我们应当保护生命,不去滥杀无辜,对此史怀泽也有精彩的论证。他的思想虽能够培养情怀,使人们心生慈悲,但在促进人们产生行动的效果却是有限的,尤其是和人类利益相冲突的时候。

如果我们被问到为什么保护大峡谷或者山脉, 或者从中国读者的角度讲,如果我们被问到为什么要保护丽江。人们通常会回答因为我们不能破坏它美好的景致,如果我们破坏了它,便不再有那样美的地方去观光。哈格洛

---

① Holmes Rolston Ⅲ, *Environmental Ethics:Duties to and Values in the Natural World*, Philadelphia:Temple University Press, 1988, p.190.

② Ibid., p.340.

③ 关于何为生态美学,参见程相占:《论生态美学的美学观与研究对象——兼论李泽厚美学观及其美学模式的缺陷》,《天津社会科学》,2015年第1期。

夫(Hargrove,Eugene C.)就曾宣称自然保护最终的历史根基是美学。罗尔斯顿则认为这种观点有失偏颇。他质疑,从日常生活的层面上看,美学价值常被认为级别很高,但是总是被次后考量。美确实是一个促使人爱护自然的理由,但不是一个坚定的理由。①美学能够激发责任,不过激发责任的途径却不是人类有关艺术的愉悦。他通过"内在价值"概念,来联结作为事实的自然和作为自然和人关系的价值理论。作为生态中心主义的生态伦理学家,罗尔斯顿的思路更为实际且视野宽广。②

何为自然的内在价值? 罗尔斯顿这样论述:内在价值是可以被人们体验的,是对象自在的快意(enjoyable)。③是指那些能在自身中发现价值,而无须借助其他参考物的事物。而工具价值,是指某些被用来当作实现某一目的手段的事物。④内在价值在罗尔斯顿眼里和人类的关怀(human concern)、工具性价值、人类中心主义均是相对的。这些都是主体性价值最为突出的特点,因而我们可以说,内在价值和主体性价值是最为矛盾的,工具性价值和客体性价值也是对立的。

罗尔斯顿作为生态中心主义的环境伦理学家,极力证明自然界中内在价值的客体性。他采取的思路是把自然界中的事实、存在物,解释、理解为自然价值客观存在的依据。将价值与事实统一。⑤从时间的序列上来看,与漫长

① Holmes Rolston Ⅲ, *From Beauty to Duty:Aesthetics of Nature and Environmental Ethics*,in *Arnold Berleant*,ed.,*Environment and the Arts:Perspectives on Environmental Aesthetics*,Aldershot: Ashgate,2002,p.130.

② 杨通进:《当代西方环境伦理学》,科学出版社,2017 年,第 240 页。

③ Holmes Rolston Ⅲ, *Can or Ought We To Follow Nature*, *Environmental Ethics*,1(1979). 中译本参见[美]霍尔姆斯·罗尔斯顿:《哲学走向荒野》,刘耳、叶平译,科学出版社,2017 年,第 64页。

④ Holmes Rolston Ⅲ, *Environmental Ethics:Duties to and Values in the Natural World*,Philadelphia:Temple University Press,1988,p.186.中译本参见[美]霍尔姆斯·罗尔斯顿:《环境伦理学——大自然的价值以及人对大自然的义务》,杨通进译,中国社会科学出版社,2000 年,第 253 页。

⑤ 张德昭:《深度的人文关怀:环境伦理学的内在价值范畴研究》,中国社会科学出版社,2006 年,第 54 页。

的地质演化和生物进化过程相比,人的历史是十分短暂的。罗尔斯顿说:"大自然是一个进化的生态系统,人类只是后来的加入者;地球生态系统的价值在人类出现以前就各就各位,大自然是一个客观的价值承载者。"①内在价值的呈现依赖于人的评价和体验,但即使没有人的评价和体验,自然价值仍然是客观存在的。在自然中,每个生物个体具有内在价值。有些人认为植物不会动,是没有感觉的,不值得我们去珍惜。但深谙生物学的罗尔斯顿则看到了生物自为的善,生物有自己的遗传物质的规范,有爱护自己的方式。使得植物生命在"是"之外还有某种"应该"。他们因懂得自我爱惜,拥有"自为之善"而应该得到爱护。

这是罗尔斯顿内在价值的客观性的思路,这种思路和美学的关系是什么呢? 首先,如前所述,他证明了内在价值和审美属性一样具有客观性。其次,他认为我们欣赏的是自然的内在价值而非工具价值,欣赏的是自然事物本身,不只是它美的形式,可爱的外表,亦不是他对主体的功利性目的。他讲道:"我们需要荒野自然和需要生命中其他事物的方式有很大的相似之处,我们欣赏它的内在价值而不是它的工具价值……我们与自然的邂逅(与其他人类活动)有一点不同,即这是我们不依赖人的活动而能接触到价值与美的唯一形式。"②

以康德为代表的主体性美学则认为,我们看到的是事物的表象,而不是事物本身,我们在审美欣赏中欣赏的是事物的形式。这点在康德构建"纯粹美"概念时比较明显。康德说:"我只想知道是否仅仅事物的表象就伴随着愉悦,即使我或许对表象的实存是无所谓的。要说一个对象是美的并证明我有鉴赏力,取决我怎样理解我心中这个表象,而不是我如何依赖于这个表象的

---

① Holmes Rolston Ⅲ, *Environmental Ethics:Duties to and Values in the Natural World*, Philadelphia:Temple University Press,1988,p.3.

② Holmes Rolston Ⅲ, Can or Ought We To Follow Nature. *Environmental Ethics*,1(1979).

实存。"①

西方近代美学认为,审美是人的感性认识或情感活动,是主体性美学。对此杨春时有过透彻的分析:主体性美学是启蒙时代的美学,启蒙理性的基本精神是主体性,它肯定人的价值是最高的价值,认为人是自然的主宰,以人的理性来对抗宗教蒙昧和神本主义。②康德对自然的一般规定为,从质料方面来说,自然是人的经验对象的总和;从形式方面来说,自然是现象界普遍的合乎法则性。他认为认识只能把握现象世界,不能把握物自体。人的意识只能在人的意识的范围内行动,自然便规定成人的经验所构成的世界。后来的思想也对这个路数有所继承,发展出一系列主体性命题,如罗尔斯顿常批判的"美只在观察者眼中"(但这未必是康德的本意)。黑格尔则认为"美是理念的感性显现",认为艺术美因凝结了人的精神创造,比自然物更接近于理念,因而艺术美高于自然美。

以康德、黑格尔为代表的主体性美学命题对美学学科的生成影响深远。但是他们以人的精神创造为关键词,过度夸张了人的价值,割裂了我们与自然的连续性,忽视了人的有机性本质——人类是生态的存在。罗尔斯顿指出:

> 黑格尔辩证法非常强烈地表明,原初的自然,人居世界中的自然都是,而且应该在综合(synthesis)中转化。原始自然转为人化的自然,人们将景观视为一种人类产品,接受积极的管理,旨在实现人类共同渴望的目标,一种平衡审美的便利和功能性的商品。人们不会问风景是如何演

---

① Immanuel Kant, *Critique of the Power of Judgment*, edited by Paul Guyer, translated by Paul Guyer, Eric Matthews. Cambridge, UK, New York: Cambridge University Press, 2000, p.90.

② 杨春时:《主体性美学与主体间性美学——兼答张玉能先生》,《汕头大学学报》(人文社科版),2004年第6期。

变的,也不会问它的原始特征是什么……如果我们做得很好,自然就会受到人类的祝福,人造自然既有用又是一件艺术品,这就是景观建筑。①

黑格尔的这种主体性美学观,就是把景观当作人类的产品,受制于主动的管理,并且指向一个人们期待的目标。是典型欣赏自然的工具性价值,而非欣赏它的内在价值。被改造过的景观具有了人的痕迹,具有了主体性价值。却不见得能够获得审美体验,罗尔斯顿说:

> 东方人和旧世界的游客成群结队地来到这里,他们最想看到的不是我们的城市,而是我们的国家公园,大峡谷、大提顿、黄石或我们的荒野地区、鲍勃·马歇尔或弗兰克·丘奇河的不归路荒野。②

能欣赏到内在价值的审美首先是客体性的审美,它所带来的愉悦绝非自然绝美的表象带来的感官刺激。而是人在生态系统中的家园感,超越一己之得失,把局部性的内在的丑的事物重新理解为系统性的工具性的美的事物。罗尔斯顿说:

> 森林和天空,河流和土地,广阔的平原,永恒的山丘,野花和野生动物,作为愉悦场景他们都是浅薄的。更深入地说,它们是永恒自然用以支撑万物的赠予。在这些尺度上,人类是一个迟来的新奇事物,而这种意识也是美学上的要求。美学的挑战是创造力(creativity),冲突(conflict)、重建(resolution)、自然历史,后来居上的人类可以俯览这一切,在

---

①② Holmes Rolston Ⅲ, Mountain Majesties above Fruited Plains: Culture, Nature, and Rocky Mountain Aesthetics, *Environmental Ethics*, 30(2008):4.

这些令人敬畏的尺度中出现。①

三、消极审美价值之生态转化

罗尔斯顿主要从生态系统的角度,反思自然带给我们的审美体验。以卡尔松为代表的"肯定美学家"认为,所有原始自然从本质上说都具有积极的审美价值,只要我们能够以适当的方式进行欣赏。但在罗尔斯顿看来,自然中并不是所有的东西都那么赏心悦目。他认为,对荒野自然的形形色色的风景,有些可以做积极的审美判断,但不可否认,自然中有很多东西是丑的,还有一些谈不上究竟是丑的还是美的,"观察者会经常发现它是令人不愉悦的或者中立的。人类颂扬大自然的美,但是有时候没什么可颂扬的"②。这样的论述无疑更加符合实际情况。罗尔斯顿提出:"没有必要以伪装美的方式孤立事物,这种处理有时需要自我欺骗。我们需要对周围的环境加以敏感。"③

显然,罗尔斯顿这句话是针对肯定美学的——后者认为,未经人类干预的原始自然,"本质上都具有积极的审美价值"。与之不同,罗尔斯顿意在强调,人们没有必要像肯定美学所主张的那样,扩大语言的含义,强迫自己以欣赏美景的方式去欣赏自然中丑的事物。那么,究竟如何对自然进行审美欣赏呢?罗尔斯顿援引了康德和利奥波德的观点。利奥波德提出:"当事物倾向于保护完整、稳定和生物共同体的美时,它便是正确的。"康德则认为:"我们不应该去假设自然塑造了它的形式以供人类去欣赏。相反,是我们用喜爱

---

① Holmes Rolston Ⅲ, Mountain Majesties above Fruited Plains: Culture, Nature, and Rocky Mountain Aesthetics, *Environmental Ethics*, 30(2008):4.

② Holmes Rolston Ⅲ, *Environmental Ethics: Duties to and Values in the Natural World*, Philadelphia: Temple University Press, 1988, p.236.

③ Holmes Rolston Ⅲ, Does Aesthetic Appreciation of Landscapes Need to be Science-based? *British Journal of Aesthetics*, 1995, Vol.35(4), p.169.

(favor)接受自然,不是自然展现给我们喜爱。所以,或许我们应该说事物是正确的,当人类用鉴赏力去审美地接受它保持自然的状态。稳定性和完整性客观存在于生物共同体中,但美不是。只有偶尔自然激起主观性,人们感受到美。自然不是艺术家,它只会在某些时候偶尔反射出审美鉴赏(taste)。"①罗尔斯顿的引用意在表明,美只是大自然的完整、稳定中次要的一环,我们不应当仅以"喜爱"的姿态接受自然。

与此相应,丑则会被生态系统的观点转化,其要点在于,我们要将之放在整个生态系统进程中进行追溯和观赏。罗尔斯顿举了这样的典型例子:大自然不是全美的,一个腐烂的麋鹿尸体,短吻鳄那仿佛魔鬼创造的牙齿,都会引起人们的作呕和恐慌。但是,从生态系统的完整性这个角度来看,腐烂的尸体会消融到土壤中,它身上的营养物质将进入生态系统的整体能量循环过程之中。蛆虫变成昆虫,成为鸟类的食物,自然选择使麋鹿的后代能更好地适应环境。对于个体来说,这些可能具有局部负面价值,但它们却具有生态系统价值。

罗尔斯顿启示我们:"我们应该学会欣赏那些不是一目了然的自然事件。"②自然的丑会整合到动态的生态系统中——丑的部分不但没有消失,反而增进了整体的丰富性,这需要一种更深沉的、微妙的审美鉴赏力去欣赏。这就是罗尔斯顿基于生态系统视野的"美丑辩证法",显然比如卡尔森的"自然全美"学说更加富有说服力。

在《环境伦理学》一书中,罗尔斯顿提出自然有多重价值。他所反对的美学观,就是将美视为唯一的讨论对象,把美看成形式的美、色彩的美,只给令人愉悦的自然事物以积极评价。他指出,那些对自然不抱罗曼蒂克幻想的人

①② Holmes Rolston Ⅲ,*Environmental Ethics:Duties to and Values in the Natural World*,Philadelphia:Temple University Press,1988,p.239.

会知道,丑被整合进具有正面价值的复杂之美中,因而这样的美学家可以从横向和纵向两个角度去欣赏自然,而不仅是欣赏艺术家们"挑选""修补"过的自然。①

罗尔斯顿和卡尔松的论证一定程度上具有殊途同归的意味,都想为自然确立积极审美的依据。卡尔松是以肯定自然审美价值的方式来论述的,而罗尔斯顿则在生态系统的角度下展开强调。他引入审美刺激(aesthetic stimulation)这个概念,认为审美刺激并不只有美能给予,大自然中那些丑的、令人作呕的、错乱不堪的形式,也都可以给人们审美刺激,关键在于我们是否了解生态系统本身是什么。他明确指出:"对野生自然的审美体验必须超越风景与美丽,超越对形态和颜色的痴迷。我们必须深入生态系统。"②正是对于生态系统的突出强调,使得罗尔斯顿的美学思想成为当代生态美学的重要组成部分。

四、结语

罗尔斯顿把美学看成了一个研究美,或者艺术的学科,然而他所期待的美学却是生态美学。他论证道:"如果把审美设为起点可能会使我们迷惑,并且留给我们一个很弱的去保护濒危的价值。但是更多非审美的人类兴趣在催促美学去让步或牺牲。在他看来,美学模式总是使价值满足人类的需要,它将价值束缚在特定的兴趣上。艺术作品和动物不一样,艺术对象往往是呆滞的,没有新陈代谢。沙丘不是工艺品,它是自主的。这意味着,自然是

---

① Holmes Rolston Ⅲ, *Environmental Ethics:Duties to and Values in the Natural World*, Philadelphia:Temple University Press, 1988, p.240.

② Holmes Rolston Ⅲ, Aesthetics in the Swamps, *Perspectives in Biology and Medicine*, 43(2000):584–597.

一个有生命的系统。不能以爱护无生命的艺术的方式爱护生生不息的自然。"

同时罗尔斯顿讲到,从认识论的角度来看,美学是一个好的开端。但从形而上学的角度来说,美学并不是一个好的开端。问题转移到美是否仅仅来自观察者眼中。形而上学学者则会问他们尖锐的问题,任何基于美学的伦理学都会以方法论的方式破坏。①但是,美学真的是研究美的学科吗?美学之父鲍姆加通把美学定义为"感性认识的完善"。但后来黑格尔把美学定义为艺术哲学。比尔兹利把美学定义为元批评。美学的范围日渐狭窄。不可否认,他们的定义均有自己的时代背景,但这样的美学却无法面对当今的问题。以"美"为理论中心的美学,并不能使人们真正地建立起对自然的敬仰,因为"美"并不是自然的全部属性。传统美学观难以使人走向审美之善。所以罗尔斯顿声称,美学应以伦理学为基础,基于生态系统的伦理学是保护自然强有力的武器,而且伦理学能够发现美是如何成为生生自然的神奇产物。②他说:"这是生态美学,生态学是重要的关系网,是自我在其世界中安居其所(a self at home in its world)我能够辨认且参与我所居住的景观,我'家'的领地。这种关切指引我去关心生态系统的完整、稳定和美丽。"③我们大可以得出结论,能够成为罗尔斯顿的生态伦理学根基的不是传统美学,而是生态美学。

①③ Arnold Berleant, ed., *Environment and the Arts: Perspectives on Environmental Aesthetics*, Aldershot: Ashgate, 2002, p.128.

② Ibid., p.137.

社会生态学的社会批判理论

徐丽云、张惠娜*

布克金的社会生态学认为,生态问题是个根深蒂固的社会问题,其根源在于资本主义等级制统治,社会生态学从自然观、环境问题的根源分析、消费观等方面对资本主义展开了批判。在布克金看来,资本主义市场经济无孔不入的商品化渗透彻底改变了人与自然以及人与人之间的关系。资本主义等级制统治使得资本主义社会的自然生态与社会生态都出了问题。社会生态学试图通过变革社会从而实现人类与自然的真正和谐。

生态问题视角下的资本主义社会批判是布克金社会生态学的理论任务之一。布克金认为,生态问题是个根深蒂固的社会问题,其根源在于资本主义等级制统治, 在于市场经济无孔不入的商品化渗透彻底改变了人与自然以及人与人之间的关系。资本主义等级制统治使得资本主义社会的自然生

＊徐丽云,上海外国语大学讲师,主要从事西方哲学研究。
邮箱:1909@shisu.edu.cn
张惠娜,北京市科学技术情报研究所副研究员,主要从事区域创新与发展研究。
邮箱:anna_2010@aliyun.com

态与社会生态都出了问题,这体现在"两个解体与两个简化"上:"两个解体"指的是"大家庭""邻里关系"的解体以及"人类是更大整体之一部分"观念的解体;"两个简化"指的是社会生活以及自然生态的单一化。作为绿色左翼的领军人物,布克金从生态视角展开了对资本主义制度的批判,论证了资本主义的破坏性生态影响。

一、布克金对资本主义社会的生态批判

在《自由的生态学:等级制的出现与消解》一书中,布克金明确表示,资本主义新形势下的时代发展已明显地呈现出反生态的趋势,倾向于一种对生物圈的过分简单化对待。布克金分析了这些诸多现象的社会原因。布克金论述道:"问题的主要根源在于社会关系—资本主义、国家—以及所有物品和关系的商品化。"①也就是说,在布克金看来,以上环境问题均源于资本主义市场经济的无孔不入,源于资本主义不仅彻底改变了人与人之间的关系,而且也彻底改变了人与自然之间的关系。布克金认为,传统马克思主义关于资本主义"瓦解"的理论并不全面,因为资本主义的瓦解不仅是由于经济危机使得社会矛盾激化,而且在于它通过掠夺地球和使复杂的生态系统简化而使得地球保存生命形式的能力大大降低。对此,布克金总结道,资本主义等级制对人类与自然产生了双重压迫,这双重压迫使得资本主义社会面临着双重危机。

首先,布克金认为,在资本主义条件下,正如人类被转化成商品,自然也被视为一种有待于加工和商业化的东西,成为人类生产与消费的原材料。资

---

① Murray Bookchin,Dave Vanek,Interview With Murray Bookchin.[1990-08-01]. http://www.social-ecology.org1990/08/interview-with-murray-bookchin-by-dave-vanek/.

本主义的经济理性不但使人与人之间的关系成为工具关系，而且使得人与自然之间的关系也成为工具关系。布克金认为，资产阶级出于资本扩张和人类剥削的目的，不断强化竞争行为，推动着将有机社会转化为无机社会。布克金认为，人类统治自然的概念直接来自人统治人的概念，但直到有机社群关系解体为市场关系时，这个星球才被降低为剥削的资源，并且资本主义等级制又强化了人类统治自然的观念。在资本主义社会中，"我们假定了社会的发展，只能以自然的发展为代价才能实现，而不是把发展看作包括社会与自然两方面的整体性过程"①。总之，当今的资本主义社会已将人对人的支配扩展成为一种人类注定要支配自然的意识形态，并且对于自然的统治在资本主义体系下达到了危机的程度。

其次，布克金从生态视角批判了资本主义消费社会的不合理性。在布克金看来，作为自然进化产物的人类，其消费具有合理性，但资本主义社会却塑造了大量的非理性需要，这是由资本的逐利本性决定的。在资本主义社会，资本家不断借助广告与大众媒体宣传从而使得对于商品的获得成为大众的一种强制性律令，使"需要"变成了缺乏理性判断的"必需"。因此，匮乏是市场社会强化自身的一种形式。布克金指出，在资本主义制度下，"需要成了一种生产力，而不再是一种主观性力量"②。在资本主义条件下，"正如等级制和阶级结构获得了增长的冲动并渗透到了社会的各个部分，市场也开始获得它自己的生活并由边缘延展到了更深入的部分。交换不再是提供需求满足的方式，并破坏了加于其身的道德和宗教枷锁限制。它不仅仅耗资推动技术发展以提高产量；它还是需求的创造者，其中，很多的需求是无用的。这

---

① ［美］默里·布克金：《自由生态学：等级制的出现与消解》，郇庆治译，山东大学出版社，2008年，第372页。

② 同上，第301页。

样,就给了消费和技术以爆发性的推动力"①。因此,布克金指出:"不是工业生产力创造了多种类的使用价值,而是社会非理性地创造了各种类型的使用者。"②资本主义统治的合法性是通过提供源源不断、更多、更新的商品实现的。在这个过程中,人们的消费需要和消费选择服从和服务于资本的利润向度。因此在资本主义社会中,人们的消费选择看似是自由的,实际上则是"被决定"的。

另一方面,在布克金看来,资本主义社会中的民众也需要从消费中寻找到人生意义。在资本主义社会,私有财产和市场关系的胜利,使得等级制、竞争和人们心中永远的不安神圣化,其结果是使得人们无止境地希冀积累更多的权力、财产和地位。社会也必须将无限制的增长放在其核心,以通过不断增长的积累许以人们所需要的安全性。在布克金看来,在资本主义条件下,经济增长表面上看是为了克服稀缺,但稀缺的根源却在于等级制统治,而非物质的不丰裕。总之,资本主义使竞争成为社会发展的动力机,用"稀缺感"玷污了人类历史。在资本主义社会,需求已经不再与人类的真实需要感相关,而是被无限放大了。资本主义"除了颠覆人类共同体的整体性,资本主义还通过煽动一种对物质稀缺的非理性恐惧,玷污了传统的'生活得好'观念"③。布克金认为,市场关系的非人性化,创造出了他们永远也满足不了的需求,这是现代工业社会处于异化的明证。

再次,布克金对资本主义社会对人与人之间社会关系的破坏进行了严厉批判。布克金指出,资本主义市场经济对社会生活的全面渗透彻底改变了

---

① Murray Bookchin, *What Is Social Ecology?*[A], Michael E. Zimmerman, *Environmental Philosophy*[C], New Jersey, Prentice Hall. 1993:67.

② [美]默里·布克金:《自由生态学:等级制的出现与消解》,郇庆治译,山东大学出版社,2008年,第65页。

③ 同上,第301页。

人与人之间的社会关系。布克金描述了资本主义对人类社群关系以及人类联结方式改变的过程。经过历史性考察,布克金发现,在资本主义降临之前的各种社会形态中,普遍存在着限制市场经济的制衡性力量。同样重要的是,前资本主义社会设置了很多障碍来阻止国家向社会生活的渗透。另外,在前资本主义社会,人们想象不到土地和劳动可以成为与社群相割裂的东西。布克金认为,直到 20 世纪初,在数代同堂的大家庭中生活的农民和城市居住者依然相互连接成为邻里,并进行着小规模的家庭零售贸易,这种生活方式与迅速成长起来的工业与商业体制并肩存在,尽管市场经济与工业技术已经明显地确立了对这些区域的控制,社会仍然维持了其非资产阶级性质,并试图抵御纯资本主义社会的要求。在家庭、城镇或邻里中,在个性化的零售贸易中,在不断灌输的正直、友善与服务品行的社会化过程中,社会仍然保留了一个抵御市场经济影响的避难所。然而到了 20 世纪中叶,新兴的工业资本主义渗透到了全世界,包括个人生活的各个方面,在这一过程中,为销售和利润而进行的商品生产快速卷走了全世界限制市场增长的文化和社会障碍。"大规模的市场运作已经殖民化了社会与个人生活的每一个方面。买卖关系——作为市场经济核心的关系,在社会与个人生活最基本的层面上构成了对人类关系的无所不在的替代。'贱买'和'贵卖'的原则,把卷入这一交换过程的各方力量置于一种内在的对立的地位;他们是各自商品的潜在争夺者。商品——不同于用来缔结联盟、促进联络和巩固社会性的馈赠,导致争夺,离异和非社会化。"①

布克金指出,在等级制的形成过程中,"支配遗产在国家与社会的日益结合中达到了顶点——与之相伴的,是家庭、共同体、相互帮助和社会义务

---

① [美]默里·布克金:《自由生态学:等级制的出现与消解》,郇庆治译,山东大学出版社,2008年,第142~143页。

的解体"①。如果说早期社会试图形成互助和关爱的美德信念,而给予社会生活一种伦理含义,那么现代社会则促成了竞争和自我主义的德性,并剥夺了人类之间工具意义之外的联结方式——除了将他者视为不理智的消费者并在其身上达到获益的目的。在布克金看来,古代和中世纪产生不出孤立的和社会性匮乏的个体,而这种个体在现代资本主义社会大量存在。在完全商业化的社会中,无所不在的、冷酷无情的官僚制在很大程度上已经取代了维持共同体与个体的整体性,而官方机构以及官僚已经变成了为处于危机中的人们提供具体帮助,以及为个体命运提供监护的超自然与神话人物的替代物。而市场并不像经济学家所声称的那样是价值中立、不涉及道德的。实际上,它是在彻头彻尾地败坏道德。在布克金看来,市场社会殖民化了个人和社会生活的方方面面,对人的行为方式和思维方式产生了重大影响。在这一过程中,"市场经济已经深深扎根于我们的头脑,它那套可鄙的行话也已取代了我们神圣的道德语言与精神语言。现在,我们在孩子、婚姻和个人关系上'投资',该术语已被等同于'爱'和'关怀'等词语;我们生活在一个充满'交易'的世界中,对任何情感'交易'都不免索取'回报'"②。资本主义商业原则对人与人之间关系的侵蚀体现在不加掩饰的个人主义、相互猜忌和严重暂时性的人际交往等,消费主义和职业主义也变得如此普遍。总之,资本主义对人类社会关系的冲击是破坏性的。

最后,布克金指出,资本主义社会不仅使得人与人之间的关系走向了对立,而且也使得人类与自然之间的矛盾关系不断趋于激化。他认为,现代资本主义社会充斥着增长的意识形态,资本的扩张动力使得"要么增长,要么死亡"的原则统治了整个社会,并使得曾经被我们先人认同为"更多的人类

---

① [美]默里·布克金:《自由生态学:等级制的出现与消解》,郇庆治译,山东大学出版社,2008年,第146页。

② Murray Bookchin,Thinking Ecologically:A Dialectical Approach,*Our Generation*,1987,18(2):79.

合作"和"关照"的"进步"概念，现在则仅仅被认同为经济增长。而生态系统的有限性是不能满足人类无限的增长需求的，资本主义生产的扩大趋势决定了它必然会造成人与自然之间矛盾的不断深化。在布克金看来，一个将"要么增长、要么死亡"作为绝对律令的社会必然有着毁灭性的生态影响。在资本主义社会，整个社会与自然无时无刻不受到资本的侵袭，自然也在资本的掠夺中不断遭到破坏。"在生命世界发疯似的渴望增长这一信念侵蚀的持续威胁下——在这一过程中，无机取代了有机，混凝土代替了土壤，贫瘠的土地代替了森林，简化的生态系统代替了生命形式的多样性。"①总之，生态问题的出现是资本主义社会资本积累的必然结果。在对资本主义综合分析的基础之上，布克金论证了资本主义的反生态性。布克金指出，当今人类面临的生态危机表现为人类与自然之间的紧张关系，而人类与自然关系紧张的根源在于资本主义制度。在资本主义代议民主形成的官僚体制下，最关心自然生态的公众却处于政治和经济决策之外，而现实社会的政治和经济精英们首先关心的却是"利润""权力"以及"经济的扩张"。布克金看到了资本主义制度下，在支配性的政治结构中决策地位的不平等，因此他主张，资本主义精英政治对地球的支配权必须被终结。

二、重建社会的必要性

在社会生态学看来，当今的生态问题——从环境污染到能源问题——无不源于人类社会结构和秩序的不合理；现代的生产、分配、商品和需求开发制度在总体上是非理性和反生态的；仅从生态学的角度考虑保护野生动植物和荒野是不够的，生态系统的重建是个系统工程，不仅包括精神上的改

---

① Murray Bookchin, Society and Ecology. [1993-01-01].http://www.social-ecology.org/1993/01/society-and-ecology/.

变,还应包括政治乃至整个社会的改变。布克金表明,在资本主义生态危机面前,人类面临的路只有两条,要么创造出一个促进生物进化丰富性和使生命成为更富有意识和创造性的社会,要么走向毁灭。无疑,布克金为人类留下的只有一种选择——全方位地改变社会。

　　首先,布克金对先前左翼所做工作的不彻底性开展了批判。在他看来,大部分流行的左翼著作都是不完整的,这种不完整性体现在他们只是聚焦于对资本主义进行理论上的批判和分析,并没有提出相对应的现实性的替代性方案。而在社会生态学看来,若无针对现实变革的"代替性"方案,任何试图解决生态问题和改变现实社会的努力都会被"市场动力"席卷到资本主义的绿色商业中去。布克金认为,社会生态学的重要性在于,它不但寻求道德上的重建,更重要的是致力于社会的重建。社会生态学强调,生态的新生与社会的重建是一致的。对于生态问题的解决来说,批判资本主义等级制对自然的压迫是有必要的,而更为重要的是批判之后的社会重建。布克金指出,"我们不应忽视人类解放事业已成为生态事业之一部分的事实,反之亦然,保卫地球的事业也成为一项社会事业"①。布克金力图将人类解放运动与生态运动结合起来,并认为若不能创立一个与自然环境达到永久平衡的人类社群,人类与自然之间的和谐是不可能的。如果我们想使社会和自然走向和谐,就必须展开一场运动来实现人类蕴藏的革命性潜能——人类意识的丰富性、同情和关切其他物种的能力——从而促进自然进化过程。而深生态学"停止干涉自然"的观点将使我们背叛自然进化赋予人类的能动性。社会生态学看重人类的理性创造能力在生态社会建设中的重要作用,呼吁人类转向生态学寻求未来社会组织方式的引导原则,从而建立自然发展、经济发展与社会发展相统一的政治架构。也就是说,在布克金的社会生态学视角

---

① Murray Bookchin, Dave Foreman, *Defending The Earth: A Dialogue between Murray Bookchin and Dave Foreman*, South End Press, 1991:130.

下,面对日益严峻的生态恶化现实,人类并非无能为力,通过理性地认识问题,人类能在生态学的基础上理性地重建社会。布克金指出:"人类是创造性地推进第一自然的进化,还是对非人和人类种属等具有破坏性的影响,其中起着关键性作用的是我们建立的社会,而不仅仅是我们所形成的知识。"①如果不改革社会,我们就难以改变资本主义的灾难性生态方向。因此,"真正的革命不仅面临着打碎国家,和沿着社会自由主义的路线重建管理的任务;它还必须要打碎社会,并沿着新的公共生活路线重建人类意识本身。因而,革命性运动目前面临的难题,不仅仅是重新占有社会,而是从根本上重建社会"②。因此布克金主张:"我们需要一个更清晰的关于人类思考和行动能力的观念,以便以一种主动而不是被动的方式面对现实,如果我们想平安度过这一人类历史上的更大转折点的话。"③

其次,布克金对试图在资本主义体系内解决环境问题的环境改良主义开展了批判。④布克金指出,"绿色的"资本主义或者"绿色经济"将引领我们步入更加生态的未来。但是现实告诉我们,绿色资本主义是不可能的。对于环境问题的解决来说,改良主义的解决方式只会使问题变得更加复杂和严重。因为在资本主义市场经济下谈论"限制增长",这就如同在武士社会里谈论战争的界限一样毫无意义。相信许多富有的环境主义者所说的道德虔诚,就如同相信跨国公司所自诩的道德虔诚一样。资本主义不能被说服去限制增长,这正如同一个人不能被说服去停止呼吸。"绿色资本主义"或试图使资本主义"生态化"的努力,在要求无限制增长的资本主义体系下都是不可能

---

① [美]默里·布克金:《自由生态学:等级制的出现与消解》,郇庆治译,山东大学出版社,2008年,第 23 页。

② 同上,第 133~134 页。

③ 同上,第 4 页。

④ 张惠娜:《激进与改良:默里·布克金对环境主义的批判》,《理论界》,2013 年第 12 期。

的。社会生态学的重大意义,并不仅仅在于对当代资本主义以及现实社会主义的批判,而且构建了一种新型的生态社会模式,以抗拒心理的等级制难题与社会的支配性难题,从而可以在根本上改变社会。布克金遵循了马克思主义在批判旧世界基础之上构建新世界的思路,并认为在批判资本主义社会基础上,重新建立理想的社会类型是必要的。

那么什么样的社会才是与第一自然相协调的社会? 在怎样的社会中会取消人类形成的根深蒂固的统治自然的意识形态呢? 布克金指出,他的地方自治主义就是这样一种试图通过变革社会实现人类与自然和谐的理论形态。在布克金的思想理论体系中,其地方自治主义政治设想一方面针对的是资本主义市场经济的自由竞争及资本主义内部存在的等级制意识形态,尤其是统治自然的意识形态。另一方面针对的是现实社会主义的中央集权。布克金试图通过政治架构的重新设计,将权力分散化到地方市镇中去,这是布克金从苏联集权社会主义那里吸取的经验教训。也就是说,在布克金心目中,地方自治主义的政治设想和规划既能克服资本主义的内在矛盾,又能克服现实社会主义在实践中出现的错误倾向。在理性地重建社会之后,人与人之间的不平等会趋于消解,随之,"统治自然"的概念亦会瓦解,这最终会使第一自然与第二自然之间的紧张关系问题得以解决。而这正是布克金从事的社会生态研究所期望实现的目标。

三、小结

在 20 世纪的生态运动中,很多生态思潮都针对日益严重的生态问题与社会不公问题提出了各自的危机——重建理论,试图通过制度变革建立起公正的生态社会。社会生态学将生态危机归因于资本主义的等级统治以及人类统治自然的意识形态,将环境关切与社会批判结合起来,以生态学作为批判资本主义的武器和反抗资本主义的新动力，由对资本主义制度的生态批判走向了对资本主义社会的制度批判。

　　作为对现实世界的批判性反思，布克金的社会生态学主张超越现有的资本主义制度安排，超越现有的国家利益和民族利益，并通过全球视角关注生态整体利益。布克金的生态社会构想代表了激进左翼在政治制度设计方面的构想与规划，实质上是一种带有浓重政治理想主义色彩的理论设想，这种政治理论设想深信人类具有依据审慎思考行动并建构文明的禀赋。可以说，布克金的社会生态理论是建构论理性主义的一种典型体现。建构理性主义的理论出发点是假定每个人都完全均等地拥有理性，并相信社会制度的发展是人类理性设计的结果。在这种观点看来，人由于有能力把握事物的本质和规律并预测社会发展的方向和历史的进程，因此人类有能力创造和发明更好的社会制度形式，并按照理想的模本构建一个更加美好的社会。可以说，布克金的理想主义倾向在一定程度上沿袭了社会主义传统中的乌托邦倾向。布克金的社会生态理论试图与强大的资本主义经济和文化相对抗，设想了一种超越于稀缺和等级制之上的道德经济社会，并认为这种制度形式会使得人类社会共同体与自然界重新和谐。可以说，社会生态学的乌托邦视角为生态政治理论的发展提供了可供反思和值得借鉴的内容。对此，布克金并不否认社会生态学的乌托邦维度。正如布克金所声称的，社会生态学的政治诉求并不是提供人类发展后果方面的成功保证，而只是一个理性后果的可能性。①社会生态学的乌托邦维度激励着社会和生态活动家的政治创新意识与想象力。布克金的生态社会构想也可以成为21世纪超越传统工业社会的坐标参照，挑战了资本主义和国家的至高无上，为关于直接民主可能性的争论提供了一个历史性的和策略性的基础。

---

　　① ［美］默里·布克金：《自由生态学：等级制的出现与消解》，郇庆治译，山东大学出版社，2008年，第4页。

当代北美生态意识形成的科学认知推进

陈秋云 *

20 世纪下半叶,为探讨造成日益严重的环境污染的社会原因,北美思想家们率先从生态与科学、技术、经济发展模式之间关系角度剖析:人类社会与自然生态环境之间形成整体性系统性关系,环境保护需要系统结合知识探索、科技创新和经济政策的张力。当代北美生态意识形成的科学认知推进具有重大的时代和现实意义。

生态意识以人类对生态的认知为基础,其形成和发展经历了漫长而曲折的过程。20 世纪下半叶以来,表面上享受着富足生活的美国民众逐渐发现自己已处于恶劣的生态环境中,传统的实用主义精神和享乐主义价值观遭到质疑,以科技征服自然、崇尚理性万能的主流意识饱受怀疑甚至攻击,增长有极限、慎用技术、保护环境的生态意识开始进入公众视野。北美学者较早反思生态问题,从哲学层面探讨人与自然的关系。他们从关注生态学的内

* 陈秋云,博士,福建江夏学院马克思主义学院讲师,主要从事生态哲学研究。
邮箱:515551948@qq.com

部问题走向关注人工自然物、现代技术,乃至传统工业经济体系所引发的环境效应整体性等生态学的外部关系问题,积极寻找解决生态危机的策略,赋予生态意识内容上的时代性。

一、对人工自然物的科学认知

(一)滥用人工自然物产生的环境效应

为了在这个世界生存和发展,人类只有向自然索取,在改造自然的过程中生产人工自然物来满足自己的需求, 人工自然与天然自然一起构成了人类现实的自然界。随着认识能力和实践水平的提高,人类对天然自然物进行简单加工、深度加工,仿制生产创造出自然界原本没有的产品,人工自然物的品种数量得到急剧扩展。20世纪,与人们生产生活和应付战争密切相关的化学工业进入大发展时期,以化学合成物为代表的人工自然物的发展,大大提升了人类实践的效率,促进了社会的进步,同时也给环境带来巨大的负面影响。海洋生物学家蕾切尔·卡森(Rachel Carson)确信,双对氯苯基三氯乙烷等人工自然物对整个生态之网所造成的危害长期以来一直被忽视, 有必要研究并告知人们杀虫剂危害环境的真相, 警醒世人的生态意识——必须认真对待自然生态与人类社会之间的密切关系。

引发自然生态系统疾病。每年都有更多更毒的化学合成物被制造出来,当时仅美国市面上就有以双对氯苯基三氯乙烷为代表的两百多种基本的化学物品,被用于杀死昆虫、啮齿动物、野草等人们认为"有害"的生物。双对氯苯基三氯乙烷等人工自然物的泛滥使用与环境疾病分布体现出高度相关性:它们已经污染了环境中的空气、土壤和水,"它们具有使河中无鱼、林中无鸟的能力"①;它们长期潜伏累积在动植物的组织和细胞中,甚至已经使动植物发生了遗传上的变异。工具技术系统的进步使人类得以在自然界中开辟出自己想要的一片天地,但大自然并非那么容易被塑造被改造,强行改造的最终结果是令人心痛的极大讽刺。

引发公共健康问题。化学合成杀虫剂经过短短 20 年就已经传遍生物界与非生物界;新的化学合成物从实验室涌入市场的规模和速度还都不可预料。人类现实自然中的人工自然逐渐扩大了自己的版图,这个人为环境中充斥着大量的人工自然物,许多在天然自然中原本不存在的、能够引起生物学变化的物理化学因素。每个人从出生前到其一生当中,不管是否出于职业需要,都暴露在化学物质所围绕的环境中。人类相对缓慢的遗传进化、新陈代谢系统遇到这些外部环境中来势汹汹的新事物的后果就是,人脆弱的身体防线被击溃,恶性病变——癌症发生的概率大大提高已经不是奇怪的事情了。

(二)对人工自然物与自然生态的认知偏差

对人工自然物的负面影响认识不足。工业时代是专家治国、技术统治、效率第一的时代:科学家、技术专家的聪明才智在于盯着眼前的小问题,制造出速效解决这个小问题的人工自然物,而其附带的环境危害则暂不在其研究范围内,更遑论民众会有全面科学的认识;工业时代的逐利思维带动的是对眼前既得利益的狂热追逐,其生态上的附带代价则有意无意被忽视。人们把科技专家发明的双对氯苯基三氯乙烷等化合物以喷雾、粉末、气雾等形态广泛运用于农场、森林、公园、工厂、写字楼、居民住宅等处的杀虫除草作业中,未曾真正意识到这些人工自然物已经危害到各种生物包括人类本身。

---

① [美]蕾切尔·卡森:《寂静的春天》,吕瑞兰、李长生译,上海译文出版社,2008 年,第 184 页。

对自然生态的认识狭隘。人类出于审美或其他方面需求而人为割裂或片面看待自然系统,进而给自然并最终给人类带来"不必要的大破坏"。大自然内部的关系和作用机理如此深奥神秘、错综复杂,以致现代化工产品侵蚀了生态系统后,其反馈既有激烈的显而易见的局部范围内的生物死亡、植被破坏,也有滞后的非显性的更大范围的生态危机、环境恶化。进行人与自然的物质变换,人类总会在不得已情况下破坏二者之间关系,这就要求我们对自己行为所可能产生的长远的影响有所预期,这种预期建立在对自然全面系统的认识基础之上。

对生命的误解。由于人们奉行的"无害即可用"原则,本来仅仅是为了消除少数杂草和昆虫,而现实中未加选择、不加区别地向大地喷洒,动植物栖息地受到损害甚至毁灭,这比直接伤害它们的生命更残忍。在化学药物面前,生命组织一方面显示出纤弱、易于被毁坏的一面,另一方面又隐藏了坚韧、反抗和自我恢复的惊人能力。人们轻视了生命组织的这些异常能力,在随意摆弄这些巨大的生命力量时,忽视了把人类所本应有的高度理智和人道精神纳入自己改造自然的任务中去。

(三)应对策略

变"控制自然"为"与自然和谐共处"的态度。在科学(尤其是生物学)和哲学尚处低级阶段时,人们希望"控制自然"来为人类提供各种便利,满足人类的各种需要。现代科学时期,人们已经能够通过各种杀伤力极强的化学武器来消灭害虫,甚至于控制自然,但这些化学武器反过来严重威胁到包括人类在内的整个自然。"控制自然"是愚蠢而危险的想法和行为,"以杀虫剂这样的武器来消灭昆虫足以证明我们知识缺乏,能力不足……在这里,科学上需要的是谦虚谨慎,没有任何理由可以骄傲自满"①。

扩大生态学知识,向自然学习保持生态系统平衡稳定的方法。生态学家发现,自然界自第一个生命产生以来就存在着环境防御作用,昆虫的繁殖受到自然界内部的自相残杀——食物数量、天气气候、竞争生物等条件的综合影响。大部分化学制剂被用于杀灭昆虫的同时也破坏了环境的防御作用,反而助长了某些昆虫的爆炸性繁殖。我们现在所面临的生死攸关的问题,不只是探寻有效抑制虫害或有害植物生长的技术方法,更多的是增加对动植物与周围生态环境之间整体性系统性关系——生态学知识,在大学里培养生态学家,在政府机关里雇用生态学家并听取他们的建议。

培养科技创新能力,提高预防补救能力,保持科技与环境之间的和谐。我们需要变通思想,寻找出替代化学杀虫法的生物学解决办法,基于对生物及其所依赖的整个生命世界结构的理解,发展生物控制技术。昆虫、病理、遗传、生理、生化、生态等方面的专家应合作起来,发展生物控制技术而非单纯研制化学毒药,可以在协作性平台上实现对自然界的认识、理解、协调,从而达到对生物种群进行限制的目的,这比人类原先单方面的化学杀虫设想更合理也更经济。

二、对现代技术的科学认知

卡森对人工自然物环境效应整体性的认知唤醒了美国乃至世界的生态意识,1970 年 4 月 22 日的地球周活动成为世界上最早的大规模群众性环保运动。一时间生物学家、历史学家、政企界要人、环保组织者、神父和社会观察家等都热切参与到环境问题的讨论中,苦口婆心又信心十足地提出生态

---

① [美]蕾切尔·卡森:《寂静的春天》,吕瑞兰、李长生译,上海译文出版社,2008 年,第 273 页。

危机之根源的个人分析和补救办法。从对自然过程的个人体验和经验中去认识人类和自然之间和谐的必要性正是生态学希望能说明的;然而,"在核弹、烟尘、以及污水的世界里,要认识环境就需要求助于科学家"①。科学家尤其是生态学家通过对自然界进行细致观察,在遵循生态学原则、获取科学事实的可靠基础上提出了令人信服的结论。核科学家、生态学家巴里·康芒纳(Barry Commoner)认为,地球生态圈这个封闭的循环代表着生命与周围事物之间的完美适应,现代技术破坏了地球生态圈里的空气、土壤和水三大关键系统;核能开发的经验告诉我们,"现代技术已经达到了一种开始与我们生存于其中的全球体系相匹敌的规模和程度了"②,人们通过现代技术干扰环境的能力远远超过了我们对这种后果的认识,人们需要反思现代技术,肯定自然资本化,发展可持续的技术经济体系。

(一)广泛应用现代技术对环境资源造成的负面影响

引发空气污染。洛杉矶、底特律等大中城市普遍遭受光化学烟雾(PAN)污染的威胁,石油工业、汽车工业的副产品二氧化碳是主要元凶。引擎改进降低了二氧化碳排放,却使另一有毒污染物过氧化氮含量激增;引擎燃料的四乙铅添加又将铅引入环境并成为一个主要威胁。城市空气中还有由化学作用带来的有机化合物,沥青路面上的沥青灰尘,建筑材料中的石棉微粒,工业操作中的水银蒸汽,以及大量还未被鉴定出来的污染物。受到温度、湿度和光线强度的影响,空气污染物之间又相互发生化学作用,加深了城市空气污染的多样性和复杂性。空气污染给居住在城市中的大多数穷人以及老

---

① 〔美〕巴里·康芒纳:《封闭的循环——自然、人和技术》,侯文蕙译,吉林人民出版社,1997年,第37页。

② 同上,第51页。

弱病残者带来了显著健康威胁。

引发土地污染。似乎是不可能发生环境危机的农业小城迪凯特在 20 世纪 60 年代面临着严重的土地污染问题。虽然谷物吸收无机氮肥的水平很低，但由于化肥便宜，农场主仍因大量使用氮肥而收到巨大的经济盈利。大量未被吸收的氮肥流向了从农田排水的河流湖泊，引发使用水源上的生态后果。农田中氮肥的集约使用污染了为城市供水的迪凯特湖，水中硝酸盐的高含量增加了女婴的死亡率，这大概是化肥的集约使用在人类健康上所付出的代价的初步证据。迪凯特因化肥集约使用而导致的土地污染知识，在世界上任何其他地区都是适用的。

引发水体污染。人为的富营养化导致巨大的生态毁灭这种现象在伊利湖、密歇根湖、安大略湖等都在生动上演。伊利湖这个有着 1.2 万年历史、覆盖 6 大城市和 1300 万人口、工农业渔业发达、自然资源丰富的巨大富庶地区蒙受了致命的生态灾难：原本供人度假用的湖滨不再开放，如小山般的臭鱼和水藻堆积在岸边，湖水污浊不堪，流入支流的石油在燃烧。伊利湖近百年来一直被当成一个倾倒市区污水、工业有机废物、农业肥料排水的场所。进入湖中的有机物越多，水藻把这些有机物转化为无机盐的氧的需求量（简称 BOD）就越大，造成湖底水中的氧消耗殆尽，给湖内动物的生命带来直接的毁灭性影响。

(二)现代技术的特点

现代技术的线性特征无法应对生态系统的循环性。机械时代人们惯用单线的、局部的、短期的思维，针对自己所认识和理解的自然界中的某一部分开发解决某一局部问题的技术，推广使用即弃型的产品；生态圈现象则启发了一种联系的、复杂的、循环的生态思维。我们从地下开采石油，提炼出汽油，使其在引擎中燃烧后形成废气，再排放到空气中。现代家庭每天所产生的垃圾,如不回收的啤酒瓶、不可降解的包装纸、铝罐等也加剧了对环境的危害。这种以废物为终点的线性技术破坏了在几百万年里一直维持地球生命的生态系统,也给能源和环境带来巨大压力。

现代技术的单一性不能适应生态系统的复杂性。现代技术的设计是依据学科专业细分下对自然界中某一部分或某个问题的解决而来,效率最大化的技术就是成功的技术。生态系统却是一个各部分相互联系相互作用的复杂网络,其内在周转率决定了其应对外界干扰、压力的承受范围和时间幅度,其内部当前的某处小混乱极有可能在将来引发巨大效应。我们之所以是在这个时代而不是之前陷入生态危机之中,是因为在这个时代我们有能力借助不断增长的技术实力去满足自身急剧膨胀的物质需求的同时,这种单一的技术却也逼近甚至超过地球生态系统在环境容量和周转速度的上限,毁灭着人类自己赖以生存发展的生态圈基础。

现代技术的逐利性破坏了生态系统的整体性。生态系统是一个由各部分间相互联系组成的整体,无法被随意划分和单独处理;新技术推广者通过无偿借贷自然资源来进行生产,其产生的实际债务——污染转嫁给了所有人,但却直接节约了个人或利益集团的生产成本。美国二战后的生产技术经济体系,其技术变革是以利润最大化为最高原则,在这一技术经济体系中,获利不是共同的而是私人的或小集团的,交换也绝不是自愿的而是被动的。逐利性的现代技术给生态系统带来的干扰破坏后果是由系统内的生物、非生物以及全社会来承担,最终也将毁灭人类自己。

(三)应对策略

反思现代科学技术。由于科学家们未能充分地从整体上认识技术之于环境的整体效应,才导致人类在自然中的欺凌行为。现代科学与技术是高度融合的,"从任何一种角度上来说,科学都是人类认识他们生活于其中的世界性质的工具,是从根本上指导人类在那个世界上的行为的知识,尤其在与生态圈的关系上"①,"技术虽然有缺陷,但技术缺陷是可以弥补的,即需要技术在生态学指导下颠覆性变革,也可以说是技术的生态重构"②。对于与生态系统相关的行动,科学认识越是充分,我们改造世界的工具技术手段就越完善,改造的效果就越完美,越有利于促进经济增长和生态系统之间的良性循环。

认同自然资本化。自然生态圈、地球矿物资源等为人类提供了赖以生存和发展的资源,生态系统是一种自然资本,一部庞大复杂的活机器。"这部机器是我们生物学上的资本,是我们全部生产需求的最基本的设备。"③人类的生存和发展依赖于这部庞大复杂机器的完整性,人为损毁这部机器,则即使是我们最先进的技术工具系统乃至经济系统、政治系统都将崩溃。这种自然资源化、生态资本化思想为20世纪末期环保运动的技术经济学潮流提供了一个核心观点。

发展可持续的技术经济体系。"如果不能引导民众认识环境问题的本质就是生产方式,总是在不触及旧的经济体系的生产方式的基础上号召人们被动地抢救环境问题,那无论如何也不能从根本上解决愈演愈烈的环境危机。"④我们需要重新设计一种同时依赖于生物圈和现代技术的,促进技术经济与生态系统和谐一致的可持续的技术经济体系。其中主要是工业、农业、交通运输中的各种可持续的技术变革,生产企业所遵循的技术路线应该从原有的生态上错误重建为生态上正确,从而实现生产上的可持续发展;合理规划城市地区的土地使用,从而确保生产生活土地利用中的平衡与循环。

---

① [美]巴里·康芒纳:《封闭的循环——自然、人和技术》,侯文蕙译,吉林人民出版社,1997年,第91页。

②④ 刘雨婷、包庆德:《生态思想领域的理论建树与实践张力——纪念巴里·康芒纳诞辰100周年》,《南京林业大学学报》(人文社会科学版),2017年第4期。

③ [美]巴里·康芒纳:《封闭的循环——自然、人和技术》,侯文蕙译,吉林人民出版社,1997年,第12页。

三、对经济发展模式变革的科学认知

康芒纳对现代技术的环境效应整体性的科学认知一度引发热潮,巴巴拉·沃德、雷内·杜博斯以及"罗马俱乐部"等诸多学者、研究机构继续以现代技术为主题,通过系统思维阐述全球污染问题下的工业化与人口、资源、城市化和地区发展失衡等社会问题之间的整体性关系,呼吁重视人类唯一的地球家园,探索经济与环境协调稳定的共同道路。2001年农业科学家、世界观察研究所和地球政策研究所创办人莱斯特·R.布朗(Lester R. Brown)在多年环境与经济观察基础上,指出现时代经济发展模式变革的紧迫性和可行性,通过发展生态经济来保持经济系统与地球生态系统的和谐关系。

(一)传统工业经济发展模式对环境产生的负面效应

气候变化,尤其是全球变暖。传统工业经济发展模式既带来了空前的人口和经济增长,也造成了世界范围内空前的环境压力。我们今天处在一个全球变暖的时代:全世界雪山冰川都在融化,并且是在加速融化;人类文明开始以来,海平面第一次以可以察觉和测量的速度上升;气温升高导致了更频繁的极端气候,风暴、海啸等给飓风带和沿海国家带来剧烈影响。全球变暖趋势将形成可能主宰国际移民流的气候难民,这些人丧失土地、没有粮食,没有生计,将被迫以不可想象的规模迁徙,更提出了当代人对未来人类的代际责任问题。

生物基地毁坏,生物多样性减少。经济活动的扩张造成了生物赤字,过度捕捞、放牧、耕种、开采和滥伐森林导致了土壤、草场、森林、河流、湖泊、海洋等生命物种栖息地的破坏,许多物种正在消失。大量物种急速消失干扰了生态系统内的循环与平衡,动物与植物、生命物与无生命物、有机物与无机物之间原有的自然授粉、种子扩散、养分循环、能量流动等天然服务被大大削减,生命之间原有的复杂紧密联系网络出现裂口和中断,导致地球生态系统产生无可挽回和无法预料的变化。

(二)经济思想的哥白尼式转变

经济系统归属于生态系统。传统经济学对经济如何破坏和摧毁生态系统不做解释,经济活动的环境(环境产品和环境服务)成本也未在市场中体现,现代人因此而无法理解眼前这个经济越繁荣、生态环境越恶化的世界。承认经济不是我们世界的中心帮助现代人理解经济世界——经济是生态系统的一部分,经济的繁荣必然建立生态系统的完整、平衡、稳定基础上。"可喜的是,经济学家正在转变,他们有了更多的生态意识,认清经济对地球生态系统的内在依存关系。"[1]越来越多的经济学家赞成通过征收大气、水、固体废物等环保税促进节能减排和产业结构调整,也在努力寻求使市场能够切实可行地反映我们所购买的物品和服务的全部成本的其他有效途径。

遵循生态学原理基础上形成经济政策。大自然仰赖平衡和循环,这是地球生命诸过程的作用机理和运动方式,如何把这种平衡和循环原理运用于经济发展模式中呢?这就"要求市场信号要有个基本的转变,也就是要求它们转变成尊重可维系生态永续不衰的那些法则的信号"[2]。生态系统为我们经济社会发展提供产品和服务,且服务的价值往往高于产品,应该对其给予合理计算,并将其体现在市场信号中,碳排放、滥用水诸如此类危害环境的活动必须在税负上有所体现。生态学家懂得一切经济活动和所有生物对地球生态系统的依赖关系,经济学家懂得如何把目标变成政策,二者之间是建

---

① [美]莱斯特·R.布朗:《生态经济:有利于地球的经济构想》,林自新、戢守志等译,东方出版社,2003年,第4页。

② 同上,第90页。

筑师与建造商的关系，蓝图由生态学家提供，经济学家负责将目标变成政策,二者携手合作。

(三)应对策略

发展一种新的能源经济。经济社会发展所依赖的能源不再以碳为基础而将以氢为基础,不再是煤炭、石油、天然气等化石燃料而将是太阳能、风能和地热能等可再生能源。太阳能资源丰富,既可直接用于加热制冷,也可间接用于发电;风能成本低廉,便于电解水生产氢;地热能运用简单、成本低、效益高,可直接利用或间接用于发电。除了开发利用新能源之外,节能也具有很大的潜力,全球都朝着这个方向努力,有助于降低能源支出、减少空气污染和对气候的影响。

发展一种新的材料经济。经济社会发展所依赖的材料不再是那些耗尽自然资源的材料而将是可再生更新的材料。重新设计的材料经济应该与生态系统相容,材料的使用和设计应该仿效大自然的环形流动模式,多次循环、重复利用。较之传统的原材料从森林矿山采集来经一次利用后成为废物垃圾的直线型模式,再循环利用不仅更经济,而且生态破坏性更少。以再循环利用产业取代采掘业、萃取业,假以时日就会出现一个成熟的工业经济社会——生产生活主要依赖可循环利用的材料,而非一次次从自然界开采。

发展一种新的人口经济。生态经济要求维持人口相对稳定,城市为人民而设计。世界上大部分贫困者都生活在人口迅速增长的国家,贫困、人口增长与环境压力往往交织在一起。我们需要借助社会制度的强大调控力改善对自然资本的管理,消除全球饥饿,提高人口质量。城市化是人口发展的主要趋势,原有服务于汽车的城市将让位于为人民而设计的城市:淘汰以汽车为中心的拥塞不堪、污染严重的交通运输系统,代之以更为清洁有效的新系统。更合理有效组合交通运输系统各要素, 给予行人和骑车者更大的安全感、灵活性、运动健身性,提高公共交通运输的载客率,消除城市空气污染,提高生活质量。

四、反思与小结

当代北美思想家们从聚焦具体的人工自然物到反思人工自然物背后的现代技术,再到探索更大范围的经济社会系统变革的环境效应,逐步推进对人与自然整体性关系的科学认知,形成当代人类应对生态危机的宝贵财富。环境保护已是世界共识,世界要么从整体上幸免于生态危机,要么就根本不可能。然而,文化、制度差异悬殊的各国政府能否切实构建人类命运共同体,在全球水平上高效合作、迅速行动,在经济进步遭到破坏之前稳住全球生态系统平衡? 或许问题并不在于我们需要做些什么,或者需要什么样的技术,而在于我们现有的社会制度能否在允许的时间内促成这一变化。

中国在四十多年的改革开放和现代化建设实践中,稳定人口、发展经济、保护环境、创新科技、完善制度,从经济增长到可持续发展,从技术创新到制度创新,从建设美丽中国到推动构建人类命运共同体,中国特色社会主义制度愈发显示出旺盛生命力和强大创造性。在今天迈向全面建成富强民主文明和谐美丽的社会主义现代化强国的关键节点上,中国必将为世界人民走出生态危机提出精彩的中国方案。

生态哲学新篇双语专栏

主持人语

王治河*

　　当代西方著名建设性后现代主义哲学家、诺贝尔和平奖候选人大卫·格里芬博士在2012年的来华演讲中曾说:"人们谈论'生态危机'已经很久了。但人们常常并不理解生态危机到底有多严重。生态危机是如此严重,以致人类文明可能会在可预见的未来终结。"因此中美后现代发展研究院创院院长、美国人文与科学院院士小约翰·柯布将生态危机称为"人类有史以来最大的危机"。这绝非耸人听闻。除了气温升高、冰川融化、海平面上升、空气污染、土地污染、水污染、物种灭绝之外,目前肆虐全球的新冠肺炎疫情其实也是一种生态危机。危机暴露了现代工业文明的弊端,时代呼唤一种新的文明——生态文明。本专栏的五篇文章从不同角度对工业文明和新冠肺炎疫情进行了反思,对生态文明进行了展望。在"20世纪最有洞见者"之一的克里

　　* 王治河,哲学博士,美国中美后现代发展研究院常务副院长,兼任中央编译局研究员及国内多所大学客座教授,新西兰《教育哲学与理论》杂志编委,《武汉理工大学学报》编委。曾任中国社会科学院《国外社会科学》副主编。

　　邮箱:claremontwang2011@qq.com

福德·柯布看来,要创建生态文明,我们需要共同的目标、共同的哲学、共同的生活和共同的故事。我们不仅要使自己的目标与社会上其他人的目标保持一致,还要与地球上所有人的目标协同一致。也就是说,只有众志成城,才能活下来。著名关系心理学家道娜·欧润之则强调面对危机的到来,人类要做出深度的调适,要意识到我们自己在基本人性层面上生病了。从过程哲学的视角出发,美国过程研究中心执行主任施瓦兹认为,由于万物互联,要想解决像新冠肺炎疫情一般的复杂问题,我们需要以复杂系统的视角来进行思考,需要从政治、经济、哲学、科学、教育、农业、道德、心理及生活方式等方面多管齐下。中国旅美学者樊美筠和王治河博士从中国道思维的角度对新冠肺炎疫情进行了反思。认为新冠肺炎疫情不仅是一场生态危机,更是昭示变革时刻的来临。我们应重新思考人与自然、与他者(他人,他国和其他文化)的关系。应将新冠肺炎疫情当作信号,它昭示着我们的身体、我们的系统出了问题。依照中医"上医治未病"的原则,注重未雨绸缪,也就是"照料好我们内心的景观",使自我教化而非自我放纵成为第二次启蒙的重要组成部分。与此相连,三十年来一直修习中国气功的美国克莱蒙培泽大学政治学教授莎伦·斯诺伊思女士认为生态文明呼唤生态人,一个"生态人"不仅会在形而上的层面意识并体验到个人与他人和自然的深刻联系,从而尊重自然和他人;而且也会在生理层面意识到身体内部的相互联系,贯通整个生命通道,从而关注自己的饮食,运动和健康。

Aligning Private Interests with Public Purposes

by Clifford Cobb

Introduction

Throughout history, government officials have had an exaggerated view of their power. It is possible for rulers to control citizens for a short time, but if governments use coercion, that creates resistance. As Confucius understood, effective rulers seldom use force. Instead, they are able to persuade the people to act in alignment with principles that create harmony.

The world is currently faced with a growing threat of ecological disaster. Air is polluted, the oceans are dying, and deserts are expanding. In order to respond to these conditions, it is not enough for individuals to act alone. To make a positive difference, our individual actions need to align with other people's actions. Governments are the main institutions that can bring about common action. But if governments rely on coercion,they will fail. The government of France learned that when it raised the price of gasoline as a way to reduce e- missions of CO_2 (Donadio and Meyer 2018). The policy failed because it app eared to put the greatest burden on the poorest families,not because the protestors opposed efforts to prevent climate change. The president of Venezuela learned a similar lesson in 1989 when he raised the price of gasoline by 100% to bring it closer to world fuel prices. That action precipitated a riot that went on for several days,causing thousands of deaths(Maya 2003:120-121). In both France and Venezuela,the government and the people were acting against each other. These events indicate that governments can only succeed in achieving e- cological civilization if they can create the conditions in which people and gov- ernment are aligned in their actions.

My own training is in the field of public policy. In school,we studied eco- nomic theory and political strategy. We discussed how to formulate policies that are efficient and sometimes equitable. We learned how to gain support for legis- lation in Congress or in state legislatures. But we did not examine how to gain public support for government action. In effect,we acted as if government oper- ates in a bubble,cut off from the rest of society. This is typical. Even in a democracy,government makes few efforts to respond to the public. Laws are shaped by powerful interest groups. The public is not consulted. Perhaps it is different in small countries such as Denmark or Costa Rica,but I doubt it. Even in small organizations,most decisions are reached by a small,inside group. Out- side voices are seldom involved. This principle,known as the Iron Law of Oli- garchy,was first enunciated by Robert Michels(1915:233):

Society cannot exist without a "dominant" or "political" class. ···
The ruling class, while its elements are subject to a frequent par-
tial renewal, nevertheless constitutes the only factor of suffi-
ciently durable efficacy in the history of human development. ···
The state, cannot be anything other than the organization of a
minority. ···Even when the discontent of the masses culminates in
a successful attempt to deprive the bourgeoisie of power, ···there
springs from the masses a new organized minority which raises it-
self to the rank of a governing class. Thus the majority of human
beings··· are predestined by tragic necessity to submit to the
dominion of a small minority.

Thus, it is reasonable for state officials to assume that they operate in a
self-contained sphere of conflict with other factions but with little need to con-
sider the views of the average person.

But governments do not exist in isolation from the societies they govern.
Ultimately, every government is accountable to the public. If policies diverge too
far from what the public will accept, those policies will fail. Governments can
only survive if they are in harmony with the people. Even if an oligarchy is in
charge and a disorganized population cannot give clear direction to the oli-
garchs, the actions of ordinary people can limit the power of the oligarchs in
dramatic ways. That is particularly true when the state is infringing on the mate-
rial interests of the people, such as by reducing the freedom to drive one's own
car. That means an oligarchic state will still face serious obstacles in promoting

an ecological civilization. How can those obstacles be overcome?

War Unites People and Leaders

In peacetime, everyone pursues different objectives, and few work in harmony. However, when a foreign power invades a country, the people normally work with national leaders in efforts to expel the foreigners. A common enemy can unite people who might otherwise fight each other. War tends to be the primary condition under which there is a natural unity of purpose among citizens.

When there is an emergency, governments may use the rhetoric of war to stir the population to action, but such appeals cannot work most of the time. At present, the world faces an unprecedented environmental crisis, but the rhetoric of war does not work. The threat of environmental disaster feels far away, so it seems to many people that government is being arbitrary when it increases fuel prices or limits fishing or controls pollution.

Many citizens seem to believe the government is the common enemy. They fail to see that future environmental disaster will harm everyone, and they deny the importance of environmental questions. Thus, when government restricts personal action to protect the environment, some political parties claim that government is the enemy of the people. It is now easy for politicians such as Donald Trump to gain support for policies that limit the capacity of government to respond effectively on environmental issues. In Brazil, President Bolsonaro is likewise appealing to popular dislike of environmental restrictions when he promises to support rapid development of the Amazon region(Moran 2018, Spektor 2018).

In Indonesia, logging of forests accelerated in the past seven years in spite of efforts by government to slow the rate of deforestation (Coca 2018). President Duterte of the Philippines has made environmental promises, but behind the scenes 48 environmental activists were killed in 2017, the second highest number in the world (Simeon 2018). That means the environmental problems of the Philippines will not be reported, and we can assume those problems grow worse.

All of these examples indicate that the fear of a common enemy does not unite the public in support of environmental policies. Instead, democratically elected governments are either actively supporting destruction of the environment or are too weak to stop the damage from taking place. Until now, most people have blamed the world's politicians for failing to adopt stronger policies on climate change, but politicians cannot lead if the public refuses to follow. Reversing climate change will mean that all of us have to change our lives by using less energy, eating less meat, using fewer chemicals, and moving to smaller houses away from cities. Those changes will not be popular. Even if governments adopt plans to achieve ecological civilization, they cannot implement those plans unless the public is supportive.

Before turning to the problem of how to bring about the social unity necessary to address the common problems we face, I first want to examine the growing divisions that make unity more difficult than ever.

New Sources of Division

Unless we take seriously the depth of the problem confronting us, we are likely to consider measures that are easy to adopt but ineffectual. If we could achieve the required level of social solidarity by instilling fear, we might do that. But fear usually has the opposite effect of its intention. It drives people apart. Slogans are also ineffective. Music and drama are often capable of creating unity of purpose, but if they are simply used as propaganda, they also fail. To bring about unity, we must find the sources of division and change them.

To discover what causes social divisions, we generally think about attitudes or beliefs, and we attribute conflict to those subjective factors. But as Marx understood, attitudes and beliefs largely result from material conditions. Marx placed the forces of production at the heart of this material process because the crucial conflict in the 19th century was between labor and capital. But today other material conditions are equally important. The world is still divided between workers and owners, but it also divided between the creators of information and the consumers of it. There is also a division between those who change the environment and those who are immediately affected by it. Just as Marx looked for the roots of social pathology in his own time, we must follow the same method. We must understand the material basis of conflict before we can find the means of bringing nations together to solve common problems.

Growth of Traditional Sources of Conflict

The material basis of power. The microcosm of the factory and its division between owners and workers is no longer a sufficient basis for understanding why a small group of people can control the world with the assets they hold. The wealth gap between nations cannot be explained in terms of the surplus value of labor being captured by capitalists. International investment rules and patterns of trade are at least as important as traditional explanations of wealth and poverty. Control of technology through patents is another major factor. The ownership of urban real estate allows those with wealth to leverage it further. Socialism is still relevant, but it requires a much more complex story than it did in 1848.

The uncontrolled power of heads of state. Technology has given more power to national leaders than at any time in the past. The use of nuclear weapons requires quick decisions that cannot be left to legislatures. Since heads of state are often tied to business interests, such as oil companies or pharmaceuticals or investment banks, wars are now fought for commercial interests with little public debate. Thus, there is a huge power divide between the highest levels of the state and the people. For example, Muammar Gaddafi, president of Libya, was overthrown for one reason: Nicolas Sarkozy, president of France wanted to prevent Gaddafi from creating an African currency union(Hoff 2016). We must assume that business interests were behind this action, since French banks and other business gain great profits by controlling African economies. The same principle applies to the fate of most nations of the world. A few heads of state, particularly the U.S. president, have enormous power over the actions taken by other countries.

Technologies of alienation. Marx witnessed workers being alienated from the products of their labor. That process continues, but it has encompassed many other aspects of life beyond production. Half the world's population now lives in cities and is separated from food production. Even the process of eating is industrialized. Thus, the material conditions of consumption are at least as alienating as the conditions of production. Life itself takes place inside buildings that control their local environment. Children grow up with almost no connection with soil, plants, insects, and other forms of life except for pets at home. In this case, the usual division is reversed. The elites are the people most distant from the earth. Ordinary people, particularly farmers in developing regions, are the ones who have retained a connection to the natural world. If the modern systems that supply food, water, and energy to cities break down (as they likely will in the future), power will quickly shift to the people who were on the bottom at our stage of history.

New Technologies, New Sources of Division

In addition to traditional forms of economic and political power that keep the vulnerable members of the population fighting each other instead of the people who truly have power, there are other sources of conflict that arise from new technologies. Each new technological revolution at first seems to improve life, but within a generation, social conflicts emerge to create a division between the beneficiaries of technology and the people harmed by it. Those divisions do not follow the old lines of capitalism. They have created new lines of conflict, although the highest levels of ownership are always on the side that benefits, at least until recently.

Technologies of control. Until the past two centuries, the majority of people in every society lived in daily contact with natural processes and in small social units. Half the world's population now lives in cities, but a few centuries ago, it was closer to 5–10 percent. Most goods in the past were produced in the village or in nearby towns. Thus, the instruments of control were nearby and visible. That is no longer true. New technologies permit a high degree of control over large segments of the population at a distance. Information technology is the main basis of that new type of control. Computers have seemingly made knowledge more accessible to everyone. The Internet seems to be a great social benefit, but as a result of it, communication consists more and more of pictures. Thinking is becoming simplified. A few large companies already dominate the Internet and through it, they have gained control of entire national economies. But that imbalance of power has only begun to reveal the threat involved. A small number of companies have information about every member of society. These electronic biographies know us better than we know ourselves. They can predict what we will buy, how we will vote, what we will read, and what we will think. As recently as 15 or 20 years ago, the division in society was called the "digital divide," which referred to the difference between those with computer literacy and those who lacked it. But that division is now long past. The new division is between the few hundred people who control the data banks with our lives in them and the rest of us who are going to be silently manipulated. Because of this technology, the citizens of the most advanced nations will be the first to be enslaved.

Technology changes our self-understanding. At one time, our language was shaped by organic processes of growth, development, socialization, separation, decay, and death. All of those experiences were direct. Now most experience is mediated and abstract. Much of that change took place in just three or four generations. Language has been taken over by mechanical and electronic metaphors, creating the widespread illusion that humans are nothing more than slow computers that are hampered by dreams, desires, and emotions. Children are introduced to this homogenizing, universal culture of television, movies, and internet at such an early age that they have no way of knowing the world they have lost. The values of each generation are a reflection of the latest technology, slowly narrowing the division between humans and machines. As recently as a few generations ago, people were evaluated in terms of the slow process of character development. Increasingly, however, other people are judged by how they contribute to speed, efficiency, and convenience. People who fail to conform to technologically defined standards are viewed as expendable.

A person who fails to adopt the most recent technology quickly becomes a second-class citizen and isolated from other people. We may imagine that we are smarter than our ancestors, but the average person is less able to understand or formulate complex ideas outside of the narrow range of their special area of expertise.

Creating an Alignment around Ecological Civilization

In the following sections, I will propose four elements that are necessary to gain public support for strict environmental policies. If successful, the four elements will serve the same function as a declaration of war in mobilizing the public to change behavior. The four elements are 1) a common purpose, 2) a common philosophy, 3) a common life, and 4) a common story.

A Common Purpose

It might seem that a common purpose is given by the crisis faced by humanity. We have collectively damaged the environment and have enough weapons to destroy civilization without an environmental collapse. It would seem that our common purpose is survival. Yet, strangely, that is not a sufficient basis for common action. Fear does not bring people together. It pushes them apart. The same is true of feelings of powerlessness. These days both leaders and ordinary people feel powerless. But everyone is frustrated by their inability to accomplish their goals, even the most powerful people. That is because there is no common purpose.

Historically, religion was the primary method of uniting small groups of people. But it has also been a major cause of wars. Most intellectuals are convinced that religion is silly and a waste of time. However, since two-thirds of the people in the world are affiliated with some religion, we cannot simply ignore its role. Even in China, the most non-religious people in the world, religion is becoming an increasing factor in national policy because of increasing activity by Muslims and Christians. Thus, the creation of a common purpose must provide adherents of existing religions with a substitute. That will not be easy.

Science serves some of the same purposes as religion, so it may be the closest substitute. Both pursue an understanding of life's mysteries. But science treats human experience objectively, and religion has focused more on subjectivity. Thus, to use science as a substitute for religion will require the creation of a new type of science: one that provides not only conceptual knowledge but also wisdom. Thus far, the natural sciences focus on instrumental reason——explanations of how events occur. But they offer no explanation for why we should follow one path rather than another. To do that, the new science must provide more integrative reason than in the past. We do not know if it can fulfill that function, but if it cannot, it seems unlikely that we will find any other basis for a common purpose.

A Common Philosophy

I have proposed that a new and more integrated form of science might function as a unifying purpose that could align the purposes of entire societies around common action. To develop that sort of science, we will need a common philosophy. We might say we need a philosophy of science, but we first need a philosophy that can help redefine what science means.

If a common philosophy is to emerge that has the support of scholars around the world, it cannot simply be taken from an existing tradition. We can also assume that the scientists who are currently committed to the dominant forms of Western philosophy will not accept such an undertaking. Their notion of science is firmly grounded in positivist and materialist philosophies that are dedicated to the idea that nature is devoid of feeling, purposes, and agency. That is the equivalent of making science a religion devoted to nihilism.

I propose the formation of a group of intellectuals who are committed to developing a common philosophy. As part of that commitment, each participate would have to be prepared to accept ideas that are currently unfamiliar or per-sonally challenging. There should be no place for anyone who insists on a pre-determined position.

The aim of this group should be to do more than to create an interesting intellectual construct. The aim should be to develop a practical philosophy that is capable of resolving problems in law, economics, and international relations. In order to be a common philosophy, it will need to operate at a high level of generality that can be adjusted to various cultural and political conditions. But if it is too general, it will serve no practical purpose. For example, if the philosophy proposes respect for human life, that is too general. The important philo-sophical questions arise when such general principles are in conflict. In this case, there has historically been a direct contradiction in some cases between respect for humans and respect for other forms of life. If the latter always gives way to the former, we may simply repeat the problems that have brought human-ity to the brink of destruction. If the natural world is always given preference, human societies would revert to the stone age.

This collective enterprise cannot begin with the hardest problems, such as the balance between nature and humanity. Those questions should not be con-sidered until the groundwork is laid with an ontology and epistemology that pro-vide a common basis for investigating more practical questions. But these building blocks of philosophy already contain the hardest problems. If we think of trees and rivers as having awareness or of being alive, as many Native Americans be-lieve, then questions of how to live with the natural world are shaped by this on-tology.

Because of the difficulty of the task, I envision a process that could take at least ten years, even if the project were fully funded to enable 50 philosophers and additional support staff to work full time on it. This is the sort of project that might never reach a conclusion. But the record of the internal discussions and the potential for new developments in philosophy would be worth the cost, even if the ultimate goal was never reached.

If this project is ever seriously considered by world leaders, an interesting question arises: would it be necessary to provide a lot of security(police) to pre-vent outside interference with the internal discussions? Is philosophy something over which people would fight? Or would this project be ignored as an irrelevant intellectual exercise?

A Common Life

A common purpose and a common philosophy might lay the basis for a common life, but only in the most general terms. For example, the United States has operated according to the terms of its Constitution for more than 200 years, but the way of life has changed many times during that period. Even if a common philosophy digs far deeper than a political document like the U.S. Constitution, it will still not fully define what a common life will be or how long it will last.

The defining feature of modern life is the pursuit of three goals: convenience, efficiency, and privilege. Those who are able to live this life fully are metaphorically floating above the earth on a cloud. By that, I mean that most of us who attend conferences have no connection with the food we eat until we eat it. We do not even observe the process by which our clothes, our books, or our smart phones are made. We live outside the material world. Everything comes from somewhere else, as if by magic. The modern hope is to live in a dream world, one in which everything we want comes to us without work.

....

I propose that materialism in its original sense should be the basis of common life. We have come to think that materialism (in ordinary language, not in philosophy) means the desire to have a lot of money with which to buy things. But it can also be understood to mean a way of life that deals with the intractable aspects of nature--the ways in which nature resists the simple ideas that humans try to impose on it. In that sense, materialism offers a school of personal development. In the same way that raising children enables people to become fully adult, so also does personal interaction with the natural elements.

We face a problem now that is similar to parenting. Most parents want to give their children a better life than they had. But when that new life is simply given to the children, they have no basis for appreciating it. They know little of the cost required by previous generations. We have now, as a global civilization made life easier and more comfortable for each new generation, and the result is not entirely positive. Life is longer and easier for most people, but it is also more abstract and less grounded in direct experience.

I, therefore, propose that the goal of a common life should continue to be to improve the lives of children, but with an understanding of the ambiguity associated with that task. Both in education and in work, the systems we devise for life together need to leave problems in place for each person to solve, both individually and collectively, based on direct experience. This is for the sake of all humanity and for the sake of each individual. Improving the resilience of the members of society will not automatically make society stronger, but it is likely to produce people who know how to do that.

The Adventures of Huckleberry Finn is a famous novel by the American author Mark Twain. In the story, the boy Huck wants the frog that another boy has, so he tricks the boy. He says that he will allow the boy to paint his aunt's fence if he will give Huck the frog. He convinces the boy that painting the fence is a desirable activity, and in that way, Huck avoids working and gets the frog. From that story, we learn that we should all strive to be clever and avoid work. But if we look at it another way, Huck is the fool. There actually is something to be learned by painting the fence or by planting a garden or building a house. When children grow up today without any skills in dealing with ordinary life situations, they should be considered poor, even if they come from wealthy families.

I suggested at the start that a big problem we face is aligning personal and collective goals. That stems from the type of life we now live. In a world of pure abstractions, it is hard to judge when private resistance hurts common goals. But when one deals with problems at the level of physical interactions with nature, the need to work together towards common ends becomes tangible and concrete. We need such experiences in our daily lives as a reminder of what is at stake in meeting national and global environmental goals. If those goals are experienced only as distant problems for someone else to solve, the requisite cooperation will never take place.

A Common Story

The story of Huck Finn is an example of a common story. At one time, stories such as that served to teach children in the United States how to live in a world of corrupt adults without becoming like them. The lessons were not taught by direct instruction but by appealing to the imagination. Story-telling is an ancient device in all human cultures that binds us together. Telling a story was active and it was interactive. New audiences that heard a story changed it in some small way to make it their own. Stories were the core of culture.

We still have common stories in the world today, but they are not the same as before. Television, movies, and computer games are now the primary sources of common stories. As Marshall McLuhan said in the 1960s: "The medium is the message." The content of these media does not matter as much as the way we interact with it. The chief lesson of television and movies is to be passive and watch from a distance. The lesson of games is generally to win at all costs by destroying your opponents. Allowing children to grow up with these stories leaves a lasting scar by teaching the wrong lessons.

But we must work within the current situation, even as we try to change it. We cannot suddenly invent new stories using old methods and expect them to appeal to a younger audience. Instead, we need to pay attention to the messages of media today to determine what messages are being conveyed. Adults can then encourage children to include programs that have a healthier message. The same principle applies to music. In the ancient world, music was considered a basic part of education. Music is part of the story we learn and the one we live by.

Can we create a universal story, one that has appeal across all cultures? I think the answer is that Hollywood has already done that with comic book heroes. That universal story portrays life as a simple choice of good and evil, and the solution is to destroy those who are evil. What story could be more corrupting? Yet children are exposed to that pattern of thought and behavior again and again. Thus, the question we need to ask is how to re-direct the movie industry and computer game industry by supporting the media that encourage children to become more self-reflective and multi-dimensional in their aesthetic and moral judgments.

China has a particularly significant opportunity. They have a huge stake in the future, and our generation is not prepared to offer much guidance about the changes we must all undergo. If there are giant changes looming ahead, we should start helping students think about the challenges they face. Reflecting together on modern media images would be a useful way to doing that. The task for students would be to devise their own stories, not only for themselves as individuals but as a school, as a city, as a Party, as a nation, as a world.

Conclusion

I began by discussing the difficulty of aligning individual and collective action. Our normal behavior is to focus on personal short-term issues. Collectively, then, we are drifting toward a tragic future, actually a future beyond any ordinary tragedy. To change direction, to create an ecological civilization, we need to prepare for changes that will require a common purpose, philosophy, way of life, and story. We must not only align our individual aims with the aims of others in our own society or nation. We must align with all people on the planet. It is difficult to even imagine that possibility. It is even more difficult to achieve. My aim has simply been to give an outline of what the search for common ground might look like.

I want to close with a portion of the statement by Greta Thunberg, a 15-year-old Swedish girl who had the courage to tell my generation that nothing is more important to her generation than that we begin to make the needed changes instead of pretending that nothing is wrong. Here are her words at the 24th meeting of the United Nations climate conference, the group that is supposed to be finding solutions and is failing to do so:

> Until you start focusing on what needs to be done rather than what is politically possible, there is no hope. We can't solve a crisis without treating it as a crisis. We need to keep the fossil fuels in the ground, and we need to focus on equity. And if solu-

tions within the system are so impossible to find, maybe we should change the system itself.

In another talk, she told about herself:

When I was about eight years old, I first heard about something called climate change.? ··· I remember thinking that it was very strange that humans ···could be capable of changing the Earth's climate. Because if we were ···we wouldn't be talking about anything else. As soon as you'd turn on the TV, everything would be about that ··· as if there was a world war going on. But no one ever talked about it. ···To me, that did not add up. It was too unreal. So when I was 11, I became ill. I fell into depression, I stopped talking, and I stopped eating. In two months, I lost about 10 kilos of weight.

Without words, her body told a story that was even more profound than her words. It was a story of a world out of control, where language failed, where people were starving. She was imitating the collapse of the world around her. She took the insanity of the adult world and made it her own. In so doing, she began a transformation of herself and those around her. She started a school strike, saying, "Why should I be studying for a future that soon will be no more?"

Hope does not lie so much in the specific words she speaks but in the mere fact that she speaks them. Perhaps she will arouse some adults to action, but even more important, she may inspire other children of the world to refuse to accept inaction from world leaders. I hope her peers can undergo the sort of personal transformation of deep depression followed by activism that has given her the courage to speak up. That is where a new story is likely to come from——the testimonials of the youth whose lives we are cutting short. If we hear their stories, will we be prepared to listen and to act?

私人利益与公众目标的协同性研究

[美]克里福德·柯布/文　张妮妮/译*

一、引言

　　历史上一些统治者总是夸大地看待自己的权力。统治者对公民的控制可能一时有效,但要是用了高压手段,也会产生反抗。正如孔子所理解的,成功的统治者很少使用强力。相反,他们能够说服人们按照和谐的原则行事。

---

　　* 本文是作者 2019 年 10 月在天津外国语大学的演讲,征得作者同意,特刊于此,这里向柯布先生致谢!

　　克里福德·柯布(Clifford Cobb),美国著名生态经济学家,社会公共政策专家,可持续发展研究专家,美国《经济学与社会学杂志》主编,中美后现代发展研究院高级研究员。主要著作有《绿色 GDP》(与小约翰·柯布合著)(1993)、《通向正义之路——亨利·乔治的哲学与经济学》(2001)、《开放的学校,更新的社群》(1992)、《系统教育改革——一个社群主义的方案》(1993)。他是西方世界绿色 GDP 概念的最早提出者之一。2004 年与《寂静的春天》作者并列入选并被评为"20 世纪最有洞见的思想家"之一。

　　张妮妮,北京外国语大学马克思主义学院教授,研究方向为生态哲学和马克思主义哲学。

　　邮箱:zhangnini@bfsu.edu.cn

目前,世界正面临日益严重的生态灾难威胁。空气污染,海洋污染,沙漠扩张,瘟疫流行。应对这些情况,个人单独的行动是不够的。要促进积极变化,个人行为就要与他人的行为保持一致。政府是实现共同行动的主要机构,然而政府如果依靠高压很容易会失败。法国政府为减少二氧化碳排放提高了汽油价格,那时他们便明白了这一点(Donadio 和 Meyer,2018)。这项政策之所以失败,是因为它似乎给贫困的家庭带来了极大的负担,而不是因为抗议者反对阻止气候变化的努力。1989 年,委内瑞拉总统也有类似的教训,他将汽油价格提高了 100%,使之接近世界燃料价格。这一举动引发了持续数天的暴乱,造成数千人死亡(Maya,2003)。在法国和委内瑞拉的例子中,政府和人民都在互相对抗。这些事件表明,只有创造出人民和政府在行动中保持一致的条件,政府才能成功地实现生态文明。

我们在学校学习经济理论和政治策略,讨论如何制定高效、公平的政策。我们还学习如何在国会或州立法机构中获得立法支持。然而我们没有考察政府行动如何获得公众的支持。结果,我们以为好像政府是在真空中运作的,与社会其他部分相互隔绝。这种情况非常典型。即使在民主国家,政府也很少做出回应公众的努力。法律被强大的利益集团所揉捏,公众得不到商议的机会。也许在丹麦或哥斯达黎加这样的小国情况不同,但对此我也表示怀疑。在小型组织中,大多数决策也都是由一个小的内部团队完成的,外界的声音很少被顾及。这一被称为寡头统治铁律的原则,是罗伯特·米歇尔斯(Robert Michels)首先阐述的(1915):

> 如果没有一个"占统治地位的"或"政治上"的阶级,社会便难以为继。……而统治阶级,虽然其各组成部分经常得到部分更新,但它仍然是社会历史发展进程中唯一持久而有效的推动力量。……国家只能是少数人的组织。……即使当大众的不满积聚到足以成功地夺取资产阶

级手中的权力时，……从大众中间总是会产生一个新的使自己上升为统治阶级的有组织的少数派。看来，人类的大多数……注定要听命于少数人的统治。

因此国家官员有理由假定，他们的派系斗争是在一个自足的领域里进行的，几乎不需要考虑普通人的观点。

但政府并不孤立于他们所统治的社会。任何政府最终都要对公众负责。如果政策与公众可以接受的相差太远，那些政策就会失败。政府只有与人民和谐相处才能生存。若是寡头统治当道，乌合之众又无法给寡头指明方向，普通人的行动就也能戏剧性地限制寡头的权力。这一点在国家侵犯到人们物质利益时表现得特别明显，比如减少私家车出行自由的例子。这意味着寡头统治的国家在推进生态文明方面仍将面临严重障碍。那么，如何克服这些障碍呢？

二、战争把人民与领袖联合起来

和平年代里每一个人都追求不同的目标，然而当外国势力入侵国家时，人们通常都会与国家领袖一起齐心协力驱逐外敌。共同的敌人把原本互相斗争的人团结起来，战争为公民之间统一目标创造了首要条件。

在紧急情况出现时，政府可以用战争之辞来刺激民众行动起来，但这种呼吁在大多数时候行不通。目前，世界面临着前所未有的环境危机，战争之辞就行不通。环境灾难的威胁似乎遥不可及，于是在许多人看来，政府提高燃料价格、限制捕鱼或控制污染，根本就是武断的。

不少公民似乎认为政府才是共同的敌人，他们看不到未来的环境灾难对所有人都是有害的，否认了环境问题的重要性。因此，当政府限制个人行为以保护环境的时候,有的政党就宣称政府是人民的敌人。

对共同敌人的恐惧并不能团结民众支持环境政策。相反,民选政府要么积极支持破坏环境,要么过于软弱,无法阻止环境破坏的发生。到目前为止,大多数人都指责世界上的政治家未能在气候变化问题上采取更强有力的政策。但如果公众拒绝遵守,政治家就无法发挥领导作用。扭转气候变化意味着我们所有人都必须改变自己的生活方式,少用能源,少吃肉,少用化学品,搬到城外住小房子。这些改变是流行不起来的。即使政府通过了实现生态文明的计划,除非公众支持,否则他们也无法实施这些计划。

在转向讨论如何实现社会统一以解决我们面临的共同问题的时候,我想先来考察一下日益扩大的分歧,这些分歧使得统一比以往任何时候都更加难以实现。

三、新的分歧根源

除非我们认真对待摆在面前问题的严重性,否则我们就可能只采用容易的办法而不考虑其是否有效果。通过让人感到恐惧来达到期待的社会团结,要是这样做行得通,就这么做好了。但恐惧常常会适得其反,它使人们分离。口号也是无效的。音乐和戏剧往往能带来目标的统一,但如果只用来做宣传也会失败。为了实现统一,我们必须找到分歧的根源,再改变它们。

为了找出社会分歧的原因,我们通常会考虑态度或信仰,并将冲突归因于这些主观因素。但正如马克思所理解的,态度和信仰很大程度上是由物质条件决定的。马克思把生产力放在这一物质过程的核心,因为19世纪的主要冲突是工人和资本家之间的冲突。但今天其他物质条件同样重要。世界仍然是分成工人和所有者,但也分成了信息创造者和信息消费者,还分成了改变环境的人和受到环境改变影响的人。就像马克思要去寻找他那个时代的社会病理学根源,我们也必须遵循同样的方法。我们必须先了解冲突的物质基础,然后才能找到使各国团结起来解决共同问题的方法。

(一)传统冲突根源的增长

1.权力的物质基础

以工厂的小世界及工厂主和工人之间的划分,已经不能充分理解为什么一小群人能够凭借拥有的资产来控制整个世界。各国之间的财富差距不能用资本家获取劳动剩余价值来解释。国际投资规则和贸易模式至少与传统的贫富解释一样重要。通过专利来掌控技术是另一个主要因素。城市房地产拥有者以钱生钱也是。社会主义依然有意义,但需要讲一个比1848年更复杂的故事。

2.国家首脑失控的权力

技术赋予国家领导人的权力比以往任何时候都多。使用核武器需要迅速决定,不能交由立法机构进行。国家元首通常与企业利益挂钩,例如石油公司、制药公司或投资银行,战争也因此具有了商业利益的动机,几乎不进行公开辩论。因此,国家最高领导层和人民之间有着巨大的权力鸿沟。例如,利比亚前最高领导人穆阿迈尔·卡扎菲被推翻的一个原因在于:时任法国总统尼古拉·萨科齐想要阻止卡扎菲建立非洲货币联盟(Hoff,2016)。我们不得不设想,商业利益是这一行动的幕后推手,因为法国银行界和其他企业通过控制非洲经济获得了巨大的利润。同样的道理也适用于世界上大多数国家的命运。一些国家的首脑比其他国家的首脑具有更多的权力采取行动。

3.异化的技术

马克思见证了工人是其劳动产品的异化。这一过程仍在继续,但除了生产,它还涵盖了生活的许多其他方面。世界上现在有一半的人口生活在城市里,他们与食物生产是分离的。甚至吃的过程也被工业化了。因此,消费的物质状况至少跟生产状况一样是异化的。生命本身就发生在建筑物里,建筑物就是他们所处的环境。陪伴孩子成长的几乎与泥土、植物、昆虫等其他生命形式都无关,只有家里的宠物。在这种情况下,通常的划分都是反着的。精英是离大地最远的人。普通人特别是发展中国家的农民,是与自然界还保持联系的人。如果城市里食物、水和能源的现代供应系统崩溃,权力将迅速转移到处于底层的人们身上。

(二)新技术,新的分歧根源

除了传统形式的经济政治权力使人口中最脆弱的成员而非真正有权势的人陷于相互斗争中之外,还有其他一些源于新技术的冲突根源。每一次新的技术革命,一开始似乎都在改善生活,但没过一代人,社会冲突就出现了,社会分化成技术受益者和技术受害者。这些分化不是遵循着资本主义老路来的,它们创造了冲突的新路线,尽管顶级财富拥有者永远处于得好处的一边,至少直到最近都这样。

1.控制的技术

两个世纪之前,所有社会中的大多数人都生活在较小的社会单位中,过着跟自然密切接触的生活。现在,世界人口半数居住在城市,而几个世纪前,这个数字接近5%—10%。过去大多数商品都是在村里或附近的城镇生产的。控制的手段都位于附近,并且是看得见的。现在不再是这样了。新技术可以在更高程度上远距离控制更大范围的人口。信息技术是这种新型控制的主要基础。计算机使每个人都更容易获得知识,互联网似乎具有巨大的社会效益,实际结果却是,越来越多的图片包含在交流过程中。思考变得简单化。一些大公司已经主宰了互联网,由此他们也控制了整个国家的经济。但权力不平衡所包含的威胁才刚揭幕。少数公司掌握着社会每个成员的信息,这些个人电子资料比我们自己还要了解我们。它们能够预测:我们会买什么,我们会如何投票,我们会读什么,我们会怎么想。就在 15 至 20 年前,社会的这种分化被称为"数字鸿沟",它指的是那些有计算机知识的人和那些没有计算机知识的人之间的区别。现在这种分化早已过时。新的分化是几百个控制我们数据库的人和其余被悄悄操控的人之间的分化。

2.技术改变我们对自我的理解

曾几何时,我们的语言是由生长、发展、社会化、分离、衰退和死亡的有机过程塑造的。所有这些经验都是直接的。而现在,大多数经验都是间接的和抽象的。这些变化大多发生在短短的三四代人期间。语言已经被机器和电子隐喻所取代,造成了一种广泛的错觉,好像人类只不过是被梦想、欲望和情感所阻碍的缓慢的计算机。孩子们很小的时候就被引入这种同质化、普遍化的电视电影互联网文化,以至于他们根本无法了解自己错过了的世界。每一代人的价值观都是最新技术的反映,渐渐地人与机器之间的差距就缩小了。就在几代人之前,人们还是根据性格的温和发展过程来评价他人。然而,现在人越来越多地用对速度、效率和便利性的贡献来判断他人。要是某人不能跟技术界定的标准相一致,这个人就被视为是可以牺牲掉的。

不能采用最新技术的人立刻就会成为二等公民,从其他人那里孤立出来。我们可以想象自己比祖先们更聪明,但要是超出了自己狭小的经验领域,普通人也不太能够理解和表达复杂的思想。

四、步调一致迈向生态文明

这一部分将提出四个必备要素以获得公众对严格的环境政策的支持。如若成功,这四个要素就是动员公众改变行为方式的类似战争宣言的东西。这四个要素是:共同的目标,共同的哲学,共同的生活,共同的故事。

(一)共同的目标

　　共同的目标可能是由人类面临的危机给出的。我们一起破坏了环境。然而，这还不足以作为共同行动的基础。恐惧不能使人凝聚在一起，反而让人们相互分离。无能为力的感觉也是如此。如今，领导者和普通人都感到无能为力，每个人都因为无法实现自己的目标而感到沮丧，即使是最有权势的人也如此。这都是因为缺乏共同的目标。

　　从历史上看，宗教是凝聚小型群体的主要方式，但它也是引发战争的主要原因。既然世界上三分之二的人都信仰这样或那样的宗教，我们就不能简单忽视它的作用。就算在中国，拥有世界上最大不信教人群的国家，宗教也正在成为国家政策中一个越来越重要的因素，因为穆斯林和基督教徒的活动越来越多。因此，共同目标的创建要为宗教支持者提供一个替代品。这不是一件容易的事情。

　　科学与宗教有某种相同的目的，因此它可能是最接近的替代品。科学和宗教两者都追求对生命奥秘的理解，但科学注重客观地对待人类经验，宗教则更注重主观性。因此要用科学代替宗教，就需要创造一种新的科学：一种不仅提供概念知识，而且提供智慧的科学。到目前为止，自然科学都聚焦于工具理性，即解释事件是如何发生的。但是它们没有解释为什么我们应该走这条路而不是那条路。要做到这一点，新科学必须提供比过去更为综合的理由。我们不知道它是否能成功，但如果不能，似乎也不太可能为共同目标找到其他的基础。

(二)共同的哲学

　　一种新的、更为综合的科学形式可能作为统一的目标发挥作用，使整个社会的目标围绕着共同行动而协调一致。要发展这种科学，我们需要共同的哲学。有人可能会说需要的是某种科学哲学。但是，我们首先需要一种能够帮助重新定义科学含义的哲学。

一种共同哲学要得到全世界学者的支持，其出现是不能简简单单来自现存传统。现行忠于西方主流哲学的科学家也不能担此重任。他们的科学观牢固建立在实证主义和唯物主义的哲学基础上，而这些哲学竭力认为自然是没有感觉、目的和能动性的。这样的科学无疑与宗教虚无主义异曲同工。

笔者提议，有志于开发共同哲学的知识分子组成一个小组。他们的承诺可以包括：每一个参与者都要为接纳不为自己所熟悉的观念做好准备，为个人接受挑战做好准备。所有人都不应有坚持预定立场的余地。

这个小组的目的应该不只是创建有意思的智力构想，而应该是发展一种能够解决法律、经济和国际关系问题的实践哲学。为了成为共同的哲学，它需要在一个可以适应各种文化和政治条件的、普遍性程度较高的层面上运作。但如果太笼统，就没有实际意义。例如，要是该哲学主张尊重人的生命，那就太笼统了。重要的哲学问题都是在这些普遍原则发生冲突时产生的。以此为例，历史上曾经在尊重人还是尊重其他生命形式之间发生过直接的矛盾。如果后者总是让位给前者，我们直接强调那些致人类于毁灭边缘的问题就好了。如果自然界总是被给予优先权，人类社会就会回到石器时代。

这一集体的事业不能从最难的问题开始，比如自然重要还是人类重要。在本体论和认识论奠定之前，不要去考虑这些问题。本体论和认识论可以为进一步探讨实际问题提供共同的基础。然而这些哲学基石已经包含了最难的问题。如果我们认为树木和河流是有意识的或是有生命的，如许多美洲原住民相信的那样，那么，如何与自然界共处的问题就将由这种本体论来回答。

由于这项任务的艰巨性，我预计研究过程至少需要 10 年，即使这项计划有充足的资金支持，50 位哲学家和辅助工作人员能够全职工作。这类项目可能最终得不到结论，但其内部讨论记录和哲学新发展的潜在可能性也值得我们去付出。

如果这项计划被世界领导人认真考虑了，有趣的问题就出现了：是否有必要提供大量的安保（警察）来防止对内部讨论的外部干扰？哲学是人们要为之奋斗的东西吗？或者这个计划会被当作一个没有意义的智力练习而受到忽略？

（三）共同的生活

共同的目标和共同的哲学可以为共同的生活奠定基础，但这只是一般而论。比如，美国按照宪法条款行事已经超过两百年，但同一时间段内，生活方式却已经改变了很多次。即使一个共同的哲学比像美国宪法这样的政治文件要深刻得多，它仍然不能完全定义共同的生活将会是什么、将持续多久。

现代生活的明确特征是追求便利、效率和特权。能够充分过上这种生活的人，打个比方，都是腾云驾雾的人。我们大多数人，都是在吃东西的时候才跟食物发生关系的，此前跟食物没有关系。我们甚至不关心衣服、书籍或智能手机是怎么做出来的。我们生活在物质世界之外。一切都来自其他地方，就好像变魔术。现代人的希望就是一个梦想世界，所有我们想要的东西都可以不经亲自劳作而来到身边。

…… ……

我认为唯物主义就本义上说应该是共同生活的基础。现在我们逐渐把唯物主义（日常语言的，而非哲学上的）设想为对拥有大量金钱的欲望，有了金钱就可以去购物。但唯物主义也可以理解为生活态度的意思，以这种生活态度来对待自然的复杂情况。在唯物主义的生活态度下，自然可以对人类试图强加于它的简单想法做出抵制。在这个意义上，唯物主义是一所个人发展的学校。正如育人者必自育，人与自然因素的互动也是这样。

我们现在面对的问题类似于养育。大多数父母希望给孩子一种比以前更好的生活。然而当这种新生活给了孩子的时候，他们又没有能力去赞赏。他们对前几代人想要的东西知之甚少。现在我们知道，文明的全球性已经使新一代人的生活变得更加容易和更加舒适，然而后果并非都是正面的。对大多数人来说，寿命更长了，生活也更容易了，但同时也更抽象了，更不依赖直接的经验了。

因此，我建议共同生活的目标仍旧应该是改善儿童的生活，但要知道与那项任务的关系还比较模糊。无论在教育还是在工作中，我们为一起生活所设计的体系需要给每一个人留下问题，让他们在直接经验的基础上，以个人或集体的方式去解决。这既是为整个人类考虑，也是为每个个体考虑。提高社会成员的适应性不会自动使社会更强大，但它可能会培养出知道如何去做的人。

《哈克贝利·费恩历险记》是美国作家马克·吐温的一部著名小说。在故事中，汤姆想要另一个男孩的青蛙，于是他设了一个圈套。他说如果男孩把青蛙给汤姆，他将允许这个男孩给他姑妈的篱笆刷油漆。他说服男孩，说刷油漆是一件值得做的事，这样汤姆就逃避了劳动，还得到了青蛙。从这个故事中我们知道，自己应该尽力变得聪明，以逃避劳动。但要是换个角度看，汤姆就是傻瓜。实际上，刷油漆、做园艺、盖房子都会让我们学到东西。如今孩子长大了，却没有任何处理日常生活的技能，他们才应该被视为穷人，即便他们来自富裕家庭。

我开始就提到，我们面临的一个大问题是个人目标和集体目标协同一致的问题。这一问题源于我们现在这种生活。在一个纯粹抽象的世界里，很难判断什么时候个人的抵抗会伤害到共同的目标。但是，当人们处理与自然相互作用的物理层面问题时，朝着共同目的一起努力的需求就变得真实而具体。我们在日常生活中需要这样的经验，以提醒我们在实现国家和全球环境目标方面所面临的危险。要是这些目标在经验中呈现为是遥远的问题，是要由别人去解决的，那么必要的合作就永远不会发生。

（四）共同的故事

哈克·费恩的故事是共同故事的例子。有一段时间，这类故事教会了美国孩子如何在堕落的成年人世界中生活而不变得像他们一样。课程不是通过直接讲授，而是通过激发想象力来教授的。讲故事是所有人类文化中把人们联系在一起的古老手段，是积极的，而且是互动的。听故事的人对故事稍做改变，就成为他们自己的故事。故事是文化的核心。

当今世界中我们也有着共同的故事，但跟以前的不同。电视、电影和电脑游戏是共同故事的首要来源。正如马歇尔·麦克卢汉（Marshall McLuhan）在 20 世纪 60 年代说的："媒体就是信息。"那些媒体的内容跟我们与之互动的方式没有多大关系。电视和电影节目是要隔着距离被动地观看的。游戏通常是不惜一切代价摧毁对手成为赢家。让孩子伴着这些故事成长，学一些错误的课程，会给他们留下持久不退的伤疤。

但就算我们想要改变，也只能从现状做起。我们不能用老方法突然发明出新故事，还期望能吸引年轻的听众。相反，我们需要关注当今媒体的信息，搞清楚媒体传递的都是什么信息。这样，大人就能鼓励孩子收藏那些内容更加健康的节目。对于音乐也是这样。古人是把音乐当作教育的一部分的。音乐是学习的故事的一部分，是我们生活所必需的。

我们能够创造出普遍的故事，一个吸引所有文化的故事吗？好莱坞已经用它的漫画英雄在做了。这类普遍故事把生活描绘成善恶的简单选择，而解决办法是消灭邪恶的人。一次又一次，孩子们暴露在这种思维和行为模式下。因此我们要问：对那些鼓励孩子在审美和道德判断上变得更加反思和更加多元的媒体,如何通过对它们的支持来重新引导电影产业和电脑游戏产业?

中国正面临一个特别重大的机遇。……中国的大学生们与未来有着巨大的利害关系,而我们这一代人还没有为必须经历的变化准备好足够的指导意见。如果前方隐约显现有大的变数,我们就应该着手帮助学生思考他们面临的挑战。一起反思现代媒体的形象是有用的方法。学生的任务就是要设计一个他们自己的故事,不只是他们个人的故事,而且还是他们学校的故事、他们城市的故事、他们政党的故事、他们国家的故事和他们世界的故事。

五、结论

前面已经讨论了个人行动与集体行动协同一致的困难。我们正常的行为是关注个人的短期问题。而从集体层面看,我们正在被带向悲惨的未来,这个未来实际上超越了任何日常的悲剧。为了改变方向,创建一个生态文明,我们需要为变化做好准备。我们需要共同的目标、共同的哲学、共同的生活和共同的故事。我们不仅要使自己个人的目标与社会上其他人的目标保持一致,还要与地球上所有人的目标协同一致。这种可能性是难以想象的,实现起来更难。我的目的就是为寻求像样的共同基础提出一个大概的设想。

最后,我想谈谈格蕾塔·通贝里(Greta Thunberg)的一段讲话。通贝里是一个 16 岁的瑞典少女,她告诉我们,对她们这一代人来说,最重要的是我们这一代要去做一些必要的改变,而不是假装什么都正常。以下是她在第 24 届联合国气候变化大会上演讲中的话,这次大会本应寻求解决方案,但未能做到:

除非你们开始关注需要做什么,而不是政治上可能做什么,否则一切都没有希望。如果不把危机当作危机来对待,我们就不能解决它。我们需要把化石燃料埋在地下,我们需要看重公平性。如果我们不能在现在的体制下找到解决的方案,那么也许我们应该改变体制本身。

在另一次演讲中,她谈到了她自己:

> 8岁那年我第一次听说气候变化那些事。……我记得那时觉得很奇怪,人类……能够改变地球气候。因为如果是我们做的....我们就不该谈论其他的事情。一打开电视,应该都是气候变化的事,……就好像世界大战正在进行。然而谁也不谈论它。……对我来说,这不合乎情理,非常不真实。于是11岁那年我病了,情绪非常低落,不说话,不吃饭。两个月内我瘦了10公斤。

没有言语,她的身体讲述了一个比言语更深刻的故事:世界失控了,语言不灵了,人在挨饿。她在模仿周围世界的崩溃。她把成年人失常的世界变成了自己的失常。然后她开始改变自己和周围的人,发起了一次罢课活动,她说:"为什么我要为一个不久就不复存在的未来而学习呢?"

希望不在她所说的具体话语里,希望在于这个事实:她谈到了它们。也许她会唤起一些成年人的行动,但更重要的是,她可以激励世界上其他孩子拒绝接受世界领导人的不作为。我希望她的同龄人能经历一种个人的转变,从深度沮丧转向积极行动。正是这种转变让她有勇气开口说话。年轻人的证词是新故事可能发源的地方。

Climate Catastrophe, Deep Adaptation, and Ecological Civilization

——Speech at 12th John Cobb Common Good Award Ceremony

by Donna M. Orange

It is a great honor to join you this evening in honoring Professor John Cobb, teacher and inspiration to so many of us, by far one of the most eminent and creative thinkers of the twentieth century, and here he is among us well into the twenty-first! I wish I could honor him and all of you for your relentless e-cological civilization work with an optimistic and cheerful message. But I do not believe in alternative facts. So your choice to ask me to talk about the most seri-ous threat we all face together is an honor to you. Of course you and I all come to the climate problem from our own disciplinary context, cultural history, and ethical convictions, so I would also be able to learn from you. My disciplines have been philosophy—especially phenomenology—clinical psychology, and psychoanalysis, and I love to read history. So I must speak from those disciplines. Unfortunately, I know very little Chinese history and philosophy—I am sorry for this.

Since I first wrote much of what you will hear, in early 2016 in a hopeful moment after the Paris accords, the situation has changed very much for the worse, as you very well know. The scientific information about climate now describes not change but emergency. The political will to face this reality has diminished, except for the courageous voices of children. My climate psychology alliance friends are hearing voices like those of Jem Bendell who writes of deep and humane adaptation as we prepare for the imminent end of a habitable planet. David Wallace-Wells is writing pieces like "time to panic." The big question for climate psychology and ethics has now become: do we have time to change course, even if we can summon the political will? If not, how should we live for the time being? So, let us begin as if we still had time to build an ecological civilization.

For years I have reproached my psychoanalytic colleagues and myself: Psychoanalysts, though more alert now to our responsibility to the world's most vulnerable people, more conscious of our solidarity with those who suffer, seem to be working largely in a bubble. Climate change has already, scientists tell us in the most urgent voices they can find, become an emergency, threatening to overwhelm all attempts to stem the primarily human-created disaster. Still we psychoanalysts work quietly and faithfully on, living as we always did, driving to work, flying to conferences, watering our lawns, eating and consuming mindlessly. Meanwhile, most political and financial leaders conspire to hide ominous truths, no longer simply inconvenient but dire, and we allow ourselves not to notice. Are we psychoanalysts who should perhaps do better, conspiring or colluding to sustain an environmental unconscious? Are we helping to silence the canary in the coal mine? Actually the poison gasses killed the sensitive birds first, giving the miners time to get out.

Having received extensive education and training, including mandatory personal analysis, to prepare us for our work, we have, I believe, also acquired responsibility to be leaders, moral if not scientific, in confronting the global crisis we are living. We possess the intellectual and communal resources to take on this responsibility. So far, however, we have been resoundingly silent.

Where are the psychoanalysts, we who, rightly or wrongly, consider ourselves intellectual leaders in psychotherapy and in understanding human motivation? Perhaps we have learned nothing from the example of Sigmund Freud, who, blinded by his passion for his work, his love for Enlightenment German culture, and his need to be as important as Copernicus and Darwin, could not see that he and his Jewish family, as well as psychoanalysis itself, faced mortal danger in Vienna in the late 1930s. In another strange example, a few years later in the London Blitzkrieg, during one of the British Psychoanalytic Society's furious disputes about the origins of hatred and aggression, Donald Winnicott noted their actual effects: "I should like to point out that there is an air raid going on" (Grosskkurth, 1986, p. 321). Are we, too, so absorbed in our theories, and worse, in our theoretical and interdenominational disputes over who belongs and who does not, that we fail to notice that human-caused planetary warming threatens to destroy the world within which we practice our beloved profession? We say that all is grist for the psychoanalytic mill, but what if this crisis threatens the survival of the mill itself?

We psychoanalysts, I believe, together with our colleagues in other therapeutic areas, actually have a unique contribution to make in this crucial mo—ment. We can help not only to refocus our own attention on the imminent threats to our own way of life, but to the world's most vulnerable people and to the earth which supports us all. In the best psychoanalytic tradition we can no—tice the forms of historical unconsciousness keeping us insensitive to the suffer—ing in which we are implicated and to whom we are responsible. We can call out the more selfish of the defenses against knowing that keep us avoidant and name the forms of traumatic shock that keep us too paralyzed to respond ap—propriately. We can help with the processes of mourning not only the remem—bered ways of life, but also the loss of many kinds of hope and certainty for the future. Learning from Latin American climate justice leaders, from First Nations leaders in Canada and elsewhere, we can ask ourselves and each other—in—cluding our patients—what really matters in time of crisis, thus responding more creatively than our analytic forebears did. But we have no time to waste. In Bill McKibben's(2015, p.41), words, "there no longer is any long haul."

I will skip most of the science section for two reasons: 1)I expect that this group already knows about the rising sea levels, the disappearing ice, the fast—increasing desertification, and the intensifying storms and fires, and 2)it gets exponentially worse every month, with the news outstripping the predictions. But for some years even the NOAA and IPCC scientists have emphasized that: "Risks are unevenly distributed and are generally greater for disadvantaged people and communities in countries at all levels of development." Our evening news makes it clear that when south—eastern Africa floods, there is no recourse. When the U.S. center floods, people suffer but help arrives fast. In other words, the climate emergency cannot be unlinked from social justice. The most vulner—

able people suffer first and most.

The first question for climate psychology and climate justice is:why don't we care? We Westerners inherit an outsized share of the guilt and responsibility for climate change. Whatever we may think of China now,we in the West set the industrialization-at-all-costs pattern they have followed. As Stephen M. Gardiner writes,"the USA is responsible for 29 percent of global emissions since the onset of the industrial revolutions(from 1850 to 2003),and the nations of the EU 26 percent,by contrast China and India are responsible for 8 percent and 2 percent respectively"(2011,p.315). To understand what has gone so wrong in our relation to the earth,including our indifference to its most destitute people,we must at least mention the egoistic roots of the scientific rationalism and political individualism emergent in seventeenth and eighteenth century Europe. These became founding ideals in the United States.

Unconscious and silent about the U.S. history of settler colonialism,ignorant and mute about our crimes of chattel slavery and racial domination,neither governments nor citizens can seriously tackle climate injustice until we confront this 400-year history. This is my thesis. It accuses the"me,"ever guilty and responsible,but locates the problems in a shared historical and narrative unconsciousness,in a"we." Solet us imagine a crowd of ghosts inhabiting our ethical un consciousness just as they are often said to live in our personal unconscious minds.

Let us consider the historical unburied crimes,our collective ghosts,though largely unconscious,of settler colonialism and chattel slavery in the Americas, and especially in the United States,founded on explicit ideal of human equality. I choose colonialism and slavery because our habits of keeping these crimes— genocides before the term came to usage after World War II—hidden from ourselves, may also be keeping us unaware of the impacts of climate change on people who live out of our daily sight.

The habit of double-mindedness(knowing and not-knowing), even when traumatically induced, does not exonerate. It simply leads to "we didn't know anything" from people who saw their neighbors loaded into boxcars and taken away. We too are pretending to ourselves not to know, especially how our lives of privilege impoverish and endanger our fellow human beings. Do we realize that many, if not most, of the refugees that Europe and the US are turning away are climate refugees, and that there will be many more, even here?

But traumatically paralyzed, we may not notice our guilt and responsibility. Or we may feel so overwhelmed by the outsized proportions of this crisis that we cannot imagine where to begin and find ourselves just going on as before. "The fierce urgency of now" (King, 1967) worries many of us: by the time we wake up, millions more of the world's poorest will have died from hunger, and global warming's worst effects may be irremediable.

Actually we might consider whether Europe and North America, especially we in the United States, suffer from a superiority complex. Symptoms of such a "complex" might include 1)the presumption that we own land stolen from indigenous peoples who lived upon it communally just because we bought it from people who "owned" it before us, 2)the presumption that the ways we who think ourselves white do things are the right ways, 3)the presumption that others worldwide should learn English, while we have no obligation to learn Spanish or other widely spoken languages, 4)a general insensitivity to our own arrogance and sense of superiority, easily degenerating into violence against those we consider inferior, 5)an incapacity to imagine ourselves into the predicament of those to whom we feel superior, thus a blunting of empathy and compassion, 6) a sense that the earth belongs to us, the so-called whites, and that others, "they" —Asian people, for example—exist to serve our economic interests: to mine the minerals we want or need, to make us cheap clothes, to work at below poverty wages, and so on. This complex, with its embedded assumptions, largely unconscious and invisible, forms a web of life, generating comfort among those who carry it and creating death and fury among those we dominate. We do not know that we suffer from it in our fundamental humanity.

No, this is not a very cheerful talk, is it, and I have not even come to the worst possibility. With all the bioengineering schemes in the world, and even if we used no more fossil fuels after this week, it will not be possible to restore the arctic ice, to cool the oceans, to reverse the desertification of Africa and the Middle East, to regrow the rainforests. The reproaches Greta Thunberg and other children and students are making against us seem to me more than justified when I hear that half the greenhouse gases have been added just within the last 25 years. So what would an ecological civilization look like while coastal cities are drowning, Paradise is burning, farmland is swamped, and heat is killing the elders and the children? Will we fight for what little is left? Will we develop new forms of compassion? Will we turn inwards or reach toward the other in solidarity? Will we consider all lives grievable? Must we begin to grieve for the loss of the kinds of hope we nourished even ten years ago? We will surely need to relinquish some of our earlier dreams, as good as they were. Thoughtful and intelligent groups like this one have so much work to do, across cultures, to salvage a humane humanity in any case. Thank you for all you do, for all you are, and for your kind attention.

气候灾难、深度调适与生态文明

——在第十二届柯布共同福祉奖颁奖典礼上的演讲

[美]道娜·欧润之/文*　　张妮妮/译

非常荣幸,今晚和大家一起向我们的导师、大家的灵感之源——约翰·柯布教授表达敬意。柯布教授无疑是 20 世纪最杰出、最有创造力的思想家之一,现在也正和我们一起走在 21 世纪! 我希望能向他和你们所有人表达敬意,你们为生态文明做出的不懈努力带来了好消息。但是我不相信情况已经改变。你们要我来谈一谈我们共同面对的最大威胁,你们会感到自豪的。当然,你们和我都从自己的专业背景、历史文化和道德信念接触到气候问题,所以我也能从你们那里学到东西。我的专业是哲学、临床心理学和心理

---

* 道娜·欧润之(Donna Orange),哲学博士、心理学博士、美国著名关系心理学家、哲学家。长期任教于纽约大学博士后项目、美国心理分析研究院和意大利米兰格式塔心理研究院。主要著作有《心理分析中的伦理转向》《气候正义,心理分析与激进伦理学》《超越后现代主义:扩展临床理论的疆域》《临床治疗师必读:当代心理分析和人文主义心理学的哲学思想资源》《受难的陌生人:日常临床实践的阐释学》等。本文是作者 2019 年 4 月在第十二届柯布共同福祉奖颁奖典礼上的演讲。

分析,我还喜欢读历史。那我就从这些专业谈起。可惜我对中国历史和哲学知之甚少,我对此表示遗憾。

2016 年初,在巴黎协定之后那个充满希望的时刻,我开始写下那些大部分你们后面会听到的思考。你们知道的,从那以后,情况开始变得越来越糟。科学资讯目前对气候问题的表述已经不用"变化"而用"紧急状况"了。正视这一现实的政治意愿也已经减弱,只有孩子们勇敢的声音除外。而气候心理学联盟的朋友们听到的是像杰姆·本德尔(Jem Bendell)这样的声音,他讲到为应对地球家园即将完结我们所要做的深度而人道的心理调适。大卫·华莱士-威尔斯(David Wallace-Wells)正在写《恐慌时刻》之类的小文章。气候心理学和伦理学的大问题现在变成了:即使我们能够唤起政治意愿,我们还有时间改变方向吗? 如果不是的话,我们现在该怎么生活? 那么,我们就从建设生态文明为时不晚的假定开始吧。

多年来,我一直责备自己和同事们,尽管如今我们更加警醒对世界最脆弱人群的责任,更加注意我们同疾苦者的相互支持,但心理分析学家似乎总是在泡影中工作。科学家大声疾呼,气候变化已经成为一种紧急状况,阻止这一主要由人类造成的灾难,其种种的努力正在受到威胁。然而心理分析师还在沉着而冷静地工作,过着平时一样的生活。开车上班、飞来飞去开会、给草坪浇水、不走心地买东西吃东西。还有,大多数政治的和金融的领袖图谋隐瞒不祥的真相——那些不再仅仅是棘手,而且已经是岌岌可危的真相,而我们却还在让自己熟视无睹。本来应该做得好一点的心理分析学家,是不是在串通一气想要维持一种环境无意识呢? 我们是在帮忙谋害煤矿里的金丝雀吗? 煤矿里的毒气可是先杀死敏感的鸟类,才给矿工留下离开的时间的。

为了给自己的工作做准备,我们接受了大量的教育和训练,包括法定的个人分析。与此同时我们也获得了面对全球性危机而成为领导者的责任,一种道德上的责任,如果不是科学责任的话。我们是拥有担起这种责任的知识和社会资源的。然而到目前为止，我们一直默不作声。

那么我们这些自认为是精神导引者，无论对错，做着理解人类动机的事情的心理分析学家，到底身处何处？也许我们从弗洛伊德那里什么也没有学到。弗洛伊德被自己的工作热情、对德国启蒙文化的爱，以及需要成为像哥白尼、达尔文那样的重要人物的欲望所蒙蔽，看不到他和他的犹太家庭，还有心理分析本身，在 20 世纪 30 年代末的维也纳，正面临着致命的危险。还有一个奇怪的例子。在几年后的伦敦大轰炸中，英国精神分析学会激烈争论着关于仇恨和侵略的起源，唐纳德·温尼科特（Donald Winnicott）却指明了他们的实际处境："我想指出，空袭正在进行。"我们是否也如此沉迷于理论？或者更糟糕，沉迷于我们关于谁属于、谁不属于的理论和派别之争，以致注意不到人类引起的地球变暖正威胁着要毁灭世界，而我们就在这个世界中忙着自己心爱的专业。我们说，精神分析的磨坊不缺谷物，但要是这场危机威胁到磨坊本身的生存了呢？

我相信，我们心理分析学家和其他治疗领域的同事们，在这个关键时刻是可以起到独特作用的。我们不仅可以重新把自己的注意力集中到对自己生活方式构成急迫威胁的事情上，而且还可以去关注世界上最脆弱的人们，关注我们所有人赖以生存的地球。以心理分析传统的最大优势，我们可以让人们注意到各式各样的历史无意识，这种无意识使我们对身在其中的疾苦木然不觉，对需要帮助的人漠不关心。我们还能够大声说出，不想知道就是逃避，是自私的防卫。我们能够确认各种形式的创伤性休克，它们使我们麻痹，不能做出正确的应对。我们能够帮助人们悼念记忆中的生活方式、悼念未来种种希望和确定性的丧失。我们可以向拉丁美洲气候正义领导人和加拿大及其他地方的原住民领导人学习，向自己发问、互相发问（包括和我们的病人）：在危机时刻什么是真正重要的？这样，我们就能比那些分析前辈们做出更具创造性的回应。但是我们不能再浪费时间了。用比尔·麦吉本的话说，"没有比这更长的跋涉了"。

我会跳过大部分的科学内容，原因有两个：第一，我估计在座各位对于海平面上升、冰层消融、沙漠化加速、风暴和火灾加剧的情况都已知晓。第二，情况逐月恶化，呈指数级增长，科学预期已经赶不上新闻报道的消息了。但几年来，甚至美国国家海洋和大气管理局、联合国政府间气候变化专门委员会的科学家都强调："风险分布是不均衡的。一般来说，无论处于何等发展水平的国家，其风险对于弱势人群和弱势社区来说总是更大。"晚间新闻也清楚地表明，非洲东南部发生洪水时，没有什么补救办法。而要是美国中部洪水泛滥，人们受罪是受罪，但救援会迅速到来。换一句话说，气候紧急状况不是跟社会正义无关的。最脆弱的人群最先遭殃，其程度也最严重。

对气候心理学和气候正义来说，首先要问的问题是：为什么我们不在乎？我们西方人对于气候变化是有原罪的，要背负特大的责任。无论现在怎么看中国，我们在西方不惜一切代价建立的工业化模式，正是中国所跟随的模式。正如斯蒂芬·M.加德纳（Stephen M.Gardiner）所述："自工业革命以来（1850—2003），美国占全球排放量的29%，欧盟国家占26%；相比之下，中国和印度分别占8%和2%"。要理解我们与地球的关系到底出了什么问题，包括我们对地球上最贫困的人民的漠不关心，我们至少应提到17、18世纪欧洲出现的自我中心论，它是科学理性主义和政治个人主义的根源。这些随后都成了美国的建国理想。

对美国的移民殖民主义历史保持无意识和沉默，忽略和不提我们奴役制度和种族歧视的罪恶，这段400年的历史要是我们不去正视，政府和国民就都无法认真处理气候正义的问题。这就是我的论点。控告的是"me"，一个需要承担责任的有罪者，问题却在一段共同的历史和叙事无意识之中，在"we"之中。我们来想象一下，一大群鬼怪寄居在我们的道德无意识中，就像经常说它们住在我们个人的无意识心灵中一样。我们考虑一下那些还没有翻过篇去的历史罪恶,考虑一下有关美国,特别是具有人类平等理想的美利坚合众国的移民殖民主义和奴隶制度的集体鬼怪,虽然它们在很大程度上都是无意识的。我之所以盯着殖民主义和奴隶制,是因为我们有不去揭开这些罪行的习惯,"种族灭绝"就是这样,二战后使用这个词之前的情况就是这样。也许因为这样,我们觉察不到气候变化对那些生活在我们日常视线之外的人的冲击。

即便由创伤引起,双重心态(知道又不知道)的习惯也不能免罪。它导致的结果是这样的:看见邻居被装进货车带走,却说"我们不了解情况"。我们也在假装自己不了解情况,特别是假装不知道我们的优越生活会使自己的人类同胞受穷,致他们于危险境地。我们是否意识到,欧洲和美国正在拒绝的难民中,有很多(如果不是大多数)是气候难民呢? 还会有更多,甚至在美国这里。

精神上的麻痹症使我们意识不到自己的罪行和责任。也可能这次危机实在太大,我们觉得自己被压垮了,无法想象从何做起,就这么得过且过算了。"十万火急的现状"令许多人担忧:我们一觉醒来,就会再有数百万赤贫人口死于饥饿,而全球变暖的最坏效应可能是无法弥补的。

其实我们可以考虑一下,欧洲和北美,特别是我们所在的美国,是不是患上了优越综合征。这种"综合征"的症状包括:①假定我们拥有的土地是从之前"拥有"它们的人手里买来的,无视它们从生于斯长于斯的土著人那里偷抢过来的事实。②假定自认为是白人的我们,做事方式总是正确的。③假定全世界其他人都应该学习英语,而我们没有义务去学西班牙语或其他广泛使用的语言。④对我们自己的傲慢和优越感毫无觉察,动不动就对那些所谓低等的人施以暴力。⑤无法想象我们自己也会陷入那些所谓低等的人的困境。因此,同情心和怜悯心减弱。⑥认为地球属于我们,属于所谓的白人,而他人,比如"他们"亚洲人,是为服务于我们的经济利益而存在的:去开采我们想要和需要的矿产、为我们制造价廉的衣服、以低于贫困线的工资工作,等等。这一综合征带着其中的那些假设(大多是无意识的和隐匿的)组成了一个生命之网,在携带它的人中间产生安慰,在被我们主宰的人中间产生死亡和愤怒。我们并不知道自己是在基本人性层面生病了。

不,这不是令人愉快的谈话,对吧。可我其实还没提到最坏的可能性呢。随着世界上所有生物工程计划的展开,即使我们本周之后就不使用更多的化石燃料,极地冰层也不可能恢复,海洋温度也不可能降低,非洲和中东的沙漠化也不可能扭转,热带雨林也不可能再生。当我听说有一半的温室气体都是在过去 25 年里增加的,我就觉得格蕾塔·通贝里(Greta Thunbery)和其他孩子、学生对我们的指责是十分正当的。那么当沿海城市被淹、天堂被烧、农场被冲、老人和儿童被热浪残害时,生态文明会是什么样子呢？我们会为了没剩下的什么而战斗吗？我们会开发新的形式的同情心吗？我们是转向自己还是转向他人团结起来？我们会认为所有的生命都是可悲的吗？我们一定要为 10 年前还在浇灌的希望,为它们的失去而悲伤吗？我们肯定要放弃一些先前的梦想,一些好的梦想。有思想有知识的群体,比如在座的我们,是有许许多多的事情要做的,跨越文化,挽救高尚的人性。感谢你们所做的一切,感谢你们大家,感谢你们的认真聆听。

Covid-19 is a Civilizational Crisis

——A Perspective of Ecological Civilization

by Wm. Andrew Schwartz *

As world leaders struggle to address the coronavirus pandemic one thing has become certain:this is more than a health crisis. Lockdowns have had a devastating economic impact,with unemployment rates continuing to skyrocket. Universities are predicting record low enrollments for the Fall as restrictions on large gatherings have forced schools to teach online. Hospitals are over – whelmed,political elections are being postponed,and despite months of social distancing efforts much of the world remains closed. As the socio–economic effects of coronavirus worsen,the deep failures of our global economic order are being revealed. We don't have a health crisis,we have a civilizational crisis.

* Wm. Andrew Schwartz,Ph.D. is Executive Director of the Center for Process Studies,Co–Founder and Executive Vice President of the Institute for Ecological Civilization,and Assistant Professor at Willamette University.

A Web of Relations

Part of what makes the coronavirus pandemic a "crisis" is that the actions taken to reduce spread of this disease are intertwined with all other areas of life and society. The world is a web of relations, so it's no surprise that the global challenges we face are all interconnected. That all things are interconnected is a central premise of process philosophy in the tradition of Alfred North Whitehead and John B. Cobb, Jr. In fact, as Whitehead puts it, the "final real things of which the world is made up" are "drops of experience, complex and interdependent."[①] From the perspective of process philosophy, the interconnection experienced between the various coronavirus challenges is just an extension of a deeper truth— all things are interconnected.

Systems Change

Since everything is interconnected, seemingly simple problems are, in reality, quite complex. In a fragmented world, we could easily address the coronavirus without having to worry about economic, educational, political, social, and other issues. But that's not the world we live in. Our world is a dynamic, complex, living system. To solve a complex problem like the coronavirus crisis we need to think in terms of complex systems. How are systems of education related to economic systems, healthcare systems, systems of governance, power, and

---

① Alfred North Whitehead, *Process and Reality* 27.

privilege? How will actions in the present impact future generations? How do lockdowns in urban settings effect rural life? We need systems change. Whether addressing the threats of coronavirus, threats of climate change, or any of the major global problems, real solutions must be systemic, comprehensive, and holistic.

Address Root Causes

Adequately addressing the systemic nature of our world's biggest problems also requires understanding the underlying causes. What are the problems beneath our problems? Sure, coronavirus is a problem. But if we rely on a vaccine without comprehending the deeper causes, we'll continue to find ourselves in similar situations. How we relate to nature, what we eat, how we design cities, all effect how disease is spread. Moreover, solutions that address symptoms rather than root causes will be at best ineffective, and at worst even more damaging. In response to the economic impacts of coronavirus some have championed an economic bailout for corporations.[1] But this is like bailing water out of a sinking boat—it doesn't address the structural problems that contributed to the crisis. Fixing the hole in our civilizational boat means transforming the systems and structures of our broken framework, a global system designed to exploit people and the planet for power and profit. Society needs to change at a level far deeper than most people realize. Now, amid the coronavirus emergency, our global society has a unique opportunity for self-reflection—a time to consider trans-

---

[1] https://time.com/5814076/coronavirus-stimulus-bill-corporate-bailout/.

forming the fundamental framework of our global social and economic organization.

From Crisis to Ecological Civilization

What will our world look like after the coronavirus? Failure to find systemic, comprehensive, and holistic solutions to the cascade of problems affiliated with Covid-19 will be a missed opportunity to take critical steps toward a world that works for all—an ecological civilization.

The term "civilization" refers comprehensively to the way humans live together. It includes the systems and structures of society, shaped by our values and worldviews. To speak of a "civilizational crisis" is to recognize the interconnectedness of our world's most pressing problems. Civilization sized problems require civilization sized solution. In recent years, a growing number of leaders have been advocating for a paradigm shift toward a new kind of civilization.

Since 2007, when "ecological civilization" became an explicit goal of the Communist Party of China, discourse on ecological civilization has been dominated by the Chinese context—ecological civilization with Chinese characteristics, tied to Chinese traditional wisdom, and Chinese contemporary politics. However, there are also broader global conversations about a new kind of civilization. Some of these global conversations are explicitly tied to process philosophy. In Claremont, CA, USA, John Cobb has been leading a movement toward ecological civilization. Since 2007 the annual International Forum on Ecological Civilization has been held in Claremont, hosted by the Institute for Postmodern Development of China and the Center for Process Studies in cooperation with a number of Chinese and international partners. In more recent years, the Institute for Ecological Civilization(established in 2015) was launched as a Cobb-inspired NGO that works internationally to create solutions for the wellbeing of people and the planet through systems approaches that address the root causes of our complex social-environmental challenges.[1] Another example is the Club of Rome, whose Limits to Growth report had a major impact on economic and environmental thinking since the 1970s. The Club of Rome now has a "New Civilization" project that calls for a "paradigm shift in our fundamental belief matrix, and the complex economic, financial, social systems underpinning our daily interactions."[2]

In global terms, an ecological civilization means redesigning human communities for the long-term wellbeing of people and the planet. Thinking carefully about the terms "ecological" and "civilization," can teach us a lot about what this transition entails. The "civilization" piece points to the need for a complete paradigm shift. Civilization represents the totality of how humans live together. That means rethinking and transforming all aspects of society. The "ecological" piece points to the guiding values that shape this new civilization, designed to promote the harmonious flourishing of life in all its forms. Together, building an "ecological civilization" requires a comprehensive transformation such that the systems of society—economics and politics, systems of production, consumption, and agriculture, education, etc.—are redesigned in light of planetary limits and the common good. In short, civilizational change requires systems change.

Ecological civilization must be more than adopting a "green GDP" or invest-

---

① https://ecociv.org/.

② https://clubofrome.org/impact-hubs/emerging-new-civilization/.

ing in solar panel production. As author and visionary Jeremy Lent explains, "The crucial idea behind an ecological civilization is that our society needs to change at a level far deeper than most people realize. It's not just a matter of investing in renewables, eating less meat, and driving an electric car. The intrinsic framework of our global social and economic organization needs to be transformed."[1] Changing the framework of our systems of society on a global scale requires going to root causes at the foundations of our current (and problematic) modern civilization.

Unfortunately, many of our world leaders assume that working to transform civilizational systems is at odds with focusing on solving immediate problems. Such thinking has been evident in popular responses to the coronavirus. US Vice President Joe Biden recently stated that "People are looking for results, not a revolution. They want to deal with the results they need right now."[2] And of course there is some wisdom in addressing urgent problems urgently. Afterall, if someone's having a heart attack it's probably not a good time to talk about their cholesterol. Emergencies require swift action to address the problems right in front us, and the coronavirus crisis is an emergency. But simple solutions to complex problems—solutions that only address short-term concerns without considering the systemic issues at play—such solutions will create more problems than they solve. You've probably heard, "If small holes aren't fixed, then big holes will bring hardship." But this is only partly true. The trick isn't simply fixing the small holes. How we fix the small holes matters too. We must

---

① Jeremy Lent, We Need an Ecological Civilization Before It's Too Late.

② https://www.wpsdlocal6.com/news/biden-says-americans-are-looking-for-results-not-a-revolution-during-coronavirus-crisis/article_5c86a1ec-6722-11ea-bc0d-1b8fd9e2a947.html.

avoid short-sighted and fragmented solutions to complex global problems.

However, that we have to choose between solving immediate problems or addressing underlying causes is a false choice. The best solutions address both, and this is only possible through systems change. Yes, we need swift and decisive action, but this isn't the first global health crisis and it won't be the last. Our goal shouldn't simply be to "get through this," but to find long-term solutions. I'm not talking about solutions to unknown viruses. I'm talking about the fact that nearly 700 million people(10% of the world population) still live in extreme poverty,[1] such that a two-week quarantine means not having enough food or money to survive. I'm talking about the fact that children born into poverty are almost twice as likely to die before the age of five as those from wealthier families.[2] I'm talking about the fact that the mindset behind hoarding resources (like toilet paper) is mirrored by the hoarding of wealth to the extent that 8 men can possess as much as half of the world's population combined.[3] Despite what former Vice President Biden says, radical income inequality has everything to do with the immediate needs of average citizens during the coronavirus crisis. Addressing underlying causes is the best way to address immediate(and future) problems. We need to dig the well before we are thirsty. We need to build an ecological civilization before it's too late.

Complexity can be scary. It can be overwhelming to consider the extended consequences of our actions. It's much easier to throw money at problems today and trust science to find adequate solutions tomorrow. But this approach often

---

[1] https://www.un.org/sustainabledevelopment/poverty/.

[2] https://www.un.org/sustainabledevelopment/health/.

[3] https://www.oxfam.org/en/press-releases/just-8-men-own-same-wealth-half-world.

results in promoting "best practices," with devastating consequences down the road. We shouldn't confuse doing what's easy with doing what's right. We live in a complex world of systems and relations. Complex problems require complex solutions. This fact should make us weary of those who offer simple answers or guarantee immediate results. As Alfred North Whitehead suggests, "Seek simplicity and distrust it." [1] If responses to Covid-19 are driven by corporate interests where success is measured by short-term gains, then "best practices" will fall short of what we need. I find hope in the fact that we are capable of swift and significant action on a global scale. The coronavirus crisis has demonstrated this. But do we have the courage to make the hard choice and meet the complexity of our crisis with systemic solutions for long-term well-being?

---

[1] Alfred North Whitehead, *The Concept of Nature*, Cambridge: Cambridge University Press, 1971, p.163.

新冠肺炎疫情是一场文明危机

——基于生态文明视角

　　在世界各国领导人努力应对新冠肺炎疫情暴发之时，有一点可以确定——这次的疫情暴发不只是一场健康危机。封城给经济带来了致命的影响，失业率不断攀升。由于对人群聚集活动进行了限制，学校被迫采取线上授课模式，许多高校今年秋季的入学人数预计创历史新低。医院不堪重负，政治选举活动推迟进行。同时，尽管人们在数月间都努力保持着安全的社交距离，世界上的很多地区仍然处于封锁状态。随着新冠肺炎疫情对社会经济的影响不断加剧，全球经济秩序的深层问题开始慢慢显露。我们正在经历的不仅是一场健康危机，而且是一场文明危机。

---

　　* 安德鲁·施瓦茨，博士，美国过程研究中心执行主任，生态文明学会联合创始人兼执行副总裁，威拉米特大学副教授。

　　高子淇，天津外国语大学欧美文化哲学研究所研究生。

一、关系网

为减少病毒传播而做出的诸多行为影响着日常生活的方方面面，而这正是使新冠肺炎疫情暴发成为一场"危机"的部分原因。世界是一张关系网，所以要说我们面临的全球性挑战之间都相互联系就不足为奇了。在怀特海（Alfred North Whitehead）和柯布（John B. Cobb, Jr）的理论中，万物之间相互联系是过程哲学的中心前提。事实上，正如怀特海所说："构成世界的最终真实的事物"是"复杂而又相互依存的点滴经验。"①从过程哲学的视角来看，新冠肺炎疫情带来的各种挑战之间相互联系只是一个更深层次的真理的引申，那就是万事万物之间都相互联系。

二、系统的变革

由于万事万物之间都相互联系，我们看起来简单的问题实际上也是较为复杂的。如若我们生活在一个相互孤立的世界中，那我们就可以轻松地面对新冠肺炎疫情的暴发，无须担心疫情暴发对经济、教育、政治、社会和其他方面造成的影响。但我们并未生活在这样的世界里。我们的世界是一个动态的、复杂的、鲜活的系统。想要解决像新冠肺炎疫情危机一样的复杂问题，我们需要以复杂系统的视角来进行思考。教育体系如何与经济体系、医疗保健体系及治理、权力和特权体系相联系？当代人类的行为将如何影响后代人类的生活？城市封闭将如何影响乡村人民的生活情况？我们需要体系的变革，无论我们是在应对新冠肺炎疫情带来的威胁、气候变化带来的威胁，还是在

---

① Alfred North Whitehead. *Process and Reality: An Essay in Cosmology*, New York: Free Press, 1978, p.18.

解决主流的全球性问题时,真正的解决方案一定要具有系统性、全面性和整体性。

三、寻找根本原因

我们若想充分地解决世界上最大问题的系统性质, 则需要去了解产生这些问题的潜在原因。我们面临的问题背后还隐藏着什么问题? 诚然,新冠肺炎疫情确实是一个难题,但我们若仅依赖疫苗而不去探究更深层的原因,就会发现自己仍然在原地踏步。我们如何与自然相连? 我们吃什么? 我们怎样建设自己的城市? 这些问题都影响着病毒的传播。此外,从好的程度考虑,治标不治本的解决方案是无效的;而从坏的程度上讲,治标不治本的解决方案则是有害无益的。为了应对新冠肺炎疫情带来的经济影响,一些人开始支持对企业进行经济援助。[①]但这就像从一艘正在下沉的船中向外舀水一样,根本没有解决造成这场危机的结构性问题。要修补文明之舟上的破洞就要转变建立在破碎框架之上的体系和结构, 这是一种旨在通过剥削人类和地球来获取权力和利益的全球性体系。社会需要变革的远比人们预想的多。如今,在新冠肺炎疫情暴发的非常时刻,国际社会有特殊的机会可以自省,那就是:是时候考虑转变全球社会和经济组织的基本框架了。

四、从危机到生态文明

新冠肺炎疫情肆虐之后的世界将会是什么样的? 如果不能找到与新冠肺炎疫情相关的一系列问题的系统性的、全面性和整体性的解决方案,那么

---

① https://time.com/5814076/coronavirus-stimulus-bill-corporate-bailout/.

我们将失去采取关键步骤去建设生态文明世界的机会。

"文明"这一术语泛指人类共同生活的方式,包括由我们的价值观和世界观塑造的社会体系和社会结构。提出"文明危机"这一说法,是为了认知世界上最紧迫问题之间的相互关联性。文明规模的问题需要文明规模的解决方案。近年来,越来越多的国家领导人主张转向一种新的文明模式。

自2007年"生态文明"成为中国共产党的明确目标以来,有关生态文明的话语一直受中国语境(依靠中国传统智慧和中国当代政治的中国特色的生态文明)所主导。此外,仍存在许多关于生态文明的更广泛的全球性对话,其中有些全球性对话与过程哲学明确相关。约翰·柯布一直在美国加州的克莱蒙市领导一场走向生态文明的运动。2007年以来,由中美后现代发展研究院和美国过程研究中心,与许多中国和国际学者合作主办的生态文明国际论坛,每年都会在克莱蒙举行。近几年,作为一个受柯布启发而创立的非政府组织——生态文明研究院(成立于2015年)开展国际性的工作,通过使用能够解决我们复杂社会环境挑战根源问题的系统方法[1],为人类和地球的福祉提出解决方案。另一个例子是罗马俱乐部,它的《增长的极限》报告从20世纪70年代开始就对经济和环境思想产生重大影响。目前罗马俱乐部有一个项目名为"新文明",这个项目呼吁"我们基本信仰基石以及支撑我们日常交往的复杂的经济、金融、社会系统中的范式转变"[2]。

从全球角度来看,生态文明是在为人类和地球的长期福祉而重新建设人类共同体。认真思考"生态"和"文明"两个术语,我们可以了解二者之间是如何过渡的。"文明"指出了彻底范式转变的需要。文明代表了人类共同生活的整体,这就意味着重新思考和改造社会的各个方面。"生态"指出了塑造这一新文明的指导价值,旨在促进各种形式生活的和谐繁荣。总体而言,建设

---

[1]　https://ecociv.org/.

[2]　https://cluboffrome.org/impact-hubs/emerging-new-civilization/.

"生态文明"需要全面转型,即根据世俗限度和公共利益重新建设社会系统(经济和政治系统、生产系统、消费系统、农业和教育系统等)。简而言之,文明的变革需要体系的变革。

建设生态文明绝不仅意味着采用"绿色 GDP"或投资太阳能电池板生产。正如作家、愿景家杰里米·莱顿(Jeremy Lent)所解释的:"生态文明背后的关键理念是我们的社会需要变革,一个比大多数人意识到的更深层次上的变革。这不仅仅是投资可再生能源、少吃肉或驾驶电动汽车的问题,而是我们国际社会和经济组织的内在框架需要改变。"①想要在全球范围内改变我们的社会体系框架,就要从我们当前的、有问题的现代文明的基础上寻找根本原因。

不幸的是,许多世界领导人都认为努力改造文明体系与专注于解决眼前的问题之间存在矛盾,而这种想法在主流应对新冠肺炎疫情的反应中显而易见。美国副总统乔·拜登近期表示:"人们正在寻求结果,而不是一场革命。他们想马上得到他们想要的那个结果。"②当然,人类在紧急处理问题时也蕴藏着些许的智慧。毕竟如果有人心脏病发作了,这个时候并不是去谈论这个人的胆固醇指标的好时机。当出现紧急状况时,人们应该迅速行动去解决所面临的问题。目前的新冠肺炎疫情就是一个紧急状况。然而使用解决复杂问题的简单方案(只解决短期问题而不处理系统性问题的解决方案),会引发比之前面临的更多的问题。你可能听说过这样一句话:"小洞不补,大洞吃苦。"但这句话只对了一部分,因为诀窍不只在于修补小洞这个行为,思考使用什么方法去修补小洞也很重要。我们要避免采取只解决眼前问题的或不完善的解决方案来应对全球性问题。

---

① Jeremy Lent, We Need an Ecological Civilization Before It's Too Late. https://patternsofmeaning.com/2018/10/10/we-need-an-ecological-civilization-before-its-too-late/.

② https://www.wpsdlocal6.com/news/biden-says-americans-are-looking-for-results-not-a-revolution-during-coronavirus-crisis/article_5c86a1ec-6722-11ea-bc0d-1b8fd9e2a947.html.

然而，让人们在解决眼前问题和解决潜在原因之间进行选择本身就是错误的。最好的解决方案是可以同时处理眼前问题和潜在原因，而这只有通过改变体系才能实现。的确，我们需要迅速且果断地采取行动以应对危机，但这不是第一次全球性的健康危机，也不会是最后一次。所以我们所追求的不应该只是"渡过难关"，而是要找到长期的解决方案。我不是在说对抗未知病毒的方案，而是在说近七亿人（占世界人口的百分之十）仍然生活在极端贫困的生活条件中的事实①，也就是，两周的隔离意味着他们没有足够的食物或钱来维持生活。事实是，出生在贫困家庭的孩子在 5 岁前死亡的可能性几乎是出生于富裕家庭孩子的两倍。②囤积物资（如卫生纸）背后的思维模式是积累财富的思维模式的反映，这种思维模式已经发展到了八位富豪所拥有的财富相当于世界一半人口总体的财富的程度。③严重的收入不平等与人们在这次危机中的迫切需求相关。解决潜在原因是解决当前（和未来）问题的最佳方法，就好比我们需要在口渴之前将水井挖好一样，我们需要在为时已晚之前建设好生态文明。

复杂性是骇人的，以至于我们不敢去思考自己行为带来的长期后果。今天把钱投入到问题中，明天相信科学能找到足够的解决方案，这样做会轻松多了，但这种方法通常会导致"最佳实践"的发展，并带来毁灭性的后果。因为我们生活在一个由体系和关系组成的复杂的世界里，所以不应该将做容易的事与做正确的事混为一谈。复杂的问题需要复杂的解决方案，这一事实应让我们厌倦那些提供简单方案或保证立竿见影的结果的人。正如怀特海所说："追求简单，但不要相信简单。"④如果是企业利益驱动着应对新冠肺炎

---

① https://www.un.org/sustainabledevelopment/poverty/.

② https://www.un.org/sustainabledevelopment/health/.

③ https://www.oxfam.org/en/press-releases/just-8-men-own-same-wealth-half-world.

④ Alfred North Whitehead. *The Concept of Nature*, Cambridge：Cambridge University Press，1971，p.163.

疫情的行动(企业利益驱动下的成功与否是以短期收益来衡量的),那么"最佳实践"将无法满足我们的需求。人类有能力在全球范围内迅速采取重大措施,这让我获拾希望,且这次应对新冠肺炎疫情的种种也足以证明人类确实有能力。但是我们是否有勇气做出艰难的抉择,并用追求长期福祉的系统性解决方案来应对我们这次危机的复杂性呢?

Reflecting Coronavirus from the Perspective of Chinese Dao Thinking

by Meijun Fan, Zhihe Wang *

The worldwide COVID-19 is a tragedy, not only for the lives lost and for the ones suffering illness, but also for all of us in the world since we live in a

* Meijun Fan, Ph.D is the co-director of the China Project at the Center for Process Studies, Claremont; the program director of the Institute for Postmodern Development of China; the editor-in-chief of Cultural Communication, a Chinese newspaper. She completed her doctoral studies at Beijing Normal University and master program at Peking University. Her areas of specialty include Chinese traditional aesthetics, process and aesthetical education. She has authored several books including: Contemporary Interpretation of Chinese Traditional Aesthetic (1997), The Popular Aesthetics in Qing Dynasty (2001), and The Second Enlightenment with Zhihe Wang (2011).

Contact: claremontmei@gmail.com

Zhihe Wang, Ph.D. is director of the Institute for Postmodern Development of China. He was born in Beijing and got his Ph.D in Philosophy from Claremont Graduate University. His areas of specialty include process philosophy, constructive postmodernism, ecological civilization, and second enlightenment. His recent publications include: Second Enlightenment (with Meijun Fan, 2011); Process and Pluralism: Chinese Thought on the Harmony of Diversity (Ontos Verlag, 2012).

Contact: Zhihe Wang: claremontwang2011@qq.com

same global village and are deeply interconnected. Also, it is a unique opportunity for us to help each other, to cooperate each other, and to surmount the ravages of disease and death. However, COVID-19 as an ecological crisis is also a transformational moment, an invitation for us to deeply rethink our relationship with nature, our relationship with others (other people, other countries, other cultures). Many philosophies and traditions have rich resources to make significant contributions to this reflection. This paper tends to reflect COVID-19 from a Chinese view of Dao thinking.

What is Chinese Dao thinking?

When we say "Chinese", we mainly refer to Dao thinking which is based on but not limit to Daoism/Taoism. According to Lu Xun, one of the most prominent modern Chinese writers, "All roots of Chinese culture lie in the Daoism."[1]

To us, Chinese thinking can be regarded as a process-relational thinking due to the deep convergences between Whitehead process philosophy and Chinese culture. Whitehead, the contemporary founder of process philosophy (or philosophy of organism), and constructive postmodernism, clearly stated that his "philosophy of organism seems to approximate more to some strains of Indian, or Chinese, thought, than to western Asiatic, or European thought. One side makes process ultimate, the other side makes fact ultimate."[2]

As a process-relational thinking, Chinese Dao thinking has been playing a

---

[1]　鲁迅:《鲁迅书信集》,人民文学出版社,1976年,第18页。

[2]　Alfred North Whitehead, *Process and Reality*, New York: Free Press, 1978, p.7.

vital part in Chinese mentality. "The value of Dao lies in its power to reconcile opposites on a higher level of consciousness."[1] To use this power to reach a balanced way of living and a higher integration rather than "going to the extreme" is the essence of Dao. It is Dao thinking that pictures the universe as an organic whole and sees it as a flowing process of which humans are an integral part, therefore, it "encourages them to dwell in harmony with the larger whole."[2] In Roger Ame's words, "at the core of the classical Chinese worldview is the cultivation of harmony."[3] Likewise, Whiteheadian philosophy conceives human beings as an organic component of Wanwu(Ten Thousand things) and pursuing the harmony of humans with the greater whole is important constituent underlying Whiteheadian philosophy. Therefore, it is not difficult to perceive that "Whiteheadian philosophy is indeed Chinese in tone and substance."[4] But the harsh reality of ecological crisis facing China challenged people to revalue this tradition with the help of Whiteheandian process thought and constructive postmodernism, and the Chinese government's promotion of ecological civilization also has immensely fueled the resurgence of this tradition.

---

① Meijun Fan, "Conviviality with Dao: A Chinese Perspective." Living Traditions and Universal Conviviality. eds. Roland Faber and Santiago, Lexington Books, 2016, p.67.

② Zhihe Wang, Meijun Fan, Jay McDaniel, "Ecological Civilization, Whitehead's Philosophy and China's Future." in Replanting Ourselves in Beauty. Eds. Jay McDaniel & Patricia Adams Farmer, Anoka, Minnesota: Process Century Press, 2015, p.189.

③ Roger Ames, Sun-tzu, *the Art of Warfare*, New York: Ballantine Books, 1993, p.62.

④ Zhihe Wang, Meijun Fan, Jay McDaniel, "Ecological Civilization, Whitehead's Philosophy and China's Future." in Replanting Ourselves in Beauty. Eds. Jay McDaniel & Patricia Adams Farmer, Anoka, Minnesota: Process Century Press, 2015, p.189.

Which kinds of wisdom this Chinese Dao Thinking can offer to the reflection on COVID-19 as an ecological crisis?

First, COVID-19 is not a mere public health crisis but an ecological crisis.

Thus far a great deal of people has conceived COVID-19 of a mere public health issue. Accordingly much focus is put on improving detection means and inventing vaccine as soon as possible. People are dying to find the remedy to coronavirus.

There is little doubt that all of these efforts should be appreciated. But the point is that no vaccine can be invented over night. We are told by Dr. Anthony Fauci, head of the National Institutes of Allergy and Infectious Disease, that "A coronavirus vaccine will take at least 18 months—if it works at all." Even the vaccine is invented 18 months later and works well, will it also works to the mutations of the original coronavirus? According to *The Reykjavík Grapevine* in Iceland, an individual who tested positive for COVID-19 in Iceland has been infected by two strains of the virus simultaneously. The second strain is a mutation of the original novel coronavirus. It is thought the mutated second strain could be more malicious or infectious because people infected by the dual-strain patient were only found to have the second strain. If this is the case, the virus could be mutating to become more infectious over time. "This is just one of the startling new discoveries deCODE has uncovered from its analysis of the genetic sequences of 40 COVID-19 strains found in Iceland."[1]

---

[1] *The Reykjavík Grapevine*, "Patient Infected With Two Strains of COVID-19 In Iceland", https://grapevine.is/news/2020/03/24/patient-infected-with-two-strains-of-covid-19-in-iceland/.

More important, we will ignore the more fundamental causes of the COVID-19 if we treat it as a mere public health issue not as an ecological crisis. Why should we regard it as an ecological crisis? Because as Greta Thunberg, the 16-year-old Swedish girl said at the 24th meeting of the United Nations climate conference, that "We can't solve a crisis without treating it as a crisis." Treating Covid-19 as a mere medical issue would make us exclusively rely on medical science and passively count on medical doctors. If we regard Covid-19 as an e-cological crisis, it requires a brand new thinking, a comprehensive, organic thinking which will treat Covid-19 as political, economic, philosophical, ethical, and psychological issue, and so on.

According to Dao thinking or process-relational thinking, everything is closely related to one another. The Covid-19 crisis is a result of many causes. This means that tackling with Covid-19 should be carried out in multi-aspect. Therefore it will require everybody's active participation and everyone including scientists, economists, educators, philosophers, government officials, and ordinary people should take some responsibilities. We should rethink our development model, our way of thinking, our way of living, our way of consumption, our way of production, our dietary habit, and our education system, etc. All of them are closely related to the cause and cure of Covid-19.

Second, Coronavirus Is Not An Enemy Rather A Courier

Coronavirus is not an enemy but a messenger. As a courier, it reminds us that nature is crucial to humans' life and livelihood. In the words of the preem-inent process philosopher John Cobb, Jr., who was a pioneer in Green GDP in the West, "A healthy biosphere is important to human well being. Its loss impoverishes our lives."①

To Dao thinking, nature is not mere "environment" outside there(In English, "environment" refers to "a person's physical surroundings". In Chinese, the term "environment"also explicitly indicates something around you). On the contrary, nature actually is part of our body, it constitutes ourselves to a great extent, it is ourselves. We are nature. Nature is us. We are one. In the famous words of Zhuangzi/Chuang-tzu, a defining figure in Chinese Taoism, "Heaven, Earth, and I were produced together, and all things and I are one." ②Each human being is re garded by Daoism as a small universe which is closely related to the big universe.

The Neijing tu(Chart of the Inner Warp), a Daoist chart of the human body, clearly illustrates that the inner connection between the two universes and shows that the little universe—our body is part of the big universe, the nature. "There is thus no human being/natural environment dualism in Taoism."③ Every breath we take clearly shows the intrinsic connection between ourselves and na- ture, between our little universe and the big universe. In Rod Giblett's words, "Human bodies are co-extensive with and identical to natural environs, princi- pally the bioregion in which one lives and works, which sustains one being."④

From such a holistic perspective of oneness of nature and humans, Daoism paid much attention to the dependence of human beings on nature. It stressed that maintaining the harmony and peace of the whole natural world is the cru- cial prerequisites for humans' survival and development. According to Taip-

---

① John B Cobb, "Is Whitehead Relevant in China Today?" *Whitehead and China*. Eds. Wenyu Xie, Zhihe Wang, George E Derfer, Ontos Verlag, 2006, p.24.

② [清]王先谦:《庄子集解》,上海书店,1986年,第13页。

③④ Rod Giblett, *The Body of Nature and Culture*, Palgrave Macmillan, 2008, p.159.

ingjing, "The fate of humans lies in the hands of heave and earth. If human beings want to live safely, they must ensure the safety of heave and earth first, then they can gain their own prosperity."[1] Likewise, if nature lose balance, "If heaven and earth are not in harmony, human beings cannot enjoy the natural span of their life."[2] That means that human beings cannot survive without nature. You can survive without BMW and diamond ring, but you cannot survive without air and water. Coronavirus draws us back to this common sense. It makes us realize how invaluable nature is and realize that so call protecting nature actually is protecting ourselves.

Therefore, it is time to forsake the imperialist attitude to nature and put humans in the right place in the universe. It is time to realize that all creatures have irreplaceable worth and no one is expendable. It is time to pay respect to nature as our lifeblood. In Cobb's words, "Human beings have a kind of responsibility for the whole that no other creature has."[3] It is time to abandon the extractive economy based on exploiting nature, it is time to care for our body as part of nature and don't feed it with junk food and nurture it with healthy, organic food because of the homology of medicine and food. To Daoism, "the outside crises and dangers can only be overcome by transforming them within us, by purifying and reshaping them through the harmony of our body."[4]

---

① 王明：《太平经合校》，中华书局，1960 年，第 124 页。

② 同上，第 122 页。

③ John B Cobb, "Is Whitehead Relevant in China Today?" Whitehead and China. Eds. Wenyu Xie, Zhihe Wang, George E Derfer(Ontos Verlag, 2006), p.24.

④ Kristofer Schipper, "Daoist Ecology: The Inner Transformation." In Daoism and Ecology: Ways within a Cosmic Landscape. Eds. N. J. Girardot, James Miller, and Liu Xiaogan(Cambridge: Harvard University Press, 2001), p.92.

Third,the Second Enlightenment is urgently needed.

The tiny-tiny Coronavirus has exploded the myth of The First Enlighten-
ment as theoretical foundation of modernity and modernization when all most of
modern systems such as political system,economic system,education,medical
system are out of order facing COVID-19's lash.

Their inefficiencies,incompetency,and disregarding life which caused a
great deal of unnecessary loss and death,make people reflect the First Enlight-
enment originated from Western Europe. This reminds us of Whitehead's pre-
diction: "The moment of dominance,prayed for,worked for,sacrificed for,by
generations of the noblest spirits,marks a turning point where the blessing passes
into the curse."[1]

Although it brought with many gifts:science,democracy,and an emphasis
on the rights of individuals. However,it also brought many liabilities from which
the world now suffers:a neglect of the value of the earth,a rejection of tradi
tional wisdom(including the wisdom of rural peoples),an overemphasis on rea-
son at the expense of intuition and beauty,extreme individualism,and radical
nationalism as an enlarged edition of individualism. In order to create an eco-
logical civilization,times need a more holistic enlightenment a Second Enlight-
enment. It can combine wisdom from both sources and encourage people from
different parts of the world to discover a global consciousness that unites us all.
This global consciousness will not swallow the many cultures of the world in a
spirit of sameness,it will instead encourage people to understand "their unique
place in the broader human narrative." There is more wisdom in all the tradition

[1] Alfred North Whitehead,Process and Reality,New York:Free Press,1978,p.339.

than in any taken alone. We call this "cultural complementary awareness."[1] If the First Enlightenment favored modern individualism, then the Second Enlightenment would appreciate a postmodern communitarianism which would create bigger space for individual's freedom, if the First Enlightenment was a solo, then the Second Enlightenment would be a symphony to which each culture has an important role to play, If the core values of the first Enlightenment was promoting individual freedom, then the second Enlightenment's would be "respecting others". Here, "others" refer to not only nature and all sentient beings including virus, but also include other nations and other cultures and other traditions. As a defining pioneer of the second enlightenment, Whitehead used to warn people of the dangerous "Gospel of uniformity", for him, "Other nations of different habits are not enemies: they are godsends. Men require of their neighbours something sufficiently akin to be understood, something sufficiently different to provoke attention, and something great enough to command admiration."[2]

When we trace back the process of COVID-19's spread, we can see clearly that "Gospel of uniformity" with arrogance played a destructive role in causing so much unnecessary lose and death. That is partly explain why the most West countries did not take defensive measures when China worked very hard and perseveringly to tackle the COVID-19. Of course, China had made some mistakes due to its various bureaucracy and formalism when facing the sudden unexpected COVID-19. But as a nation believing Dao thinking whose way of life is based on compassion, respect, and love for all things, China opened to the change, and basically controlled the disease in 2 months by taking its advantage

---

① 王治河、樊美筠:《第二次启蒙》,北京大学出版社,2011年,第55页。

② Alfred North Whitehead, Science and the Modern World, New York: Free Press, 1967, p.258.

of institutional strengths. The US and some western countries were so arrogant, so ignoring the China's lesson that they lose the priceless 2 months China bought for the whole world at the cost of its own huge economic loss. Just because the message came from China, a socialist country, just because Chinese culture is a different culture, a non-western culture?

Due to the arrogant Westerncentrism based on the first enlightenment, only competition not harmony was worshipped, only western medicine not alternative medicine was trusted. We have noted that a great deal of people like to use such language as "fighting the disease" or "fighting the virus" when they talk about the coronavirus. This is a logical consequence of treating the coronavirus as an enemy.

If we regards it as a messenger or as a sign which tells us there is something wrong with our body, and system, there is an unbalance in our system in general, in our body in particular, then we should appreciate it and learn to peacefully exist with them rather than trying every effort to kill it.

Not treating coronavirus as an enemy can make us avoid totally relying on the Western medicine which is good at killing germs, accordingly open to alternative medicine. Beyond any doubt, the western medicine that relies in part on the germ theory of disease has its advantages. But the overuse of antibiotics has also caused a great deal of side effects. Some researches showed that some critical infected patients died in the overuse of antibiotics. On the contrary, Chinese medicine more focuses on enhancing the immunity of the whole system rather than killing germs.

It is a miracle for China to control the spread of coronavirus in almost two months. Many reasons can explain China's success. In our opinion, the combination of Chinese traditional and Western medicine based on the second enlightenment which enhances the complementary consciousness has played an instrumental role in treating coronavirus epidemic. A study shows that the highest cure rate and lowest mortality rate did not happen in rich cities such as Beijing and Shanghai who have developed economy and advanced Western medicine system, but happened in some "poor" provinces who are economically backward but have strong Chinese medicine system.

Take Bozhou City of Anhui Province as an example, it has no longer any infected patients by March 5, the 108 infected patients had totally recovered. Its cure rate is 100%, mortality rate is zero. What is the secret of their success? Their secret lies in Daoist thinking, a comprehensive thinking which integrated western medicine and Chinese medicine to treat the disease. Bozhou with 6.56 million populations is famous for Chinese medicine and was regarded as "capital of Chinese medicine." Based on Dao thinking, the Chinese doctors in Haozhou regard each patient as a different organic whole. They not only treated the infected patients with Chinese medicine by offering different prescriptions to different patients in accordance with their condition, but also provided some adjuvant treatments with Haozhou characteristics such as practicing "Huatuo Wuqinxi" (Five Animal play), "ear acupoint therapy", and Chinese medicinal diet in order to improve patients' immunity and quickly recover their pulmonary function. If the judgment Dr. Dingyu Zhang, director of Jinyintang Hospital in Wuhan who treated 1500 patients, is right that "Covid-19 actually is a self limited disease and almost all of infected patients can be cured" [1] , then enhancing our immunity

---

① Dingyu Zhang, "Covid-19 actually is a self limited disease and almost all of infected patients can be cured" *Beijing Evening News*, February 11, 2020, https://baijiahao.baidu.com/s?id=1658206519812332309&wfr=spider&for=pc.

rather than exclusively looking to the invention of the vaccine becomes extremely important. As an application of Dao thinking, The Yellow Emperor's Inner Classic(Huangdi Neijing) put prevention in the priority, according to which, "The best doctor treat unoccurred disease, the better treat occurring disease, the inferior treat occurred disease." Regarding the preventing from Covid-19 and other diseases, no one is better than ourselves to undertake this task. In other words, we are our own doctor as well as the doctor of the universe. As Kristofer Schipper put it, "To regulate the world, we have to cultivate ourselves, to tend our inner landscape."[1] As a lesson from the COVID-19, this cultivation of self rather than self-indulgence should be an important component of the second enlightenment.

① Kristofer Schipper, "Daoist Ecology:The Inner Transformation." In Daoism and Ecology: Ways within a Cosmic Landscape. Eds.. N. J. Girardot, James Miller, and Liu Xiaogan, Cambridge:Harvard University Press,2001,p.92.

中国"道思维"视阈下的新冠肺炎疫情

樊美筠、王治河/文　黄庆/译*

新冠肺炎疫情肆虐全球，不仅对饱受病痛折磨的患者本人和失去亲人的家属来说是场悲剧，而且也是全人类的一场悲剧，因为我们住在同一个地球村，彼此紧密相连。同时，这场危机也为我们提供了难得的契机，使我们得以守望相助、通力合作，以便共同战胜疾病和死亡。新冠肺炎疫情大流行不仅是一场生态危机，更是昭示变革时刻的来临。我们应重新思考个人与自然、与他者(他人、他国和其他文化)的关系。对此，许多哲学和文化传统拥有丰富的思想资源可以对反思新冠肺炎疫情做出重要贡献，本文尝试从中国

＊樊美筠，历史学博士。曾任北京师范大学哲学系副主任、北京美学会副秘书长，现任中美后现代发展研究院项目主任、美国过程研究中心中国部主任、《世界文化论坛报》主编、三生谷柯布生态书院院长。同时兼任华中科技大学海外研究员、广西师范大学、吉林师范大学客座教授。

王治河，哲学博士，美国中美后现代发展研究院常务副院长，兼任中央编译局研究员及国内多所大学客座教授、新西兰《教育哲学与理论》杂志编委、《武汉理工大学学报》编委。曾任中国社会科学院《国外社会科学》副主编。

黄庆，天津外国语大学欧美文化哲学研究所研究生。

邮箱：interpreterkenny@qq.com

"道思维"的角度提出我们对新冠肺炎疫情的反思。

一、何谓中国"道思维"

一提到"中国式思维",我们首先会想到基于道教但不仅限于道教的"道思维"。正如中国著名现代作家鲁迅所言,"中国的根柢全在道教"①。

对我们而言,由于怀特海过程哲学与中国文化的深刻契合,中国"道思维"可被视为过程关系思维的一种形式。作为当代过程哲学(有机哲学)与建设性后现代主义的奠基者,怀特海认为他的有机哲学与其说像西亚和欧洲的思想,不如说与印度和中国的思想风格更加接近。它们"一方把过程看作是终极的,另一方把事实看作是终极的"②。笔者赞同怀特海所言,因为我们在深读和研究怀特海哲学时,能在其中感受到浓厚的中国式思维。

作为过程关系思维的一种形式,中国道思维上千年来在中国思想发展过程中有着举足轻重的地位。"道的价值在于它能在更高维的层面将对立的事物协调起来。"③而道的本质就是通过这种力量达致平衡的生活方式和高度整合,而不是"走极端"。道思维认为宇宙是一个有机的整体,一个流动的过程,而人类是其中内在的组成部分。因此道思维"鼓励人类与更大整体之间和谐共处"④。正如安乐哲教授所言,"中国古典世界观的核心就是和谐观

---

① 鲁迅:《鲁迅书信集》,人民文学出版社,1976年,第18页。

② Alfred North Whitehead, *Process and Reality*, New York: Free Press, 1978, p.7.

③ Meijun Fan, "Conviviality with Dao: A Chinese Perspective." *Living Traditions and Universal Conviviality.* eds. Roland Faber and Santiago, Lexington Books, 2016, p.67.

④ Zhihe Wang, Meijun Fan, Jay McDaniel, "Ecological Civilization, Whitehead's Philosophy and China's Future." in *Replanting Ourselves in Beauty.* Eds. Jay McDaniel & Patricia Adams Farmer, Anoka, Minnesota: Process Century Press, 2015, p.189.

的培养"①。同样,怀特海哲学坚信人类是万物的有机组成部分,追求人类与万物的和谐共处是该哲学的重要理论构成。因此对我们而言,"怀特海哲学的确在本质上与中国思维极度妙合"②。然而眼下严峻的生态危机现实,迫使人们在怀特海过程哲学和建设后现代主义的帮助下,重估这一传统的价值,而中国政府对生态文明的大力推动也极大地促进了这一传统的复兴。

二、道思维对于反思作为生态危机的新冠肺炎疫情可以贡献哪些智慧?

第一,新冠肺炎疫情是公共卫生危机,同时也是生态危机。迄今为止,很多人依旧认为新冠肺炎疫情纯粹是一个公共卫生问题,为此,人们的关注点自然而然放在了改进检测手段和尽快发明疫苗之上,迫不及待寻求对付新冠肺炎疫情的治疗方法。

毫无疑问,以上努力都值得称赞,但问题是发明疫苗不是一朝一夕的事情。按照美国国立卫生研究院下属的美国国家过敏和传染病研究所所长安东尼·福奇的观点,"想要研究出有效的新冠疫苗,至少需要 18 个月的时间"。可即便 18 个月后研发出了有效疫苗,其对原始病毒的变体是否起作用也依然是未知数。据冰岛媒体《雷克雅未克秘闻》的消息称,冰岛国内的一名新冠肺炎疫情患者被检测出同时受到两种新冠肺炎疫情的感染,其中第二种为原始新冠肺炎疫情的变体。人们认为,变异后的第二种病毒可能更具危害性或传染性,因为被感染双重新冠肺炎疫情患者传染的病例身上只携带

---

① Roger Ames, Sun-tzu, *the Art of Warfare*, New York: Ballantine Books, 1993, p.62.

② Zhihe Wang, Meijun Fan, Jay McDaniel, "Ecological Civilization, Whitehead's Philosophy and China's Future."in *Replanting Ourselves in Beauty*. Eds. Jay McDaniel & Patricia Adams Farmer, Anoka, Minnesota: Process Century Press, 2015, p.189.

有第二种病毒。如果事实如此,那么病毒还可能进化为更具传染性的变种。"这仅是对在冰岛发现的 40 株新冠肺炎疫情基因测序分析,而得到的惊人发现之一。"①

更重要的是,如果我们仅仅把新冠肺炎疫情视为公共卫生问题而不是一场生态危机的话,我们将忽略其根本起因。正如格蕾塔·桑伯格在联合国气候大会第 24 次会议上所言:"如果不将其视为危机,我们就无法解决此危机。"如果将新冠肺炎疫情只看作单纯的医学问题,就会让我们完全依赖医学并被动地依赖医生。而如果将新冠肺炎疫情视为生态危机,就需要全新的思维,一种更加综合、有机的思维,就会将新冠肺炎疫情当作政治、经济、哲学、道德和心理等问题来看待。

根据道思维或过程–关系思维,万物紧密相连。新冠危机起因诸多,系多因一果。因此需要我们从多方面入手解决,这就离不开我们每个人的积极参与。科学家、经济学家、教育家、哲学家、政府官员及普通百姓在内的所有人都应承担一份责任。我们应重新思考我们的发展模式、思维方式、生活方式、消费方式、生产方式、饮食习惯和教育制度等。以上这些都与新冠肺炎疫情的起因有关,从而也与其治疗方案息息相关。

第二,新冠肺炎疫情不是敌人,而是信使。首先我们应认识到新冠肺炎疫情不是敌人,而是信使。作为信使,它向我们传达的最重要的信息是:自然对人类生活和生计发展是至关重要的。用著名过程哲学家,西方社会绿色国内生产总值的最早提出者之一的小约翰·柯布的话说:"健康的生态圈对人类的福祉至关重要,它的缺失令我们的生活贫乏。"②

---

① The Reykjavík Grapevine, "Patient Infected With Two Strains of COVID-19 In Icelan.", https://grapevine.is/news/2020/03/24/patient-infected-with-two-strains-of-covid-19-in-iceland/.

② John B Cobb, "Is Whitehead Relevant in China Today?" Whitehead and China. Eds. Wenyu Xie, Zhihe Wang, George E Derfer, Ontos Verlag, 2006, p.24.

对于道思维来说，自然对人类生活来说并非某种外部"环境"那么简单（英文的"environment"一词指"人的物质环境"；中文的"环境"一词也明确指某种在我们周围的东西）。相反，自然实际上是我们身体的一部分。我们在很大程度上是由自然构成的，我们即自然，自然即我们，天人一如。正如中国道家的代表人物庄子所说："天地与我并生，而万物与我为一。"①在道家那里，每个人作为一个小宇宙都是与大宇宙紧密相连的。

道家的人体图《内经图》清晰地阐释了两个宇宙之间的内在联系，并表明小宇宙（我们的身体）是大宇宙（自然）的组成部分。"因此，道家中没有人类和自然环境二元论。"②我们的每次呼吸都清楚地表明了我们与自然之间，我们的小宇宙与大宇宙之间的内在联系。正如罗德·吉布利特所言："人体与自然环境既是同外延的也是一体的，都是人得以生活和工作的主要生物区，是维持生命的地方。"③

从这样一种天人合一的整体主义立场出发，道家十分关注人类对自然的依赖，强调维持整个自然界的和谐与和平是人类生存与发展的重要前提。《太平经》就说："人命乃在天地，欲安者，乃当先安其天地，然后可得长安也。"④同理，如果自然失去平衡，如天地不能和谐共处，人也将无法颐养天年："天地不和，不得竟吾年？"⑤这意味着没有自然，人类便无法生存。没有宝马香车或者宝石钻戒，人可以生存；但是离开空气和水，人就无法生存。新冠肺炎疫情把这种常识带回我们面前，让我们意识到自然对于我们有多珍贵，让我们意识到保护自然实际上就是保护我们自己。

---

① ［清］王先谦：《庄子集解》，上海书店，1986年，第13页。
②③ Rod Giblett, *The Body of Nature and Culture Palgrave Macmillan*, 2008, p.159.
④ 王明：《太平经合校》，中华书局，1960年，第124页。
⑤ 同上，第122页。

简言之,到了告别对自然的帝国主义态度,摆正人类在宇宙中位置的时候了;到了意识到万物具有不可替代的价值并且不能被无故牺牲的时候了;到了尊重自然,视其为我们的命脉的时候了。正如小约翰·柯布所言:"相比其他任何生物,人类对大自然有一种特殊的责任担当。"[1]因此到了摒弃剥削自然的掠夺性经济的时候了。也到了关心我们自己身体的时候了,因为我们的身体是大自然的一部分。这就需要我们远离垃圾食品,因为药食同源,健康的身体需要健康的有机食品来滋养。对道家而言,"要想战胜外部的危机和危险,只有将它们在我们身体内进行改造,通过身体的和谐来净化和重塑它们"[2]。

第三,亟待第二次启蒙。面对新冠肺炎疫情冲击,几乎所有现代系统如政治系统、经济系统、教育系统、医疗系统都显出了束手无策,这无疑戳穿了作为现代性和现代化理论基础的第一次启蒙的神话。由于现代体系的效率低下,及对生命的罔顾,造成了大量不必要的损失和死亡,人们开始反思发端于西欧的第一次启蒙运动。这不由得令人们想起怀特海的预言:"数代高尚的人所祈求、并为之奋斗、为之牺牲的辉煌时刻却正标志着由福向祸的转捩点。"[3]尽管第一次启蒙赐予了我们诸多礼物:科学、民主、重视人权;但它同样也应对现今世界上存在的问题负责:对地球价值的忽视、对传统智慧的抛弃(包括农人的智慧)、以牺牲直觉和美为代价的过分强调理性、极端个人主义以及个人主义扩大版的极端民族主义。因此为了建设一种生态文明,我

① John B Cobb, Is Whitehead Relevant in China Today? Whitehead and China. Eds. Wenyu Xie, Zhihe Wang, George E Derfer, Ontos Verlag, 2006, p.24.

② Kristofer Schipper, Daoist Ecology: The Inner Transformation. In Daoism and Ecology: Ways within a Cosmic Landscape. Eds. N. J. Girardot, James Miller, and Liu Xiaogan, Cambridge: Harvard University Press, 2001, p.92.

③ Alfred North Whitehead, *Process and Reality*, New York: Free Press, 1978, p.339.

们的时代需要更完整的启蒙——第二次启蒙。第二次启蒙整合了传统与现代双方的优秀智慧,它鼓励世界各地的人们发现一种将人们团结在一起的全球意识。这种全球意识不会以求同的名义吞没各方文化,相反,它会鼓励人们理解"在更广泛的人类叙事中这些文化的独特地位"。与任何单独一种传统相比,众传统汇集在一起会更具智慧,我们称之为"文化互补意识"①。

如果第一次启蒙高扬的是现代个人主义,那么第二次启蒙则欣赏后现代共同体主义,在这种共同体主义中,个体拥有更大的自由发展空间;如果第一次启蒙是一场独奏,那么第二次启蒙则是一场交响乐,每种文化在其中都至关重要;如果第一次启蒙的核心价值观是崇尚个人自由,那么第二次启蒙的核心价值观则是"尊重他者"。在这里,"他者"不仅包括大自然和病毒在内的芸芸众生,而且也包括其他国家、其他文化和其他传统。第二次启蒙的先驱怀特海曾警告人们警惕"划一的福音"的危险性。对他而言,"习俗不同的其他国家并不是敌人。它们是天赐之福。人类需要邻人们具有足够的相似处以便互相理解,具有足够的相异处以便引起注意,具有足够的伟大处以便引起羡慕"②。

当我们追溯新冠肺炎疫情的传播过程时,可以清楚看到伴随着的傲慢"划一的福音"起到了多么大的破坏作用,造成了太多不必要的损失和伤亡。这也就在一定程度上解释了为什么在中国艰苦奋战不竭余力地抗疫的时候,许多西方国家却选择不采取任何防御措施。在面对突如其来的新冠肺炎疫情时,中国作为一个崇尚道思维的国家,一个视慈悲、尊重和对博爱众生为生活底色的国度,她迅速做出了改变,并借助其制度优势,在两个月内基本控制了疫情。而美国和一些西方国家的自大,白白浪费了中国以牺牲自身

---

① 王治河、樊美筠:《第二次启蒙》,北京大学出版社,2011年,第25页。

② Alfred North Whitehead, *Science and the Modern World*, New York: Free Press, 1967, p.258.

经济发展为代价，为全世界争取来的宝贵的两个月时间。难道仅仅是因为信息来自中国？来自社会主义国家？仅仅是由于中国文化是一种非西方文化吗？

由于基于第一次启蒙之上的傲慢的西方中心主义的作祟，竞争受到追捧，和谐受到打压，西医受到崇尚，替代医学受到排斥。受此影响，我们发现很多人在谈论新冠肺炎疫情时，喜欢采用"抗击疾病"或"抗击病毒"这样的字眼，这是将新冠肺炎疫情视为敌人的逻辑结果。

如果我们把新冠肺炎疫情当作信使或是信号，意识到它是来提示我们的身体、我们的系统出了差错，我们的系统特别是我们的身体有所失衡的，我们应当感激它，与其和平共处，而不是竭尽所能地去杀死它。

不将新冠肺炎疫情视为敌人，我们就可以避免对擅长杀死细菌的西医的完全依赖，而是可选择其他治疗方式。毫无疑问，西医部分依赖的疾病细菌理论有它的价值，但抗生素的过度使用也产生了诸多的副作用。相反，中医更侧重于提高整个机体的免疫力，而不是一味地杀死细菌。

在近两个月的时间里，中国控制了新冠肺炎疫情的蔓延，堪称奇迹，成功原因固然有很多，但我们认为，以第二次启蒙为基础的中西医结合疗法对控制新冠疫情起到了至关重要的作用。有关研究表明，最高的治愈率和最低的死亡率的情况并没有出现在像北京、上海这样的经济发达和西医体系发达的城市中，相反，却发生在那些经济相对落后但中医体系发达的省份。

以安徽亳州为例，截至 2020 年 3 月 5 日，就没有再出现新的患者，且这 108 例患者已是一种将中西医治疗方法整合起来的综合性思维。拥有 656 万人口的亳州以中医闻世，被誉为"中医之都"。基于道思维，亳州的中医把每一个病人都当作不同的有机整体。不仅所开药方因人而异，而且施以具有亳州特色的辅助疗法，如"华佗五禽戏""耳穴疗法"及药膳等，以提高患者免疫力，快速恢复患者的肺功能。武汉金银潭医院院长张定宇，曾治疗了 1500 名患者,如果他关于"新冠实际上是自限性疾病,几乎所有患者都能被治愈"的判断是正确的话,①那么相比仅仅指望疫苗的发明,提升我们自身免疫力就变得尤为重要了。作为对道思维的应用,《黄帝内经》对预防的重视很好地体现了道思维:"上医治未病,中医治欲病,下医治已病。"关于预防新冠肺炎疫情和其他疾病,没有人比我们自己更适合担当此任了。换言之,我们是自己的医生,与此同时,我们也是宇宙的医生。正如施舟人所说:"欲调整外在的世界,我们需要先教化我们自己,照料好我们内心的景观。"②新冠肺炎疫情给我们的启迪是,自我教化而非自我放纵应成为第二次启蒙的重要组成部分。

---

① Dingyu Zhang,"Covid-19 actually is a self limited disease and almost all of infected patients can be cured" Beijing Evening News,February 11,2020,https://baijiahao.baidu.com/s?id=1658206519812 332309&wfr=spider&for=pc.

② Kristofer Schipper, "Daoist Ecology:The Inner Transformation." In Daoism and Ecology:Ways within a Cosmic Landscape. Eds.. N. J. Girardot,James Miller,and Liu Xiaogan,Cambridge:Harvard University Press,2001,p.92.

An Eco-Person
in the Holographic Web of Life

By Sharon N. Snowiss*

Be the change that you want to see

This often-cited motto regarding political change has taken on new mean-
ing as it is applied to contemporary philosophic and scientific discussions of the
nature of the individual and social organizations. In my paper presented last
year, I made an argument that the Cartesian understanding of absolute time and
space leading to a concept of universal objectivity has been replaced by Ein-
steinian relativity arguing that a person's perspective situated in a specific time
and space is real. There is no universal point of view. There are multiple con-
sciousnesses from humans but also from other species who comprise a nature that

*   Sharon N. Snowiss, Professor of Political Studies, Pitzer College, Claremont, CA.

is both alive and aware, conscious and exchanging information. Humans' brains are both local and non-local. The term "mind" has been distinguished from "brain" to indicate this dual relationship. Humans have non-local consciousness along with other entities in nature. In such a world the idea that man can "master and possess Nature" as Descartes and modern philosophy have proposed is impossible. The individual can only change oneself to affect symbiotically those interacting with the person. Change the self and change the world.

Secondly, the universe is holographic. "As above, so below", "the whole is in the part", " the yin and yang are infinitely divisible" or "fractal", Lao Tse's observation that "man models himself on the earth, the earth on the Heavens, the Heavens on the Way, which is Naturally so"[1], are all pointing to the recognition that we exist in a holographic universe.

At the level of the individual person, the cell contains the blueprint of the person (allowing for cloning), the ear is a hologram of the body (auricular acupuncture), information, "thinking", is throughout the body (brain, heart and microbiome) and connected to the environment outside of the body (breath, energetic fields, qi gong).

So, the person is not an "autonomous individual" separate from all others in some "mythical" state of nature as argued by early modern theorists such as Hobbes and Locke. As European science changed from the Ptolemaic to a Copernican understanding of the universe, the vision of humans transformed from a social animal seeking virtue to an independent, autonomous individual motivated by fear, greed, and power who seeks security, control and freedom. As our under-

---

[1] Lao Tse, *The Tao Te Ching*, Lau translation, chapter. 25, p.83.

standing of Nature expands to include relativity, quantum physics, chaos theory and a holographic relationship, a different "eco-person" is emerging. This person does not control Nature for his benefit, is not independent of all others, his body is not a machine, he does not seek "power after power that ceaseth only in death"[1].

As we explore aspects of the "eco-person" in this conference, I would like to focus on two aspects in the broader context of this holographic universe that we are entering. First, I would like to examine some of the aspects of the "eco person" at the individual level, specifically internal health and movement, while still recognizing that these actions affect others and the environment. Secondly, I will turn my attention to the social level and the concept of power and how that is changing in the contemporary world.[2]

Food is your medicine

Traditional Chinese medical texts as well as many indigenous and traditional forms of healing all make reference to this basic idea. Even Marx's materialism is often simplified in such phrases as "you are what you eat". Engels in the Dialectics of Nature argues that the change to a meat diet affected the brain and the evolutionary development of man. The focus on food and its impact on hu-

---

① Hobbes, *Leviathan*, p.58.

② At this point, I think it appropriate to acknowledge the influence of my two children on my thinking especially on the first point. Caroline has had a lifelong interest in healing with a steadfast concern on diet and nutrition and the problems that modern diets are creating for our bodies and minds, Jonathan was the catalyst that brought Qigong into our life with Master SiTu and has continued to engage evermore deeply in the practice and the philosophy governing both internal and external movements within nature. They have affected my readings, discussions and thinking on these issues and for that I am very thankful and appreciative.

man subsistence, health, and growth is fundamental to our existence. What might this mean for an "eco-person"?

Societies over time have developed different patterns of obtaining food, creating cultural based diets and social rituals around food, as well as fasting for religious obligations or just for health. Over time human's relationship to the land has changed. Modern industrial society has created megafarms that are seen as big businesses and efficient organizations to feed the people of a particular state as well as other societies. One can go to the market and find blueberries from Chile during our winter, for instance. Most people living in cities have little understanding of the seasonal foods and connection with the land. Supermarkets provide the nutrition needed in nice packages, perhaps frozen or given longer shelf life with preservatives. We are for the most part disconnected with the processes of food production. The American diet has resulted in an epidemic of obesity, diabetes, allergies, heart disease among other afflictions. The FDA and doctors are now arguing that the "pyramid" of old needs to be changed to include more fruits and vegetables. Vitamin supplements taken to correct deficiencies have become big business as well.

These issues are not new to those who are concerned about environmental sustainability. Awareness of the carbon footprint of flying those blueberries from Chile to LA-, or the social disruptions of fast food exemplified by the slow food movement-, or the health effects of unbalanced diets, gives rise to the mantra: eat fresh, local and seasonal. All of these critiques are important. I would like to focus our attention on two significant current issues: pesticides and genetically modified foods (GMO's). These intrusions into our food supply have adversely affected health. The imperial and self-interested processes by which these companies have operated call into question the trust which has been bestowed on them.

Research on the microbiome during the last ten years has established the link between the bacteria in an individual's gut and its effect on the brain. These effects include a range of common diseases such as Alzheimer's and Parkinson's, allergies and diabetes. We are aware that an over use of antibiotics has "killed" off good intestinal bacteria as well as the bad and that "super bugs" have evolved that no longer respond to normal antibiotic treatments. There is a similar problem from the pesticides. For instance, Round Up has been used for years to kill weeds. What is not generally known is that it is also used on har vested wheat(and now other grains). When wheat is harvested and collected to dry, it is sprayed with Round Up. That process dries the plant and causes the wheat to burst to increase the yield in a shorter time. It also increases the amount of pesticide that we ingest. The build up of glyphosate, a major ingredi- ent in Round Up, affects our gut. The rise in the number of people who are gluten intolerant is a clue to an emerging problem.

Recent research has shown that glyphosate has the effect of disrupting the gateway cells in the lining of the intestine that monitor what passes into the blood stream. Molecules that would normally be held within the intestines are passing into the blood stream and bridging the blood-brain barrier.[1]

Secondly, the creation of seeds that have been genetically modified further complicates the issue. Science has evolved to the point where we can edit the genes, turning some on or off. The fetal genetic intervention by a doctor in Hong Kong to eliminate the fetus' susceptibility to TB has created an international

---

① Dr. Patrick Gentempo interview with Dr. Zack Bush and Dr. Jeffery Smith, GMO's Revealed, March 13, 2019.

furor and raised many ethical issues about the process of gene editing. However, this practice has been on going for years in our food supply. An insecticide, BT toxin, has been introduced into corn so that when an insect eats a kernel, its stomach explodes. The corn now produces the toxin. It was supposed to be inert in human cells. We eat the same corn and part of that gene has been transferred to DNA of bacteria in the gut, so that our own bacteria are producing the BT toxin. The FDA lists such corn as a pesticide, not as a food.[①] We are much larger than an insect, but there is accumulation over and time and from multiple sources. Larger farm animals are fed corn, we eat beef, etc. and have years of a build up of the pesticide. We are literally poisoning ourselves. Europe has a ban on all GMO foods. American companies that export food to Europe produce non-GMO products. The US has had a problem of even labeling a product as GMO.

These are huge issues and involve heated debates. Agriculture is big business, with lobbyists, targeted political contributions, and its own in-house research. Scientists who have discovered problems with these products have been fired and such negative studies buried. University researchers have been denied funding and often fired if they pursue some of these issues. Stephanie Seneff, Senior Researcher in Computer Science at MIT with a background in Biology is independently funded by a Taiwanese source to do big data computer searches on studies of statins and Roundup that were inclusive of all journals including open access journals. She found by looking broadly at all journals, not just the major ones, that there was evidence of serious health problems.[②]

---

① Dr. Patrick Gentempo interview with Dr. Zack Bush and Dr. Jeffery Smith, GMO's Revealed, March 13, 2019.

② Ibid. interview with Stephanie Seneff.

So, what does an "eco-person" do? Food affects our health. Not only do we need to be concerned about the balance of our diets but also the sources of our food. Consumers can have an impact. Eat organic, eat non-GMO foods. If enough people choose to eat differently, the companies will begin to respond by growing more organic and non- GMO foods. Actively read and join with others to alert them to these dangers. Moms Across American, an organization founded by two mothers, Kathleen Hallal and Zen Honeycutt have been active in promoting awareness and marches for non-GMO foods. Their motto is Awareness, Acknowledgement and Action. All can be involved.[①] There is response in other areas as well. A recent court case in Northern California has found Roundup the cause of cancer in a farm worker. More cases are sure to follow. The LA City Council has just asked for a study for an alternative to Roundup for weed abatement in city parks and schools.

Movement: external and internal connections

Again, at the level of the individual, interaction with the environment is essential for life. Breath is fundamental to our definition of life. Cessation of breath was synonymous with the definition of death. Breath, our inhale and exhale, connects us to the environment physically and spiritually. When we play sports, do exercise or some form of Tai Chi or QiGong we are actively moving in the environment. The purpose may be to win a game or competition, or to be healthy. Tai Chi and QiGong focuses on slow movements that help to open

---

① Dr. Patrick Gentempo interview with Dr. Zack Bush and Dr. Jeffery Smith, GMO's Revealed, March 13, 2019, interview with Hallal and Honeycutt.

meridians or channels that Chinese Medicine maps through the body. The internal flow of qi maintains a continual movement and promotes health. Studies have shown that Tai Chi lowers blood pressure and improves balance among other benefits. Qi blockage is considered one of the causes of disease in this medical system.

The interaction with the environment may be more visible. Some here may have seen individuals hitting trees in a rhythmic fashion. This is a martial arts practice to improve the flow of qi in the palms. Trees like humans are 70 plus percent water. But practitioners are advised to always ask the tree for permission to exchange qi. The trees do answer if one listens.

Meditation focuses on breath as well. Here one concentrates on internal activity. Slow the breath, focus the mind and experience the internal movement of the qi. Eyes mostly closed, one focuses on knowing the self. From the point of view of an outside observer a person in sitting meditation appears to have no movement at all. While in reality there is strong internal activity. Meditation has health benefits such as reducing stress but also it connects one to the universe. It can become a spiritual practice. There are many forms of meditations. Spirituality can be accessed by many paths. The 16 Canon of Wei Tuo practice begins with the sentence: "The birth of the breath gives rise to consciousness"[1]. One opens oneself to the universe, qi, defined as information, energy and matter, flows within.

Group meditation has been shown to be quite powerful. Connecting with others and a larger consciousness can help to elevate one's own practice. And,

---

[1] Snowiss, *SharonThe Master's Gift*, An Introduction to the World of Qi, chap. 9, p.1.

if there is a common intention of the group, it may have external results. For instance, Lynne McTaggart in The Power of Eight discusses an experiment that she conducted after the publication of The Intention Experiment. In the latter book she explored the phenomenon within scientific experiments where the intention of the experimenter affected the outcome of the experiment itself. Some examples applied to health situations resulted in effects for both the experimenter as well as the object of the experiment. In the next study she created groups of eight people(the name of the book but it can be most any number) to see what would happen if group members tried to heal one of the members by collective intention. She reports positive results for the person who was the subject of the intended healing. But, she also found that there were healing results for those who participated in the experiment. Focused intention to heal helped both the object of the healing as well as the subject visualizing the intended healing.[1] Larry Dossey describes a similar pattern with the use of prayer in Reinventing Medicine.[2]

On an individual level meditative practices helps to connect one with the universe. One-point meditative practice, focusing on a flame, dripping faucet, or the breath, has the purpose of calming the mind and stopping the endless chatter in the mind. One focuses and when that inevitable thought arises, recognizes the thought, lets it pass, and returns to the focus. In this form of meditation, the quieting of the mind allows one to be open to the universe. Some, such as James Austin in Zen and The Brain, calls this opening the achievement of altered states of consciousness. Others, speak about it as opening to the broader uni-

---

① McTaggart, Lynne, The Power of Eight.
② Dossey, Larry, Reinventing Medicine.

verse in a spiritual sense(Cleary,translator,The Secret of the Golden Flower) or to the information that exists within. Bohm argues that the brain is a hologram of the universe. All the information of the universe is within,we just need to access it. Other researchers such as Daniel Siegel in The Mindful Brain explores studies that have demonstrated that the temporal lobe of the brain increases in size after as little as 6 months of focused meditation. The temporal lobe,among other functions affects emotional balance,empathy,insight,intuition and morality. Our brain physically changes after practicing meditation.[1]

These examples all focus on experiences that demonstrate that the individual is interconnected with others,with nature,with the universe itself. An "eco-person" would be alive to,be aware of,and experience these relationships and profound interconnections. An "eco-person" would be respectful of nature and others and would engage in practices such as tai chi,skiing,surfing and meditation that provide grounding experiences of these interconnections.

On a metaphysical level,the "eco-person" understands the holographic web of life within the universe and the changes that philosophic perspective entails in our understanding of nature and the science that now describes it ,including relativity,quantum mechanics,chaos theory,objectivity,theories of time and space. One scientist has asked what would it look like if a black hole was the center of the universe?

On a physical level,the "eco-person" is aware of the interconnections within the body information is everywhere within,thinking is a churning of the organs, the microbiome affects the brain and one's health. One needs to pay attention

---

[1] Seigel,Daniel,The Mindful Brain,pp.42-43.

to what one eats, for instance, and the relationship of the satisfaction of one's needs with their effects on the environment. Furthermore, the body needs movement and exchange of breath and qi with the natural world externally as well as internally with such practices of meditation.

Socially, the "eco-person" respects others and recognizes the mutually interactive effects that exist between individuals. Personal intentions towards others have a reciprocal effect on oneself such as explored in the healing experiments.

Power: action in concert

The concept of power is fundamental to the modern world. Hobbes comments that he and fear were born as twins and argues that man's nature is to seek "power after power that ceases only in death". Marx saw politics as "oppression of one class by another". Mao claimed that "power comes out of the barrel of a gun". Freud argues: "men are not gentle creatures…they are, on the contrary, creatures among whose instinctual endowments is to be reckoned a powerful share of aggressiveness… Homo homini lupus(man is a wolf to man)Who in the face of all his experience of life and history, will have the courage to dispute this assertion?"[1]

Given these statements, is our "eco-person" a naïve fool? Are fear, oppression, and concerns for survival all there is? Any understanding of an "eco-person" will have to deal with modern political concepts and language.

---

[1] Freud, Sigmund, *Civilization and Its Discontents*, p.58.

Modern political philosophy set out assumptions about man, nature and so-ciety. These assumptions differed radically from the ancient world and are being challenged today. Einstein's theory of relativity and gravity is not compatible with Newton's and Copernicus' theories. Man's brain is not separate from his body. Just as the definitions of nature and man are changing, the assumptions about politics and society also are being thought about differently.

An early twentieth century philosopher, Hannah Arendt, questioned the ad-equacy of traditional European philosophy to engage the problems emerging in that century. In Between Past and Future Arendt noted: "The situation, however, became desperate when the old metaphysical questions were shown to be mean-ingless, that is, when it began to dawn upon modern man that he had come to live in a world in which his mind and his tradition of thought were not even ca-pable of asking adequate, meaningful questions, let alone of giving answers to its own perplexities."①

As Arendt saw it, the European philosophical tradition had been broken by two major events, totalitarianism and the explosion of the nuclear bomb. The first erased history as a standard while the second undercut nature as a standard of judgment. In this position, in between the loss of the past and the demands of the future, she set about rethinking the concepts of the European tradition. The definitions of key philosophical terms change through time. She hoped that by understanding those linguistic changes, one would begin to think through con-cepts to see what has been lost over the centuries and to raise new distinctions for the contemporary world. Politics and its relationship to power was one such

---

① Arendt, Hannah, *Between Past and Future*, pp.8-9.

concept that was central to her philosophy.

Arendt asserts that power is different from violence. Violence can be tech-nological and is always instrumental the gun of a robber at your head or a shooter as in the Parkland School massacre or the multiple weapons in war. Here there is domination and submission(you give your wallet to the thief)or possible death. The violent person has "power" only in the sense that he threatens you directly or indirectly. Loss in war often resulted in occupation,exploitation and/or slavery. Modern political theorists as shown in the quotations above see power as synonymous with violence. Even the origin of the state becomes an a-greement to give up one's own natural rights and will to a sovereign who will protect your life. One sees the advantage of ending a "state of war" where life, as Hobbes describes it,is "nasty,brutish and short".

Power,on the other hand,comes into being within a group of people. Ev-eryone has power in the ability to speak,persuade and determine action. One does not have to be given power by someone else,humans have the innate ability to speak,communicate and engage with one another. The key to totalitarian regimes is to create a situation where the individual is totally alone and directly dependent on the state. Then we see children turn in parents,students turn in teachers as "enemies of the state". Arendt notes that when the Nazis entered Denmark,the King and all the people put on the yellow armband that was the sign that they were Jewish. The Nazis had a very difficult time rounding up Jews to send to concentration camps.[1]

Arendt defines power:"Power corresponds to the human ability not just to

---

[1] Arendt,Hannah,*Eichmann in Jerusalem*,pp.71–72.

act but to act in concert. Power is never the property of an individual, it belongs to a group and remains in existence only so long as the group keeps together."① Where there is no group of people, where there is no speech, there is no power, only violence. Arendt notes that "power and violence are opposites…violence can destroy power, it is utterly incapable of creating it."②

One needs spaces for public speech. There need to be spaces where people can come together and discuss, deliberate and persuade one another about issues that are of serious concern: what is meant by equality? What is the proper education for children? Politics as an activity as an end in itself has been forgotten and lost in modern political theories where politics is most often seen as utilitarian. For Arendt, man is inherently political. She states, "What makes man a political being is his faculty of action: it enables him to get together with his peers, to act in concert, and to reach out for goals and enterprises that would never enter his mind, let alone the desires of his heart, had he not been given this gift to embark upon something new. Philosophically speaking, to act is the human answer to the condition of natality."③

Arendt was not alone in redefining power. Michael Foucault, for instance, agrees that power emerges through many discussions and among wide groupings within society: power is "employed and exercised through a net-like organization."④ Dacher Keltner, a UC Berkeley Psychology Professor and director of the UC Berkeley Greater Good Science Center, published The Power Paradox: How

① Arendt, Hannah, *On Violence*, p.44.

② Ibid., p.56.

③ Ibid., p.82.

④ Foucault, Michael, quoted in Keltner, Dacher, *The Power Paradox: How We Gain and Lose Influence*, p.37.

We Gain and Lose Influence, in 2016. He develops and elaborates on this shift in definition. Power, he argues, is "about making a difference in the world by influencing others."[1] He continues, "power reveals that it given to us by others rather than grabbed" in the sense that groups give power and esteem to those who are perceived to advance the greater good.[2] Power, emerging from social networks, rests on empowering others and reciprocally empowering ourselves. Simple acts such as acknowledging and expressing gratitude for another's con tributions, showing respect, listening, encouraging and connecting empathetically, sharing and giving opportunities, resources and responsibilities and telling stories that unite people, all help to empower others.

The paradox appears as one begins to feel power. Keltner argues that power is also a state of mind and cites studies that show that those experiencing power have a "dopamine high". Lord Acton, often quoted, states that power corrupts and absolute power corrupts absolutely. Keltner's argument parallels this statement. Once in power, individuals face a choice of continuing the habits and attitudes such as gratitude and compassion, mentioned above, that create power or of turning to an abuse of power that leads to stories of exceptionalism(wealth, race, gender) that demean and divide people. The abuses lead to incivility, disrespect, self-serving impulsivity, and diminished empathy. As a person begins to feel power slipping, he or she resorts to threats and violence.

Both Arendt and Keltner see the issue of powerlessness as a serious problem of the contemporary world. Arendt focuses on the problem of mass society and the loss of spaces for politics as deliberation and acting in concert. She cri-

---

①   Keltner, Dacher, *The Power Paradox*, p.4.

②   Ibid., p.44.

tiques a world where violence has been mistaken for and supplanted power. Keltner looks at what he calls the costs of powerlessness. He states:

"Powerlessness amplifies the individual's sensitivity to threat, it hyperactivates the stress response and the hormone cortisol, and it damages the brain. These effects compromise our ability to reason, to reflect, to engage in the world, and to feel good and hopeful about the future. Powerlessness, I believe, is the greatest threat outside of climate change facing our society today."[1]

The "eco-person"

The ideas in this paper may seem disjointed: GMO's and food, Tai Chi and meditation, rethinking the concept of power. But, in fact, they are all intimately connected. Each is different facet of the interrelationship of the individual with the whole. The reality of the holographic web of life changes our view of Nature and our place within it, it alters our understanding of ourselves as human beings within a multispecies environment and universe, and, it changes the definitions and understanding of our social and political relationships. The "eco-person" that I have been describing though out this paper has a multilayered interaction with each of these levels of analysis. Our physical and mental health depend on our nutrition and microbes, our relationship with the environment needs to be grounded in physical and spiritual practices, and, our social relationships in each of the levels depends upon the quality of our joining with, empowering others and acting in concert for a better future.

---

[1] Keltner, Dacher, *The Power Paradox*, p.10.

论生命全息网中的生态人

[美]莎伦·斯诺伊思/文　陈灼灼/译　陈伟功/校*

一、欲变世界，先变其身

　　这一关于政治变革的座右铭，经常被引用，一旦在当代哲学和科学中将其用于关于个人和社会组织性质的讨论时，势必产生新的意义。我在去年的一篇论文中提出了一个观点，即笛卡儿对绝对时空的理解所导致的普遍客

　　* 莎伦·斯诺伊思(Sharon Nickel Snowiss)，美国克莱蒙培泽大学政治学教授，加州大学洛杉矶分校博士，美国比较政治哲学协会前副主席，中国传统文化研究专家，当代女权主义研究专家。斯诺伊思是在美国推动中国传统文化的先行者之一。早在20年前她就在美国主流大学开设中国传统文化课程，并在课堂上教授中国传统医学与气功。主要著述有：《马克思、老子与自然：改变中的意识》《马克思"共生"理论的意义及其生态思维》等。

　　陈灼灼，北京第二外国语学院与中国政法大学"双培"法学专业学生，研究方向为知识产权，现就读于英国朴茨茅斯大学。

　　邮箱：zhuozhuochen75@163.com

　　陈伟功，中国人民大学哲学博士，北京第二外国语学院哲学研究中心讲师，研究方向为外国哲学、伦理学。

　　邮箱：cly_wg@163.com

观性观念,已被爱因斯坦的相对论所取代,后者主张,只有在特定时空中,人的视域(perspective)才是真实的。所谓的普遍观点,其实并不存在。意识是多重的,既可来自人类,亦可来自其他物种,它们共同构成了一个既有活力,又有意识,并能进行信息交流的自然。人类的大脑既是地方性的(local),也是非地方性的(non-local)。"心灵"一词已与"大脑"被区分开来,以表明这种双重关系。人类与自然界中的其他实体一样,都有非地方性意识。在这样一个世界里,笛卡尔和现代哲学所提出的人能够"掌握和占有自然"的观念是不可能的。个体只有改变自己,才能共生性地影响那些与其相互作用的人。改变自我才能改变世界。

宇宙是全息的。"上行下效"(As above, so below);"整体存在于局部";"阴阳无限可分"或"分形"(fractal);老子认为"人法地,地法天,天法道,道法自然"[1],所有这一切,都归为一种认识:我们生存于一个全息宇宙中。

就个体而言,细胞包含着人的型板(blueprint)(唯有如此,才有克隆的可能);耳朵是身体的全息图(耳针)(auricular acupuncture);信息、"思维",贯穿整个身体(包括大脑、心脏及微生物组),并连接到身体外部环境(如呼吸、能量场、气功等)。

因此,人不是一个"自主的个体",并不是像霍布斯和洛克等现代早期理论家所主张的那样,在某种"神秘"的自然状态下,个人独立于所有其他人。随着欧洲科学对宇宙的理解从托勒密转向哥白尼,对人的看法从寻求美德的社会动物,转为受恐惧、贪婪和权力所驱使的寻求安全、控制和自由的独立自主的个体。随着我们对自然的理解扩展到相对论、量子物理学、混沌理论和全息关系等领域,一个与往日不同的"生态人"正在出现。这个"人",不是为了他的利益而控制自然;不是独立于所有的其他人;他的身体不是一台

---

[1] Lao Tse, *The Tao TeChing*, Lau translation, chapter. 25, p.83.

机器;他不寻求"得其一思其二,死而后已,永无休止的权势欲"①。

在这次会议中,当我们探索"生态人"的方方面面时,在我们正在进入的这个全息宇宙的更广泛的背景下,我想集中讨论两个方面。首先,我要在个体层面考察"生态人"的某些方面,特别是内部健康和运动,同时仍然认识到,这些行动会影响到其他人和环境。其次,我将把我的关注点转到社会层面、权力概念及其在当今世界的变化中来。②

二、药食同源

中国传统的医学文本以及许多本土和传统的医术都提到了这一基本理念。甚至马克思的唯物主义也常常被简化成 "人如其食"(you are what you eat)这样的短语。恩格斯在其《自然辩证法》中认为,过渡为肉食,促进了人类大脑的发展和进化。③关注粮食及其对人类生存、健康和增长的影响,这是我们生存的根本。对于"生态人"来说,这意味着什么?

随着时间的推移,在不同的社会中形成了获取食物的不同模式,创造了以文化为基础的饮食结构与以食物为中心的社会仪式, 以及因宗教义务或仅仅为了健康而提倡禁食(fasting)。随着时间的推移,人类与土地的关系也发生了变化。现代工业社会催生了大企业和高效率的组织,以此来养活一定国家或其他社会的人们。例如在冬季,人们可以到市场上找到智利的蓝莓。大多数居住在城市的人几乎不太了解季节性食物及其与土地的联系。超市

---

① Hobbes, *Leviathan*, p.58.

② 在这一点上,我的两个孩子影响了我的思想,特别是关于第一点。卡洛琳始终都对医疗感兴趣, 她对饮食、营养以及现代饮食给我们的身体和心灵带来的问题有着持久的关注;史祥生(Jonathan)是把气功和司徒杰师父带入我们生活的催化剂,与在自然中内外运动相结合的实践和哲学直接相关,他持续而深入地参与并指导。他们影响了我对这些问题的理解、表达和思考,为此我非常感谢,充满感激。

③ 《马克思恩格斯选集》(第三卷),人民出版社,2012 年,第 994 页。

提供了包装精美的营养,这些可能是冷冻食品,也可能含有防腐剂以延长保质期。在很大程度上,我们与食品生产过程脱节。美国饮食模式还导致了肥胖、糖尿病、过敏、心脏病等疾病的流行。美国食品药品监督管理局(以下简称为 FDA)和医生们现在主张,要想改变"金字塔"般的老式需求,就应包含更多的水果和蔬菜。将维生素补充剂用于缺乏症的改善,也已成为一件大事。

对于那些关注环境可持续性的人来说,这些问题并不新鲜。人们意识到,将蓝莓从智利运往洛杉矶的耗碳足迹,或者对快餐的社会干涉,比如慢食运动(slow food movement),或者饮食不平衡对健康所造成的影响,这些都引发了诸如此类的口头禅:要吃新鲜食品,既有地方特色又有季节性。所有这些批评都很重要。我想把我们的注意力集中在当前的两个重要问题上:杀虫剂和转基因食品(GMO's)。这些侵入我们食物供给领域的行为已对我们的健康产生了负面影响。那些通过公司运作的跨国和自我利益最大化的过程,已让人们对他们产生了疑问。

过去 10 年,对微生物群的研究已经确认,人的肠道中的细菌对大脑能够产生影响,二者是相关的。这些影响包括一系列常见的疾病,诸如阿尔茨海默病和帕金森症、过敏和糖尿病等。我们意识到,过度使用抗生素已经"杀死"了坏的肠道细菌以及好的肠道细菌,而且"超级细菌"正在进化,它们不再对常规的抗生素治疗产生反应。杀虫剂也有类似的问题。例如多年来,人们用"农达"(Round Up)牌农药除草。但人们不知道的是,它也被运用于收割回来的小麦上(现在也被运用于其他谷物上)。当收回小麦并进行晾晒时,人们将"农达"喷洒在上面。这个过程可使秸秆干枯,让小麦在较短的时间内增大,以提高产量。这也增加了我们摄入杀虫剂的数量。草甘膦(glyphosate)的积累会影响我们的肠道,因为草甘膦是"农达"的主要成分。无麸质饮食(gluten intolerant)人数的增加,也是造成又一个新问题的导火索。

最近的研究表明,草甘膦会破坏肠道内层的入口细胞(gateway cells),该细胞的功能是监测进入血液的物质。通常情况下,保存在肠道内的分子即将要进入血液流动,并连接血-脑屏障(blood-brain barrier)。①

培育经过基因改造的种子,使问题进一步复杂化了。科学已经发展到了能够编辑基因的程度。香港一位医生为消除胎儿结核病的易感性,对胎儿进行了基因干预,这在国际上引起了轩然大波,因为在基因编辑的过程中会引发许多伦理问题。然而,这种做法在我们的粮食供应中已经持续了多年。有一种杀虫剂,细菌毒素已经被引入到玉米中,如果昆虫吃了一颗谷粒,它的胃就会爆炸。玉米现在产生了毒素。它在人类细胞中应该是惰性的,我们吃着同样的玉米,其中一部分基因已经转移到肠道细菌的脱氧核糖核酸中,所以,我们自己的细菌正在产生细菌毒素。FDA 将这种玉米列为农药,而不是食物。②我们虽比昆虫大得多,但我们会因时间和多种来源而增加这种积累。玉米可以用来喂养更大的农场动物,比如我们所食用的牛肉等。多年的农药积累下来,我们差不多是在给自己投毒。欧洲禁止所有转基因食品。向欧洲出口食品的美国公司在生产非转基因产品。美国甚至出现了将产品贴上转基因标签的现象。

这些都是大问题,引发了激烈的争论。农业是大事,这里有说客,也有针对性的政治捐款,以及内部研究。而发现这些产品有问题的科学家们已经被解雇,因而这种反面的研究也被埋没了。大学的科研人员一直被拒绝资助,如果想要研究其中的一些问题,那么他们往往会被解雇。麻省理工学院(MIT)具有生物学背景的计算机科学高级研究员斯蒂芬妮·塞内夫(Stephanie Seneff),由台湾一家机构独立出资,对包括开源期刊(open access journals)在内

---

①② Dr. Patrick Gentempo interview with Dr. Zack Bush and Dr. Jeffery Smith, GMO's Revealed, March 13, 2019.

的所有期刊的他汀类和综合类药物的研究进行大数据计算机搜索。通过广泛地查阅杂志,她发现,有证据表明,药物研究方面存在着严重的健康问题。

那么,"生态人"要做什么呢? 食物影响着我们的健康。我们不仅需要关注饮食的平衡,还需要关注食物的来源。消费者对此可以施加影响。吃有机食品和非转基因食品。如果有足够多的人选择不同的饮食方式,这些公司将开始通过种植更多的有机食品和非转基因食品来做出回应。"全美妈妈"(Moms Across American)是一个由凯瑟琳·霍尔(Kathleen Hallal)和珍·霍尼科特(Zen Honeycutt)两位母亲创立的组织,她们一直在积极提高对非转基因食品的认识和游行。她们的口号是意识、确认和行动。这在其他领域也有回应。最近在北加利福尼亚的一个庭审案件中,发现"农达"被认为是一名农场工人致癌的原因。更多的案例肯定会接踵而至。洛杉矶市议会刚刚要求进行一项研究,以替代在城市公园和学校用"农达"消除杂草的综合行动。

三、运动:内外呼应

同样,在个体层面上,与环境的互动对于生命至关重要。呼吸是我们定义生命的根本。停止呼吸是死亡的同义词。呼吸将我们与物质上和精神上的环境连接起来。当我们运动时,比如练某种形式的太极拳或气功,就是积极地在环境中运动。太极拳和气功的重点是缓慢运动,帮助打开贯通周身的中医图上的经络。气的内流保持持续运动,促进健康。研究表明,太极拳有利于降低血压,改善平衡。在中医医学系统中,气滞被认为是疾病的原因之一。

与环境的互动可能更为明显。有些人可能看到过,有人以一种有节奏的方式拍击树木。这是一种武术训练,以改善手掌的气流。和人类一样,树木70%以上都是水。

冥想也要专注于呼吸。在这里,人们专注于内部运动。放慢呼吸,集中注意力体验气的内在运动。眼睛通常是闭着的,人们专注于了解自己。观察者从外部的角度来看,冥想中的人似乎根本没有运动,而实际上却存在着强烈的内部活动。冥想对健康有好处,比如减轻压力,它还能将人与宇宙联系在一起。它可以成为一种精神实践。冥想的形式有很多种。可以通过多种途径获得灵性。《韦陀赞》第十六章就是从"气生意识"而开始的。①一个人可以向宇宙敞开自己,气可定义为信息、能量和物质,它在身体里面流动。

共修(Group meditation)的效果已被证明是相当强大的。与他人联系,有助于提升你自己的实践。而且,如果小组有共同的意念,它可能在外部产生效果。例如,林恩·麦克塔加特(Lynne McTaggart)在《八人之力》(*The Power of Eight*)中讨论了她在《意念实验》(*The Intention Experiment*)发表后进行的一项实验。在后一本书中,她探讨了科学实验中的现象,即实验者的意念影响了实验本身的结论。一些应用于健康状况的例子对实验者和实验对象都产生了影响。在下一项研究中,她创建了一个由八人组成的小组(这本书的书名是八,但可以是更多的数字),看看如果小组成员试图通过集体意念治愈其中一个成员,会发生什么。她报告说,作为治疗对象的人取得了积极的效果。同时,她发现参与实验的人也有治疗的效果。专注的疗愈意念既帮助了治疗对象,也帮助了主体对意念疗愈的形象化。②拉里·多西(LarryDossey)描述了一种类似的模式,即在《医药创新》(*Reinventing Medicine*)中所使用的祈祷。③

在个体层面上,冥想练习有助于将一个人与宇宙联系起来。单点冥想练习,如专注于火焰,滴水的水龙头或呼吸等,其目的是使心灵平静下来,停止心中那不知疲倦的喋喋不休。一个人集中注意力,当那个不可避免的念头出

---

① Snowiss, *SharonThe Master's Gift*, An Introduction to the World of Qi, chap.9, p.1.
② McTaggart, Lynne, *The Power of Eight*.
③ Dossey, Larry, *Reinventing Medicine*.

现时，要意识到这个念头，让它过去，然后再回到焦点。在这种形式的冥想中，心灵的平静容许你向宇宙开放。有些人，如在《禅与大脑》中，詹姆士·奥斯汀（James Austin）称这一开启是改善意识状态的实现。另一些人则把它说成是在精神意义上对更广阔的宇宙或内在信息的开放（克利里译，《金花的秘密》）。玻姆（Bohm）认为大脑是宇宙的全息图。宇宙的所有信息都在里面，我们只需要访问它。其他研究人员，如《留心的大脑》（*The Mindful Brain*）的作者丹尼尔·西格尔（Daniel Siegel）做了一些研究，这些研究表明，经过六个月的专注冥想后，大脑的颞叶会增大。颞叶以及其他功能影响着情感平衡、移情、洞察力、直觉和道德。在练习冥想后，我们的大脑在物质上产生了变化。[1]

这些例子都集中在经验上，这些经验表明，个人与他人、自然、宇宙本身是相互关联的。一个"生态人"会意识并体验到这些关系及其深刻的相互联系。一个"生态人"会尊重自然和其他人，也会参与诸如太极、滑雪、冲浪和冥想的运动，运动为这些相互联系提供了基本经验。

在形而上学的层面上，"生态人"知道宇宙中的生命全息网，及其在我们理解自然的哲学观和包括相对论、量子力学、混沌理论、客观性、时空理论等描述自然的科学理论所带来的变化。一个科学家可能会问，如果黑洞是宇宙的中心，那会是什么样子？

在生理层面上，"生态人"意识到身体内部的相互联系即信息是无处不在的，思维是器官的搅动，微生物群影响大脑和健康。例如，人们需要关注自己的饮食，以及满足自己的需求与它们对环境的影响这二者之间的关系。此外，身体需要运动，需要与外部自然交换呼吸和气，以及内部的禅修。

在社会上，"生态人"会尊重他人，并意识到个体之间存在着相互影响。个人对他人的意念同时对自己也有影响，正如在疗愈实验中所探索的那样。

---

[1]　Seigel, Daniel, *The Mindful Brain*, pp.42–43.

四、权力:协同行动

权力的概念是现代世界的基础。霍布斯评论说,它和恐惧就像双胞胎一样,恐惧与生俱来,他认为人的本性是寻求"得其一思其二,死而后已,永无休止的权势欲"。马克思把政治看作"一个阶级压迫另一个阶级"。弗洛伊德认为:"人类不是温和的生物……相反,在天赋本能的生物中,人类被认为是侵略性很大的……人对人是狼,面对他所有的生活和历史经验,谁会有勇气反驳这种说法呢?"[①]

考虑到这些说法,我们"生态人"是傻瓜吗?恐惧、压迫和对生存的担忧都存在吗?任何对"生态人"的理解都必然涉及现代政治观念和语言。

现代政治哲学提出了关于人、自然和社会的假设。这些假设与古代世界大相径庭,如今正受到挑战。爱因斯坦的相对论和引力理论与牛顿理论和哥白尼理论是不相容的。人的大脑和他的身体须臾不可分离。正如关于自然和人的定义正在发生变化一样,人们对政治和社会的看法也与过去不同了。

20世纪初的哲学家汉娜·阿伦特,她对欧洲传统哲学是否足以解决那个世纪出现的问题提出质疑。在《过去与未来之间》(*Between Past and Future*)中,阿伦特指出:"然而,当旧的形而上学问题被证明毫无意义时,情况变得令人绝望了;也就是说,当现代人开始意识到,他已经生活在一个他的思想和思想传统甚至不能提出适当的、有意义的问题的世界里,更不用说它能够回答自己的困惑了。"[②]

正如阿伦特所见,欧洲哲学传统被两大事件打破,即极权主义和核弹爆炸。前者抹杀了作为规范的历史,而后者抹杀了作为判断标准的自然。在这

---

① Freud, Sigmund, *Civilization and Its Discontents*, p.58.

② Arendt, Hannah, *Between Past and Future*, pp.8–9.

种立场下，在失去过去与未来需求之间，她开始重新思考欧洲的传统观念。对重要哲学术语的定义会随着时间的推移而变化。她希望人们通过了解这些语言变化，开始思考各种观念，以了解几个世纪来欧洲哲学所失去的是什么，并为当代世界提出新的特质。政治及其与权力的关系，就是她哲学的核心概念之一。

阿伦特认为，权力不同于暴力。暴力可以是技术上的，而且总是工具性的，如抢劫者指着你脑袋的枪，或者像帕克兰德学校的那位射手的枪，或者像战争中的多种武器一样。这里有支配和屈从（你把你的钱包交给小偷），或者死亡的可能。暴力的人只有在他直接或间接地威胁着你时才有"权力"。战争中的失败往往导致占领、剥削或奴役。现代政治理论家，将权力视为暴力的代名词。即使是关于国家的起源也成为一种协议，意味着人们将自己的自然权利和意志交给一个保护你生命的君主。人们看到结束"战争状态"的好处，正如霍布斯所描述的那样，"战争状态"中的生命是"肮脏的、野蛮的和短暂的"。

另一方面，权力是在一群人中产生的。每个人都有说话、说服和决定行动的能力。一个人不必被别人赋予权力；人类具有说话、交流和与他人交往的天生能力。极权主义政权的关键，是创造一种个人完全孤立无援、直接依赖国家的局面。然后我们可以看到，孩子检举父母，学生把老师当作"国家的敌人"。阿伦特指出，当纳粹进入丹麦时，国王和所有的人都戴上了黄色袖标，这标志着他们都是犹太人。纳粹很难把犹太人全部聚集到集中营去。①

阿伦特对权力的定义是："权力对应于人类的能力，这不仅仅是行动的能力，而且是协调行动的能力。权力从来就不是个人的财产，它是属于一个

---

① Arendt, Hannah, *Eichmann in Jerusalem*, pp.171–172.

群体的,只有当这个群体保持在一起时,权力才能存在。"①在没有群体的地方,在没有言论的地方,就没有权力只有暴力。阿伦特指出:"权力和暴力是对立的,……暴力可以摧毁权力,它完全不能够创造权力。"②

人们需要公开演讲的空间,让人们能够聚集在一起,就严重关切的问题进行讨论、商量和说服。平等意味着什么?什么是适合儿童的教育?政治本身作为一种活动,在现代政治理论中已被遗忘和失去,而政治最常被视为功利主义。对阿伦特来说,人是天生的政治人。她说:"使人成为政治人的,是他的行动能力:它使他能够与同样的人聚在一起,协调行动,并实现目标和事业,如果他没有得到这种天赋,即去开始做一些新的事情,那么这些目标和事业永远不会进入他脑海,更不用说他心中的愿望了。从哲学上讲,行动是人类对生存状态的回答。"③

阿伦特并不是唯一一个重新定义权力的人。例如,迈克尔·福柯(Michael Foucault)主张,权力是通过多次讨论并在社会的广泛群体中产生的,权力是"通过一个类似网络的组织而使用和行使的"。④加州大学伯克利分校心理学教授、大科学中心主任达赫·凯尔特纳(Dacher Keltner)于2016年出版了《权力悖论:我们如何获得和失去影响力》。他提出并阐述了这一定义的转变。他认为,权力是"通过影响他人来改变世界的"⑤。他接着说,"权力揭示了它是别人赋予我们的,而不是被攫取的",即团体给予那些被认为能促进更大利益的人以权力和尊重。⑥权力是从社会网络中产生的,它依赖于赋予他人以

---

① Arendt, Hannah, *On Violence*, p.44.

② Ibid., p.56.

③ Ibid., p.82.

④ Foucault, Michael, quoted in Keltner, Dacher, *The Power Paradox: How We Gain and Lose Influence*, p.37.

⑤ Dacher Keltner, *The Power Paradox*, p.4.

⑥ Ibid., p.44.

权力,并以对等的方式赋予自己权力。一些简单的行为,如承认和感谢他人的贡献,表现出尊重、倾听、鼓励和共鸣,分享和给予机会、资源和责任,以及讲述团结的故事,都有助于增强他人的权能。

当一个人开始感受到权力时,这个悖论就出现了。凯尔特纳(Keltner)认为,权力也是一种心理状态,并引用了一些研究表明,那些有权力经验的人有"高多巴胺"。阿克顿勋爵(Lord Acton)的观点经常被引用,他说权力导致腐败,绝对权力导致绝对腐败。凯尔特纳的论点与这一说法大致相同。一旦掌权,个人将面临一种选择:保持上面提到的有创造力的习惯和态度,例如感恩和同情,或者转向权力滥用,导致贬低和分裂人格的例外论(财富、种族、性别)。滥用职权会导致粗鲁、不尊重、自私和同情减少。当一个人开始感到权力下滑时,他则会诉诸威胁和暴力。

阿伦特和凯尔特纳都认为,无能为力问题是当代世界的一个严重问题。阿伦特关注的是大众社会的问题,以及政治空间的丧失,因为它是协商和协调行动的结果。她批评了一个将暴力误认为并取代权力的世界。凯尔特纳看到了他所说的无能为力的代价,他说:"无能为力会放大个人对威胁的敏感性;它会过度激活压力反应和激素皮质醇(hormone cortisol);它会损害大脑。这些影响损害了我们思考、参与世界、对未来感到美好和充满希望的能力。我相信,除了气候变化之外,无能为力是当今社会面临的最大威胁。"①

五、生态人

这篇论文中的这些论点表面上看来是相互游离的:转基因食品,太极和冥想,重新思考权力的概念。但事实上,它们都是密切相关的。每一点都关涉

---

① Dacher Keltner, *The Power Paradox*, p.10.

个体与整体相互关系的不同方面。全息生命网的现实改变了我们对自然的看法以及我们在其中的地位，它改变了我们对人类置身于多物种环境和宇宙中的认识，改变了对我们对社会关系和政治关系的定义和理解。我一直描述的生态人，与每一个层面的分析都有一个多层次的互动。我们的身体和精神健康取决于我们的营养和微生物群；我们与环境的关系需要建立在身体和精神实践的基础上。而且，我们在各个层面上的社会关系都取决于我们所涉入其中的性质，赋予他人权力，并为更美好的未来而协同行动。

生态哲学新篇新译专栏

主持人语

薛富兴*

欧美作为当代世界的发达地区，最高效率地体现了人类现代工业文明开发地球的能力，最早面对 20 世纪全球性环境危机的挑战，以及人类文明的可持续问题，也最先对此挑战做出观念与实践两个层面的回应。在此意义上，将欧美生态哲学理解为当代世界此领域中的关键部分，并无夸张之意。本栏目共八篇文章，规模不算大，然而在某种程度上，似乎可将它们视为当代欧美生态哲学之略影，因为它们同时包括了观念与实践、当代与历史四种维度。此种效果若非巧合，则需归功于本辑的编辑同人。

《生态马克思主义对半球工程的回应》《保护自然景观的形成——朝向相互依存的实践》《从"寂静的春天"到环境运动的全球化》以及《深生态学：所说的和要做的是什么？》四篇，似共同体现出对当代环境保护问题实践层面的关切。当代人类正面临着严重的环境危机，因而需积极应对，对此学界与全社会概无疑议，问题的复杂性表现为对此当代人类该如何因应、采取怎

*薛富兴，南开大学哲学院教授，主要从事美学研究。
邮箱：fuxing_x@vip.163.com

样的措施、调动何种观念与技术资源,以及需要做到什么程度才是有效而恰当的。《大地伦理之观念基础》与《亨利·大卫·梭罗:心灵的伟大和环境美德》这两篇文章从学理上为当代环境哲学做了学科建构的工作。这两篇文章还有一个共同点,即自觉地发掘当代环境哲学的"美洲资源"。虽然环境运动与环境哲学属于当代文化,然而它们要营养丰富、扎实稳健,便需自觉地回顾其自身文化传统。作为北美学者,他们还自然地将目光转向欧洲——古典的与近代的欧洲。《古希腊生态哲学传统》和《自然观的非一致性——论斯宾诺莎与深生态学》便属于对欧洲哲学传统之学理性回顾。虽然此类讨论在细节上每位读者均可见仁见智,然而每一次崭新的思想与社会运动发展到一定阶段,都会有一种挡不住的文化冲动,那便是觅知音于前贤,借思古以推新,这大概是一种普遍规律。有了这样一组对哲学传统的阐释学性质回顾,本栏目便显得更为完善、厚重。

大地伦理之观念基础*

[美]J.贝尔德·卡利科特/文 薛富兴/译

20世纪两项重大的文化进步是达尔文理论与地质学的发展……然而,就像植物、动物与土壤之起源是重要的一样,它们如何作为一个共同体而运行,此问题同样重要。解决此问题之任务已落在新的生态科学身上。该学科每天都揭示谜一样复杂的相互依存之网,在此神奇面纱之前,所有人甚至达尔文本人也会惊叹。

——奥多·利奥波德,片段6B16,第36篇,《利奥波德论文》,威斯康星大学麦迪逊档案

一

如华莱士·斯特格纳(Wallace Stegner)所言,《沙乡年鉴》"在环境保护圈

---

* 本文乃J.贝尔德·卡利科特(J. Baird Callicott)代表性著作《捍卫大地伦理》(*In Defense of Land Ethic*, State University of New York Press, 1989)中之一节,由原著者授权译者翻译并发表此文,译者在此特向卡利科特先生致谢!

内几乎被视为一部圣书",而利奥波德则被视为一位预言家、一位美国的以赛亚。亦如柯特·迈恩(Curt Meine)所指出,"大地伦理"是关于沙乡气候的论文,是"结论的结论"。①因此人们可能会很自然地以为,关于人类一方对自然的伦理责任之推荐与论证当是预言性《沙乡年鉴》之所有内容。

然而毫无例外,"大地伦理"并未被当代学院哲学家们欣然接受。大多数哲学家无视其存在。那些并未忽视它的人们则对它既不感到奇怪,亦无敌意。杰出的澳大利亚哲学家约翰·帕斯莫尔(John Passmore)在其对这一新的被称为"环境伦理学"的哲学分支学科首次以一本书的规模进行的讨论中,对"大地伦理"完全置之不理。②在一次更为细致的讨论中,同样优秀的澳大利亚哲学家 H.J.麦克洛斯基(H.J.McClosky)傲视利奥波德,以诸多言不及义的东西阐释"大地伦理"。他得出如此结论:"在赋予相关意义给利奥波德的主张——将其大地伦理呈现为在伦理学中代表了一种主要的进展,而不是退回到由各种原始人所持有的道德——时存在一个实际问题。"③作为对麦克洛斯基的回应,英国哲学家罗宾·阿特菲尔德(Robin Attfield)攻击其对"大地伦理"的哲学尊敬。加拿大哲学家 L.W.萨姆纳(L.W.Sumner)称"大地伦理"

---

① Wallace Stegner, "The Legacy of Aldo Leopold"; Curt Meine, "Building 'The Land Ethic'"; both in J. Baird Callicott, ed, *Companion to A Sand County Almanac:Interpretive and Critical Essays*, Madison, Wis.:University of Wisconsin Press, 1987. The oft-repeated characterization of Leopold as a prophet appears traceable to Roberts Mann, "Aldo Leopold:Priest and prophet", *American Forests* 60, no.8 (August 1954):23, 42-43; it was picked up, apparently, by Ernest Swift, "Aldo Leopold:Wisconsin's Conservationist Prophet", *Wisconsin Tales and trails* 2, no.2(September, 1961):2-5; Roderick Nash institutionalized it in his chapter, "Aldo Leopold:Prophet", in *Wilderness and the American Mind*, New Haven:Yale University Press, 1967.

② John Passmore, *Man's Responsibility for*[significantly no "to"]*Nature:Ecological Problems and Western Tradition*, New York:Charles Scriber's Sons. 1974.

③ H. J. McClosky, Ecological Ethics and Politics, Totowa, N.J.:Rowman and Littlefield, 1983, p.56.

为"危险的胡说"①。在那些以更为赞同的立场理解利奥波德的哲学家中,他们通常只是称引关于"大地伦理"的词句,似乎它有点高贵,却也天真,只提出道德要求,总体上缺乏一种可支持的理论框架。换言之,对伦理规范而言,它是一种由强迫性论点所引导的基础性原则与前提。

据我的判断,对"大地伦理"的忽视、混淆与谴责当归因于以下三种:①利奥波德极为简约的散文风格。在此文章中,极为复杂的观念被以极少的句子,甚至是一两个词语表达。②他与当代哲学伦理学假设与范例之距离。③大地伦理显然会导致的尚未解决的实践性内涵。简言之,以哲学角度观之,"大地伦理"简约、陌生而又激进。

在此,我首先简要地审察与阐发大地伦理令人印象深刻的抽象要素,揭示可将这些要素结合起来的"逻辑",并将它呈现为一种恰当、却是革命性的伦理理论。之后,我会讨论大地伦理所具有的令人争议的特征,并回应来自实际与可能存在的对它的两方面批评。我希望表明:大地伦理不能被仅仅当作是一位伤感的环境保护主义者无根据的情感性训诫而遭忽视,或者因其会导致野蛮的不良实践后果而被抛弃。相反,它对常规的伦理哲学提出了严肃的挑战。

---

① Robin Attfield, in "Value in the Wilderness", *Metaphilosophy* 15(1984), writes, "Leopold the philosopher is something of a disaster, and I dread the thought of the student whose concept of philosophy is modeled principally on these extracts. (Can value 'in the philosophical sense' be contrasted with instrumental value? If concepts of right and wrong did not apply to slaves in Homeric Greece, how could Odysseus suspect the slave girls of 'misbehavior'? If all ethics rest on interdependence how are obligations to infants and small children possible? And how can 'obligations have no meaning without conscience,' granted that the notion of conscience is conceptually dependent on that of obligation?" (p.294). L.W. Sumner, "Review of Robin Attfield, The Ethics of Environmental Concern", *Environmental Ethics* 8(1986):77.

二

"大地伦理"随那富有魅力、诗一般的对荷马笔下希腊之呼唤而展开。其要义如斯:在今天,大地被日复一日,且令人痛心地奴役着,就像古希腊时期奴隶曾遭受的奴役一样。在对我们最为遥远的文化源头做了全景式回顾之后,利奥波德提出:要呈现过去 3000 年中虽然缓慢,却也稳定的道德进展。随着文明的成长与成熟,我们的关系与活动的更多部分已被置于伦理原则的保护之下。若道德的成长与发展得以持续,那这就不只是一种对历史的概括性回顾,最近的历史经验显示:未来的人们将责备今人对环境的随意、普遍奴役,就像今人责备三千年前所存在的对人的随意、普遍奴役那样。①

对于利奥波德对人类历史的乐观描述,喜欢嘲讽的批评家可能会笑话。奴隶作为一种制度而在"开化了的"西方存在,更为特别的是,它就存在于有伦理自傲的美国,直到利奥波德降生时的上一代人。在西方历史上,从雅典城邦、罗马帝国,到西班牙宗教裁判所与第三帝国,已发生过一系列令人羞耻的战争、迫害、暴政、大屠杀,以及其他暴行。

然而伦理实践史并不与伦理意识史相统一。道德并不是描述性的,而是一种规定或规范。据此区别,虽然今天暴力犯罪率在美国依然上升,对人权的制度性侵犯仍存在于伊朗、智利、埃塞俄比亚、危地马拉、南非及其他地方,尽管持续的有组织的社会不公与压迫在其他地方依然存在,但伦理意识的拓展在今天仍然快于从前。民权、妇女解放、儿童自由、动物自由等都意味着如新出现的伦理理念所示,伦理意识(与伦理实践不同)已然在近期有所进展——因此证明了利奥波德对历史的考察。

---

① Aldo Leopold, *A Sand County Almanac*, New York: Oxford University Press, 1949. Quotations from *Sand County* are cited in the text of this essay by page numbers in parentheses.

三

利奥波德继而指出："仅由哲学家研究之伦理的这种拓展"——因此其含义很清楚,并不是一种很令人满意的研究——"实际上是一种生态进化过程。"利奥波德在这儿要说的很简单,即我们可以用生态学术语理解由奥底修斯的小插曲所揭示的伦理学史,就像用哲学术语来理解伦理学史那样。依生物学观之,伦理就是"一种对生存斗争中行为自由之限制"。

当我评论说,利奥波德努力用一对词语传达其整个观念之网时,我的心中出现了上述段落。"生存斗争"（struggle for existence）一语准确无误地让人想起达尔文的进化论,在此观念语境下,对伦理起源与发展的生物学描述找到了其终极定位,并且它马上指出了一种矛盾:基于不可缓和的竞争性"生存斗争","对行为自由的限制"（a limitation on freedom of action）如何能被保存下来,并在智人（Homo sapiens）种群,或其进化性祖先中传播开来?

作为对伦理的生物学描述,如哈佛社会昆虫学家爱德华·O.威尔逊（Edward O. Wilson）最近所写,"核心的理论问题……依界定,在人类这一物种中被作为道德或伦理规范精心阐释的利他主义, 如何能减少可能由自然选择而形成的个人的适应?"[1]依现代社会生物学,答案存在于血缘关系。但是,依达尔文——他本人在其《人类的由来》中完全立足自然史解决这一问题——答案存在于社会。[2]正是达尔文立足自然史的经典描述启发了利奥波德20世纪40年代后期的思想。

---

① Edward O. Wilson, *Sociobiology: The New Synthesis*, Cambridge: Harvard University Press, 1975, p.3. See also W.D. Hamilton, "The Genetical Theory of Social Behavior", *Journal of Theoretical Biology* 7 (1964):1-52.

② Charles R. Darwin, *The Decent of Man and Selection in Relation to Sex*, New York: J.A. Hill and Company, 1904. The quoted phrase occurs on p.97.

我们正在追问:伦理规范(ethics)如何产生,它一经产生又如何在规模与复杂性上发展?

人类记忆中的最古老答案是神学的。神强加伦理于人们。神又确认之。此种描述的一个最生动形象的例子出现于《圣经》。摩西站在西奈山上直接从神那里得到十诫(the Ten Commandments)。该文本也清楚地描述了神对伦理的神圣确认(表现于因人类违背神的伦理诫命而导致的传染病、大旱、军事失败等)。因此,此后神圣意志的启示方便、简要地解释了相应的伦理进展与成长。

另一方面,西方哲学史几乎普遍同意以下意见:人类经验中的伦理起源与人类的理性有某种关联。理性在关于伦理的起源与特性之"社会契约理论"中发挥着核心与关键作用,无论是古代的普罗泰戈拉,现代的霍布斯,还是当代的罗尔斯。依柏拉图与亚里士多德,理性乃美德之源。依康德,理性乃绝对命令(categorical imperatives)之源。简言之,西方哲学之重心倾向于如此观点:我们之所以是伦理存在物,是因为我们是理性存在物。随之而来的理性之精致化与进步性启蒙,以及理性所照耀着的善与正确,解释了利奥波德所关注的"伦理秩序"(ethical sequence),道德的历史性增进与发展。

然而对于伦理规范的起源与发展之上述总体性描述,进化论自然史家均不满意。神赋道德予人的观念原则上被排除在外——就像对自然现象的任何超自然解释在自然科学中都被原则上排除在外一样。当道德可能在原则上乃人类理性的一种功能(比如说,数学计算显然即其功能),然后便设想事实上亦如此时,便是本末倒置。理性显然是一种精细、可变,且后来才出现的一种能力。当复杂的语言能力尚未产生,则在任何情况下都不能设想进化出理性;而语言能力的进化反过来依赖于一种高度发达的社会矩阵。但是,除非我们设想在生存斗争中对行为自由进行限制,否则我们不能变成一种社会性存在物。因此在我们变成一种理性存在物之前,我们必须首先成为一种伦理存在物。

可能由于反思类似这些问题，达尔文转向现代哲学之少数传统——一种道德心理学，它对伦理现象之总体性进化论描述而言，协调且有用。一个世纪以前，苏格兰哲学家大卫·休谟与亚当·斯密主张，伦理依赖于情感或"情绪"（sentiments）——确实，它们可以被理性丰富化与启发。①由于在动物王国中，情感或情绪确实并不比理性更为共享或普遍，因此它们并非关于伦理起源与发展的进化论描述之恰当起点。

利奥波德在其"大地伦理"中正确且简要地提及的达尔文描述，始之于可能为所有哺乳动物共享的父母与子女间情感。②达尔文认为，情感纽带与父母和其后代间之同情允许一种很小的，具有亲密血亲关系的社会组织之形成。达尔文推论，由父母子女间情感所组织起来的家庭成员应当有机会将此种情感拓展到血缘关系不太密切的其他亲属个体，这样便允许了家庭组织之扩容。这种新拓展的共同体将更成功地捍卫自己，及更有效地保护自己。其个体成员对共同体的包容性适应也将逐渐增加。因此，这种更为扩散的家族情感，达尔文称之为"社会性情感"（social sentiments），作为对休谟与斯密的回应，将会拓展到整个种群。③

道德，即仅作为利他本能反面的道德，用达尔文的话说，它要求一种足以回忆过去、想象未来的"智性能力"（intellectual powers），一种足以表达"公共意见"的语言能力，以及对于为公共意见所确认，为社会所接受，且能使社会受益的行为模式之"适应力"。④即便如此，依达尔文之描述，伦理恰当仍然

---

① See Adam Smith, The Theory of the Moral Sentiments(London and Edinburgh: A. Millar, A. Kinkaid, and J. Bell, 1759)and David Hume, *An Enquiry Concerning the Principles of Morals*(Oxford: The Clarendon Press, 17778; the first published in 17501). Darwin cites both works in the fourth chapter of *Descent*(pp. 106 and 109, respectively).

② Darwin, Descent, pp.98ff.

③ Ibid., pp.105ff.

④ Ibid., pp.105ff.

坚实地扎根于道德情感或社会情绪,它们并不弱于生理官能。他强烈地主张,由于这些情感或情绪在生存,特别是成功繁衍方面所具有的优势,自然选择了它们,社会又给予了它们。①

关于伦理现象的原型社会生物学视野,作为自然史家的利奥波德继承并总结了它。这种总结极为简要。对达尔文更为细致与拓展性的范例,利奥波德仅以简约文字给予回应。因为,"此物(伦理)在相互依赖个体或集体进化出共同合作模式的倾向中有其根源……迄今为止,所有伦理依据于一个前提:个体乃由相互依赖部分所构成共同休的一个成员"。

因此,我们能够发现:伦理的范围与特定内容将同时反映合作性共同体或社会的可感知边界、实际结构或组织。伦理与社会或共同体相互关联。此单一、简单的原则为对道德做自然史分析,为预测道德的未来发展(最终将包括大地伦理),为系统推导特定伦理原则,比如大地或环境伦理之类突然出现,但在文化上并无先例的规定与禁令,提供了强有力的工具。

四

对伦理的人类学研究表明:事实上,伦理共同体之边界总体上与可感知的社会边界共同拓展。②在部落社会,美德与恶德的特殊表现(从文明社会的角度看,有时正好相反。)——比如共患难之美德与关于隐私与个人财产方面之恶德——反映与培育了部落人群的生活方式。③达尔文在其讨论中为"野蛮人"道德的强度、特性与明确界线描绘出一幅生动图画:"一个野蛮人会冒生

---

① Darwin, *Descent*, p.105.

② See, for example, Elman R. Service, *Primitive Social Organization:An Evolutionary Perspective*, New York:Random House, 1962.

③ See Marshall Sahlines, *Stone Age Ecomicas*, Chicago:Aldine Atherton, 1972.

命危险去救一位共同体成员，可对一位全然陌生之人则毫不关心。"[1]如达尔文所描述，部落人群同时成为"在同一部落内部"具有美德，而于部落之外则变成毫无美德的盗窃者、杀人犯与折磨者之典范。[2]

为了更有效地对付共同的敌人，或因为日益增加的本部落人口密度，或为了回应生存方式与技术方面的革新，或为了彼此力量间之某些融合，人类社会已在规范或规模上获得发展，在形式或结构上发生改变。民族——如易洛魁族，或印第安人之苏克斯族——乃由此前各自独立且相互敌对的部落组成。动物与植物获得驯养，以前的狩猎与采集者变成了牧民与农民。永久居住地建立起来了，贸易、工艺与工业也繁荣起来了。随着社会的每一次变化，伦理也相应地随之而变。伦理共同体发展到与社会的新边界共拓展的程度，而美与恶、正与误、好与坏的表现物也随之而改变，以协调、培育与保持新社会秩序在经济与制度方面之安排。

今天，我们正见证着人类的一种全球规模超级共同体的诞生。现代交通与传播技术，国际经济的相互依赖性，国际经济实体以及核武装，已将世界带入一个"地球村"。它尚未全然形成，正与其前辈——民族国家处于一种很危险的紧张状态。其最终的制度性结构，一种全球联邦制，或任何它可能成为之物，在此意义上完全不可预测。但有趣的是，一种相应的全球人类伦理——"人权伦理"如众所称——已被更为确定地给予阐释。

今天大多数受教育人群至少在嘴上认可如此伦理原则：人类物种之所有成员，无论其种族、信念与国家，均享有某些基本权利，不尊重这些权利便是错的。依达尔文所开创的进化论视野，关于人权的当代伦理观念，乃是对一种感知的回应——无论此感知如何模糊与不确定——即人类所生活的世界被统一到一个社会、一个共同体，虽然它尚未确定，或尚未从制度上被组

---

① Darwin, Descent, p.111.

② Darwin, Descent, pp.117ff. The quoted phrase occurs on p.118.

织起来。正如达尔文很有预见性地写道：

> 随着人类在文明上的进步，小部落将被统一到大的共同体，最简单的理由将告诉每个人：他应当拓展其社会本能与同情心至同一民族之所有成员，虽然对个人而言是陌生人。这一点一旦实现，只有一个人为障碍阻止他将同情心拓展至所有民族与种族之人。如果，也确实，这些人因相貌、习惯上的很大差异与他区别开来，经验将不幸地向我们展示：在我们将他们视为同胞之前，尚有很长的路要走。①

依利奥波德，照此顺序，下一步将是超越依然不完善的普遍人性伦理，这一步在视野上非常清晰，便是大地伦理。迄今为止，"共同体概念"（community concept）已然将伦理的发展从野蛮人部落推进到人类家庭。"大地伦理只是将共同体的边界扩大至包括土壤、水体、植物与动物，或合言之：大地。"

如《沙乡年鉴》前言所示，该著最重要核心原则乃强调如此观念——通过叙述性描述、灵活的展示、抽象的概括，以及偶尔的训诫——"大地是一共同体"。共同体概念是"生态学的基本概念"，一旦大地被普遍地理解为一种生物共同体——如其在生态学中被专业性地所理解——一种相应的大地伦理便会在群体性文化意识中产生。

五

虽然"自然之经济"（economy of nature）概念可远溯至18世纪中期，"生物共同体"（biotic community）概念则于20世纪20年代由查里斯·埃尔顿

---

① Darwin, Descent, p.124.

(Charles Elton)作为生态学运行模式典范做了全面、细致的拓展。①自然界组织得像密切合作的社会,其中植物与动物占据一块"生境"(niches),或如埃尔顿所称,在自然经济中具有一种"作用"或"职业"。②像在一个封建共同体那样,很少或没有一种社会经济活力(向上的或相反)存在于生物共同体中,每个人都自给自足。

利奥波德提出,人类社会很大程度上建立在相互安全与经济相互依赖的基础之上。且只有在生存斗争中对行为有所限制——即伦理制约——该社会才得以持续。因为如现代生态学所示,生物共同体表现出一种类似的结构,基于"机械化人类"近来日益增加的影响,它亦可仅在一种类似的行为自由限制——即一种大地伦理制约——的条件下得以持续。再者,大地伦理不仅是"一种生态必要性",也是一种"生化可能性",因为对自然环境的一种伦理反应——达尔文所称之社会同情、情绪与本能被翻译、编码进入一套原则与规范——将会通过对自然的生态学呈现在人类身上并自动地激发出来。

因此,大地伦理出现之锁的钥匙便是普遍的生态学意识。

六

大地伦理建立在三块科学基石之上:进化论、生态生物学与哥白尼天文学。进化论为伦理学与社会组织及其发展提供了概念联系。它为我们在"进化之旅"(odyssey of evolution)中提供了某种"同胞性亲密"(kinship with fellow-creatures)与"同行者"(fellow voyagers)意识。它在人类与非人类自然间建立起一种历时性联系。

---

① See Donald Worster, *Nature's Economy:The Roots of Ecology*,San Francisco:Sierra Club Books,1977.

② Charles Elton, *Animal Ecology*,New York:Macmillan,1927.

生态学理论提供了一种共时性联系——共同体概念——人类与非人类自然间的一种社会整体性。人类、植物、动物、土壤与水"均相互结合为一种共同合作与竞争的活泼共同体，一种生物区（biota）"。[1]因此，简单地说，达尔文是在告诉每个个体，他或她应当拓展他或她的社会本能与同情心于生物共同体的每个成员，虽然这些成员在相貌与行为上与他或她有很大不同。

虽然利奥波德在其《沙乡年鉴》中并未直接提及哥白尼的视野，即将地球理解为巨大，充满敌意的宇宙之外的"一个小星球"，但这种视野很可能是下意识、却强有力地为我们培育了对地球上其他居民的一种亲密、共同体与相互依赖意识。它将地球缩小为一片沙海中的一个惬意小岛。

这便是大地伦理的一种简要的观念与逻辑基础：其观念来源是哥白尼宇宙学，达尔文对伦理学的原型社会生物学式自然史描述，他在地球上所有生物形式间建立起的密切联系，关于生物群落（biocenoses）结构的埃尔顿模式。所有这些因素均又建立于休谟–斯密的伦理心理学基础之上。其逻辑如下：自然选择已赋予人类对可感知到的亲属、共同体、成员与身份间联系一种情感性伦理反应。今天，自然环境、大地被作为一种生物共同体呈现。因此，一种环境或大地伦理便同时可能——其生物心理学与认知条件已备——且必需。因为人类作为一个群体已然获得毁灭、包围与支持自然经济有机性、多样性与稳定性的能力。下面，我将讨论与伦理哲学相关的大地伦理之特性与所存在问题。

利奥波德大地伦理最显著的特性是其对生物共同体自身，而非仅对生物共同体所属成员的规定，肯尼思·古德帕斯特（Kenneth Googpaster）小心地

---

[1]　Aldo Leopold, *Round River*, New York: Oxford University Press, 1953, p.148.

称之为"伦理关注"(moral Considerability)。①

简言之，一种大地伦理改变了智人(Homo sapiens)的作用，将它从大地共同体的征服者改变为此共同体之普通成员与居民。这意味着尊重其同类成员，也尊重此共同体自身。

因此，大地伦理同时具备整体与个体视野。确实，如"大地伦理"所拓展者，伦理关注的焦点逐渐从单个的植物、动物，土壤与水体转移至集体性的生物共同体。在《沙乡年鉴》中间部分，题为"代之以大地伦理"一节，其语境隐含着如此意味——利奥波德主张野生花朵、鸣禽与掠食者等拥有物种"生物权"(biotic rights of species)。在"展望"一节，"大地伦理"之高潮端，非人类自然实体首先作为同胞出现，然后作为物种得到关注，但被提及最多的还是此处，它可能被称为大地伦理的"总结性伦理格言"："当一物倾向于保护生物共同体之有机性、稳定性与美时即为然；当其倾向于相反时则为误。"

据此正误之则，不仅一位农场主为获得更高收益，清理了坡地上 75% 的树木，把他的牛群赶到所清出的空地，将废水、石头与废土倾倒至作为生物共同体的河流中是错的，对于联邦鱼类与野生物管理当局而言，为了个体动物的利益，允许鹿、野兔、野驴等种群无控制地增长，因而威胁到这些物种作为成员的生物共同体整体之有机性、稳定性与美，也是错误的。大地伦理不仅提供了对生物共同体本身的伦理关注，通过关心生物共同体之有机性、多样性与美，对其个体成员的伦理关注也获得优先考虑。所以大地伦理不仅具有一种整体性视野，它还是一种彻底的整体性视野。

比之于其他特征，整体主义将大地伦理与现代伦理哲学的主流范例区别开来，此乃大地伦理之最需耐心分析与最敏感实践性阐释的特征。

---

① Kenneth Goodpaster, "On Being Morally Considerable", Journal of Philosophy 22(1978):308–325. Goodpaster wisely avoids the term rights, defined so strictly albeit so variously by philosophers, and used so loosely by nonphilosophers.

七

  如肯尼思·古德帕斯特(Kenneth Googpaster)所示,现代伦理哲学之主流通过一种总体化过程,将自利主义(egoism)作为出发点,并扩张至伦理权利之更广范围。①我确信,封闭的自我,内在地或固有地具有价值,因此当他人的行为可能对我产生实际影响时,我的利益应当得到关注,应当被"他者"考虑在内。依传统智慧,个人对伦理关注的主张最终依赖于一种心理能力——理性(rationality)或知觉(sentiency),这分别成为康德与边沁的经典候选物,其自身也确有价值,因此可为个人的伦理地位做出证明。②在此基础上,我勉强赞同:对于那些亦可主张总体上拥有同样心理特征的他者而言,我从他们那里要求相同的伦理关注。

  因此,伦理价值与伦理关注的标准相同。古德帕斯特有力地主张,学界尘埃落定之后,主流现代伦理理论基于这一由边沁与康德原型所塑造的伦理证明与逻辑示范之简单范例。③若伦理价值与关注之标准被定位得足够低——如边沁的感知标准——将会有许多动物获得伦理权利。④若伦理价值

---

  ① Kenneth Goodpaster, "From Egoism to Environmebntalism"in *Ethics and Problems of 21st Century*, ed. K.E. Goodpaster and K.M. Sayre(Notre Dame, Ind.: University of Notre Dame Press, 1979), pp. 21-35.

  ② See Immanuel Kant, *Foundations of the metaphysics of Morals*(New York: Bobbs-Merrill, 1959; first published in 1785); and Jeremy Bentham, *An Introduction to the Principles of Morals and Legislation*, new edition(Oxford: The Clarendon Press, 1823).

  ③ Kenneth Goodpaster, "Egoism to Environmentalism". Actually, Goodpaster regards Hume and Kant as the cofountainheads of this sort of mortal philosophy. But Hume does not reason in this way. For Hume, the other-oriented sentiments are as primitive as self-love.

  ④ See Peter Singer, *Animal Liberation: A New Ethics for Our Treatment of Animals*(New York: Avon Books, 1975)for animal liberation; and see Tom Regan, *All That Dwell Therein: Animal Rights and Environmental Ethics*(Berkeley: University of California Press, 1982)for animal rights.

与关注之标准再低些——如艾伯特·施韦泽（Albert Schweitzer）的敬畏生命
（reverence-for-life）伦理——所有最低级的意动性（conative）之物（植物与动
物）都将被包含于伦理关注之内。①实际上，当代动物权利与敬畏生命原则伦
理学乃现代伦理主张经典范例之直接应用。但是此标准的伦理理论现代模
式未能为增加对那些整体的任何一种伦理关注提供可能——那些正处于威
胁的动物与植物种群、地方性稀有物种，或濒危物种，或生物共同体，或极广
而言之，生物圈整体——因整体自身并无任何心理经验。②由于主流现代伦
理理论已然成为"心理中心"（psychocentric），在其基本理论方向上，它已成为
一种极端、不可救药的个体主义或"原子主义"。

通过承认利他主义（altruism）与自利主义（egoism）一样，乃一种自然人
性，休谟、斯密与达尔文与其当时的普遍理论模式相分离。依他们的分析，
伦理价值与值得伦理关注之物所表现的客观自然特性——像理性或感知
由人或动物客观地表现那样——并不相同，依其本性，前者乃评估主体的
一种投射。③

再者，休谟与达尔文承认一种天然的伦理情绪（moral sentiments），此情
绪具有社会性，就像它拥有自然对象一样。休谟认为："我们必须弃绝那种用

① See Albert Schweitzer, *Philosophy of Civilization: Civilization and Ethics*, trans. John Naish (London: A& C. Black, 1923). For a fuller discussion see J.Baird Callicott, "On the Intrinsic Value of Non-human Species", in *The Preservation of Species*, ed. Bryan Torton (Princeton: Princeton University Press, 1986), pp.138-172.

② Peter Singer and Tom Regan are both proud of this circumstance and consider it a virtue. See Peter Singer, "Not for Humans Only: The Place of Nonhumans in Environmental Issues" in *Ethics and Problems of the 21ˢᵗ Century*, pp.191-206; and Tom Regan, "Ethical Vegetarianism and Commercial Animal Farming" in *Contemporary Moral Problems*, ed. James E. White (St. Paul, Minn.: West Publishing Co., 1985), pp.279-294.

③ See J. Baird Callicott, "Hume's Is/ Ought Dichotomy and the relation of Ecology to Leopold's Land Ethic", *Environmental Ethics* 4 (1982): 163-74, reproduced herein, pp.117-127; and "Non-anthropocentric Value Theory and Environmental Ethics," *American Philosophical Quarterly* 21 (1984): 299-309, for an elaboration.

自爱原则来阐释任何一种道德情绪的理论。我们必须吸收一种更具公共情感,使得即使依其本身,社会利益对我们并非全然无关紧要"。①达尔文有时有点滑稽(因"达尔文进化论"通常意味着自然选择是一个绝对尊重个体权利的过程)地写道,道德似仅以公共福祉为对象,共同体之善乃共有实体:

> 我们现在已然明白,被野蛮人或原始人做好的或坏的评价的行为,只是那些明显影响部落福祉的行为——而非那些影响物种,亦非那些影响部落个体成员利益的行为。该结论赞同如此信仰——所谓道德感最初源于社会本能,因此二者绝对与共同体相关。②

那么生物共同体理论上拥有利奥波德在"展望"首段所称之"价值意义上的价值",即直接的伦理关注——因为它是新发现的一种得到特别进化的"共同情感"或"伦理感"之恰当对象,所有心理正常的人类均从先前社会性原始祖先那里继承了后者。③

八

在大地伦理中,如在所有社会性伦理进化的早期阶段,在共同体整体之善与个体成员"权利"间存在一种紧张。当"大地伦理"之"伦理后果"一节清楚地激发出达尔文对伦理的起源与紧张的生物社会学阐释时,利奥波德实

---

① Hume,Enquiry,p.219,emphasis added.

② Darwin,Descent,p.120.

③ 3.I have elsewhere argued that "value in the philosophical sense"means "intrinsic"or "inhere" value. See J. Baird Callicott.,"The Philosophical Value of Wildlife",in *Valuing Wildlife:Economic and Social Values of Wildlife*,ed. Daniel J. Decker and Gary Goff(Boulder,Col.:Westview Press,1986),pp. 214–221.

际上在此节中更明白地关注了整体性与个体性伦理情感间的相互作用——一边是同情与伴侣情感，另一边是对于公善的社会性情感：

第一种伦理处理个体间关系，摩西十诫（Mosaic Decalogue）便是一个例子。后者的积累处理了个体与社会间关系。金规则（the Golden Rule）努力奋斗将个体整合于社会，民主制则努力将社会组织整合至个体。

实际上，第一种仅处理个体间关系，而与个体和社会间关系无关，这一点尚存疑虑。（伴随如此评估——伦理取代了一种"原初的彻底自由的竞争"，这意味着利奥波德的达尔文思路已全然染上霍布斯因素。当然，遍布每个人对所有人战争的霍布斯之"自然状态"，从进化论的角度看是荒唐的。）一个世纪的人种学研究似乎证明的是达尔文的猜想：整体主义成分的相对重量在部落伦理中要更大——《旧经》中记录的希伯来部落伦理构成了关于此观点之生动案例——比之于近期所积累的伦理。另一方面，金规则并未以任何形式提及社会本身，其基本关注似乎是"他者"，即其他个体人类。民主制由于强调个体自由与权利，似乎并非对金规则个体主义力量的进一步抵消。

在任何情况下，大地伦理的观念基础在伦理范围内同时为生物共同体同胞成员与生物共同体自身（视为一种共同实体）提供了一种内涵丰富、自洽的理论基础。然而，在利奥波德对大地伦理的阐释中，优先强调的是作为整体的共同体之善，同时还要确实与其休谟-达尔文理论基础相协调，因为它们自身并不能保证这一点。整体主义占上风之大地伦理会更多地促进由生态学所武装之伦理敏感方式。

九

历史地追溯，生态学思想已趋向于一种整体主义观点。生态学乃对机体间及机体与要素性环境间关系之研究。这些关系将被关系者(relata)——植物、动物、土壤、与水——织入一个密不透风的结构。实际上,经典西方科学对象之本体性出发点及其关系特征的本体从属性均与生态学理念正好相反。①生态关系,而非其他方式决定着机体特性。一物种为何物,乃因为它已然适应了生态系统中某一环境。整体即生态系统自身,也很直接地塑造了其成员性物种。

先于查里斯·埃尔顿(Charles Elton)生态学共同体模式(community model)的是 F.E.克莱蒙茨(F.E.Clements)与 S.A.福布斯(S.A.Forbes)的有机体模式(organism model)。②依据此模式,植物、动物、土壤与水,被整合为一个超有机体。依其本然,物种乃其器官,个体(specimens)乃其细胞。虽然埃尔顿的共同体范例——如我们将见,后来为阿瑟·坦斯利(Arthur Tansley)的生态系统(ecosystem)观念所修正——对于作为生态学概念的"大地伦理"最为重要,且具伦理学上的丰富性,并在"大地伦理"中得到回应,但克莱蒙茨与福布斯更为激烈的超有机体范例成为一种强有力的弦外之音。比如,在"大地健康与A-B裂缝"一节之尾,利奥波德坚持,在所有这些裂缝中,我们反复见到同样的基本矛盾——作为征服者的人类与作为生物居民的人类相对,作为砺剑者的科学与作为照亮其普遍性之科学相对,作为奴役与受奴役者的大地与作为集体有机体之大地相对。

在"大地伦理"的后半部分,利奥波德不止一次谈论大地的"健康"与"疾病"——这些词语既是描述性的,也是规范性的。依字面意义理解,它们只有在用来概括有机体时才恰当。

在一篇早期论文《西南部境保护之基础》(Some Fundamentals of Conser-

① See J. Baird Callicott, "The Metaphysical Implications of Ecology", *Environmental Ethics* 8 (1986):300–315, for an elaboration of this point. Reproduced herein, pp.101–115.

② Robert P. McIntosh, *The Background of Ecology:Concept and Theory*, Cambridge:Cambridge University Press, 1985.

vation in the Southwest)中，利奥波德对环境浓厚的超有机体模式表现出推测性兴趣，并将它视为富有伦理意义的范例，以此将地球各部分——土壤、山峰、河流、大气等视为有机体，一种联合性整体之器官或部分，每一部分具有一种特定功能，这至少并非不可能。若我们通过一个更大时段观察这一整体，我们可能不只以联合性功能理解器官，亦可如此理解机体之消费与替代过程。在生态学中，我们将此过程称为新陈代谢或生长。在此情形下，我们将获得一个生物的所有可见属性。我们无法如此认识此生物，因为它太大，其生命过程太漫长。我们亦可得出，不可见属性——许多哲学家归之于所有生物的一种灵魂或意识，合而言之，也包括了"死的"地球。

相较于我们的哲学，在我们的本能感知中，它可能比科学更真实，更少为言词所阻。我们意识到地球的不可分割性——土壤、山脉、河流、森林、气候、植物与动物——将它作为一个集体去尊重，不止将它视为一个有用之仆，也要将它当作一个有生之体。虽然比我们少了些生气，但在时间与空间上却比我们更宏大……那么，哲学将提出一个问题：为何我们不能在伦理上不受指责地毁灭地球。换言之，"死的"地球是一个拥有某种程度生命的机体。对此机体，我们本能地给予同样的尊重。①

利奥波德已在其"大地伦理"中保留了此整体性理论方法，大地伦理无疑将得到哲学家们更多的批评性关注。一种大地伦理，或其可能称之的"地球"伦理，将建立在如此假设之上：地球具有生命与灵魂——拥有内在的心理逻辑特征，该特征逻辑上与理性和情感相平行。这一意动性（conative）整体地球能在熟悉的主流伦理思想形式中作为内在价值与伦理关注之总体标准而合理地发挥作用。

因此，"大地伦理"越来越多地强调作为整体的环境之有机性、稳定性与

① Aldo Leopold, Same Fundamentals of Conservation in the Southwest, *Environmental Ethics* 1 (1979): 139-140.

美,越来越少地强调个体植物与动物生命、自由与追求幸福之生物权利,这部分原因在于,相较于共同体范例,超有机体生态范例更多地实现其整体功能,而将其个体成员置于附属地位。

如我们所知,在任何情形下,据《基础》一文的"大地伦理",关于自然的整体地球有机体形象在利奥波德后来的思想中并没有完整地表现出来。利奥波德可能放弃了"地球伦理",因为生态学已放弃了有机体类比,而将共同体类比作为一种起作用的理论范例。共同体模式通过休谟与达尔文的情感伦理自然史,更恰当地具备了伦理内涵。

同时,生物共同体生态范例自身在 20 世纪 30—40 年代后期,已获得一种更为整体性的视野。1935 年,英国生态学家阿瑟·坦斯利(Arthur Tansley)提出,从物理学角度看,"自然经济"之"流"(currency of economy of nature)是一种能量。[1]坦斯利主张,埃尔顿的定性与描述性概念——食物链、食物网、营养环境与生物社会职业等,均可由一种热动力流模式做定量的表达。利奥波德正是移植了坦斯利关于环境的热动力学范例,将它作为大地的一种"精神形象"。在与此形象相关联时,"我们可以是伦理的"。正是关于大地的生态系统模式揭示了大地伦理的核心实践规范。

"大地金字塔"是"大地伦理"的关键一节——本节完成了从对"伴侣成员"(fellow member)之关注向"共同体自身"之关注转变,它也是本文最长、最专业之节。对"生态系统"(坦斯利的精致、非比喻性概念)的描述始于太阳。太阳能流过一个被称为生物区的圈子。它通过绿色植物的叶子进入生物区,经过食草动物,继而到达杂食与食肉动物。最后,一小部分太阳能通过绿色植物转化为生物量(biomass),这些生物量保存在捕食者的尸体、动物粪便、植物碎片或其他死去的有机材料中,被分解者——虫子、真菌与细胞储存。

---

① Arthur Tansley,The Use and Abuse of Vegetational Concepts and Terms,*Ecology* 16(1935):292–303.

这些分解者回收了上述参与性因素,将它们降解为熵平衡,包括任何现存能量。根据此范例,大地不只是土壤,它乃经由土壤、植物与动物的能量流之基。食物链乃生命之道,它向上引导能量;死亡与解体则将能量返回至土壤。这一循环并不封闭……它是一种持续性循环,就像生命的一种缓慢增长。

在这一关于自然的极抽象(虽然是一种诗性表达)模式里,过程先于本质,能量比物质更为基础。比之于在模式化能量之流中的暂时性结构,作为个体的植物与动物变成更少自主性之物。依耶鲁大学生物物理学家哈罗德·莫罗维茨(Harold Morowitz),从现代生态学角度看,每一生物……是一种消费结构,它本身并不耐久,而只是在一种生态系统中能量持续性流动的结果。有一例子很说明问题。考察一下一条溪流水中的一个旋涡。旋涡是一种结构,它由总在变化中的一组水分子构成。在经典的西方意义上,它并不是一种实体,它仅因穿过溪水的水流而存在。同样,构成生物实体的结构乃短暂、非稳定之物,它们有着持续变化的分子,为保持其形式与结构,它们依赖于一种来自食物的能量的持续之流……据此,个体的现实性是有问题的,因为它们自身并不存在,而只是宇宙之流中的一种区域性振荡。[1]

因其表述得并不生硬,且因其具有散文魅力而更有味道,利奥波德提供的大地精神形象与莫罗维茨所提供的同样广泛、系统与深远。保持"大地复杂结构与其作为一种能量单位而发挥的平滑作用",作为大地伦理之至善(summum bonum)出现于"大地金字塔"中。

---

[1] Harold J. Morowitz,Biology as a Cosmological Sceience,*Main Currents in Modern Thoughts*,28(1972):156.

十

利奥波德从此善推导出总体性上较弱,因此也比其在"展望"一节所概括的关于大地伦理的概括性伦理原则更实在的几项实践性原则。"进化趋向(非其目标,因为进化是非目的性的)是生物区的精致与多样化",因此在我们的基本责任中,便有尽力保护物种,特别是那些处于金字塔顶端的物种——最高食肉动物的责任。"一开始,生命金字塔低而宽,食物链短而简。进化已然为之加了一层又一层,一链又一链。"今天的人类活动,特别是那些在热带地区系统地毁灭森林的活动,导致大量物种的灭绝,这实际上是一种"退化",它们削平了生物金字塔,堵塞了一些渠道,吞掉了另一些(在我们自己这个物种面前终止)的物种。①

大地伦理没有夸张生态现状,也没有低估自然的动力维度。利奥波德解释说:"进化是一系列漫长的自我诱导变化,变化的结果已被精致化为流动的机制,延长的循环。然而,进化性变化通常是缓慢与区域性的。人类工具的发明使其造成一些在力度、速度与规模上均空前的变化。""自然的"物种灭绝,即物种在进化的正常过程中的灭绝会在一个物种被竞争性排斥替代或进化为另一种生物形式时发生。②在通常情形下,物种形成率会胜过灭绝率。在地球生命35亿年的历史进程中,人类继承了从未有过的更为丰富、多样化的遗产。③人类所造成的物种灭绝之错误在于正在发生的物种灭绝的速度

---

① I borrow the term "devolution"from Austin Meredith, "devolution", *Journal of Theoretical Biology*, 96(1982):49-65.

② Holmes Rolston Ⅲ, "Duties to Endangered Species", *BioScience* 35(1985):718-26. See also Geerat Vermeij, "The Biology of Human-Caused Extinction", in Norton, *Preservation of Species*, pp.28-49.

③ See D.M. Raup and J.J. Sepkoski, Jr., "Mass Extinctions in the Marine Fossil Record", *Science*, 215(1982):1501-1503.

及其后果——生物灭绝率过高,而非生物丰富。

利奥波德在此据其所造成的对生态系统的影响进行谴责,"世界范围内动物群与植物群的聚汇",即无限制地引入外来与家养动物,土著与地方物种的迁移,为储藏的生物能源而挖掘土壤,最终将导致土地肥力丧失、侵蚀、污染与控制水流。

因此,依据大地伦理——你不应当灭绝或造成物种灭绝;你应当在引入外来与家养物种于地方生态系统,从土壤内提取能源,将它们释放到生物区内,在控制或污染水流时,应当高度警惕。你应当特别关心捕食性鸟类与哺乳动物。这是对大地伦理规则的简要表达。它们都言简意赅,无须从环境能量循环模式推论。

十一

通过生命之道——食物链——能量过程由个体植物与动物构成。一个核心、无情的事实处于生态过程之中心:能量,经济自然之流从一个机体传递到另一机体,而非从一只手传到另一只手,像硬币那样。也就是说,从胃到胃,吃与被吃,生存与死亡,构成生物共同体之音。

大地伦理规范像那些所有此前之积累,反映、强化了其与之有关的共同体结构。营养不均衡构成生物共同体之核心。这似乎不平等、不公正,可这正是自然经济之组织方式(且已施行了千百万年)。因此,大地伦理作为善而被肯定,努力保护自然界的不均衡。在人类社会中,此类社会性现象则会被当作恶而受到谴责,将会被我们所熟悉的社会伦理,特别是离我们更近的基督教与世俗的平等主义伦理学所灭除。个体成员的"生命权利"与生物共同体的结构并不相谐,因此也不为大地伦理所要求。大地伦理与其更为人所熟悉的社会先例间的这种差异导致了对生物共同体个体成员的显然低估, 增加与强化了大地伦理之趋势，该趋势为生态学之系统观所成就，它导向一种更为整体性，或共同体自身的方向。

很少有伦理哲学家对大地伦理予以严肃思考，大多数人对它表示惊恐，因为它强调共同体之善，而忽视共同体个体成员之利益。不仅生物共同体中其他有情感能力的造物成员，就连我们自己也服从于生物共同体之有机性、稳定性与美。于是，依大地伦理观，为了生物共同体之有机性、稳定性与美，特定物种的成员将被弃于遭掠食之境，任凭野生物自由交替，甚至故意挑选（比如我们对待警觉、敏感的白尾鹿之情形）某些物种成员以处理之，这些行为不仅在伦理上是被允许的，也是必要的。那么我们如何才能相应地将自己从这种相似的冷峻规则中免除呢？我们自己也只是生物共同体中的"普通成员与居民"。而且我们的全球人口规模正在无限制地增长。依威廉姆·艾肯（William Aiken）的大地伦理的观点看，"由死亡所造成的人类人口大量锐减是好事，我们有义务造成此种后果。对于我们所属之生物共同体整体而言，我们有一种物种责任消灭我们人类成员中的百分之九十"。于是依汤姆·里甘（Tom Regan），大地伦理乃"环境法西斯主义"（environmental fascism）的一个明显案例。[1]

当然，利奥波德从未企图让大地伦理具有非人类或反人类主义内涵或后果。然而，无论他是否有意为之，从大地伦理的理论前提确实可以在逻辑上推导出这一意想不到的结论。而且基于大地伦理之巨大与有力，这些后果将形成对整个大地伦理事业之归谬，保护与强化了我们当前的人类沙文主义及与自然的伦理疏离。若这便是生物共同体成员身份所带来的东西，那

---

[1] William Aiken, "Ethical Issues in Agriculture", in *Earthbound: New Introduction Essays in Environmental Ethics*, ed. Tom Regan(New York: Random House, 1984), 269, Tom Regan, *The Case for Animal Rights*(Berkeley: University of California Press, 1983), 262, and "Ethical Vegetarianism", 291. See also Elliott Sober, "Philosophical Problems for Environmentalism", in Norton, *Preservation of Species*, 173–194.

么，几乎所有最激进的厌恶人类者将愿意从这一共同体中退出。

十二

幸运的是，大地伦理并不意味着非人类与反人类主义后果。某些哲学家所以为者一定更多地从他们自己的理论进行假设，而非从大地伦理自身之理论因素中得出。如我此前所提出者，传统的现代伦理理论将伦理权利建立在一种标准或资格之上。若一位候选者符合了这一标准——知感理性(rationality of sentiency)乃其最普遍之界定——他、她或它便被赋予和在同等程度上拥有同样资格的他者同等的伦理地位。所以据此正宗的哲学方式推论，并强迫利奥波德的理论承认：若人类与其他动物、植物、土壤与水均为生物共同体成员，若共同体成员乃同等伦理关注之标准，那么不仅动物、植物、土壤与水具有同等的权利，而且在共同体自身之善面前，人类同样也服从个体利益之减损。

然而大地伦理乃另一种伦理分析之子，它与已被制度化了的当代伦理哲学不同。以对伦理的生物社会学进化论分析为基础，利奥波德建立了大地伦理。对于此前的伦理积累，它(大地伦理)既未替代，也未凌驾。此前的伦理敏感与责任出现于，且相关于以前的具有可操作性与优先性的社会要素结构。

成为美国、英国、俄罗斯、委内瑞拉，或一些其他民族国家的公民，因而拥有民族的责任与爱国义务，但这并不意味着我们不是一些更小共同体或社会组织——城市、乡镇、邻居与家庭——之成员。或者，并不意味着我们被免除了作为这些更小共同体或社会组织成员的特定伦理责任。同样，我们承认生物共同体与我们属于它，并不意味着我们并不同时保留着人类共同体——"人类家庭"或"地球村"——成员之身份，或者说我们被免除了作为人类共同体成员的伦理责任,包括尊重普遍人权、赞同维护个人财产与尊严的原则。伦理之生物社会发展在范围上与吹胀一个气球并不相同,他所留下的此前边界之迹,像一棵树的年轮那样清晰。①每一新的、更大的社会单元总是累积在此前更为原始、密切的社会组织之上。

再者,作为一项总原则,当不同义务发生冲突时,我们对于自己所属社会内圈的义务将超过那些对于从社会核心圈层拓展出来外在圈层的义务。比如,当孩子的父母应当否定执政党的政治与经济政策,而热心的意识形态性民族主义者却鼓励孩子们说服其父母服从当局时,我们就会表现出一种伦理反感。一位热情的环保主义者以维护生物共同体之有机性、稳定性与美的名义,倡导人们去访问因人口问题而引发的战争、饥荒、瘟疫之地时,我们就会有一种类似的反感。总体上说,家庭责任先于民族责任,人类责任总体上先于环境责任。所以大地伦理并非严酷或法西斯,它并未取消对于人类的伦理。然而,大地伦理可能像任何一种新增加的伦理那样,提出一些反过来影响来自更内在的社会伦理圈层的选择。税收与征兵和家庭层次的义务相冲突。与此同时,大地伦理既未取消对于人类的伦理,也未使后者不受影响。

大地伦理也不是非人类的。生物共同体内的非人类伴侣成员(fellow member)没有"人权",因为根据界定,它们并非人类共同体成员。然而,作为生物共同体之伴侣成员,它们值得尊重。如何准确地表达或显示尊重,同时将我们的生物共同体伴侣成员置于不同的命运之境,或甚至实际上为我们自己的需求而消费它们,或为了生态系统之有机性,故意在野生物管理活动

---

① I owe the tree-ring analogy to Richard and Val Routley(now Sylvan and Plumwood, respectively), "Human Chauvinism And Environmental Ethics", in *Environmental Philosophy*, ed. D. Mannison, M. McRobbie, and R. Routley(Canberra:Department of Philosophy, Research School of the Social Science, Australian National University, 1980), pp.96-189. A good illustration of the Balloon analogy may be found in Peter Singer, *The Expanding Circle:Ethics and Sociobiology*(New York:Farra, Straus and Giroux, 1983).

中造成其伤亡,这确实是个困难、微妙的问题。

幸运的是,在处理天人相互关系方面,美国印第安人及其他民族的模式提供了丰富细致的范例。比如,阿尔冈林地的人们将动物、植物、鸟类、水流、矿物视为异人类群体,它们与人类一起参与到合作、互惠的社会经济关系中。①对于那些印第安人生活中必须利用之物,他们通常会做象征性支付,并同时致歉。用心地不浪费有益之物,小心地处理那些不可用的动植物残留物,都是阿尔冈人在处理与大地共同体之伴侣成员关系时,对必须消费之物表达敬意的体现。如我在其他地方更全面地讨论的那样,阿尔冈人对天人关系的描绘虽然在某些地方确很独特,但在抽象形式上却与利奥波德在大地伦理中所提倡者相同。②

十三

然而欧内斯特·帕特里奇(Ernest Partridge)将美国印第安大地伦理的存在改造为大地伦理生物社会学理论基础历史性之反面:人类学家将在利奥波德的描述中发现许多值得批评之物……人类学家将指出:在许多原始文化中,相较于对其他部落人们的同情,更多的伦理关注被给予动物,或甚至是岩石与山峰……因此我们并未发现一种"伦理的拓展",而是一种伦理的"跳跃"。越过人群而及于自然物与对象。对利奥波德的观点而言更糟的是,原始文化对自然的伦理关注通常会显得"退回"人类中心视野,而这又是该

---

① For an elaboration see Thomas W. Overholt and J. Baird Callicott, *Clothed-in-Fur and Other Tales: An Introduction to an Ojibwa Worldview*, Washington D. C.: University Press of America, 1982.

② J. Baird Callicott, "Traditional American Indian and Western European Attitudes toward Nature: An Overview", *Environmental Ethics* 4(1982): 163-174.

文化进化至文明的条件。①

实际上,帕特里奇所指出的显然是明确的历史反常,而非否定了利奥波德的伦理后果。在人类社会进化的部落阶段,其他部落成员乃是一个分离、独立社会组织的成员,因而是一个分离、外在伦理共同体的成员。所以"其他部落中的(人类)群体"并未被拓展至伦理关注之域,就像生物社会学模式所预测的那种。然而在那些部落人群中,一部落领域内的动物、树木、岩石与山峰,被描述为这一区域共同体的劳动成员与贸易伙伴。部落共同体内部部落单位的图腾体现了这一观念。人群的不同组织与鹤、熊、龟等动物联系起来,同样,鹿、海狸、狐狸等群体也成为"人群"部落——这是一些看起来穿着奇怪的人群部落。许多关于部落人群"变形"的神话故事——从动物变为人形,或是相反——进一步强化了区域性非人类自然实体的部落性整合。弄清生活于其他部落领域内的植物与动物生命是否像会生活于其他部落的人类成员一样,被视为已越过伦理之界,无须关注,但却是件很有趣的事。

亦非如帕特里奇所注意到的,不是"'退回'人类中心(伦理)视野是一种文化进化至文明的条件"摧毁了大地伦理的生物社会学理论基础,而是大地伦理的生物社会学理论基础阐明了这一历史现象。当一种文化向文明进化时,它逐渐与生物共同体相去甚远。"文明"意味着"城市化"——居住与参与到一种人工化、人文化环境,以及一种相对孤立、异在于自然的感知。因此,文明发展之时,非人类自然实体被剥夺了其作为伦理共同体成员的地位。今天,内在于文明的两种进程正有待于我们承认。其一,我们否认自己的生物居民身份是一种错误的自我欺骗。进化论科学与生态科学确实是现代文明之成果,现在正替代着此前文明时代所产生的神人同形同性与人类中心主义神话,重新发现了我们与生物共同体之同一性。其二,消极地应对由现代

---

① Ernest Partridge, Are We Ready for an Ecological Conscience, *Environmental Ethics* 4(1982): 177.

文明技术对自然所造成的影响——污染、生物灭绝等。它们有力地提醒我们，人类从未真正地——虽然过去假设——脱离作为环境的生物共同体而存在，并与之相矛盾。

十四

这提醒了我们重新发现自身的生物居民身份，也使我们直面彼得·弗里策尔（Peter Fritzell）所提出的矛盾①：我们既与其他造物一起，同样是生物共同体的普通成员与居民，或者我们也不是。若是，那么我们便对我们的伴侣成员，及共同体自身没有伦理义务，因为若从一种现代科学视野理解，自然与自然现象是非伦理的。狼与美洲鳄在捕杀与食用鹿狗时并没有错。大象在其自然领地毁坏阿拉伯橡胶树，因发怒而搞大破坏时，也不应当受到指责。若人类是一种自然物，那么人类的行为无论具有怎样的破坏性，从一种自然的角度看，也是一种自然行为，也不应受指责，就像其他自然物的行为现象所展示的那样。另一方面，我们是一种伦理存在，其含义似乎很清楚，在此意义上我们是文明的，我们已将自己从自然移出，我们比自然物多了点什么。我们是元自然（metanatural）——并不是说"超自然"——存在。但是我们的伦理共同体仅限于那些与我们共享超越自然成果者，即限于人类（可能也限于作为人的代理者，已然加入我们的文明共同体的宠物），限于人类共同体。因此，有两条路——我们是生物共同体成员，或我们不是——这两种选择均会使大地或环境伦理夭折。

但是自然并不是非伦理的。默认的假设——我们是一种精心、做选择的

---

① Peter Fritzell, "The Conflicts of Ecological Conscience", in J. Baird Callicott, ed, *Companion to A Sand County Almanac: Interpretive and Critical Essays*(Madison, Wis.: University of Wisconsin Press, 1987), pp.128–153.

伦理之物,仅在我们是元自然、文明之物的意义上会产生困境。大地伦理所赖以为基础的对人类伦理行为的生物社会学分析,旨在准确地显示,事实上,理智性的伦理行为是一种自然行为。因此我们是伦理存在,并非全部属于自然,而是符合自然。在自然至少已然产生了一种伦理物种——智人(Homo sapiens)的意义上,自然并不是非伦理的。

美洲鳄,狼与大象自身不在物种间承担相互责任,或在大地伦理责任的范围内,因为它们不能想象或假设此责任。美洲鳄,像大多数孤独、私密的爬行类动物一样,没有明显的伦理情感或社会本能。狼与大象确实具有社会本能,或者是原始伦理情感。如其社会行为丰富地显示,其对共同体的感知或想象比之于我们显然更少,更少属于智性信息。这样,当我们可能视之为伦理存在时,它们不能像我们那样,形成一种普遍的生物共同体概念,因此想象为是一种全范围、整体性的大地伦理。

由弗里策尔用心注意到的大地伦理的矛盾可能更总体性地反映在一些更为传统的哲学语汇中:大地伦理到底是功利主义伦理,还是道义主义伦理?换言之,大地伦理是一种启蒙性的(群体、人类)自利,还是它确实承认非人类自然实体与整体自然真正拥有伦理地位?

大地伦理的观念基础,及利奥波德的诸多劝诫性警句确实表明:大地伦理是道义主义的(或责任导向的),而非功利主义的。在其富有意味的名为《生态良知》一节,利奥波德抱怨道:当时流行的环保哲学是不恰当的,因为"它不界定是非,不设定责任,不呼吁奉献,不揭示当前价值哲学之变化。关于大地之应用,它只促进启蒙式的自利"。显然,利奥波德本人认为,大地伦理超越了功利主义。在此节,他对仅止"自利"之责备多于两次,并得出如此结论:"没有良知(conscience),责任便没有意义。我们面临的问题是将社会性良知从人群拓展到大地。"在下一节《代之以大地伦理》中,他两次提及权利——鸟类持续生存的"生物权利",以及关于人类一方特殊利益——灭绝捕食者之权利之消失。

最后,《展望》一节之首句写道:"对我而言此乃不可想象:一种关于大地的伦理没有爱、尊重、对大地的欣赏,以及对其价值之高度关注而能存在。价值一词,我当然意指比仅只经济价值更广泛的东西。我是在哲学意义上意指价值。"通过"哲学意义上的价值",利奥波德只能意指哲学家们更专业地所称之的"内在价值"(intrinsic value)或"固有价值"(inherent worth)。①某物具有内在价值或固有价值,乃是它在某方面或其本身是有价值的,而不是因为它可为我们做什么。"责任""奉献""一种良知""尊重",对权利与内在价值之归属——所有这些均一致地与自利相对,似乎确定地意味着:大地伦理属于道义主义类型。

然而有些哲学家对它已有不同阐释。比如斯科特·莱曼(Scott Lehmann)写道,虽然利奥波德为植物与动物共同体主张一种"持续生存"的权利,但他的论点仍是人类中心的,在环境保护方面诉诸人类的支持。基本上,它是一种立足启蒙的自利论点。在此,所论及之自我不是个体人类,而是人道——过去与未来——作为一个整体。②

莱曼的主张有些优点,虽然它不符利奥波德表达的观点。利奥波德确实经常陷入有关(群体、长时段、人类)自利的词语,比如,在早期他有如此评论:"在人类历史上,我们已懂得(我希望)征服者的角色最终是自我打败。"后来,他又指出,威斯康星州95%的物种"不能销售、喂养、食用,或被用于经济利用"。利奥波德提醒我们:"这些造物是生物共同体之成员。若(我相信)其稳定性依赖于有机性,它们便有权持续地生存。"含义很清楚——若占绝大部分的95%的非经济价值物种被毁灭了,其具经济价值的5%物种也无法生存;我们也不能生存,更不用说在没有这些"资源"情形下的生存了。

---

① See Worster, Nature's Economy.

② Scott Lehmann, "Do Wilderness Have Right?" *Environmental Ethics* 3(1981):131.

　　事实上，利奥波德似乎自觉地意识到这一矛盾。与其理论的生物社会学基础相一致，他用社会生物学术语表达它：一种伦理可被理解为一种指导以符合如此新的或复杂生态状况的模式，或是对普通个体无法辨识的社会谋求便利之途的延迟性反应。动物本能乃指导个体符合此种状况的模式。伦理可能是一种正在形成的共同体本能。

　　从一种客观、描述性的社会生物学角度看，伦理是进化的，因为它服务于其拥有者的包容性适应（或更原始地表达为服务于其拥有者基因之增殖）。它们可以带来方便。可是，自利之途（或自私基因的自利之途）对相关个体（当然，对于其基因亦无法辨识。）而言无法辨识。因此，伦理根植于本能情感——爱、同情、尊重——而非自我意识到的算计理智。这有点像享乐主义（hedonism）所面临的矛盾——它是这样一个概念：某人若直接追求快乐本身，而非他物，他便不能获得快乐——某人只有在将他人利益置于与自身利益同等地位时，自己方可获得自利（在此情形下，他人之利便相当于长期、集体的人类自利、生命的其他形式的利益，以及生物共同体自身的利益）。

　　所以，大地伦理到底是道义的还是功利的？这依赖于考察角度。从内在、有机，将共同体成员与进化了的伦理敏感性相融合的角度讲，它是交叉的。它涉及关于以下要素的情感认知态度——真正的爱、尊重、欣赏、责任、自我奉献、良知、义务，以及对内在价值与生物权利的赋予。从外在，从客观、分析科学的角度看，它是功利的。"对大地而言，没有在机械化人类影响下生存的其他方式。"因此对机械化的人类而言，也没有在其自身对于大地影响下生存的其他方式。

生态马克思主义对半球工程的回应*

[墨西哥]布莱恩·纳波利塔诺、

[美]布雷特·克拉克/文　王艺璇/译

　　人类世界不断加深的生物多样性危机导致了自然保护运动内部关于其目标和指导原则的两极化争论。在这种思想环境下,半球工程呼吁将至少一半的地球封闭在自然保护区内。这是一种以生态为中心的方法,超越了以人类为中心的"批判性社会科学家"的关注区间。一群拥护者甚至抨击这些致力于"掌控"自然的科学家是"新马克思主义者"。为了使争论朝着更具建设性的方向发展,我们对半球工程的生态中心主张做出了生态社会主义的回应,特别是从马克思的代谢裂谷理论的角度。虽然我们赞同该项目的动机并

　　* 本文原载《保护与社会》(*Conservation and Society*)2020 年第 18 卷第 1 期,第 37~49 页。由原著者授权译者翻译并发表此文,译者在此特向布莱恩·纳波利塔诺和布雷特·克拉克二位教授致谢!

　　布莱恩·纳波利塔诺,墨西哥国立大学环境地理研究中心(Centro de Investigaciones en Geografía Ambiental,Universidad Nacional Autónoma de México)教授;布雷特·克拉克,美国犹他大学社会学系(Department of Sociology,University of Utah)教授。

　　王艺璇,天津外国语大学欧美文化哲学研究所硕士研究生,研究方向为当代欧美生态哲学与文献翻译。

　　邮箱:719807962@qq.com

钦佩其大胆的构想,但我们注意到,在违背社会正义的道德要求方面,以及在对生物多样性丧失的潜在驱动因素的理解方面,这种主张存在着重大缺陷,这些因素有可能破坏其目标。尽管如此,反对资本主义工具主义是保护主义和反资本主义斗争可能结合的一个重要方面。进一步参与马克思主义对资本主义的生态批判,可以加强解决生物多样性危机的能力,同时解决半球工程中的重要缺陷。

一、引言

尽管生物多样性保护工作大幅增长,但生物多样性的丧失(更多称之为生物多样性危机)正在全球范围内加速(联合国环境署,2019)。倡导"新保护主义"的人认为,危机日益加重表明了保护主义需要在人类世界不再存在原始自然的资源时展现出更清晰的人类利益(意味着盈利,更多的是新自由主义的迭代)。荒地保护支持者反驳说,同样的趋势说明了关注人类福利的缺点,人类日益增长的影响使拯救剩余荒地变得更加紧迫(苏勒,2014)。支持者和反驳者的这种两极分化的争论,使自然资源保护者或环保主义者阐述的许多替代立场消失(福尔摩斯等,2017)。

按照这种两极化的方式来讨论"半球"将至少一半的地球置于保护区的提议。布歇尔等人(2017)对实施半球工程可能产生的破坏性和自欺欺人的后果表示关切之后,卡法罗等(2017:400)回应说,这些担忧应该从"物种间正义"的角度重新审视,同时"还需要限制人类数量"。几位合著者对这一反驳更为明确,他们认为与布歇尔等人的争论构成了"人类中心主义和生态中心主义之间的世界观之战"(科皮纳等,2018b:123)。科皮纳等人在《生物保护》一书中进一步对称自己为"批判社会科学家"的学者们进行反驳。而"关注堡垒式的保护"则促进了一种新马克思主义的世界观……这是基于对马克思主义"对自然的掌握"的解释的支持(2018a:142)。

这种对批判性学术的错误人身攻击,突显了社会科学与自然科学之间的分歧,以及进行更具建设性对话的必要性。值得注意的是,这里的生态迫害歪曲了"批判性"社会科学和生态社会主义(或生态马克思主义)的观点。无论马克思对社会科学的影响如何,将所有的批判称为"新马克思主义"是有问题的。与此同时,在马克思主义传统中,许多人认识到,马克思和恩格斯是最早批判资产阶级自然观念的人之一,即使在马克思主义的其他流派中被忽视,这一传统在各种形式的生态社会主义中还是得到了发扬(福斯特和伯克特,2016,斋藤,2017)。考虑到打击对社会和环境问题都怀有敌意的反动势力和威权势力的必要性,且由于这些势力在世界各地的影响力越来越大(克莱因,2017),所以环保主义者应该明智地在左翼寻求盟友,而不是敌人。

为了鼓励更具建设性的争论,我们根据马克思的代谢裂谷理论,为生物多样性危机提供了一个明确的生态社会主义描述,这既是为了克服以生态为中心的人类中心两分法,也是为了解决科皮纳等人在简要概述代谢裂谷之后歪曲的一些问题。我们研究了科皮纳等人关于半球工程的论点,尽管我们了解他们的关注点,但我们认为,半球工程本身对生物多样性危机的反应不够充分,其基础是对推动破坏自然的根本性和系统性力量的基本误解。尽管如此,反对对于生命的工具性评估,已成为保护主义和进步社会运动之间的一个重要融合点。因此,作为能够挑战资本主义对人类和非人类的工具性评估的强大运动的一部分,进一步参与代谢裂谷分析可以帮助自然资源保护者,将他们的担忧与这种进步的政治观点联系起来,并推进半球工程。

二、代谢裂谷与生物多样性危机

代谢裂谷的概念源于对经典马克思主义的重新审视,它推翻了几个错误的假设,包括马克思和恩格斯主张的主宰自然认为代谢裂谷不过是对商品生产的一种投入(伯克特,1999;福斯特,2000;斋藤,2017)。重要的是,代谢裂谷的理论强调了有机生态问题之间的关系,以及受到忽视的马克思主义政治经济学批判了一些苏联和西方版本的马克思主义,而不是试图依据环境问题解读马克思主义传统(福斯特和伯克特,2016,列斐伏尔,2016)。由于篇幅所限,这里无法对代谢裂谷进行详尽的讨论,我们仅提供一个基本的概述,重点关注和自然保护相关的内容。

马克思的代谢裂谷理论源于他的唯物辩证法(福斯特,2000),在自然辩证法中,自然与社会是对立统一的关系。从广义上讲,可以将这种概念理解为承认人类是自然的一部分,但是构成社会的关系却截然不同。一方面,社会构成了世界上独特、新兴的部分,无法简化为生物物理的组成部分,如社会生物学或其他事先决定了的"人性"(莱温丁和莱文,1997)。另一方面,自然存在于社会的内部,但又超越了社会的边界。自然的不同方面仍然具有不同的自治性(恩格斯,1883)。在此说法中,自然即实在构成了差异化的整体,这意味着其所有相互关联的方面都以某种方式成为自然的一部分,但这并不意味着可以将所有不同的方面视为本质上相同或理解为相同方法的使用(托洛茨基,1999;纳波利塔诺等,2019)。从概念上讲,自然社会的对立统一要求超越二元论和一元论本身的二元性(梅萨罗斯,2005)。因此,一方面,他们与布歇尔等人的观点统一(2017a),担心半球工程的语言是有问题的,因为它意味着一半地球(本身是自然的一部分)可以被宣布为社会的财产,另一半是自然的财产,从而忽略了自然和社会是彼此的一部分。另一方面,这种统一对立的、不完全相同的本质与科皮纳等人的观点是一致的(2018a),即消除所有的区别,这忽略了非人类中更自主的部分是需要空间和资源来继续它们的繁殖和进化,即便如此,非人类也从未完全脱离社会(温许斯,2018)。

在不陷入矛盾的情况下理解自然社会的这种同时的统一性和非同一性

及其影响需要承认调解(梅萨罗斯,2005),在调解中,这两个部分之间存在着动态的交换代谢关系。社会与自然的物质关系和概念关系是由社会劳动作为社会代谢的跨历史调停者所支配的(马克思 1973,1976;福斯特,2000)。从概念上讲,这意味着对自然的认识是由不完全的社会概念所导致的(索珀,1995)。这是一个更为广泛的社会代谢范畴的一部分,集合了自然、人类与自然物质互动的思想(列斐伏尔,2016)。在这一过程中,人与地球之间存在着一种必要的"代谢相互作用",这是一种"自然"的生产过程,涉及物质和能量的交换以维持生命(马克思,1975a:209,1976:283)。这种相互作用的社会代谢是由历史上特定的政治经济组织劳动和社会生产塑造和调节的。因此,马克思提出了一个三位一体的方案,包括普遍代谢、社会代谢和代谢裂谷。作为分析与资本主义有关的生态矛盾的一部分,自然界的普遍代谢或地球代谢,包括了在更广阔的生物物理学世界中创造和再生生态条件的循环和过程(马克思,1975b:54—66;福斯特,2013;克拉克等,2019)。社会代谢与这种普遍的代谢有关。社会代谢的历史组织影响着生态裂谷的发生,以及生态裂谷的类型,因为社会代谢的需求或多或少地与宇宙对立。

在阶级社会中,由于统治阶级从生产者手中夺走了对社会劳动的控制,这种社会代谢成为一种异化调解(梅萨罗斯,2005)。当然,阶级社会早于资本主义,因此马克思在他的分析中纳入了"资本主义从前漫长的等级制度、剥削和自然破坏的历史"(科皮纳,2016a:180;斋藤,2017)。然而,一旦作为科皮纳(2016b:9)永久复合增长的"工业意识形态"(哈维,2014),基础的资本被强加为社会代谢不受监管的调节者,数量和质量的变化就导致了异化的发生(梅萨罗斯,1995)。一些不友好的调停者(私有财产、租金、金钱等)接着在人与自然(以及他们自己的劳动、他们易受影响的内在本质和彼此之间的关系)之间变得制度化。资本和这些不友好的调停者的增长迫切性阻止了社会自觉地调节其社会代谢,他们不断地推动生产和消费的扩张,不断地剥夺自然使其作为资本的"免费礼物",以及对工人阶级进行更极端的剥削。资本的无休止积累与社会代谢的强度、数量、技术构成和空间结构有关,社会代谢受商品生产不断扩大的支配。商品生产在很大程度上与一切社会需求脱钩,并日益对立(福斯特,2014)。

在此系统中,"绝对数量规则"意味着日益增长的投资回报率是首要考虑因素。诸如与自然界限相关的定性问题不属于这一资本主义会计体系的一部分(梅萨罗斯,1995)。反之,资本取代了在整个代谢过程中越过这些限制所带来的问题,最明显的是在空间上。通过国内和国际生产、消费的重组,绕过当地的环境和劳动法规来降低垄断资本的生产成本,这一点很容易证明(福斯特,2011),但也需要通过技术变革以及社交代谢的强度和数量的变化来实现(福斯特等,2010)。因此,资本的单一焦点产生了一种社会代谢,这种代谢的运行方式越来越超过并耗尽了生态系统以及地球代谢的再生能力(伯克特,1999)。这种与自然的异化,表现在生态过程中的各种代谢裂谷的破裂,对人类和非人类都有害。

资本主义的社会代谢正在改变整个生物圈的生态系统动力学和生命周期。例如,渔业捕捞鱼类的速度超过了它们的繁殖速度,在生命周期中造成了物质上的裂谷,导致了种群的崩溃。虽然海洋保护区有助于降低族群崩溃率,但不足以解决这一生态裂谷问题(克劳森和克拉克,2005;龙戈,2012;龙戈等,2015;保利,2019)。此外,通过资本积累系统调节自然对社会的使用价值,导致了"劳德代尔悖论",即作为所有人和非人类共享的共同财富来源,自然被划分为私有财产并被掠夺,为少数人谋求无休止的金钱利益。生物多样性市场化的尝试往往加剧了现有的矛盾,使生态条件恶化(梅萨罗斯,1995,2005;福斯特等,2010;福斯特和克拉克,2018a)。

这就表明在特定的历史环境下,工具性的自然观是如何产生的,为什么具有如此大的破坏性,以及为什么持续受到质疑。关键的是与生态中心相比,资本并未特别强调以人类为中心,因为它对人类和自然其他部分的关注仅限于它们对其持续增长所必需的程度。正如马克思(1976)在讨论资本主义农业和城市化进程中所指出的那样,这意味着"同时破坏所有财富的原始来源——土壤和工人"对非人类和对劳动者的虐待给予了同样的工具性待遇。尽管常常被理想主义有着普遍人权的正式原则(梅萨罗斯,1995)的言辞所蒙蔽(布里克蒙,2006),但每当这些正式原则被曲解成是在为那些针对人类和非人类的野蛮暴行和侵略行为辩护时,其代表资本主义帝国主义体系对人类的工具性评价则就显而易见了(哈维,2014;霍勒曼,2018)。

三、栖息地丧失、土地变化和地理裂谷

考虑到栖息地的丧失和退化对生物多样性危机的重要影响(尽管不一定在每一个地方都是如此[联合国环境署,2019]),借助资本主义地理学揭示代谢裂谷的方式具有保护环境的特殊相关性。对地理裂谷的认识(纳波利塔诺等,2015)是通过强调代谢和价值流动的空间分离来进行的,这是由景观配置不受控制的机制造成的(列斐伏尔,1991)。资本的抽象空间——其使用价值从属于交换价值——本身成为资本积累体系强加的异化中介(纳波利塔诺等,2019),比如鼓励空间可以被自然和社会分割的幻想(列斐伏尔,1991)。通过对三个瞬间的抽象,可以把握产生异化空间的历史进程,即在一个复杂的整体中相互构成关系——从历史实例来看表现为以下三个方面。一是土地侵占,通过直接没收或限制特定行为,正式、合法地切断社会与土地之间的有机关系,这就会造成那类将土地转变为私有财产(包括国家的集体私有财产)并依赖雇佣劳动的人,更便于积累私人财富(在马克思对被侵占农民的描述中有详细描述)。二是土地剥夺,尽管不是唯一的方法,与不动产关联的物理移除,主要是通过强制迁移(福斯特和克拉克,2018a)。除了进

一步增加可供资本使用的雇佣工人和土地的供应外，还引入了异化的空间和法律层面，增加了其他生态鸿沟的规模。三是商品化，将土地、自然界及它们的使用价值转化为虚拟商品和金融资产，这些虚拟商品和金融资产对资本家和土地所有者的唯一使用价值是产生租金的能力（波兰尼，2001；哈维，2006）。租金就变成人与土地之间的一个关键的异化中介，赋予资本对异化劳动更严格的控制，并使交换价值成为资本空间配置的决定因素。空间和自然提供的使用价值有助于追求抽象价值，并以金钱的形式表现出来（列斐伏尔，1991）。

尽管三个时刻之间相辅相成，但并非在土地变化的每个时刻都显而易见，例如生活的限制险些因社会驱逐而结束的情况下就不明显（塞尔诺，2006）。另外，因为异化是一个持续的、有争议的过程而不是一个静态类别（梅萨罗斯，2005），地理裂谷不限于由社会或使用权安排管辖的土地，作为私有财产制度中的土地，日常生活部分得到充分保障，也容易被征收（列斐伏尔 1991）。由于这种异化也在主观上受到阶级和其他社会地位的影响，更多的贫困和无权力的群体与最富有的群体相比，不成比例地承受着被侵占和剥夺财产的后果（伯克特，1999）。然而，对控制社会财富的资产阶级的剥夺最终是弥合代谢裂谷所必需的（马克思，1976；福斯特等，2010）。

在这种情况下，保护区可能是一种重要的机制，即使不是必须的，也可在短期内减缓资本对自然的掠夺，某种程度上甚至可以代表对资本将自然作为私有财产的侵占的新挑战，尽管陷入了资本主义国家对生物多样性危机负责的领域逻辑之中（索珀，1995），但是如果不考虑地理裂缝的三个时刻是如何在多个尺度的不同异化过程中表现出来的，或更糟的是直接促成这些过程，那将仅仅是转移，而不是实现保护既定目标解决眼前的压力和潜在驱动生物多样性危机爆发目标的驱动力（联合国环境规划署，2019 年），最终会导致矛盾加剧。

四、有意和无意强制迁移后的结果

自然保护能对地理裂缝做出贡献最明显的方式是，强迫当地社会离开作为保护区目标的土地，即直接驱逐（直接强制迁移）或非驱逐性的侵占过程，从而实施土地使用限制和其他破坏生计和复合政治边缘化的措施（塞尔诺，2006；伊戈和布罗金顿，2006）。尽管环保主义者可能（错误地）认为将这些地区改造成公共财产而不是私有财产，能吸引更大的利益（科皮纳等，2018a）。但实践仍然反映了（正在进行的）初级（在［马克思，1976］中被误译为"原始"）积累，因此加剧了异化，特别是迁移的社会负担了大多数，而资本主义的私人财富体系却从中受益（凯莉，2011）。在上面的表述中，传统的威权保护干预旨在防止大自然的商品化和被破坏，比如声明土地为国有资产是自我毁灭性的，因为他们基本上取代地理裂谷的一个时刻（商品化）到其他两个（征地和驱逐）时刻的过程，从而加剧而不是减轻异化社会代谢的根本问题。最终的结果是社会中更大的一部分人进一步脱离自然而成为雇佣劳动力，以及扩大被资本掠夺开放的土地。这一根本问题也以更具体的形式表现出来，有人批评说，环境保护是一种企图，根源在于殖民企业，目的是使资本主义对自然的掠夺合理化（佩卢索，1992；霍勒曼，2018）。科皮纳等指出"保护区已经与帝国和殖民的不公正有关联"（2018a：145），但没有解决这种关联的系统性，也没有说明这种关联是持续的。

当侵占进入生态旅游和其他机制（如生物勘探、开采、保护补偿、森林市场）以使对自然的投资有利可图时，资本和保护环境之间的内在联系尤其明显（布罗金顿和伊戈，2006；道伊，2009）。这些颁布的法令与绿色清洗或新自由主义意识形态对保护的殖民统治相比，认为保护和积累相同。这反映出一种日益绝望的资本希望得到保护，同时解决其社会生态矛盾和剩余吸收问题，尽管所有现在的证据都表明自然保护还无法做到这一点(布歇尔和弗莱彻,2015)。

基于这些原因,把对权威保护的批评斥为"以人类为中心"不仅过于简单,而且也不准确。许多对强制迁移予以批评的人士已经解释了,专制的保护往往会对自然的其他部分和社会产生适得其反的效果,包括保护本身(阿格拉瓦尔和雷德福,2009)。哈利·露丝提供了一个例子:根据当地传言,墨西哥中部现在被称为帝王蝶生物圈保护区地区的社会在1986年抗议墨西哥政府通过砍伐和焚烧森林,单方面在其领土上设立保护区(2009:24)。正如马赛在东非高调屠杀狮子一样(道伊,2009),这说明了习惯于面对排外和政治边缘化的当地社会具有能够破坏专制保护方法的亚主流文化(福尔摩斯,2007)。

世界野生动物基金会在2019年初卷入的丑闻,反过来说明了独裁保护可能产生的政治反弹。根据一份调查报告显示,世界自然基金会一直在亚洲和非洲向应对包括酷刑、强奸和谋杀在内的重大侵犯人权行为负责的准军事部队提供帮助并与之合作,该组织的资金据报道称在德国被冻结(国际生存组织,2019),英国慈善委员会(苏利曼,2019)启动了对该组织的正式调查,美国众议院自然资源委员会开始调查所有联邦保护补助金,以确定是否有任何用于支持与侵犯人权有关的团体的补助金(安杰洛,2019)。

最后,布歇尔等担心(2017a)剥夺当地社会的土地会使领土向矿产和其他形式的开采开放,这对科皮纳(2016a:177)辩护中的隐含假设提出了挑战,即近代历史上的大多数迁移几乎不是由保护机构造成的,而是由大型工业或农业造成的。"生态旅游与采掘的关系"这一论题提醒人们注意,作为资本主义社会的一个系统特征,保护和采掘事业的被迫迁移是内在联系的(布歇尔和达维多夫,2016;同见于布歇尔和达维多夫的[2013]集子)。同样,对世界银行中美洲生物走廊的批评也指出了与生态旅游相同的问题。尽管经历了几次挫折,但仍在进行中的走廊项目被描述为试图通过将该地区的遗传资源开放给生物勘探、绿色清洗采掘和基础设施项目以及与之相关的强制迁移,来确保"打开该地区使资本长期不受限制地进入自然区域和资源"(卡尔森,2004),所有在实施的各种市场保护计划都由美国"半球控制"项目(格兰迪亚,2007)赞助。特别是在这条走廊内推广种植林,从资本主义投资者的角度说明了生态旅游与采掘关系的概念所强调的采掘之间的重叠是既矛盾又合理的。此外,卡尔森(2004)认为"中美洲生物走廊的统一原则从根本上说不是保护主义,而是为该地区发展一种新的经济一体化模式,吸引国际融资来实现这一目标的必要性",这证明了布歇尔和达维多夫(2016)所描述的在联结中替代与自然的替代关系的"象征性"元素。

在所有这些例子中,仅将注意力集中在指定保护区范围内栖息地丧失的直接驱动因素上,就可以忽略对采掘业及其构成的政治、经济力量的大规模和系统性影响,这是布歇尔等人提出的一个问题。警告半球项目对保护区的关注加强了,因此对保护区的批评不能仅仅被视为人类中心主义。

对世界的工具性评价伴随着资本主义在全球的崛起而兴起,但这种工具主义背后的对自然和人性的异化是一个持续的过程,并且可能受到挑战(梅萨罗斯,2005;福斯特和克拉克,2018b)。一些地方可能会抵制环境保护,因为有被异化和抢劫的危险。尽管如此,仍然存在着令人信服的道德、法律和实际理由,可以作为有关土地的实际权利持有人(即使不是法律上的权利持有人)去谈判的原则,避免诉诸民族国家的独裁干预,这些国家往往隐藏着破坏性的地缘政治和政治经济动机,背后是对环境保护的呼吁(科尔切斯特,2000;道伊,2009)。正如,美国将移民作为荒地损失的替罪羊已经习惯于"绿化"白人民族主义和其他反移民情绪一样(列维森等,2010)。这个先验的假设,即当地社会对自然构成威胁,必然会受到一种殖民心态的影响,这种心态使对人类和非人类都有害的做法合法化(佩卢索,1992;索珀 1995)。

正是因为"推翻精英的解决方案是自然资源保护者自己无法做到的"(科皮纳,2016),所以如果希望最终解决这一问题,他们需要集体抵抗资本主义不公正的社会生态环境和不公正待遇。生物多样性危机不仅以商品化为破坏,而且以破坏自然为代表(福斯特,2000;霍勒曼,2018)。然而,科皮纳谴责反殖民斗争(2016a),声称土著社会和其他农村社会之间不存在任何有意义的区别,声称在土著社区和其他农村社区与"新移民"中新的定居者之间不存在有意义的区分,她认为所有这些人都是"殖民"性质的,并强加了一个"人类与非人类的种族隔离制度"(克里斯特,2015)。这里的"尖刻言辞"具有误导性,许多社会与非人类互动的影响、范围和规模上的对等错误,根本无法与欧洲殖民主义造成的破坏和痛苦(人类和非人类)相媲美,但却在欧洲或英美帝国主义的统治下继续发展(特纳和巴特泽 1992;津恩,2003)。此外,试图用人类暴行来比喻生态退化的做法是有利有弊的,例如为了保护荒地而迫使土著社会迁移就被称为"种族清洗"(安古斯,2011)。

科皮纳(2016a)认为"把人们从保护区驱逐出去"只不过是"在一个道德上已经偏向于人类的世界里,对非二元论的管理"(这里把人和资本混为一谈),这掩盖了后殖民主义对独裁主义的批判缺乏批判性的自我反省、更不用说保护"自然"与有人居住景观的二元概念比科皮纳的说法要驳斥得更为强烈(布歇尔等,2017b;同见列斐伏尔,1991)。我们这些人的财富和特权是建立在帝国主义等级制度内不断掠夺自然的基础上的,而这种掠夺是由历史上对当地人民的掠夺和彻底灭绝造成的,所有应该试图通过呼吁拯救自然使进一步的掠夺合法化,特别是考虑到有权势的精英们在历史上操纵抽象的、道德的命令,以使目标不那么崇高的行动合法化(索珀 1995)。这种自反性在最近帝国干预导致种族灭绝和其他暴行(法布尔,1993;赫尔曼和彼得森,2010)的情况下尤其重要,这些暴行与迁移、毁林及其他保护问题密切相关。另一个相关的原因是,除了缺乏记录(布罗金顿和伊戈,2006)之外,自然保护导致的迁移规模与自然资源开采的规模相形见绌,事实证明,强制迁移的后果在破坏自然保护的合法性方面,对自然保护的危害要大得多,这吓跑了保护非政府组织所依赖的企业捐助者,并将需要合作的当地社会变成"自然保护的敌人"(科尔切斯特,2000;阿格拉瓦尔和雷德福,2009;道伊,2009)。

此外,强制迁移只是移动,尽管通常会加剧与人为土地变化相关的地理裂谷,在规划最差的情况下,这种裂谷不会超出保护区的边界或缓冲区(维特迈尔等,2008)。即使迁移者被迫进入更遥远的城市地区,其结果往往也会弄巧成拙,因为这会加快贫困地区的城市化进程,并随后将城市外围的生态价值高的土地转变为非正式定居的"牺牲区"(戴维斯 ,2007)。此外,随着资本体系继续使世界服从于其积累的短浅逻辑,资本主义城市化进程加剧了热带森林的压力并加剧了全球代谢的机制(福斯特等,2010;纳波利塔诺等2015;道森,2019)。

五、自然商品化

商品化是一个地理裂谷的阶段, 有助于理解为什么以社会为基础的保护也不是灵丹妙药。正如科皮纳(2016a)指出的那样,地方社会难以从全球资本主义中分离出来,自然保护不是土地侵占、剥夺和商品化的唯一甚至主要途径。因此当地社会不断面临将领土转变为虚拟资本的压力,要么通过生产追求利润,要么通过租金侵占其他企业的利润(哈维,2006)。即使是那些试图抵制这种压力的人,也可能因受到胁迫或操纵而默许,特别是那些拥有不成比例权力的农业和采掘企业及其国家支持者。也就是说,向资本投降并非不可避免,许多地方社会抵制资本的入侵,或只是部分参与商品交易。在某些情况下, 促进非市场替代生计选择的保护干预措施有助于抵消自然服从于压力的累积(卡尔森,2004),但是如果这些措施的前提是加强对未受保护劳动力的剥削或侵占,那么这些措施可能是不可持续的(弗雷泽,2018)。简而言之,把地方社会的本质化为生态破坏者、英雄或资产阶级意识形态的被动接受者都是不恰当的，因为其与非人类的关系受到社会代谢中众多偶然因素的制约，地方社会在资本主义帝国体系中的表达是生物多样性危机（科尔切斯特,2000;霍勒曼 2018）。

像工具主义一样,帝国主义是资本主义固有的,认识到帝国主义的作用对于避免这些使人衰弱的本质化是必要的。正如代谢的裂谷所强调的那样,资本系统是建立在不断增长和扩张的基础上的，这并不是由于工业主义的意识形态承诺，而是因为生产和消费的实际系统建立在通过私有财产竞争性积累财富的基础上(马克思 1973)。这就是为什么即使部分资本未能维持复合增长也会产生周期性有时甚至是毁灭性的经济危机，这些危机为进一步的经济扩张创造了条件，也说明了为什么系统性的衰退甚至稳定状态将意味着整个系统的消亡。资本会相应地阻止其灭亡(哈维,2014)。除了促进人们接近大自然的机会之外，首都周边的社会区域还为短期解决过度积累问题提供了宝贵的机会，这些问题往往使人类与非人类的自然遭受灾难性的贬值,"创造性破坏"和侵占从长远来看，加剧了社会生态矛盾（哈维,2006;史密斯,2016）。从保护自然的方式可以发现自己陷入这种帝国主义的企图是显而易见的,在这种尝试方法中，人们声称资本可以通过仅投资自然而不是破坏自然来同时解决社会生态和经济问题。这意味着仅靠保护措施不仅不足以解决长期增长的系统性问题，而且可能会暂时掩盖这一问题。尽管"从理想的意义上讲,自然保护与资本积累无关,而与生物多样性的丧失有关"(科皮纳,2016a),但越来越多的人急切地寻找有利可图的投资机会,而在垄断金融资本下,这种机会越来越难以找到(福斯特,2014)。如果环保主义者不想看到自己的意图遭到破坏,就需要正视这一现实。

认识到租金主要支配着资本主义土地的使用，也有助于说明地理裂谷如何直接与环境的丧失和退化有关。由于土壤肥力下降,环境污染,基础设施不完备等原因,一个地区的生产性(例如农业)、住宅和商业用地日益退化,而退化程度较小的土地上可获得的租金增加了。尤其是在热带森林被砍伐的情况下,这种租金差异促使人们更深入地侵入森林,以及"强迫"人民移居到森林边界(法布尔,1993;多布罗沃尔斯基,2012)。重要的是,这种租金差异,再加上空间同时被资本同质化和抽象化,并且自然容易发生垄断的现象(列斐伏尔,1991;哈维,2006),可能对半球工程构成不可预见的障碍:如果增加保护区的覆盖面而减少可用于资本的土地,这可能会迅速提高差别租金,使每增加一块土地其保护费用也随之增加。同样,这并不是说保护区本质上会适得其反,而是要警告说,在不考虑资本结构趋势的情况下尝试实施保护区就变成这样(纳波利塔诺等,2015)。

六、重新评估半球工程的情况

尽管上述内容仅涵盖了代谢裂谷如何与生物多样性危机和自然保护相关的最基本的要素,但它提供了一个有利的依据,从中可以批判性地质疑源自科皮纳等人论点的三个前提,即半球工程的生态中心框架:自然的内在价值;全人类对生物多样性危机负有共同的责任;通过将自然保护区作为保护措施的核心来保护荒地。尽管总体上赞成建立全球保护区网络的提议,但我们认为仅采取这些措施是不够的。考虑到科皮纳等人的主张,其根本问题是严格的意识形态,以及可以通过施加"正确的"意识形态来解决该问题,而不考虑支持和复制的物质因素和社会关系。霸权主义——一种被马克思描述为比单纯更危险、更保守的方法(阿波尔达,2017)。尽管如此,相互矛盾的半球工程仍然代表着对资本的地域性和工具逻辑的潜在挑战,因此我们建议,参与代谢裂谷分析可以帮助重新制定有问题的方面,以更合理和有效的应对生物多样性危机。

七、自然的内在价值

科皮纳等人为半球工程辩护的核心是他们的生态中心主义——人类中心主义二分法。在这里,他们将生态中心主义的共同定义与禁止给予人类任何部分优先考虑的更为有限的版本(被视为"排除或以牺牲其他物种为代价"[科皮纳等,2018b])。这将许多以生态为中心的位置(巴达维亚和纳尔逊,2017)转移到科皮纳等人所提出的人类中心类别,使他们明确肯定所有反对强迫驱逐和其他以对自然的特殊看法为前提的独裁措施的批评学者,即使这些学者关心对非人类产生的后果,但也犯了人类中心主义的罪行,因为他们更关心人类。不否认包括生态社会主义者在内的非人类的困境没有得到足够的关注(冈德森,2011)。我们会告诫其他学者要拒绝像这样的批判学者的工作,因为他们忽视了对生态系统和社会自尊的威权主义保护的合法批判,从而加重了其他有机体的痛苦,又使那些阻碍对保护主义者的关注进行更多建设性或同情参与的批评出现,加剧了其他生物的痛苦。利奥波德(1949)提出的将"社会边界"扩大到包括所有非人类在内的保护主义的必要性,以及任何有意义的生态正义概念,如果在扩大我们关注范围的过程中,我们会否定所有有效的道德考虑,包括平等和正义这样的重大问题,那么就会在人类社会本身的基础上受到破坏(温许斯,2018)。

科皮纳等人解读生态中心主义的内在价值概念也融合了两种不同的含义。华盛顿等人(2017)认为内在价值意味着自然是"内在的好,不管人类是否意识到这一点",而人类中心主义意味着对人类"只承认工具性价值"(科皮纳等,2018a)。在这里,任何一种主观主义的立场,都认为人类有能力评价自然本身,但怀疑神秘主义却只认同一个固有的主观概念,即"善"存在于价值主体之外,它被错误地指责为只包含一种工具性的自然价值,一种对自然内在价值的客观主义视角(奥尼尔,1993)。除了内化错误的资产阶级主张,也就是如果没有更开明的思想强加的外部威权命令,人类就不能重视他们没有直接物质利益的东西(本顿,2001),这一论点只是将主观评价的不确定性从本体论层面转移到认识论层面,将善本身视为内在的,而没有解释如何向人类揭示这一点,或将其转化为具体的规范性要求(索珀,1995)。尽管有相反的论断(科皮纳,2016a),但这种道德专制主义必然通过暗示"自然的"人类大规模灭绝前(欧文,2006)是"好的"或中性的,但人为灭绝是"坏的"而建立了一种自然文化二元论。在指出这些问题时,我们并不是试图使人类灭绝合法化或将生物多样性危机最小化,而是试图证明用道德绝对化来简化问题会导致内在矛盾(索珀,1995)。这就是为什么我们建议超越简单的以生态为中心的人类中心二分法,在更为有合作力的代谢关系中走向人类和非人类潜在的共同利益,这可以为半球工程提供更有力的理由。

八、全物种共同承担人类责任

科皮纳等人认为,对于那些对生物多样性危机最不负责任的人来说,独裁保护是不公平的(2018b)。他们认为鉴于人权的正式普及,"整个人类"应被视为"侵犯自然权利"。在抽象唯心主义和实用主义的矛盾融合中,他们认为,由于"需要继续倡导对非人类的代表(他们永远不会为自己说话),发展对其他物种的后种族、后性别、后阶级的集体责任是必要的",但却没有真正面对这些区别。相反,科皮纳认为物质上超越社会等级的努力"充其量是单纯的,且更有可能是危险的"(科皮纳,2016a),"特别是因为我们生活在一个资源有限的星球上"(科皮纳等,2018b)。因此为了判定破坏自然的责任,我们要接受人类被视为一个抽象的、未分化的物种,尽管在具体层面上,科皮纳(2016a)并没有"否认工业精英的破坏范围"超过了贫困人口。

　　科皮纳等人通过使用这种抽象在物种内和物种间的正义划分出一个明显的鸿沟，并拒绝了前一种不公正的受害者是后者的罪魁祸首的观点。有效地使两种正义观念相互排斥，这与它们关于物种间正义假定正义的主张相反。在此基础上声称批评威权主义保护的学者和新自由主义的倡导者在本质上是相同的。他们共享"对自然内在价值的拒绝，以及对人类中心主义和工具主义的热情（科皮纳等人，2018a）。

　　在这里，物种概念的本体论地位仍然在生物学上争论不休（莱弗克和莫诺卢，2003），已经超出了它的临界点。把"所有人都描绘成自然的平等'敌人'"，故意把责任从对生物多样性丧失负有最大责任的社会关系和利益中转移出去，同时鼓励对生物多样性的丧失负有最大责任的人运用可疑功效的修复方法（索珀，1995:207）。科皮纳等人正在提倡一种反物种主义，这种主义与他们声称要拒绝的厌世行为相接近。此外，右派和左派对自然保护的批评之间所宣称的同一性，融合了自然保护主义者需要认识到的重要差异，因为左派批评中对其他人的真正关注很容易延伸到自然界的其他部分。事实上，这对于保护自然资源以防止其以自身为中心反对将其作为私人利益的障碍是至关重要的（同上）。正如先前由权威主义保护而适得其反的例子所表明的那样，有时切断保护与进步政治本来就关系脆弱，因为它们没有反映出一个人对生态中心主义的特殊看法，"充其量是天真的，而且更有可能是危险的"，在生物多样性危机的背后，使自然保护无力对抗帝国主义和资本主义制度，并允许在社会异化的代谢下对自然持续掠夺，便损害了一切（布罗斯维曼，2004;道森，2016;霍勒曼，2018）。

　　虽然在绝对规范性声明上对高度抽象的强制迁移的争论已经产生了怀疑，但我们无法设想通过诉诸自然的内在价值或更大的人类利益来考虑土著群体和其他群体被迫迁移的正当理由。我们还认为如果真诚地与当地社会接触，强制迁移是不必要的。如果科皮纳等人（2018a）声称半球工程包括

"全部保护区"是可信的且该项目不会以排除性荒地保护为前提,那么达成妥协的可能性似乎就特别大了。因此我们建议,作为半球工程的一个选择,应断然拒绝强迫土著和贫困社区迁移。

九、用保护区保护荒地

如何解决生物多样性危机的问题引出了科皮纳等人的观点(2018a)。生物多样性丧失被称为半球工程的"生态原理",其主要原因是栖息地的丧失和退化。转化为保护区的一个理由是"传统保护已表明,对人类影响最小并由保护区网络组成的大型自然区(即荒地)是所有管理制度中最具可持续性(和成本效益最高)的"。尽管不应将保护区理想化为资本地域范围之外的空间,但我们认为保护区可以在一定程度上限制用资本来剥削物质财富的行为,并使它贬低和剥夺所有自然资源作为免费礼物的企图变得更加复杂而难以实现(索珀,1995)。从这个意义上讲,半球工程可以看作是对资本主义的一种"半批判"(约翰·贝拉米·福斯特,2018)。但是科皮纳等人无法充分了解"领先原因"背后的驱动因素,从而影响了工程的可行性。

尽管荒地保护的生态基础(玛格丽斯和贝萨里奥,2018)和成本效益(科尔切斯特,2000)在作为一种保护策略时受到了挑战,但这并不排除在保护区网络内尽可能将干扰最小的完整区域包括在内,在可能的情况下,尤其要保持生态系统栖息地保护和迁徙走廊的生态完整性,这将有助于增加网络所代表的整体多样性,前提是这样可以避免摧毁所有生态系统和景观,在这些生态系统和景观中,人类和非人类共同创造了一些新奇东西,有人工的,有被忽略的(格雷,1993)。无论如何,保护区本身不会阻止采掘业和农业产业的发展,只要资本体系能够维持它们的权力,只要其拥有建立在领土剥夺和掠夺自然的基础上强大的政治和经济影响力,那么对自然内在价值的意识形态诉求就将会是徒劳的。事实上,鉴于科皮纳本人上述所说,农业和采掘业在人口迁移方面比自然保护成功得多,卡法罗等人(2017:400)断言,正式划定保护区可以保护非人类自然免受资本对自然的贪婪需求的说法似乎是可疑的。

纵观墨西哥的《矿产法》,我们可以看到一个具体的反例,法律明确地将矿产开发定义为一种完全由联邦政府监管的公共事业,优先于任何其他土地利用,包括生物多样性保护。据报道,截至 2010 年,在全国 169 个国家保护区中,有 63 个报告了特许权,阿姆达里兹·维莱加斯等人(2015)解释说:"实际上,目前在墨西哥,新人民军的法令并不妨碍大型采矿项目。"在这种情况下,受影响的社会激进派往往比正式的保护区支持者更有效地反对破坏自然,这进一步强调了反对以保护的名义剥夺这些社会的理由(卡尔森,2004)。这就是为什么自然保护必须面对潜在的增长需求和与之交织在一起的异化感,这不仅是一个意识形态问题,而且是作为对生物多样性的迫在眉睫的威胁而存在于资本中心的物质力量(克拉克和约克,2005;福斯特等,2010)。

科皮纳等人和许多其他以生态为中心的自然资源保护主义者一样认为这个问题可以通过控制人口或"减少"人类来解决(克里斯特,2018)。他们认为,人口增长对生物多样性构成了真正的生存威胁,特别是在全球南部,据说人口增长"直接导致了土地开荒和生物类别简化"(科皮纳等,2018a)。"随着总消费和人均消费持续增加,发达国家减少过度消耗的努力似乎正走向失败",科皮纳等人认为,控制人口的紧迫性进一步加剧,实际上,南方应再次被告知要承担北方的生态债务(霍勒曼,2018)。此外,科皮纳等人(2018b)利用这些主张抨击社会正义,将其简化为财富分配,然后把人口过剩和消费过度结合起来,那么"社会正义倡导者往常开出的任何处方都是空想的,因为它们没有考虑到那些目前消费很少的人的物质愿望,以及使每个人都能消费更多的逻辑后果"。使用模糊的论断和抽象的概括来描述人口过剩与进步斗争,模糊社会生态危机的社会驱动力,以及如何与复杂人口进行动态联系和互动等问题,都引发了广泛的批评(反对科皮纳者认为批判学者忽略了这一问题[2017]),其中大部分不需要在这里重复(反之参见威廉姆斯,2010;安格斯和巴特勒,2011)。可以说,人口增长被认为是环境变化的一个社会驱动力,但将其作为一组相关变量(威尔森,2002:131)来进行独立的解释,甚至是作为一组相关变量的"原动力"来解释退化、资源需求和消费,以及栖息地的丧失,就会掩盖主导社会变化以及错误定义人类世界的经济驱动力(汉密尔顿和格林沃尔德,2015)。此外,他们认为财富再分配是空想,而人口控制是务实的,这不是真实的而是因为迫使广泛接受前者为实现的一种手段(例如,从事实上可以看出,在大多数国家逃税是一种要受到惩罚的罪行),利用这种手段来实现后者是正当的且能被大多数人所接受的。将人口控制与财富分配对立起来是非常奇怪的,因为促进妇女的平等,增加受教育和就业的机会是克里斯特等(2017:260)"在人权框架内"进行人口控制的基础,顾名思义是财富再分配以其相关的社会变革。

这种关于人口的僵化的意识形态观点的危险性在科皮纳等人的假设中得到了进一步的说明,这一假设与资本增长的基本要求相反,即仅减少人口规模实际上就会减少物质和能源需求。资本将大量的废物直接累积到社会代谢中,使资本主义在自我复制过程中不断增长的规模和强度更加复杂化(福斯特,2014;哈维,2014)。正如马克思(1973、1974)所指出的,资本的社会生态矛盾仅仅排除了再分配。只能通过将生产、分配、交换和消费作为资本积累整体的时刻来解决,而生产则是抓住其他时刻的关键。因为找到了生产的方法,与20世纪垄断资本主义兴起相关的代谢变化进一步改变了这些动力,也就是与利润率不断下降这一更为传统的担忧相比,利用机器和非人类的掠夺从工人身上榨取的巨额利润变得更为重要(福斯特,2014)。这导致了生产过程和销售的努力变得模糊(凡勃仑,1923;巴拉和斯威兹,1966;道森,2003)。投资和生产决策的大量增加,使材料、能源和劳动力方面严重浪费,但仍然有利可图(例如,汽车、军费、无用的包装)。伴随着这一趋势,奢侈品正转变为必需品,并试图通过寻找其他方式来剥夺自然界以前提供的具有资本特征的使用价值(例如,通过污染公共饮水)来"创造"新需求(哈维,2006)。反之,富人荒谬的消费模式扭曲了人均估计数,就连对基本生活必需品使用量的影响在很大程度上也会因为浪费而被扭曲,使得这一问题就更加复杂了(福斯特,2014)。因此,对资本主义的生态社会主义挑战所带来的根本性变革远不止简单的财富再分配。它涉及全面转型以少数人无休止积累资本为前提的社会,从而继续扩大生态危机的规模和范围,加深不平等,使之成为建立在实质平等、生态可持续和丰富人类发展基础上的不平等(梅萨罗斯,1995)。

戴利是一位生态经济学家,他强调说我们目前的社会正以无休止的经济增长为基础,这显然是不可持续的,因为这越来越违反那些与自然普遍代谢有关的生物物理限制。无论是减少人口数量,还是将全球消费提高到想象中设定的"美国中产阶级消费者"人均水平(科皮纳等,2018a),都不能替代必要的任务,即改变决定什么是真正的人类需求和愿望以及他们将如何应对从垄断公司到致力于与自然界合作共同发展的民主社会这一改变。不幸的是,科皮纳等人通过将复杂社会生态关系的概念化简化为另一个错误的二分法,来阻止对这些真实问题的认真讨论:提倡人口控制与社会不受任何生物物理限制的立场 (一些环境新马尔萨斯主义的批评者也承认这一二分法是错误的[见安格斯和巴特勒,2011])。

这种抽象的二分法也掩盖了人口控制作为解决生物多样性危机的重要经验问题。第一个事实是,即使北方国家(特别是欧洲)也因人口下降的恐慌而努力提高生育率,南方大多数国家还是制定了降低生育率的方案(联合国经济社会事务部,2003)。这使人怀疑,在资本主义体系中,从个人到国际的结构原则是对抗性的,并且需要不断地增长竞争(梅萨罗斯,1995),控制全球人口要的是务实、合作、非强制性。第二,人口统计学家对生育率的转变了解甚少,而且受许多偶然和交叉因素的影响,试图通过强制性或非强制性政策来影响生育率的做法很少有效,而且这两种政策都不可避免地会引发意想不到的二次效应(科恩,1996)。最后,即使这种人口控制在资本主义时代是可行的,它也不能解决资本需要复合增长才能生存的问题。如果不依靠持续增长的人口,资本也可以寻求其他途径,通过创造新的需求和进一步侵占自然资源来扩大市场,因为其扩张势在必行,且会同时对人类和自然界的其他部分造成进一步的破坏,并继续无情地将人类的最终承载能力推向零(哈维,2014;福斯特和克拉克,2018a)。在这种情况下,经常被引用的 20 亿人口的标准的可持续性不超过 200 亿(科皮纳等,2018a),这两个数字在很大程度上都没有意义,因为在决定预期人口规模时,社会必须就许多社会政治条件达成一致(科恩,1996)。

复合增长和垄断资本的问题也削弱了威尔逊非物质化理论(2017),即因为更高效的生产和更耐用商品的出现,经济增长会越来越与原材料和能源消费脱钩。这一论断在历史上被杰文兹悖论推翻(福斯特等,2010),即相对脱钩(投入使用效率更高)的收益通常不会导致绝对脱钩,因为从提高效率中节省下来的资金会回流到扩张中。科皮纳等人(2018a)将其与"市场生物中心主义"中的"保护生物多样性(例如,通过分配货币价值)"的市场监管建议结合起来,加剧了威尔逊的错误,称这不是新自由主义,因为它不愿将市场视为"解决生物多样性危机紧迫性的最后手段"。但这忽略了一个现实问题,即现在人们普遍认为环境是资本主义最大的"市场失灵",产生了一系列尚未被证明有效的市场"修正"(帕里克等,2019)。此外,根据定义,货币价值将其目标降低至科皮纳等人提出的工具性(福斯特,2012)这一事实,使以市场的脱钩为基础的经验问题更加复杂,这一说法是生物多样性危机的核心。

货币价值应该直接延伸到自然方面,这些方面通过权变价值之类的措施来对抗严格的工具价值,进一步证明了马克思主义所说的"商品拜物教",由此,自然和社会的异化导致人们相信只有价格高的东西才具有"真实性",才是社会认可的价值(福斯特,2002;伯克特,2009)。即使加上更直接的市场监管,科皮纳等人(2018a)也会明确反对:自然的真正价值可以而且应该用严格的工具性术语来表达,无论其多么迂回曲折。这种做法加剧了人类与自然的异化(伯克特,2009),使其模糊地聚焦于导致栖息地破坏和环境退化的主要社会驱动力之一,即环境恶化,并进一步加深了代谢裂谷和生物多样性危机,破坏了半球工程的既定目标。科皮纳等人主张市场化的同时认为以社会正义为基础反对独裁保护在本质上等同于新自由主义,这是相当了不起的。

因此从生态社会主义的角度来看,根据代谢裂谷分析,半球工程的全球保护区网络的目标是值得称赞的,前提是这样做不会通过强制迁移、自然商品化等方式加剧与自然的异化,但其在处理植根于资本主义帝国主义体系的生物多样性丧失的根本和结构性驱动因素方面,还存在不足(霍勒曼,2018)。科皮纳等人的方式使这种不足更加严重。因此呼吁采取一种以生态为中心的二分法,这种二分法有可能将保护与关键学术和任何一般性的进步运动隔离开来,以捍卫资本主义,而这些运动在一开始并没有将"边缘化"的标签延伸到所有生物的全球社会(科皮纳,2016a),在那里人类被剥夺了任何优先考虑的权利。尽管有这些缺点,但是关于自然的工具性方法的问题涉及与代谢裂谷有关的社会和自然之间的异化代谢的一些最基本的方面,为那些愿意与不一定持有有限的生态中心主义观念但仍然关注自然命运活跃分子接触的环保主义者提供了一个重要的融合点(福斯特和伯克特,2016)。

十、结论

通过参与代谢裂谷分析,可以提倡生态中心保护的以下三个重要见解。

①资本将相同的工具价值延伸到人类和非人类性质意味着，为自然保护奋斗的定义是对社会正义的斗争，反之亦然，而每一次社会正义的斗争都会在某种程度上影响自然保护。②这场联合斗争常常由于与自然的异化而变得模糊，并错误地认为社会代谢中的问题得到了解决，掩盖了自然与人的关系总是通过劳动来在社会上进行调解的规范呼吁。结果，一个受到阶级对抗困扰的社会必然会表现出与自然对立的代谢关系，反之亦然，这使得反对资本主义异化的斗争成为一个重要的共同原因。③任何规模的保护工作都会以意想不到的方式在社会代谢的速度、数量、技术组成和空间配置上产生反应，只要帝国资本体系及其阶级规则仍在运作，就永远不会在政治上中立或不受政治的影响。其实，在远离对资本更系统性挑战的情况下进行的保护努力，将使资本继续转移其矛盾，而不是让社会去面对和克服它们。

换言之，保护自然是一个固有的社会政治过程，任何对科学客观性或生态中心主义的呼吁都不能否定这一点。加强应对社会不公正、贫困、丧失权力和异化的干预措施，即使目前看来可行，也与帝国主义的历史进程联系在一起，如果任其继续，将加深代谢裂谷，恶化生物多样性危机（道森，2016；霍勒曼，2018）。正如当今全球环境治理的失败所表明的那样，只要社会代谢控制系统的基本结构原则从微观到宏观是对立和累积的，那么在全球实现社会与自然合作进化的努力便是徒劳的（梅萨罗斯，1995）。

反之，生态社会主义者需要认识到，以生态为中心的环保主义者对非人类自然困境的关注被驳回，因为仅仅将注意力从阶级斗争中转移出来的做法也是有问题的，应该更多地谈论一些马克思主义者的异化意识。最近的研究表明，马克思本人对资本主义下的非人类自然困境深为关切，这使他对资本主义的虚伪感到愤怒，资本主义的虚伪会通过援引动物福利事业而使人类遭受可怕的虐待而破坏动物福利事业（冈德森，2011；福斯特和克拉克，2018b）。同样，认识到荒地和物种等类别是由社会建构的，这并不违背某些后结构主义者所相信(纳波利塔诺等人,2019)的一种行为上的许可,允许人们表现得好像这种在现实中是缺乏参照的必然的主观的社会类别,包括那些被我们的行为深刻地影响的生物(索珀,1995)。

在这里融合的基础可能是人们能共同认识到的需要面对资本的异化代谢控制系统,这与把"工业主义"甚至资本主义视为一种抽象意识形态是不同的(福斯特,2000)。无论是勉强还是愿意,错误地屈从于资本主义耀武扬威的意识形态,认为生物多样性危机能够或必须在不挑战资本主义社会基本结构的情况下得到解决,在这一时刻都是特别危险的。因为这可能进一步拖延必要的结构转型,对人类和非人类广泛的自然领域来说都是灾难性的(福斯特等,2010)。我们希望,通过对科皮纳等人关于半球工程的论点进行仔细评估,促使我们在生态社会主义者和环境保护主义者之间进行进一步的争论和讨论。

这就引出了关于生态社会主义立场的最后一点。"几乎所有的环境、政治、社会和文化困境都是一个寻求剩余价值以产生更多剩余价值体系的产物,而这一体系需要吸收利益"(哈维,2006),并不意味着等待这些问题通过一场总有一天会发生的不可避免的革命就可以自动解决,然后把人类和非人类从资本的统治中解放出来。正如"生态"一词所表明的那样,生态社会主义的立场是以这样一种认识为基础的:资本主义的终结对于消除社会与自然界之间较少对抗性的共同发展所固有的障碍是必要的,可以使社会与自然之间的共同进化不那么对立,但要实现这样一种代谢恢复的可能性,就需要有意识的合作行动。换言之,无论是为了自身的利益,还是为了地球上的非人类居民以及要实现对非人类的非工具性评价,都必须摆脱资本主义的异化调解制度,但这需要人类不时地采取行动才能实现。

亨利·大卫·梭罗：心灵的伟大和环境美德

[美]安德鲁·J.科萨/文　张金峰/译*

菲利普·卡法罗（Philip Cafaro）令人信服地论证，我们可以将亨利·大卫·梭罗解读为环境美德理论家，梭罗把"环境意识和保护"与有关美德、人类繁荣和"追求卓越"的论述联系了起来（卡法罗，2012；2004）。本文中，我专注于梭罗所论述的高尚的美德，或者心灵的伟大。我认为，梭罗对这一美德的理解和处理是独特的，其论述可以被视为从古代到现代对伟大的历史论述的延伸。我认为我们应该不仅反思梭罗明确提出的建议，也要反思其主张对生活在今天的我们暗示了什么，从而对伟大有一个新的理解，根据这一理解，伟大与环境伦理直接相关。

我主张为了获得伟大的美德，大多数人必须养成甘姆·布雷尔和卡法罗所论述的简朴的环境美德。我进一步认为，为了实现可能要追求的种种改变

*Andrew J. Corsa: "Henry David Thoreau: Greatness of Soul and Environmental Virtue", Environmental Philosophy, Volume 12, Issue 2, Fall 2015, pp.161–184.

张金峰，天津人，汉族，哲学硕士。

世界的目标,有着伟大心灵的人必须具有詹妮弗·维尔克曼(1999)所论述的仁慈的环境美德。除环境美德之外,培养高尚的美德亦能使我们更好地面对环境问题,过上优越的生活。

一、心灵的伟大:一种哲学传统

我提供一个有关心灵伟大的历史探讨的简要回顾, 这个观念从亚里士多德开始到大卫·休谟。为了后续的论述,我强调了 些细节,但为了简洁,我又忽略了很多其他的内容。这部分不是旨在做一个完整的历史探讨,而是作为展开将来论证的一个工具。稍后,我将找出这种论述和梭罗的作品之间的联系,并提供一个我们可能会想到的,关于心灵的伟大如何与环境伦理相关的论述。

亚里士多德认为,心灵的伟大之美德关乎荣誉。具有伟大心灵者"认为他自己确实值得伟大的事物"(亚里士多德,2002),而荣誉是"外在善之中最伟大的善"(同上)。根据亚里士多德所言,相较于要求或者接受荣誉,高尚更多与配得上荣誉有关, 而且有伟大心灵者认为荣誉本身 "不重要"(同上;Hanley,2002)。亚里士多德认为,哲人苏格拉底有着伟大的心灵,正如英勇的战士阿喀琉斯和埃阿斯(亚里士多德和巴恩斯,1976)。

圣徒托马斯·阿奎那论述了亚里士多德关于心灵的伟大的概念(阿奎那,1981),称之为"magnanimitas",英文即"magnanimity"(高尚),而且给出了一种关于高尚的,作为天主教美德的独特观念。亚里士多德有关伟大的概念看起来与有关骄傲的概念密切相关, 而阿奎那则宣称一个人能同时拥有高尚和谦逊。像卡逊·霍洛韦所表明的那样:"阿奎那区别了在我们之中属于上帝的和属于我们自己的"(霍洛韦,1999),阿奎那称前者为"上帝的礼物"(阿奎那,1981)。他认为我们可以同时是高尚和谦卑的,既想着我们自身的人类弱点和他人之中的上帝的礼物，我们"尊重"且"敬佩"那些"优于我们"的他人；又同时想着我们自身中上帝的礼物和他人的弱点，我们轻视那些他人并认为我们自己"值得最伟大的事物"（同上，霍洛韦，1999）。

托马斯·霍布斯提出了一种属于相同传统的独特的高尚观念，他认为那些高尚者拥有"完全基于特定能力的荣耀"（霍布斯，2005a），而且有着对他们自身完成伟大功绩之能力的准确认知。霍布斯认为缺乏高尚并且对其自身能力没有准确认知的懦弱者，很可能要么去执行对他来说过于简单的行动方案，并认为那是其所能做的最好的，要么去执行过于困难的行动，相信其自身比实际上更有能力（同上，霍布斯，2005b）。霍布斯宣称，懦弱者经常关注"琐事"（同上），而且"常因为心血来潮，想到什么就去做什么，而忘了自己的主要目标，从而离目标越来越远，最终迷失了自我"（同上）。相反，由于高尚者对其自身能力有着准确认知，他们能表露"对无足轻重之事的轻视"（同上），不浪费时间在琐事上——在"小助益"上——而是全心全意追寻最佳途径来实现其最大目标。[①]

霍布斯有时暗示，高尚是充分拥有正义美德所必需的。例如，当他宣称那些具有正义美德之人必须也同时拥有"难能可贵的、勇气的高贵或英勇"时，其实是指高尚（霍布斯，2005b；施特劳斯，1963；柯鲁克，1959）。霍布斯也将勇气的美德和高尚紧密联系起来（施特劳斯，1963；霍布斯，2005a，霍布斯，2005b）。

大卫·休谟反思了有关高尚的概念，他宣称高尚是他称为"心智的伟大"的一种美德[②]，并且宣称高尚是过上最成功生活的关键。休谟将心智的伟大

---

① 关于霍布斯实现高尚的方法的更多详细论述，见作者 2013 年的文章 *Thomas Hobbes：Magnanimity，Felicity，and Justice*。

② 马丁注释道，对休谟而言，"心智的伟大并不是一种特殊美德，只是休谟提及的作为'英雄的'美德的一类"（马丁 1992，385）。

等同于一种"稳定且牢固地建立起来的自豪和自尊"（休谟，2000），或者一种关于一个人的实质力量和能力的准确认知。休谟写道，与这个根基牢固的自豪相比，"在生活行为中没有任何事物比它对我们更有用"，它"在我们所有的计划和事业中，给予我们信心和保证"（同上）。如果我们没意识到自身的力量和能力，我们也许永远不会实现我们的潜能，因为我们不会知道我们能达到什么程度（同上）。休谟和亚里士多德相似，认为苏格拉底是高尚的。休谟称苏格拉底展现了"对维护自由的高尚关怀"（休谟，1998），而且休谟将高尚与"品格的高贵"和"对奴役的鄙视"联系起来（同上）。①

休谟明白要过一种卓越的生活，需要具备两种截然不同的美德。单靠心智的伟大还不够，一个人也必须具备仁慈的美德（马丁，1992）。休谟认为心智的伟大这种美德，"当不被仁慈节制时，只适于制造暴君和公贼"（休谟，2000）。为了成为卓越的有益于社会的人，人们不仅必须认清自身的力量和能力，也要具备仁慈——对他人之幸福的渴望和对他人之苦难的厌恶（同上）。

二、梭罗关于心灵的伟大的观念

梭罗在作品中阐明了一种独特的高尚观念。虽然梭罗的见解不同于之前的哲人，但它们是基于同一传统的，认清这点有助于理解他的哲学。我在此关注高尚、仁慈和博爱之间的联系，不是旨在对有关概念作一个完整论述，而是将其作为一件工具以进行后面的，将心灵的伟大与环境美德联系起来的论述。

我先简要讨论节选自托马斯·卡鲁的假面剧《不列颠的天空》的一段诗歌，梭罗详细地引用了它，并声称其与《瓦尔登湖》中关于"经济篇"的章节互

---

① 关于休谟实现高尚的方法的更多详细论述，见作者 2015 年的文章 *Modern Greatness of Soul in Hume and Smith*。

为补充。我在此以梭罗的现代化拼写,引用几行出现在《瓦尔登湖》中的卡鲁的诗:

可怜而贫困的家伙,你实在过于放肆,

竟然要求在苍穹之下拥有一席之地,

因为你那简陋的茅屋,或木桶,

只会培养一些使人懒惰或迂腐的品性……

我们并不需要你那迫使人节制的

单调乏味的社会……

这低劣卑鄙的一伙,

将他们的位置固定在了平庸上,

成为你们卑贱的心灵;

但是我们只倡导这样的美德,

容许过度、勇敢和慷慨的行为,帝王般的宏伟,

明察秋毫的审慎,无止境的高尚,

以及那古人未曾留下名称而只有

典范的英雄美德,如赫拉克勒斯,

阿喀琉斯,忒休斯……(梭罗,2008;卡鲁,1870)

这些诗行提及的高尚的概念,与古代哲人如亚里士多德论述的关于心灵的伟大的概念相仿(卡法罗,2000;卡法罗,2004)。亚里士多德宣称荷马时代的英雄们,如阿喀琉斯,具备伟大的美德,卡鲁的诗歌提及“赫拉克勒斯,阿喀琉斯和忒休斯”具备“英雄美德”。卡鲁关于“英雄美德”的概念也与阿奎那关于高尚的观念紧密相连。卡鲁的诗歌称英雄美德为“美德……容许过度”,这听着与阿奎那的论断很像:“高尚在量上走向极端,在此意义上讲,他

将走向最伟大"(阿奎那,1981)。此外,卡鲁的诗歌把关于"高尚"的概念和"宏伟",以近似阿奎那的方式密切联系起来,阿奎那写道"高尚意指在每件事物中都伟大的某东西",而"宏伟也同样适用于可以从外在事物中产生的每件作品中"(阿奎那,1981)。然而,阿奎那认为一个人可以是不宏伟的高尚者;宏伟与高尚不同,尤其需要外在的、慷慨的行为,它常常需要花费大量钱财(同上)。最后,卡鲁的诗歌似乎预见到休谟后来对自然美德的两类划分:那些关于心智的伟大的(容许过度的这种美德),和那些关于仁慈的(迂腐的品性……迫使人节制)。

不管梭罗是否意识到关于心灵的伟大的早期哲学论述,梭罗的作品都通过卡鲁的诗歌和其他一些他所处时代的文学作品,与那些历史论述间接关联了起来。这种文学作品在梭罗和那种历史传统之间架起一座桥梁,让我们能把梭罗的某些篇章看作那些论述的延伸。梭罗认为,卡鲁的诗歌和其中论述的思想与他先前关于"经济篇"的章节相关,我们可以读读其中与这首诗歌和关于伟大的历史论述有关的章节。

例如,在"经济篇"的前面,梭罗以大致相同于卡鲁的诗歌和阿奎那的《神学大全》的方式,清楚地对比了有关高尚和宏伟的概念,梭罗明确认为优秀的哲人可能是不宏伟的高尚者。梭罗首先谈到哲人们"如此热爱智慧,以致按其指示,过一种简朴、独立、高尚且虔诚的生活"(梭罗,2008),而且梭罗声称他们没有"大多数奢侈品和许多所谓的生活便利品"(同上)。哲人不"像他的同代人一样衣食无忧,居有定所"(同上)。此处易于猜想,梭罗设想着苏格拉底,如我们所曾看到的,亚里士多德和休谟都声称苏格拉底是高尚者。[①]梭罗对比了这些哲人具有的高尚和那些有着"坚强勇敢本性"的人们的宏伟,

---

① 汉利认为,梭罗的高尚概念可以在"苏格拉底的谦卑和非凡的自我认知"中找到(汉利,2001,72)。

但是不同于高尚的哲人,后者生活奢侈且"比最富有者更宏伟地建造和更大方地花费,从不让自己贫乏"(同上)。同阿奎那相似,梭罗暗示一个人要变得高尚,不必花费巨大财富,哲人们虽不奢华,也可以高尚。

梭罗希望像真正的哲人一样,高尚却不宏伟地生活,这一想法贯穿了《瓦尔登湖》全书。他明白,他正试图去过一种没有奢侈品——他宣称奢侈品常常是"对于人类升华的阻碍"——的生活(同上)。梭罗显然珍视这种升华。比如他写道:"我知道的事实没有比这个更激励人心的了,人类无疑拥有通过自觉的努力去提升其生命的能力"(同上)。他写下了被他称为"斯巴达式生活的简朴和目的之升华"的赞美(同上)。

梭罗对词语"提升"(elevate)和"升华"(elevation)的使用也有助于将他与论述心灵的伟大的哲学传统联系起来,因为这些词经常用在那些论述中。当休谟论述与心智的高尚和伟大有关的美德时,他频繁使用这些词。例如,他评论道,"我们称英雄的美德"是那些我们"崇敬的伟大品质和心智升华"(休谟,2000)。休谟也暗示任何"以一种超出平常的壮观和高尚激发我们"的情况,将会"鼓舞并且升华心灵"(休谟,2000)。梭罗的语言运用也将他的论述与心灵的伟大的传统以其他方式联系起来。梭罗使用词语"高贵的"去描述高尚者,表明高尚的哲人是"人类高贵种族的祖先"(梭罗,2008),并将高尚的哲人比作"比较高贵的植物"(同上)。同样,休谟将"心智的伟大"等同于"高贵的自尊和精神"(休谟,1998)并把人类的"升华"当作"高贵的"(同上)。霍布斯同样也把高尚与"精神的高贵或英勇"联系起来(霍布斯,2005b)。

在某些方面,梭罗对高尚的描述是新颖的。梭罗带着他独特的对自然和环境美德的强调,隐喻性地声称其寻找的高贵的升华,是树木从地面能生长到的高度。梭罗认为这种高尚的升华使人的生命得以结出最美好的果实:为什么人类让其自身如此稳固地扎根土地,而他却可以从相同部分长高至上面的天空?——因为比较高贵的植物因其最终在空气和阳光中结出的果实而有了价值,并且被不同对待于较卑微的食用植物,那些……常被从顶端砍倒。

只有获得高尚的升华的人才能结出最佳果实,而且梭罗全心全意地珍视这种果实:"我想要一个人的花朵和果实;一些芬芳从他飘荡至我,成熟的馨香增添了我们交往的韵味。"(同上)梭罗暗示这些果实是优秀者如"莎士比亚、培根、克伦威尔、牛顿和其他人"(同上)的伟大的艺术成就、科学成就和政治成就。

在梭罗的"经济篇"结尾,也就是这个最后的引用出现的地方,梭罗将人类美德与高尚联系起来论述。卡鲁的诗歌与休谟相似,在两种人类美德之间做了区分——心智的伟大之美德和仁慈的美德。虽然梭罗没像休谟或卡鲁一样使用完全相同的术语,但他同样在这两种美德之间做了区分并且声称两者对人类美德都有价值。梭罗认为虽然仁慈和与之相应的博爱有价值,但是《瓦尔登湖》的读者不应太高估它们与高尚的联系。①梭罗宣称博爱(按通常意义理解)被"大大高估了"(梭罗,2008),这表明:我不会从应归于博爱的赞美中减去任何东西,但是……我不主要看重一个人的正直和仁慈,它们只是他的茎和叶。当植物的绿色褪去,我们将其做成给病人的草药茶,起到卑微的作用……我想要一个人的花朵和果实;一些芬芳从他飘荡至我,成熟的馨香增添了我们交往的韵味(同上)。

我把这段和他之前的评论相关联,即高尚的升华隐喻一个人结出最佳果实。总之,梭罗认为仁慈是一个人的茎和叶,高尚是他的果实和花朵。两者对植物都有益,但梭罗最赞赏果实。他这样做的原因可能是因为他认为恰恰

---

① 汉利认为,对梭罗而言,最佳的具有伟大心灵者——如约翰·布朗这样的人——在他自身中协调其原始野蛮的一面和其更高级、文明的一面,这是梭罗在《瓦尔登湖》的篇章"更高的法律"和"野蛮的邻居"中分别描述的(汉利,2001,59—60和68)。在此文中,我不关注人的原始和文明两方面。我关注高尚和仁慈。但是,虽然我不会进一步讨论这一点,但是我不相信人的文明和原始两面性之间的关系与仁慈和高尚之间的关系有直接联系。我认为我的讨论与汉利的观点有相似之处。

是我们的"果实"——我们能做的最好行为和作品——成为我们生活中最易于被忽略的事。

像梅森·马绍尔(Mason Marshall)主张的,认为梭罗反对仁慈、服务他人或者常规的博爱(马歇尔,2005)是不恰当的。事实上,梭罗非常重视仁慈和服务,但他尤其珍视由高尚的男士女士展示的仁慈。为尽力帮助他人和"修复人类",梭罗建议人们"不应只是穷人的监督者,而应努力成为这世上有价值的人之一"(梭罗,2008)。为尽力帮助他人,人们应该努力变得高尚——过一种像那些"伟大者中最伟大"者一样的生活(同上)而且值得被"提升",正如"莎士比亚、培根、克伦威尔"(同上),等等。梭罗暗示一个人通过专注于自我发展而不是仅仅专注于做好事(卡法罗,2000),常常能够为公共利益做更多贡献。梭罗没有建议人们"忙于做好事",而是建议人们"开始做个好人"(梭罗,2008)。

一位高尚者——"最优秀男士女士"中的一位(同上)——如何能比传统人道主义者更好地救赎这个世界?梭罗以约翰·布朗为榜样,尽管他远不是一位传统人道主义者,甚至试图通过谋杀和暴力袭击来推翻美国的奴隶制度。布朗起义失败后,梭罗就布朗其人其事进行了大量写作和发言,敦促他的同胞去赞美而不是辱骂他。

梭罗认为我们应当"承认"并欣赏约翰·布朗的"高尚"(梭罗,1972c,梭罗,1972a)。梭罗认为布朗具有"卓越的道德伟大",这"几乎等同于任何地方任何时代的伟大"(梭罗,1972b)。梭罗认为约翰·布朗是一位高尚者,做了很多有利于美国的事,可以说比传统人道主义者更多。布朗通过其行为和言辞来激发人们,在其影响下人们进行了一场"舆论上的革命"(同上),"加快了北方微弱跳动的脉搏"(梭罗,1972c),并向我们展示了我们需要"帮助去看清"的东西(同上),即一个许可奴隶制横行的政府的野蛮本质。因此,布朗间接地"解放了北方和南方成千上万的奴隶"(梭罗,1972a)。他们大都是普通人,不是真正的奴隶,他们被布朗唤醒,从而"被解放",并且布朗鼓励他们遵从他们认为是正确的道德准则,而不是被动地允许奴隶制继续存在。梭罗所赞成的约翰·布朗的博爱,是高尚者的博爱而不是传统人道主义的:"当我说相比于既没射杀我也没解放我的博爱,我更倾向于布朗上尉的博爱时,我是代表奴隶发言"(梭罗,1972)。梭罗尤其珍视这种因高尚而来的仁慈和博爱。

这就是梭罗一生所寻求的那种博爱。如马绍尔所说,梭罗不想追求一种"社会所要求的"博爱(梭罗,2008;马歇尔,2005)。相反,梭罗隐喻性地将人们从奴隶制下解放出来,他认为如果人们能够遵从其天赋,从容生活,并依其理智与良知行事(马歇尔,2005),那么人们一定知道那就是最好的生活。梭罗希望高尚地帮助人,并促使人去过这样的生活。梭罗呼吁,如果一个人没做到这点,那么此人就隐喻性地是他自己的,他所属社会的,或者他的财产的奴隶:"有如此多敏锐且狡猾的奴隶主奴役着北方和南方。有个南方监工是艰难的;有个北方监工更糟;但最糟的是当你成了自己的奴隶。"(梭罗,2008)

梭罗写到有钱人,他们"积蓄了闲钱,但不知怎么使用它,或者甚至摆脱它,于是为其自身锻造了金或银的枷锁"(同上)。梭罗也认为一个挣够钱买房子的农夫也许发现"房子抓住了他"(同上),因为卖掉房子并离开它所产生的生活方式在心理上和逻辑上都有困难,而且"我们的房子是如此难以驾驭的财产,以至于我们经常被禁锢而非居住其中"(同上)。一如高尚且隐喻地解放了许多北方人和南方人的约翰·布朗,梭罗也希望《瓦尔登湖》将会帮助读者从他描述的隐喻式奴役中获得解放并进行"自我解放"(同上)。这就是梭罗珍视的那种仁慈——具有伟大心灵者的仁慈。

梭罗珍视高尚,因为它能使拥有它的人按照他们认为正确的方式生活,即使世界上其他人都认为那错了。梭罗力劝我们遵从我们的天赋,"即使这个世界称之为作恶,他们很有可能这么做"(梭罗,2008)。梭罗暗示高尚能使人们真诚地遵从他们的天赋，即使它会将他们引向在别人看来像"极端甚至疯狂"（同上）的行径。梭罗明白，高尚能使约翰·布朗遵从自己的天赋并服从自己的原则（汉利，2001）。此外，正如梭罗曾预测的，作为结果，其他人确实宣称布朗"疯狂"（梭罗，1972c），因为他"被比驱动他们的更高级动机所驱动"（同上），而且"他们知道自己永远不会像他一样作为"（梭罗，1972c）。布朗不具有任何传统意义上的博爱美德，或者属于软心肠的人道主义者的那种仁慈，但梭罗清楚，布朗因他的高尚而引人注目。布朗的典型特征是，出于"对一种无限更高级命令的服从"（梭罗，1972c），他"平静地站起来反对人类的谴责和复仇"（梭罗，1972c）。我相信，高尚使布朗有可能做到这一点，并让他有"勇气面对他的国家，当国家错了的时候"（同上）。

梭罗关于高尚的观念可以被认为是理论家如马修·皮纳尔托（Matthew Pianalto）称之为"道德勇气"的一位远亲。当人们明知有来自社会的或物质的惩罚或者以报复作为回应的可能时，他们就会被"一些道德动机原因"（皮纳尔托，2012）驱动，选定某种立场，表现出道德勇气。这对于道德勇气也是极关键的，即选定某种立场的那些人从不客体化别人，即使是那些在价值观或行动中反对他们的人（同上）。我的确不想争论布朗是否具有皮纳尔托描述的那种道德勇气。我之所以提及皮纳尔托的论述，是因为如此定义的道德勇气好像与梭罗的高尚有关，即便某人也许只具有一个而缺少另一个。

即使有社会的或物质的报复相威胁，高尚仍能使一个人选定某种道德立场的想法，这非常契合第一部分讨论的哲学传统。对霍布斯来说，高尚和勇气的概念紧密相连，而且高尚者始终追寻最佳途径以达到他最伟大的目的。如果坚持一种道德原则对高尚者来说非常重要，那么此人将勇敢寻求最有效的方法来达到这一目的，并且不会被惩罚或反击的可能所阻止。

三、心灵的伟大和简朴的环境美德

我在此提供一种新的论点——不直接引申自梭罗——人们不能实现高尚的美德,或心灵的伟大,除非人们养成简朴的环境美德。我没把论点的前提建立在梭罗直接表明的内容之上,而是基于我们今天能从他的主张中得到什么暗示。

我认为梭罗正确地指出了,很多人花费太多时间和精力追求对他们来说并不真正重要的东西,或者使用并非最有效方法来实现真正重要的目的。无论梭罗写作时的真实含义是什么,我们自己也许会推断出,就霍布斯的意义上说,大多数人不是高尚的。霍布斯的高尚要求我们追寻最佳方法以达到目的,不为琐事分心。但梭罗认为,对很多人来说:我们的生活被琐事消磨没了……在文明生活的汹涌海洋之中,如乌云、风暴、流沙和一千零一种这样的东西,一个人要活下去,如果他不愿沉没直至海底……必须靠航位推测法(梭罗,2008)。

依梭罗所言,绝大多数人花费过多时间专注于琐事,追求并不真正重要的目标。例如,人们"通常相比于拥有健全良知,对拥有时尚或至少干净且没补丁的衣服有着更多焦虑"(梭罗,2008),换言之,人们更关心较不重要的事物。梭罗鄙视"花费生命中最美好的时光在赚钱上"(同上)。很多人浪费他们的时间努力赚取多于他们所需要的金钱。梭罗还认为,即使人们的确在积极追求重要目标,可他们往往不能寻求最佳方法以实现目标:"农夫正在努力以一种比问题本身更复杂的方式来解决生计问题。为得到鞋带,他开始算计牛群"(同上)。

假如我们把人看作隐喻式"奴隶",如果他们没能过上那种他们应知道的,对他们而言最好的生活,即遵从其天赋并从容生活。那么梭罗为何认为房子会是监牢且财富会是枷锁就清楚了。根据他的看法，很多人花费在赚钱、花钱、使用和保养买来的东西上的时间、精力和焦虑，远多于他们愿意花费的，如果他们遵从其天赋的话。梭罗评论说，"多余的财富能且只能买来多余的东西"，而且会产生变成"不务正业者"(梭罗，2008)的风险。很多人花费太多时间和精力在对他们来说并不真正重要的事情上，因此我们能得出结论，大多数人并不是霍布斯所说的那种高尚者。

梭罗提出一个解决方案。如果你发现生活被琐事消磨没了，则应该力求"简朴，简朴，简朴！……让你的事务是两件或三件，而不是一百件或一千件"(梭罗，2008)。对梭罗而言，简朴是通往自由的一种关键美德——能避免他说的隐喻式奴役。如果我们生活简朴，我们将不会需要努力或长时间工作去获得生活铺张的财富和资源，相反，我们可以按照我们所希望的，将那些时间和精力花在更重要的事情上(卡法罗，2005；甘姆布雷尔和卡法罗，2010)。梭罗推荐没有实质性奢侈品的生活，因为：如果你受限于贫穷……你只是被限于最重大和紧要的经验；你被迫处理出产最多糖分和淀粉的材料。贴近本真的生活最为甘甜。你可以防止自己成为不务正业之徒。(梭罗，2008)

鉴于第一部分的论述，我们可以认为怯懦("心灵渺小"：高尚的对立面)是一件琐事，而且避免多余的财富，能帮助一个人免于怯懦并变得高尚。

梭罗同样赞美有关物质简朴的美德，如由甘姆布雷尔和卡法罗所形容的那种个性或品质，它可以决定我们"在我们的消费判断方面适当地行动"，并且是"一种面对物质商品的谨慎和节制的态度"(甘姆布雷尔和卡法罗，2010)。如果我们拥有这种美德，那么对于事实上无助于丰盛生命的资源，便不会购买或浪费时间得到它。我们反而会"缩减的"生活需求和"更谨慎的消费"，带着"对物质商品之外事物的更细致欣赏"(同上)。

反思梭罗的作品，我们可以找出一个新的理由来珍视简朴美德：对很多人来说,简朴美德是变得高尚所必需的并且能最终导向一种升华的生活。[①]
只要人们花费他们的时间和精力在获取或使用不必要的资源上——只要人们的生活是复杂的——那我们就可以想象,他们将很可能要么不能有效追求对他们来说比消费更重要的目标,要么不能寻求最佳方法去实现其重要目标。相反,如我们先前所见,霍布斯认为高尚者总是寻求最佳途径来达到其最伟大目的。所以我们可以推断,只要人们的生活复杂且不具有简朴美德,那么他们就不太可能成为其能够成为的最优秀者或真正高尚者。虽然梭罗没有明确得出此结论,但他确实适当地表明了,高尚的哲人必须没有"大多数奢侈品和许多所谓生活便利品",过"简朴"的生活(梭罗,2008)。

我以为,对于生活在发达国家的绝大多数人而言,过一种物质简朴的生活,将是变得高尚所必需的。多数人花费太多时间和精力在获取和使用不必要的资源上,而且物质简朴将会释放能更好地用于更加重要目标上的时间和精力。所以同样,对多数人而言,物质简朴有助于高尚,高尚要求全心全意追求最重要的目的。然而,也会有例外。对某些人而言,财富和奢侈来得容易。这种人也许是高尚的——全心全意且有成效地追求其重要目标——虽然依旧会沉溺过度。即使梭罗承认,个人有可能在逻辑上变得既高尚又宏伟,在全心全意追求其目标时,有时也花费大量财富于过度的奢侈和消费上(梭罗,2008)。但对于我们中的大多数人,财富和奢侈都不那么容易,而物质简朴是实现个人伟大的最佳方法。

为进一步支持我有关高尚、简朴和消费之间关系的主张,我们可以求助于心理学家称为"心流"的研究。在一项研究中,得到了传呼机的参与者们,在一周内以随机间隔被呼叫了 56 次。每当他们收到一个呼叫,就会被邀请

---

① 尽管卡法罗没专注于高尚和简朴之间的关系,但他确实认为,对梭罗而言,有一种"在简朴和其他美德之间的紧密联系"(卡法罗,2000,37)。他提出,对梭罗而言,如果一个人具有简朴的美德,这个人将会具有独立、诚实和信任的美德。

填写一个表格，需要他们①描述他们所从事的活动，②划分执行活动时他们的技能水平等级，③划分活动的挑战水平等级，④评估他们自身的情感、动力、创造力和满足感（契克森米哈和勒菲弗，1989）。研究者发现，当人们处于工作而非闲暇时，明显更容易体验到"心流情境"——于此情境中，人的技能水平和挑战水平都高于其自身的平均水平（同上）。这似乎是真的，因为很多人在闲暇时从事的那些消极活动，例如，看电视在挑战水平和技能水平上比任何其他普遍、经常进行的活动等级更低（库贝和契克森米哈，1990）。虽然很多人的情感在心流情境并没有明显好于厌倦情境，但就一周的总体而言，在一周中花费更多时间于心流的人都有着更好的情感、动力、创造力和满足感（勒菲弗，1988）。在心流中度过更多时间的人，平均有更高的幸福、友善、快乐和社交能力水平。

我把这些研究作为证据，尽管它们自身不算是决定性证据，当我们像高尚者一样，全心全意地追寻最佳途径以达到我们的最伟大目的时，我们也感觉最好。当从事将我们的技能推向极限，并帮我们实现有挑战性目标的活动时，我们也拥有更好的情感。相反，当我们像怯懦、心灵渺小者一样，专注那些无助于我们的目标、无须使用我们的技能或没有挑战的琐事时，我们也不会感觉那么好。

同样，如果我们像契克森米哈（1999）一样，承认过度消费与不激发心流体验的消极活动常常有着关联，我们也能合理认为，当人们经常从事包含过度消费的活动时，他们趋向于经历更少的心流和积极体验。我们可以得出结论，那些生活简朴者也趋向于生活更积极并且更全心全意追求其富有挑战性的目标。如果是这样，那我们可以认为那些生活简朴者也趋向于变得更高尚，趋向于体验更多心流和更愉快的情感。

甘姆布雷尔和卡法罗注意到，除了促进人类繁荣，这种简朴美德普遍有助于非人类的动物、植物和生态世界的繁荣（甘姆布雷尔和卡法罗，2010）。

他们注意到，过度消费是生态退化背后的驱动力之一，而且按照定义，那些具有简朴美德者不过度消费。例如，如果我们生活简朴，没有自己的汽车或不是每年世界各地飞来飞去多次，我们的碳排放将会大减。甘姆布雷尔和卡法罗指出，过度消费也以间接方式引发环境问题（同上）。比如他们注意到，普通美国人比必要的多消费 25% 卡路里（同上；普特南等，2002）。如果不消费这么多，他们认为农田和农药使用就能减少，并且需要生产的食物也会变得更少。他们进一步认识到，如果我们消费更少，温室气体排放将会减少，因为我们温室气体排放的 20% 是运输和种植食物的一个结果（甘姆布雷尔和卡法罗，2010；波伦，2007）。

总之，我们有理由认为，大多数人为了变得高尚必须养成简朴美德，进一步说，大多数高尚者将会以一种有利于自然界的方式行事。

四、环境美德理论

然而也许最初设想如下情形是可能的，但以上述方式来进行俭朴生活的高尚者，却没有对环境的真实关心，并以对环境有破坏性的方式作为。设想过着不奢侈生活的高尚者，花费其时间和精力，全心全意追求他们的最重要目标而不是琐事。也许我们也能设想，尽管这些同样的高尚者有非常重要的目标，但如果他们尽可能地追求这些目标，他们将会毁坏自然界。如果我们能设想这样的高尚者，那么设想他会采取毁坏环境的行动将是容易的，尤其因为高尚者总是追求实现他们的最重要目标的最佳方式。实际上，即使追求稍低重要性的目标也许能拯救环境的话，我们似乎仍能料想这些人将采取毁坏环境的行动。

最终，我怀疑如刚刚所描述的那些高尚者不可能存在。我无法想象这样的高尚者，在遵从其天赋之后会非常珍视这种目标，对它们的成功追求会不必要地毁坏自然界。我无法想象真正的高尚者,会非常珍视与人类繁荣之所需背道而驰的目标,而且我认为人类繁荣与自然界繁荣密不可分(罗尔斯顿,2005;甘姆布雷尔和卡法罗,2010;桑德勒,2005)。如果人类不必要地毁坏环境,那么他们根本不可能活得好。而且,我认为非人类的动物和植物有内在价值——内在于且属于它们自身的价值——不管其对于人类的有用性和不管与其互动能帮人类变得更有美德的事实(罗尔斯顿,2005)。我发现自己无法想象这样的真正高尚者,他们非常珍视需要无谓地损害非人类的动植物的那种目标,并且对它们的内在价值置之不顾。高尚者认为真正且客观的有价值之物是重要的,而那包括自然界的繁荣。

我认为,任何有环境美德者都会根据定义,保护自然界并以可持续的方式行事,但不会因为如此做会帮他活得更好或变得更有美德而这么做。相反,有环境美德者以可持续的方式行事,因为他们真诚关心非人类的动植物,而且承认那些动植物的内在价值(罗尔斯顿,2005)。①

我不会提供如下论证,非人类的动植物有内在价值,或高尚者永远不会很重视毁坏自然界的目标。这些论证超出了本文的范围。同样,我不会过分依赖这些主张。假设动植物没有内在价值,而且具有环境美德者不需要超出如下范围来关心它们,即怎样与它们互动能帮这些人实现目标和养成良好品质。或假设,生活简朴的高尚者可能并不真正关心环境和破坏环境的行为。尽管如此,我依然坚持自己的结论与论据。

要认识到这点,可以考虑"环境美德"的一种更广泛的定义,它不要求动

---

① 霍尔姆斯·罗尔斯顿(Holmes Rolston Ⅲ)担心,环境美德理论往往意味着,至少有时候,我们应当保护非人类的动物,因为这么做将会帮助我们养成良好的品质(罗尔斯顿,2005,70)。他写道:"它看起来不佳——低劣且庸俗——却说人类品质的美德是当我们保护濒危物种时所追求的东西"(同上,70)。他建议,理论应该强调高贵的人类行为,不是为了养成更好的品质,而是出于对动物和其内在价值的真诚关心(同上,73)。我希望通过把他强调的内容作为"环境美德"定义本身的一部分来避免这些担忧。

植物有内在价值，也不要求关心环境具有道德价值。罗纳德·桑德勒（Ronald Sandler）定义环境美德为"人类在与环境的互动和关系方面应具有的适当性情或品质特征"（桑德勒，2005）。当感恩的美德被理解为一种标准的人际间美德时，意味着对曾助益我们的其他人类具有适当性情；当感恩的美德被理解为一种环境美德时，意味着对曾助益我们的自然环境具有适当性情（同上）。促进了"人类和非人类繁荣"（甘姆布雷尔和卡法罗，2010）的环境美德，引导人以环境可持续的方式行事和支持环境上可持续的政策和做法（桑德勒，2004）；并鼓励他人也这样做。而且，通常以不会促使生态系统崩溃、物种减少、或引起非人类的动物无谓痛苦和死亡的方式行事（甘姆布雷尔和卡法罗，2010）。

导致大多数人始终以环境可持续的方式行事的任何性情，按照这种定义，都将被视为一种环境美德。例如，如果人们的仁慈性情持续使其保护环境，那么即使他们并不真正关心环境本身，他们也会具有仁慈的环境美德，因为他们保护环境是出于对受益于环境的其他人类所具有的仁爱之心（维尔克曼，1999）。也因此，只要那些具有简朴美德者不过度消费，从而以更具环境可持续性的方式采取行动，那么这种物质简朴的美德就能被视为一种环境美德。既然物质简朴是绝大多数人变得高尚所必需的，那我们可以得出结论，环境美德对于高尚至关重要。

我们可能认为这是真实的，虽然这些人是具有简朴美德的高尚者中的一小部分，但他们没有对环境的特殊关心，且一直以破坏环境的方式行事。虽然由于他们追求目标的方式，使其毁坏环境，但我们依然可以确认，简朴美德依靠其自身，将把他们引向以可持续的方式行事。

五、心灵的伟大和仁慈的环境美德

我认为大多数高尚者不仅有简朴的环境美德,也具有仁慈的环境美德。我提供一种新的论点,它受启发于梭罗的主张,即一旦人们变得高尚,为了实现各种作为其特征的博爱目标,他们将需要养成仁慈的环境美德。

为证明我关于仁慈的结论,我们必须首先考虑如下问题:人们如何能养成这种大多数人为了变得高尚所需要的简朴美德?梭罗认为,获得这种美德是困难的,只要人始终生活在奢侈的社会中。对很多人而言,打破从众心态,停止追随奢侈的榜样是困难的:"正是这些奢侈和放荡的人引领了让众人如此狂热追逐的时尚"(梭罗,2008)。相反,对大多数人而言,落入这种圈套很容易,认为"他们必须有这种"东西,只"因为他们的邻居有"(同上)。依梭罗所言,关注他人如何看待你——比方说如果你没穿漂亮衣服——比关注什么是真正重要的容易。专注于"被尊重的,而不是真正值得尊重的"(梭罗,2008;马绍尔,2005)更容易做到。与此相反,如前所述,很多哲人建议我们应像亚里士多德论述的有伟大心灵者一样,不求虚名,做个配得上荣誉之人。梭罗认为我们很容易陷入不高尚的行为模式中,他还暗示就连我们的精神生活也常常陷入"车辙"(Ruts):土地的表面松软,易于被人们留下足迹;心智旅行之路也是如此……传统和依从的车辙多么深啊!(同上)

梭罗认为,只要我们仍留在始终被生活奢侈的人们所包围的社会中,就难以活得简朴,因为在"文明生活"中,有"乌云、风暴、流沙和一千零一种这样的东西"(同上)。

因此,为了获得简朴美德并且有更多机会变得高尚,梭罗认为我们应与大自然互动,即使"处于一种表面化文明的包围中"(同上),因为远离社会到一定程度时,我们可以更好地实现生活简朴并活得有别于众人。我们能关注真正重要和必要的东西,而不是关注财富和所有随之而来的多余物品,我们能够"了解生活必需品大致是什么和采取什么方法获得它们"(同上)。梭罗认为,"如果我们的生活不向周围未开发的森林和草场开拓",那么"我们的乡村生活会停滞在"传统和依从的一潭死水中(同上)。他声称,我们"需要荒野的滋养"(同上)以使我们脱离常规,让我们知道现有生活方式之外还有着多彩的世界,"我们需要见证我们突破自身的限度,需要见证一些生命在我们从未漫游过的地方自由放牧"(同上)。野生自然让我们在更广阔的环境中看待自己,人类在其中的控制较少,而且它不像我们在日常生活中那样温顺(卡法罗,2012,87)。

反思梭罗的主张,我们可以得出结论,对很多人而言,实现简朴也是实现高尚美德——因为简朴是其所必需——的最佳方式,即花时间直接与野生环境和野生事物接触。①

反对者起初也许担心,那些有足够金钱和自由时间享受野生环境,并旅行至国家公园或乡村庄园的人,是那些生活奢侈且不接受物质简朴的人(克罗农,1995)。但当梭罗写到荒野时,他并不是指,到那种偏远、原始且未被人类文化影响的荒野。相反,他鼓励我们享受我们居住地附近的荒野地区(同上)——有着非人类的动植物的环境,其中也许仍能发现有附近人类的明显活动痕迹。梭罗的小木屋靠近瓦尔登湖,离他童年的家园很近,他在那里享受并抒写野生自然。这是位于他自己后院的荒野。很容易设想,梭罗同样会称赞这些现代人,他们愿意欣赏并且花时间在靠近其家园的、简陋的、不那么奢华的"欠发达"地区,在这里也许仍能听到高速路的车流声,在这里他们也许仍要磕绊地跨过一两件垃圾。可以说,大多数人甚至那些生活简朴者,

---

① 卡法罗认为,与一种"各式各样且部分野生的景观"互动同样能够,根据梭罗的观点,促进一些其他美德和正面价值观,包括"坚忍、沉静、机敏……对科学和历史知识的追求,以及……创造性和个人表达"(卡法罗,2012)。对此问题的进一步论述超出了本文的范围。

都有足够时间和资源来找出类似这种的荒野之地。

为什么它与仁慈的话题相关,即为了活得简朴,为什么大多数人必须与野生自然接触?我主张,梭罗的仁慈目标是以鼓励其读者用活得简朴的方式,帮助他们变得高尚。因此我坚持认为,野生自然在帮助梭罗完成他的仁慈目标中,发挥着关键作用。正如我们所见,梭罗有与高尚和简朴相联系的几个其他目标。他深深关注着唤醒人们的方法,并使其摆脱隐喻式奴役。他也希望帮助他们遵从其天赋,服从其良知,并依照他们所知为真的道德原则行事。这就是梭罗的仁慈美德引导他去追寻的那种博爱。

似乎有理由认为,如果一个社会的公民都摆脱了梭罗说的隐喻式奴役,能够独立思考且过着他们完全认可的生活,如果其他条件不变的话,那么这个社会将更加支持自由而反对现行的奴隶制(Schliesser,2012)。假设与荒野互动有助于梭罗结束隐喻式奴役的目标,它也会有助于约翰·布朗结束字面意义上奴役的目标。布朗和梭罗都展现出仁慈,它被定义为关心他人利益和为了有益他人而行事,而不是只为自己(Welchman,1999)。而且,野生自然的保护有利于实现他们两者的仁慈目标。

我主张,保护野生自然非常有利于大多数高尚者的仁慈目标,而且总的来说,高尚者确实试图保护它。真正的高尚者仁慈地努力帮助他人变得高尚,并且如梭罗一样,他们需要野生自然以实现这个目标。无论一位高尚者的人生目标恰巧是什么,如果其合作者也高尚,那将符合这位高尚者的最佳利益。如果他的合作者变得高尚并因此全心全意追求实现共同目标的最佳方式,而不被琐事分心,这对高尚者而言是理想的。因为高尚者始终追求实现目标的最佳方式,他们愿意帮助合作者变得高尚。既然野生自然是如此有利于生活简朴,而且由于生活简朴是大多数人变得高尚所必需,那么高尚者会力图保护野生自然。与野生自然接触是高尚者与合作者变得高尚的最佳途径,他们就必然会保护它。

我不认为高尚者愿意帮助其合作者变得高尚是出于自私的动机。帮助其合作者将使高尚者能实现自己的目标，但这并不意味着他们助人的动机是自私的。相反，我主张高尚者会出于对他人幸福的真诚仁慈来帮助他人。

我不认为这是巧合，即霍布斯主张高尚是充分拥有正义美德的关键，或者休谟认为高尚与对自由的关注和对奴役的鄙视直接相关。相反，我猜想潜在观点如下：全心全意追求对他们来说真正最重要目标的高尚者，将倾向于追求正义、自由、隐喻的和其他的奴役的终结，因为如果他们听从自己的天赋，遵从更高级动机，那么这些就是人们会认作是真正重要的仁慈目标。如果的确如此，那么很自然，高尚者看来会拥有仁慈的目标并且希望帮助他人。

人们可能会怀疑，是否一旦摆脱了隐喻式奴役，高尚者就可能会选择仅仅追求自私自利的而不是仁慈的目标。高尚者——学会遵从其天赋者——会承认他们非常重视仁慈的目标(虽然可能不是那种典型的人道主义目标)，而且由于高尚者全心全意追求其最伟大目标，他们经常仁慈行事。所有人都有伟大的、利他的目标，并且强烈重视家庭、朋友和他们的社区。那些认为他们的所有最伟大目标都是利己的人们错了，如果他们从隐喻式奴役中解放出来，能够遵从其天赋，就会认识到其错误。

设想缺乏坚定持有仁慈目标的高尚者似乎不太可能。我坚持认为，高尚者会高度重视对人类繁荣至关重要的那些事物，而且我认为这不仅包括自然界的繁荣，也包括对种种仁慈目标的追求。即使此观点有误——即使我们可以设想完全自私自利的高尚者——高尚者的绝大多数将依然力图保护野生自然。如上所述，无论高尚者的目标如何，他们的更多合作者变得高尚将会符合其最佳利益，而且让那些合作者接触野生自然是确保合作者会变得高尚的一个必要方法。

最后，如维尔克曼暗示的，秉持多种不同仁慈目标的人们经常有更直接坦率的理由去保护自然界。维尔克曼认为,与野生自然互动——在森林中散步、打猎、露营,等等——有助于为我们阐明道德价值观(维尔克曼,1999)。如前所述,对一些要养成诸如简朴和高尚美德的人,这些经验甚至是必要的。维尔克曼正确地暗示,如果我们产生仁慈并关爱他人,就会引导我们中的很多人增进对荒野的保护,以使他们可以自己养成这些美德并因此过上更好的繁荣生活(同上)。即使人们不支持梭罗帮助别人更好地遵从其天赋的目标,但如果人们认识到荒野对于养成人类繁荣所必需的美德至关重要,那么对别人的仁慈将激励他们中的许多人以一种增进保护荒野的方式行事。

通常,理论家写的好像仁慈提供了消极动机:我们对子孙后代产生仁慈,所以我们现在采取行动,以减缓全球变暖的影响和资源枯竭,否则后代要就忍受可能出现的痛苦(维尔克曼,1999)。梭罗给我们提供了一种对仁慈的积极看法:我们对他人产生仁慈,并且我们认识到,使其与荒野和健康环境互动能帮助其获得对繁荣生活至关重要的那些美德,所以我们现在采取行动,保护大自然并减缓全球变暖,使人们可以养成会让他们更幸福的美德。

六、结语

在此文中,我反思了梭罗作品中有关高尚的历史论述并主张:对于很多要变得高尚的人而言,他们将需要养成简朴的环境美德;高尚者将常常需要仁慈的环境美德以实现其博爱的目标。如果高尚的美德对于人类的卓越生活至关重要是真实的,那么我们会有更多理由认为,简朴和仁慈的环境美德同样是人类卓越所必需的。

我勾画出了关于人类卓越的一幅简图,它同时考虑了人类繁荣和环境繁荣。我的叙述并不意味着,我们现在的生活方式根本不美好。要过卓越的生活，我们需要重估并甚至更改我们的涉及经济消费和时间度过方式的最基本习惯。如梭罗一样，我们可能要去体验与我们目前过的完全不同的那种生活，并力求"简朴，简朴，简朴"(梭罗，2008)。最终，我关于人类卓越的叙述并不是低估环境美德、人际间美德或者个人美德：简朴，仁慈，或高尚。每种美德与其他美德直接关联，因此若缺少其他美德，则很难具有任一美德或者活得美好。

蕾切尔·弗雷德里克斯主张，很多关心环境者因为缺乏道德勇气而未能采取行动推进积极变化(弗雷德里克斯，2014)。类似情况同样适用于高尚的价值。如果琐事不断打扰我们做有益之事，那么关心环境或者任何类型的仁慈有何好处？如果我们无所作为，因为我们怀疑我们的力量和能力去做出改变，那么仁慈有何好处？相反，我们应活得简朴，培养高尚，承认自身的伟大力量，并始终追寻达到我们目的之最佳途径。只有这样我们才能最成功地追求我们最伟大的仁慈目标。

保护自然景观的形成

——朝向相互依存的实践

[美]安妮·H.图米/文　张羽佳/译*

　　土著人民对生物多样性的保护作用以及生物多样性在土著人民生活中的重要性引起了环境保护研究的广泛关注（Bohensky and Maru，2011；Painter et al.，2011；Shoreman-Ouimet and Kopnina，2015）。《生物多样性公约》和《世界遗产公约》等国际协定发布的最新综合报告和议定书指出，必须更广泛地研究如何将土著人民的视角和知识融入保护全球生物多样性和自然资源的工作中（Shoreman-Ouimet and Kopnina，2015；Schmidt et al.，2016；Kormos et al.，2017）。这些内容强调了以科学为基础的主流环境保护组织与世

　　* 本文原载《环境保护与社会》（Conservation and Society）2020年第18卷第1期，第25~36页。由原著者授权译者翻译并发表此文，译者在此特向图米女士致谢！

　　安妮·H.图米，现就职于美国纽约佩斯大学，环境研究与科学系，助理教授。她的研究方向是人与自然环境的关系以及科学研究对处理人与自然关系的作用。安妮在英国兰开斯特大学获得了人文地理专业博士学位，在美国大学获得了可持续发展和自然资源专业硕士学位，在罗德岛大学获得了政治学与传播学学士学位。

　　张羽佳，天津外国语大学欧美文化哲学研究所硕士研究生，研究方向为外国生态哲学与文献翻译。

　　邮箱：yujia.zhang2020@outlook.com

界各地土著社区之间合作与对话的重要性。

土著人民在环境保护中的作用不仅得到了社会关注，同时也引起了大量环保生物学家和社会评论家的讨论（Fletcher，2010）。一些环保生物学家提出，人们越来越关注人类自身而非各个物种，这已经让环境保护活动陷于危机之中（Terborgh，2004；Cafaro et al.，2017）。同时，政治生态学家和其他批判学者认为，将土著人民有关的知识和世界观纳入环境保护议程的做法，忽视了这种融合的内在权力关系，已经对土著人民造成了意外的伤害（Bohensky and Maru，2011，Cepek，2011）。这些评论反映了环保工作中群体协作普遍面临的挑战、紧张和冲突（Brockington et al.，2008，Barbour and Schlesinger，2012）。但这些批评没有详尽评估以下重要问题：环保参与者共同承担的责任，开展合作的必要性，每个群体自身的弱点，以及各方应达成的共识，即每个群体无法孤立地实现自己的目标（Reo et al.，2017）。因此，我们有必要着眼于这种合作的社会基础、生态基础和政治基础，更深入地了解环境保护合作的复杂性（Tsing，2005）。

本文以玻利维亚马迪迪地区为例，介绍了建立自然保护区景观的过程，仔细研究了土著社区、环保组织和保护区官员这几个群体之间的合作与冲突。我将论证这些群体在创建共享环境格局的过程中是如何发挥作用的，以及他们之间的关系——既相互交织又从根本上截然不同。在最近的学术研究基础上，我强调了相互依存的重要性：它是一个积极的活动过程，在这个过程中，各个群体之间既相互联系又产生摩擦，如此错综复杂的关系导致了一个群体存在与否取决于另一个群体是否积极参与。本文结构如下。首先，简要概述全球环境保护相关的学术文献对合作与冲突的讨论。其次，介绍环境保护情境中的相互依存概念，并解释这个概念的重要性，因为这个概念让我们重新思考以下问题：各个群体的目的截然不同，他们之间会产生怎样的冲突和协作？接下来，我通过一项马迪迪地区人种学案例研究，展现土著社区与环保组织和保护区官员之间相互依存关系的形成和发展。最后，回到马迪迪地区当前的困境，我提出了以下问题：以前的相互依存关系在未来还适用吗？它会如何影响生物多样性和土著主权？针对这些问题，我在文中阐述了一些自己的观点。

一、环境保护中的相互依存关系

安娜·秦（Anna Tsing）2005 年出版的著作《摩擦》（*Friction*）引起了广泛思考——环境保护项目中各个群体势力参差，如何开发一些新的模式来缓和冲突并且保护环境？她认为社会批判科学的研究重点应超越对帝国主义遗产和全球环保运动的关注，因为这些研究过去谈论的是"在帝国主义现代化的历史叙事中发生的事情无论好坏，大多都是类似的。人们熟知的英雄和反派再次出现在同一战场上，观众便很难再看到新的角色和观点"（Tsing，2005）。安娜和其他作家利用摩擦和互动的比喻来探索新的方式，重新思考个人和某些组织如何通过互动而做出改变，并创造新事物，"强调相互联系和冲突，突破地域的过度简单化的表象"（Askins and Pain，2011）。

社会批判科学研究的新趋势已转向了"地域界限"，他们试图驳斥西方社会中固有的二元对立，例如自然与文化，自我与他人，甚至物质和精神（Castree，2013；Pellizzoni，2016）。这些非二元论研究方法，包括行为者网络理论和多种族人类学，已经有效地证明了事物和存在是如何通过与他人或他物的相遇而形成的，并且更加深入地关注人类之外的动物、植物、河流、物质的重要性（Latour，2007；Haraway，2008；Tsing，2015）。政治本体论等非殖民主义理论融合非二元论的方法，深入研究了以人为中心的世界、物质相互作用的重要性，以及环境保护等政治过程中的"接触地带"等问题（Blaser，2009；Petitpas and Bonacic，2019）。在环境保护的情境中，这些方法对理解不同"世界"之间的冲突和合作关系十分重要，有助于更深入地理解形成误解和项目失败的原因和方式（Blaser，2009；Petitpas and Bonacic，2019）。

拉丁美洲后殖民主义学者和行动主义者的作品对于以上观点的处理十分独特，例如阿图罗·埃斯科瓦尔的新书《多重世界：密切的相互依存、自治和多重世界的形成》。埃斯科瓦尔将"相互依存"与萨帕塔主义的"多重世界"（一个可以容纳多个世界的世界）两个概念联系起来，向我们展示了非西方世界的思想，尤其是拉丁美洲土著人民反抗运动的思想——"如何改变人们日前所感知的存在方式并重新构建社会"（Escobar，2018）。埃斯科瓦尔这部著作不仅在改革设计领域广受欢迎，而且他所使用的"相互依存"概念对于重新思考其他现代主义项目（例如环境保护）也至关重要，原因有二：其一，这种"相互依存关系"是根本性的——"过去人们将它理解为事物之间是相互联系的，如今这个观点转变为此事物与彼事物互相构成，也就是说，因为这个事物依赖于其他事物，我们才能将它称之为存在"（Sharma，2015），这表明人们不仅在思考不同群体或行动者之间的相遇、冲突和摩擦所产生的结果，同时也在思考一个更加根本的问题，即群体本身如何通过与其他群体的相遇和互动而存在（Sharma，2015；Escobar，2018）。

其二，相互依存因其实践意义成了一个与环境保护合作有关的概念。所以，它不仅是一种理论，也代表着通过"发现其他世界或其他实践过程"来进行"变革实践"，即从根本上改变我们与其他事物和人互动的方式，不只是停留在对实践的理论分析层面（Escobar，2018）。从这个意义上说，在考虑群体之间相互依存的具体实例时，我们应该先处理相互依存的概念，即虽然群体之间充满着冲突和矛盾，但是他们的相互支持对于彼此的成功甚至生存都至关重要。史密斯（Smith，2015）结合20世纪的各种背景多次提到了"相互依存的地理学"这一术语，并指出了它的潜在效用：全球环境变化与地缘政治学之间的关系不断演变，而"相互依存的地理学"可以用于处理这种关系的内在复杂性。史密斯提出:相互依存关系是一种实用的工具,让我们更深入地思考人类如何与其他事物"建立联系",更好地理解我们在这种互动关系中的责任(Escobar,2018):

> 承认我们生活在一个相互依存的世界中,这种观念虽然没有告诉我们如何处世,但是这使人类更容易体会多种多样的关系,包括那些能够影响人类的以及被人类所影响的关系。因此,对于那些不仅要了解世界,而且要改变世界的人们来说,领悟了相互依存这种关系等于拥有了一个强大的智力工具。(Smith,2015)

因此,相互依存关系对我们的挑战不仅在于要以新的视角审视环境保护区内的社会关系,而且还需要我们回答以下问题来重新评估这种关系的历史:环境保护中的相互依存关系是什么?环境保护行动中各个群体和行动者,以及环境本身如何通过相互依存而"相互构成",这种关系的未来会如何?相互依存的观念能否帮助我们将环境理解为一个容纳多个世界的多重世界?承认相互依存是一种固有的存在关系能否将环境保护"塑造"成一种真正的非殖民化项目?

二、方法论

本文基于玻利维亚马迪迪地区人类学区域研究的实地调查展开论述。马迪迪国家公园和自然综合管理保护区占地面积 1895750 平方千米,是地球上生物多样性最丰富的保护区之一(Gorman,2018)。该保护区分为两个国家公园和一个自然综合管理保护区,与三个土著民族领土重合,并与皮隆拉哈斯生物物种保护区和土著领土在东侧接壤。马迪迪地区人口总量约为

25000 人,其中有 3741 人居住在保护区范围内的 31 个社区中。

这项研究在 2012 年至 2015 年间进行,采用了多种调查方法,包括 137 次半结构化和非结构化访谈和 12 次研讨会,以及参与者观察。参与者主要分为三类:马迪迪国家公园和皮隆拉哈斯公园的工作人员、玻利维亚境内的环境保护机构研究人员和从业人员,以及马迪迪地区各低地土著区的领导者和成员。由于本案例研究涉及的环境保护事件持续在玻利维亚和国际媒体上报道,因此调查参与者在 2018 年至 2019 年间也参与了跟进访谈和非结构化访谈,以告知社会在自然保护区新出现的一些问题。

研究方法已获得参与者的授权同意,并且所有个人信息均已匿名。由于研究中描述的某些问题具有政治敏锐性,我们采取了补充措施来保护某些土著人民委员会和环境保护组织的身份。这一决定是因为玻利维亚政府对参与各种人权运动,尤其是土著人民和环境权利的团体和个人的打击力度日益加重(ANF,2015,CEDIB,2017)。

三、马迪迪地区殖民地时期和后殖民地时期环境景观的形成

1990 年,总部位于美国的一个大型环境保护组织在玻利维亚马迪迪地区聘请了一批世界知名的科学家进行一项快速评估项目(Rapid Assessment Programme),希望在短短几周内探索(并且最终保护)这个地球上伟大的生物宝藏。快速评估项目的调查方法十分新颖独特——它将世界上的鸟类学家、哺乳动物学家和植物分类学家带到一个偏远地区,他们需要在一个月内考证该地区动植物的多样性,其根本目的是验证自然保护区的生物学价值(Chicchon,2009)。这项评估成效显著,使玻利维亚政府和世界银行都将马迪迪列为重点融资地区。这项调查结束后不到 5 年,时任玻利维亚总统桑切斯·德洛萨达将这项调查提出的结论和建议作为主要证据,证明了建立一个

地域面积与丹麦相当的自然保护区的合理性(Alonso et al.,2011)。

运用科学方法保护自然景观意义重大。我们说的原始"自然"不仅意味着脱离社会的自然,也是遭受人类世界入侵威胁的自然(Castree,2013)。换句话说,自然很脆弱,因此需要保护。这样的描述常被用于劝说各地人民离开自己的家园(Brockington et al.,2008;Büscher et al.,2017)。在建立马迪迪自然保护区的过程中,31 个土著社区和农民社区虽然并没有直接迁移到新划定的边界之外,但也没有人与这些社区事先沟通有关建立自然保护区的事项。一位一直在马迪迪工作的公园警卫这样描述保护区刚刚成立时的生活:

> 当他们招聘公园警卫时,我刚刚结束了兵役。很多人报名应聘,但事实上我们并不知道国家公园是什么,也从未听说过环境保护或环境之类的说法……起初,我们的职责是走访阿波罗地区的社区并告知他们早在两年前阿波罗已被宣布成为自然保护区。这些人以前不知道这件事,也从来没有人问过他们是否想成为自然保护区的一部分。政府在地图上看到了这个地区的自然条件就宣布这个地区要受到保护。

上文所述的自然保护区建立的方式与该地区处理以往相关问题的方式相似。在殖民时代之前,高地艾马拉人就将喀喀湖东北部地区,即当今马迪迪国家公园所在地称为"乌玛斯尤(Umasuyo)",意为被男性气概所征服的下等的、潮湿的、浮华的、黑暗的女性特质,而另一个词"乌克斯尤(Urcosuyo)"指男人所居住的上等的、干燥的、阳光充沛的地方,两个词义形成鲜明对比(Silva et al.,2002)。在印加帝国时期,入侵者再次以此为由,在马迪迪进行军事远足,并且建造堡垒、道路来进一步开发、占领该地区(Silva et al.,2002)。后来西班牙殖民者入侵,他们寻求黄金和财富,占领马迪迪也成为他们寻找传说的黄金之城埃尔多拉多行动中的一部分(Lehm et al.,2002)。最后玻利维亚获得独立,人们将马迪迪与其周围各省称为玻利维亚的"狂野西部",国家制定各项政策鼓励开放土地(Lehm et al.,2002;Silva et al.,2002)。这些政策促进了玻利维亚低地地区的初次繁荣,通过开采自然资源,从奎宁到橡胶,再到建立大规模农业生产的大庄园,最后发展到 20 世纪 70 年代的皮毛贸易,80 年代盛行的木材贸易,此般繁荣一直延续至今,尽管现在这些生意大部分只在公园周边的缓冲地带经营(Forrest et al.,2008;Toomey,2016)。

这是一个空旷且未开发的地区,这种观念吸引了众多勘探者和开发者,外来的(更加勤奋的)人口更加合理地到此定居(Nygren,2000;Gambon and Rist,2018)。在 20 世纪末期,这种观念在马迪迪地区发挥的作用越来越大,因为政府在 20 世纪 70 年代鼓励"向拉哈斯北部行进",这一号召促进了拉哈斯北部地区的定殖(Fifer,1982;Bottazzi and Rist,2012)。这个过程持续到 20 世纪 80 年代,人们为获得土地所有权而密集开发自然资源(Bottazzi,2008)。

在马迪迪快速评估项目时期,该地区的生物多样性(和文化多样性)已经受到了外界威胁。有 40 多家木材公司在原定的国家公园范围内经营,大多由外来人所有。马迪迪似乎成了一个炙手可热的地方,早期环境保护主义者力求保护它不被其他力量破坏,而商人则奋力将其发展为一个社会经济发展新地区。

在这一时期,土著是一个不被承认的第三方群体,但其行动非常活跃,他们会支持也会反对国家政策。这种反抗的历史起源于一个根深蒂固的理念,"玻利维亚的亚马孙人很麻烦,他们妨碍了这个新兴国家的成长,当权者利用这个观点对这些人民进行不同程度的剥削和政治排斥"(Healy,2001)。但是,当地人的口述历史和书面内容逐渐肯定,土著群体能够通过自我隔离或暴力抵抗提升自身优势以应对外部力量,如今,他们仍以类似方式作为自我保护的手段之一(Cingolani et al.,2009)。在西班牙殖民统治时期,土著人民采取了另一种策略——接受侵略者的统治,搬入临时定居点、加入天主教使团并且纳税,以维持一种正式的关系(Platt,1982)。这也是自我保护的一种方式,在新土地法规定下,只有殖民地合法文件对土著人民而言才是最可靠的(Baud,2007;Canessa,2012)。

1952年,玻利维亚全国土地改革后,虽然土著人民拥有了一定程度的土地控制权,但是国家传播的文化政策是西方文明和进步思想,鼓励"文化混合"而非土著化(Healy,2001;Albro,2006)。在20世纪后半叶,殖民化和资源开采加剧,外来者入侵并利用当地自然资源换取低价劳动力,对该地区低地土著社区产生了直接影响。这种情况在80年代有所好转,国际上对土著民族世界观和知识价值的讨论引起广泛关注,这些讨论与以下理念有关——享有土著土地和资源特权的人应该是土著民族的后代,不是那些近期移民至此的人(Kuper,2003)。同时,农民社区自1950年以来一直是农业工会成员,他们也将自己的身份改为土著,他们还联系了生物学家和生态学家,这些专家运用亲土著的措辞动员所有人来共同防止雨林破坏(Brosius,1999,da Cunha and de Almeida,2000)。1990年,这种协同合作推动了第一次领土尊严游行,600名土著人从低地向拉哈斯游行了近1500千米,抗议外界对其土地和资源的侵犯和剥削(Healy,2001)。

马迪迪成为自然保护区的同时也变成了一个土著化热点地区,这两重世界之间有直接的联系。自然保护区系统得以巩固的10年也是马迪迪土著群体长期拥有土地所有权的开端。1990年游行后,马迪迪土著群体成立了若干土著委员会,国家也建立并制订了新机构和新法律来进行农业改革,包括1996年推出的《国家农业改革法》,这项法律规定全国土著人民的"农民土著领土"这一法律名称[①]。但是,有人认为农民土著领土与自然保护区重合不是

---

① 根据《玻利维亚宪法》(2009年)第293条,"农民土著领土"(Tierras Comunitarias de Orige)一词正式改为"原始农民土著领土"(Territorio Indígena Originario Campesino)。但是在实践中"农民土著领土"一词仍适用。

一件好事。1992 年马迪迪自然保护区建立时,许多土著社区认为他们迎来了一种新的外部控制,所以他们想尽办法捍卫自己的土地和文化传统。这个地区充斥着强烈的紧张关系,大家都在争论:谁属于这个自然景观? 这个景观又属于谁? 这两个问题的答案导致了人与自然相互作用的不确定性。就像土著社区成员和公园警卫在访谈中回想起自然公园建立初期,土著人民曾持步枪威胁驱逐公园警卫。如前文所述,在马迪迪的社会自然特征形成时,各个群体相互作用的同时也形成了群体间相互依存的关系。换句话说,马迪迪自然保护区是在"多重世界"中形成的。

四、相互依存关系的形成

在全球范围内,有一种趋势认为土著社区能够兼顾环境保护和自然资源利用;在 20 世纪 80 年代,这一观念在马迪迪发展起来并在 90 年代得以确立。形成这种观念的原因之一是土著人民在低地分布密度低,这符合环境保护科学家所认为的维持生物多样性的必要条件 (Robinson and Bennett, 2000)。另一个原因是在人们讨论玻利维亚低地土著环境保护伦理观时提到的土著"高贵的野蛮人"形象闻名全球,认为土著人民一直是自然环境的忠诚管家(Wentzel,1989;Costas,2010;Lehm,2010)。我与一位在 20 世纪 90 年代参与过规划自然保护区边界的生物学家的对话(项目访谈的一部分)体现了这种观点的普遍性:

> 我:"皮隆拉哈斯的自然保护区几乎完全与土著人民领土重合,您对此有何看法? "
>
> 受访者:"玻利维亚自然保护区是这样规划的。"
>
> 我:"您认为这样做能兼顾环境保护吗? "

　　受访者:"当然,每个人都这么认为。"

　　我:"我不确定是这样的。"

　　受访者:"那有谁不同意呢?"

　　土著委员会和环境保护组织的行动目的有相同之处,他们都在驱逐外来人经营的伐木公司,都在保护土著土地免受安第斯人的殖民统治。但他们的兴趣和价值观却大不相同。环境保护组织的首要目标是保护生物多样性,特别是濒临灭绝的珍贵物种,例如美洲虎或安第斯熊。低地土著的狩猎方式被视为对这些物种的威胁,但是低地人口的疏散分布在一定程度上防止了土地集约化(Costas,2010;Lehm,2010;Painter et al.,2011)。环保组织与土著社区结盟是一种有效手段和情感慰藉,新成立的土著委员会有意与外界结盟,因为土著人民最根本的目的是争取对自己土地的控制权并保证自身发展(Herrera,2005)。成立土著委员会的初衷是为了对抗高地移民,高地移民之所以能让中央政府和地方市政满足他们的要求,是因为他们的行动安排有序。所以低地土著社区就将环境保护组织(及其代表的国际力量)视为帮助他们寻求政治认可的工具(Healy,2001)。

　　所以说,相互依存的基础是不稳定的(和不平等),但其形成的原因是各方都认为能从中有所收获。环境保护组织有必要与土著社区合作(这不仅有政治意义和道德意义,还有生态意义),因为环境保护的重点已经转向自然保护区的缓冲区自然景观,而不是20世纪70年代至80年代兴起的自然保护区(Turner et al.,2001)。土著和环境保护组织协同发展,各自进步,不仅因为双方都参与其中并相互联系,更根本的原因在于,因为另一方的存在,他们自身才能发展。

五、不断变化的责任

20世纪的结束标志着玻利维亚公民身份产生了政治性的变化。1994年,玻利维亚通过并实施的一项新法律《民众参与法》极大地改变了土著社区的运行方式(Lema,2001)。在市区和土著领土范围内形成了一种新的政治格局,即人们需要在传统领域之外开展活动,这引发了权力的重新分配和使用(Herrera,2005)。一些学者认为,这种新格局与以下主张有关:伴随向新自由主义过渡的全球趋势,玻利维亚需要增强公民权利(无论是土著人民还是其他)(Albro,2006)。波斯特罗(2007)使用"负责任地参与"这一术语来描述面对国家和国际压力时,土著人民面临着新要求,即"使用新法规定的那种特殊的官方话语"。

土著人民获取领土权要具备的一个条件是能够证明土地使用的历史,并且现在能够"有效"地分配土地和资源。非政府环境保护组织迅速意识到只要解决了这个"技术"问题,就能更好地保护自然景观、发展环保项目(Bottazzi,2008;Salgado,2010)。最明显的例证之一是环境保护组织与马迪迪土著委员会联合,向土著人民提供法律和技术援助,支持土著人民获得土地所有权和管理权的主张(Painter et al.,2011)。这种合作关系也迎合了一项国家战略,即低地土著运动向自然资源管理"土著自治"过渡。出于法律要求,这种合作关系需要向玻利维亚证明这些土著群体完全有能力以经济上可行、环境可持续的方式管理自己的领土,并能够保护其传统生计、文化和信仰。一位低地土著委员会负责人这样描述与环境保护组织合作的历史:

> 2000年,我们与环境保护组织正式开始合作并签署协议。那是一个恰当的时机,因为当时我们没有其他战略盟友。在土著人民争取土地所

有权的过程中,环境保护组织一直提供着最大限度的经济支持和其他方面的支持。《国家农业改革法》规定,在国家批准土地所有权时,申请人必须参与这个过程,但是我们无法仅靠自己参与其中。

这段话引出了一个问题——在相互依存关系中,自治的性质是什么?一些学者成功地论证了,最深层次的自治不是在其他社会或思想中孤立出现,而是在自己与他人相遇时,对自身独特性形成一种透彻理解(Rivera Cusican-qui,1990;Escobar,2018)。这清楚地说明土著人民认识到自己在玻利维亚及其他国家参与国家事务时所承担的责任已经发生变化,正如一位玻利维亚环境保护主义者所说:

> 土著群体面临着严峻挑战。一方面,他们必须适应现代环境,需要处理工作相关的技术信息,他们在玻利维亚甚至国际上捍卫其资源和土地时,需要借助现代化的工具。这些工具是由玻利维亚之外的机构,也就是世界银行和国际货币基金组织规定的,这些机构有能力彻底改变一个地区的格局。他们(这些机构)都是与数据信息打交道的技术专家。土著群体要学习使用这种工具以参与相关事务,如果他们不学习就会出局。另一方面,土著必须维护世界要求他们保留的文化特征……因此,土著人民必须要在文化自豪感、决策机制和谈话方式之间找到平衡。

土著人民与其他组织的关系存在着一些问题。几位受访者提到了他们的一些担忧:非政府组织为保护土著人民的发展,向他们提供技术援助,而各个土著委员会制定的战略计划经常是在迎合非政府组织的目标。正如一个当地人所说:"你看到的这个土著人不在自己的农场里,而是带着公文包,你会好奇他要去哪里开会。"这番评论体现了相互依存关系引发的两个问题——文化认同问题,以及某些群体对其他群体的影响,比如非政府环境保护组织能否让土著委员会重建一套适合自身发展的办事议程(Cepek,2011)。由此看来,马迪迪地区发展的相互依存关系是超越个体的,史密斯等人提出这一观点:"我们认识到每个人、每个地方、每个社区都是通过与其他人、其他地方或社区的交换关系而产生的,这表明相互依存的程度从各方面看都是无法衡量的。每个'一'(每个人)都包含许多'他'的痕迹(2007)。"前文讨论了相互依存关系的形成原因和表现方式,那么我们就可以继续深入分析相互依存关系的结果。为了更好地理解这个问题,我们还需要处理相互依存关系中各方所具有的"弱点"。

六、共有的弱点

大多数土著人民强烈反对 20 世纪 90 年代的新自由主义开放市场政策,最激烈的反抗是在 21 世纪初关于水和天然气私有化的抗议活动。冲在抗议前线的土著领导者很快获得了政治支持。2005 年,玻利维亚票选了第一位土著总统埃沃·莫拉莱斯,这位总统推动了社会主义政党"争取社会主义运动党"(Movimiento al Socialismo;MAS)上台。莫拉莱斯总统的政治主张集中在继续实行前任政府制定的帝国主义经济政策,建立一个新的多民族国家并将自然资源国有化,增强对殖民遗产的控制(Bebbington,2009;Hindery,2013)。这引起许多玻利维亚环境保护主义者的不满,并使他们开始重新审视被莫拉莱斯政府视作帝国主义环境保护方式的自然保护区的法律地位(McNeish,2013;Achtenberg,2015;Hollender,2016)。

2006 年,莫拉莱斯出任总统后的初步行动之一就是走访马迪迪的一个偏远村庄,他以环境保护组织中存有腐败现象和帝国主义行为为由,宣布将玻利维亚国家公园自然保护区"国有化"(Telesur,2006)。一场激烈辩论深入地剖析了这一立场(以及对此的反应),辩论话题为是否能建立一条穿过伊西伯勒塞库雷国家公园和土著领土的高速公路,因为该地区是玻利维亚最大的保护区之一,也是低地土著提斯曼人民的法定领土(McNeish,2013)。有人指出这次地区冲突证明了政府既不亲地球,也不像伪装的那样亲土著,但莫拉莱斯政府反对说他们是为了抵制低地环境保护科学家和土著领导者所倡导的现代的、绿色环保的帝国主义(Rodríguez et al.,2007)。

2013 年通过的一项法律规定了在该国运营的非政府组织和基金会需遵守的行动规范,提出这些实体"必须为玻利维亚经济和社会发展做出无限制的贡献……并且不得直接或间接地影响或干预这个国家的内政"(Ley,351)。这些非政府组织在玻利维亚的地位越来越不稳定,尤其是具有国际关系的那些组织。莫拉莱斯多次在反帝国主义的言论中抨击这类组织。并使这种态度从言论表达转变为实际行动,一家来自丹麦的非政府组织(名为 Ibis)被驱逐出境,理由是它被指控为积极支持土著群体抵制伊西伯勒塞库雷国家公园项目(Achtenberg,2015;Ellerbeck,2015;Hollender,2016)。

非政府环境保护组织应对这种困局的一种方法是减少有关环境保护或亲土著的言论,因为这可能被视为反对政治发展。许多环境保护新战略将重点转移到小规模经济发展项目上,例如可持续收获的项目(比如有机咖啡、观赏鱼项目)(Painter et al.,2011;Wallace et al.,2017)。这些项目会对公园护卫和土著社区进行生物监测。以往生物监测的重点是贝尼河沿岸社区捕食森林猎物和捕鱼的活动(Copa and Townsend,2004)。一些环境保护科学家这样描述生物监测的价值:收集濒危物种种群数据并且衡量环境保护策略的有效性,但有其他观点也提到了生物监测的另一层意义,一位曾在该地区工作的研究员说:

有人愿意进行生物监测是因为他们想要数据……但是监测的目的

是要让土著社区认识到森林猎物是一种有限的资源这一事实。这是开始生物监测的原因，但不是对每个人进行生物监测的原因。我的意思是环境保护组织无法仅凭自己的意愿让所有社区都参与进来……他们还必须考虑可能产生的现实问题。

监测也可能引起破坏……如果他们来砍伐森林怎么办？还要按照过去的方式起诉他们吗？这种方法不一定有所帮助。但如果你最终掌握了数据，就会有机会。没有数据便没有任何机会。

这样的观点与当前形势关系密切，由于其他群体入侵，现有土著领土特别是低地土著领土，正受到日益严重的威胁，而且现行《国家农业改革法》的修订仍处于待定阶段，修订意见既没有通过也没有被驳回（Pacheco and Benatti，2015）。低地土著委员会似乎比以往任何时候都更加渴望找到盟友来弥补自身缺憾。比如，土著社区对公园警卫的态度变得愈发和善，他们有时候会通过无线电直接与护林站联系以寻求警卫帮助，将外来人从土著领土驱逐出去（Patzi，2012）。而公园警卫也意识到，土著人民细微的举动有助于改善警卫与当地社区的关系，如果没有当地居民的宽容和支持，他们作为"马迪迪的保护者"的工作也毫无意义。社会学家帕特里夏·科斯塔在描述该地区土著委员会与公园警卫之间的关系时写道："二者合作不仅呼应了环境保护主义以往的逻辑，还能保护领土和传统习俗。"（Costas，2010）。这也是芬德利所描述的"共有的弱点"："尽管一些社会进程的主体划清了'自己'和'他人'之间的界限，继而产生新的弱点，但也有一些主体跨越文化和政治而相互联系。"（Findlay，2005）在我们讨论群体的弱点时，也谈到了相互依存关系中的不对称性问题，即每个人承担的责任不一定是平均的，每个群体的弱点也不会以相同的方式体现。

七、寻求一种新的相互依存关系

上文讨论了各群体如何在冲突中体会彼此共有的责任和弱点，这种理解可以帮助建立一种新的相互依存关系，使每一方都更清楚地认识到对方对自己的重要性。相互依存关系是动态发展的，马迪迪土著社区、环境保护组织之间的相互依存关系随着发展迎来一些新的考验，这引发了一个问题，在外部力量主动与土著社区和环保组织对抗时，相互依存的关系能否继续发挥作用，这个关系又会出现哪些新的变化？

在过去的 5 年中，尽管天然气价格逐渐下降，但国家赤字却一直在增加，莫拉莱斯政府十分担忧（Hollender，2016；Villegas，2018）。政府加大了对天然气和油田的勘探开采力度，并在该国"欠发达"地区寻找新的收入来源（Diario Opinión，2019）。2015 年，第 2366 号最高法令规定在（过去由国家法律保护的）自然保护区开放石油和天然气的勘探开采（Hill，2015）。政府已授予三家国际公司特许权，允许他们在马迪迪和皮隆拉哈斯自然保护区 75% 和 85% 的领土上开发石油与天然气资源，使得这两处保护区受到了严重的威胁（DíezLacunza，2015）。除此之外，两个计划中的水力发电项目也加剧了对保护区的威胁，这些项目将淹没 771 平方千米的土著和自然保护区重叠的区域，3000 多人将流离失所，生态旅游业作为整个地区的主要收入来源也会遭受毁灭性的影响（TelmaJenio，2018；Reaño，2017）。受影响的土著人民汇集成 17 个社区，联合发起了正式的抵抗运动，即"社区联合体运动"。在 2017 年，土著社区联合体为阻止一家工程公司来此进行可行性研究，用装有舷外马达的划艇封锁了领土边界（Reaño，2017；Casey，2018）。他们积极寻求媒体报道和关注，2018 年 4 月，为了向玻利维亚政府施加国际压力，一位该运动主要领导者参加了在纽约市举行的联合国土著问题常设论坛（UNPFII）第十七届会议,要求玻利维亚政府遵守本国和国际法律,并在决策前应向土著人民征询有关环境发展项目的意见(Telma Jenio,2018)。

莫拉莱斯政府对土著反对情绪的回应一贯强硬,莫拉莱斯曾说:"那些愤怒的团体们,因环境和即将死亡的小动物怨声载道"(Morales,quoted in Layme,2016)。政府常用的一个反击策略是声称土著领导者和那些捍卫土地免受外部利益侵害的运动是由非政府组织支付报酬的,或者说某些土著领导者如果拥有了更高的教育水平或是自己经营旅游业务,就"不再做土著人了"(El Deber,2019)。另一种策略是消除某些声音,比如禁止公园警卫和自然保护区相关行政管理部门反对政府拟议的开发项目,否则他们会失去自己的工作(Reaño,2017,Gambon and Rist,2018)。政府还创建了一个非正式"监视清单",列举非政府组织和相关社会团体(例如土著委员会),减少那些被当局视为推动"绿色帝国主义"的合作项目(ANF,2015)。莫拉莱斯政府还会定期发表言论提醒人们,政府正在监视此类非政府组织,如以下引述所示:

> 那些非政府组织或基金会在我们开发自然资源时制造风险,你们都将被逐出玻利维亚。玻利维亚不能让来自其他地方的组织在我们自己的土地上伤害我们。(Morales,quoted in El Economista,2015)

如此,马迪迪地区土著人民和环境保护组织之间的关系似乎变得十分疏远。但是相互依存的重要性不仅在于群体间形成了依存关系,还在于这种关系能够改变群体本身的性质(Massey,2004;Blaser,2009;Escobar,2018)。例如,那些一开始反对建立马迪迪国家公园的土著社区,那些用步枪驱赶公园警卫的土著,现在都成了捍卫自然保护区的人。马迪迪土著社区联合体与全国各地遭受类似土地威胁的土著社区团结起来,成立了新组织——"土著人民领土和自然保护区国家保护协调会"。该组织名称包含土著领土和自然保护区,反映着马迪迪环境保护过程中形成的相互依存关系的演变。

相互依存关系的发展也改变了玻利维亚甚至全球环境保护组织的表达方式和实践方式。玻利维亚环境保护组织的办公室过去是自然科学专家交流的中心,现在则是由大量接受过社会、文化、经济和法律知识培训或具有某项专业知识的专家(比如人类学家和社会学家)任职,其中一些人甚至拥有 10 年以上和土著群体合作的经验。在访谈各个非政府环境保护组织工作人员时,他们提出考虑当地人民需求的必要性,这引起合作方式更高层次的变化。例如,某位工作人员指出他们近些年工作重点的变化:

> 大约两年前,我们决定加大力度争取更多土著和农民社区的支持……我们看到正是当地人在支持市政当局或自然保护区建设,他们会视情况提供信息并表示支持。我们在全球范围的工作方式也都随之改变。5 年前,我们的使命从"保护生物多样性"改为"自然是人们赖以生存的基础",如果在玻利维亚,我们会将它改为"为了更幸福的生活"。

这些变化体现了相互依存关系的影响,也说明全球南方"外围"社区有潜力和能力改变世界其他地区的机构设置、知识系统和政策制定(Harding,2006;Sundberg,2006;Toomey,2017)。相互依存关系存在于环境保护组织与土著人民之间,土著人民与公园工作人员之间,植根于殖民和后殖民背景下,但是这种关系不能确保这个"部分联系的多重世界"的可持续性。维持多重世界需要新的参与者加入,相互依存关系的发展需要由新的紧张冲突推进。对于环保组织而言,他们迎来了玻利维亚城市地区新中产阶级的加入,但由于地理和文化差异,新中产阶级者与低地人民联系甚少(Wallace et al.,2017)。他们努力使大众媒体发表更多的新闻报道,证明自然保护区物种的丰富性,增强人们对自然公园环境保护价值的认识,并在玻利维亚城市居民区中激发民族自豪感(Franco,2016,Wallace et al.,2017,Gorman,2018)。

对于土著社区而言,他们寻求联合国等全球机构的认可和支持,并与玻利维亚新环保主义者合作,包括律师、新闻工作者,以及那些质疑玻利维亚在经济不确定时期向巴西出售能源的可行性的经济学家(Villegas,2018)。以上论述体现出相互依存的重要性远远超出我们现在所能看到的,它敦促我们发展新的相互依存关系并想象在此过程中能够创造怎样的新世界(Massey,2004;Smith et al.,2007)。

八、结论:通往相互依存的道路

本文试图说明在保护自然景观的过程中各群体间形成了相互依存关系的情境。通过仔细研究马迪迪自然保护区的历史和现状,我用相互依存的关系来描述环境保护工作中各个群体和行为者之间的关系,虽然充满了冲突和紧张,但是这种关系对于环境保护或每一方的存续都是必不可少的。提出相互依存的概念并不是为了简单地重述长期存在的极度不平等的关系,而是使人们重新看待保护环境各个组织间的互动及其合作关系的发展,为环境保护组织或群体开拓新的发展空间(Zimmerer,2006)。但是,这并不意味着相互依存关系就是舒适的,相反,在后殖民时代背景下,这种关系有可能被理解为"具有争议性的、复杂的且令人十分不安的"(Raghuram et al.,2009)。相互依存关系也不一定平等或平衡,比如某些行动者将比其他人承担更多的责任;再如非政府的国际自然保护组织和土著社区分别面临着被驱逐和遣散的威胁,但两者脆弱性的表现大不相同。相互依存关系虽然不能直接提供解决以上问题的方法,但它可以揭示共有弱点和责任的内在复杂性(Smith,2015)。"只有在不对称的关系中,道德才能发挥作用。"(Barnett and Land,2007)

　　我们需要注意一点,本文涉及的案例分析仍有待深入处理。还有一些其他类型的相互依存关系尚未在文中讨论,他们也影响着马迪迪环境保护工作的过去、现在和未来,例如玻利维亚国家与该国高地居民之间的关系。本文也未涉及人类世界与非人类世界或人类以外的世界之间错综复杂的相互依存关系,这对于全面了解该地区也是至关重要的,这类关系超出了本篇文章涉及的范围,需要更深入的处理。我还必须指出,一些群体尚未有效地参与到相互依存的互动中, 他们被完全边缘化, 例如游牧民族埃塞埃贾族(Esse Ejja),他们因自然保护区和其他土著的占领失去了自己的土地。在存在相互依存性的情境中,我们能理解这种关系的重要性,在明显缺乏相互依存性的地方,我们也可以体会其意义。

　　通过相互依存关系来看待自然景观,我们可以看到各个组织在马迪迪交织在一起,这也让我们开始思考这种关系是如何指导实践的方式或方法的。安娜·秦认为,对环境保护合作关系的探索具有重要意义。

　　文化专家需要理解,保护自然界的多样性不仅是大城市科学家的研究内容,更是农村地区面临的重要问题。环境保护主义者需要知道,无论我们是科学家还是农民,我们对自然的了解都属于文化的范畴。有些人通过其他来源获得知识和乐趣,并意识到与他们真诚合作的必要性,这便是非帝国主义环保主义的开端(2005)。

　　相互依存的概念挑战了以下观点,环境保护之类的现代主义项目只会通过不同的方式得到同一种结果;相反,相互依存关系暗示着新事物虽然悄然无声,但是他们总会出现。因此将相互依存关系作为合作的动力,就等于接受我们在创造新世界时要承担的责任, 并且承认我们也是由其他世界创造的。通过处理相互依存关系,我们是否可以将环境保护运动重新定义为建立多重世界的活动,即一个可以容纳多个世界的世界? 答案是可能的,这样做就是为建立看似遥不可及的非帝国主义环境保护做出贡献。

从"寂静的春天"到环境运动的全球化*

[阿联酋]哈比布·哈切·孔德/文　李春阳/译

世界足够满足每个人的需求但不能满足每个人的贪婪。——甘地

环境是人类的第一项权利。——肯·萨罗维瓦

环境恶化是一个少数的关键问题之一，是真正意义上的全球化问题，因为它影响了全世界数十亿人的生活。2013年年中发生的一系列不寻常的气候事件，即加拿大、印度北部和欧洲等地的洪水警告着我们全球气候系统已

* 本文原载《国际和全球研究》(Journal of International and Global Studies)2015年第6卷第2期，第26~37页。在本文中，作者以《寂静的春天》为出发点，详细地论述了环境运动的全球化历史过程。由原著作者授权译者翻译并发表此文，译者在此向哈比布·哈切·孔德先生致谢！

哈比布·哈切·孔德(Habibul Haque Khondker)现任教于阿拉伯联合酋长国首都阿布扎比市的扎耶德大学人文社会科学系。其研究范围涵盖全球化、现代化、科学技术、政治社会学等领域。曾于2000年发表题为《环境与全球化公民社会》一文，集中论述了环境运动作为一种真正的全球化现象及其在全球化公民社会中的作用。

邮箱：Habibul.Khondker@zu.ac.ae

李春阳，天津外国语大学欧美文化研究所2015级研究生，主要从事欧美文化哲学思想研究。

邮箱：674997305@qq.com

经进一步恶化。连那些不相信气候变化是问题的人也认为气候的变化及其深远的影响并不是虚幻的。全球环境系统逐步且不可阻挡的恶化是现今的一个重要问题。它是植根于追求肆无忌惮的进步的世界观下的工业化;因此,应对这个巨大的挑战最合适的解决办法在于对"发展"的重新定义。人们提出各种新发展模式的术语。无论我们称之为可持续发展、绿色发展、环保发展,包容性发展,或以自由和或尊严的眼光看待发展,关键都在于我们需要根据生态意识或弗朗西斯·穆尔·拉佩(Frances Lappe)所说的生态思想重新评估我们的发展范式。唯一的弥补现象是,在过去的半个世纪中我们目睹了一种全球环境状况的意识觉醒和一种全球层面上处于不断发展且处于初步状态的环境运动。为了获得环境运动的成功必须同时整体化并且全球化地进行。

我们把蕾切尔·卡森在1962年出版的《寂静的春天》作为一个出发点,试图将在过去半个世纪里发生的环境运动重新定义为全球化运动。本文中使用的两个重要概念(全球化和环境运动)需要在一开始明确其定义。首先,我们尝试提供一种把全球化作为一种概念和现象的比较清晰的理解。自20世纪70年代末和80年代初,自罗兰·罗伯逊(Roland Robertson)首次将全球化引入社会学概念以来,全球化已经成为一个有争议的概念,尤其是在苏联解体后。随着对全球化文献多样性解读的展开,其复杂性也达到一个新的高度,这时莱斯利·斯克莱尔(Leslie Sklair)提出的简单且有用的分类法就很有意义。

根据斯克莱尔的说法,全球化有三种模式:①通用全球化,②资本主义全球化,③替代性的全球化。(2009)通用全球化包含了解放的潜力,因为它包括电子革命且为反社团主义社会运动提供了自下而上的机遇(Sklair,2009)。把全球化视为在一种新自由主义的经济意识形态掩护下的,资本主义在世界范围内扩张,而不是别的东西。这表明一种高度简化的观点,即忽略具有批判性的全球化可替代的形式和解放的空间。当我们把环境运动和全球化并列起来时,我们同时强调了通用全球化和替代全球化。

在本文中,当我们探究环境运动时,我们视全球化为一个通用的社会过程,历史学家称之为一个世俗的历史运动。这种观点与罗兰·罗伯逊和其他具有类似立场的新理性主义者提供的定义是一致的。20 世纪 80 年代,许多全球化领域的作家都受到了罗兰·罗伯逊和伊曼纽·华勒斯坦(Immanuel Wallerstein)思想的影响。前者采取文化主义而非实用主义的立场,后者的立场结合了马克思主义的逻辑和布罗代尔主义者(Braudelian)的历史观。二者的立场都是讲究实效的并且对二战后期的社会学中主导性的和相互对立的意识形态持批判态度。从深层意义上来讲,他们二者都形成了一种具有批判性非现实主义的世界观,因为全球化的代表人物在由冷战为主导的世界中尤为凸显,所以这一时期的标志是正统的理性及其反对者。更确切地说,复杂多样的社会运动是 20 世纪 60 年代的社会政治风气的标志,这些运动持续到 70 年代,旨在反对全球资本主义的各个方面以及美国霸权主义。我们认为全球化是一个复杂且偶然的历史过程,不应该被简化为西方经济统治(Turner and Khondker,2010)。当我们试图考虑世界的复杂性并试图理解人类社会面临的困境时,我们被迫去质疑这个被视为理所当然的世界以及其主导性的体系。社会变革是由人民意识的觉醒促成的,这种意识通常来自关键的思想。据全球环境运动的年代史编者所说,"20 世纪所有的概念革命,几乎没有像环境运动那样如此普遍或根本地改变人类价值的"(McCormick,1993)。其他作家也已经注意到了前所未有的现象,"全球环境问题的意识,组织数量的增加,包括环保运动组织"(Rootes,2002)。环境运动已见证了全世界的组织之间越来越多的互联性。跨国调查更是清楚地指出了环境问题的全球化发展趋势(Dunlop and York,2008)。

苏格拉底的理念"知识就是美德"或者——与当下讨论密切相关的——

弗兰西斯·培根的名言"知识就是力量",也认同在当今这一观点比过去我们声称自己生活在一个宣扬的"知识社会"更有效。因为对于什么是知识,在认识论多样性上还存在许多争辩,而基于一种对知识共识看法的知识社会也尚未被构建起来。知识本身就是一个有争议的地带,一个战场,尤其是涉及与生态和环境相关的问题。产生了什么样的生态和环境问题?或者是生态和环境问题是如何产生的?这样的争论仍在继续。即使我们开始强调以证据为基础的知识理念,但是对于构成的证据问题远未解决。"全球变暖"是一个事实吗?气候变化是真实的、还是自由的臆想?在大多数国家,特别是在美国,知识确定中的政治偏见会损害公众政策的讨论(Armitage,2013)。作为一个公民我们应该做什么?专家应该扮演什么角色?因为对气候和生态系统的理解取决于对科学和专业知识的良好掌握,所以在塑造公众的观念中科学家和专家或知识经纪人应该起什么作用?

我们可以从一般的马克思主义认识论立场出发,执政党(主要)思想是统治阶级的思想,但这没有理由满足现状。当对现实的情形进行明显的陈述时,我们需要超越和发展另一种具有启发性的马克思主义的论点即社会存在决定社会意识。如果是这样,那么新形势的特征是危险的生态系统、危机四伏的经济系统必须产生新的意识和新知识。

社会存在决定(社会)知识。这一概念不仅是由卡尔·马克思(Karl Marx)和卡尔·曼海姆(Karl Mannheim)所共享,知识社会学家如罗伯特·默顿(Robert Merton)和当代实践者也将进一步阐述这种观念,即虽然有一个物质或社会基础知识,知识也不会以线性方式出现。他们还强调科学和科学知识的自主性可以避免经济决定论的泥潭。在民主社会中专家的角色仍然是一个棘手的问题。社会存在不仅仅是经济基础,它还是社会-经济-政治及意识形态状况和社会运动环境的理念汇合。所有这些环节都是相辅相成的。在对马克思主义进行解读的不同流派中,法兰克福学派在现代性的重要问题和知识的问题方面是最成果显著且微妙的。法兰克福学派的中心观点是将知识作为控制力,然后通过一种持续的批判性评论来支持知识所具有的革命性活力。尤尔根·哈贝马斯(Jürgen Habermas,1971)对知识和利益之间所做的区分,放在今天依然意义重大。人们在其中可以体会到对早期的知识与意识形态之间区别的重新解读和提炼。然而,核心问题不仅仅是利益而是主导群众的利益,其支持充满利益的知识而不是为了个人理由的公正的知识。

再次回顾与知识权力相关联的对象和知识角色是因为尽管具有强有力的科学证据,具有既得利益的怀疑论者,他们继续否认,例如全球变暖等事实。我遵循全球变暖的定义即地球的表面、海洋和大气逐渐变热。自18世纪末,科学家们记录了全球平均气温的上升。据美国环境保护署(EPA)报告,在过去的一个世纪里,地球的平均气温上升了1.4华氏度(0.8摄氏度)。根据美国国家航空航天局(NASA)报道,尽管全球变暖的存在曾被认为是有争议的,但它现在被国际科学界绝大多数研究人员认为是真实的。

当蕾切尔·卡森的《寂静的春天》(1962)被当作环境意识和随后运动的真正先驱受到颂扬的时候, 知识与环境问题相关的那种具有争议性的本质被提出来, 总部设在华盛顿的保守派智库——卡托研究所对卡森的观点提出了批评。在2012年,许多人在蕾切尔的《寂静的春天》出版半个世纪以后才开始对这本书进行赞扬,同时也颂扬了巴里·康芒纳(Barry Commoner)为环境保护事业的研究和发展奉献的一生。20世纪70年代,生态运动开始在美国凝聚力量,1970年4月宣布设立地球日。那是一个充满抗议、社会动荡、社会运动和希望的时期;也是美国出现了各种社会运动,世界经济最为繁荣;那也是一个反省和批评的时期。民权运动、反越战运动、女权运动与1970年4月庆祝地球日同步。

1962年出版的蕾切尔·卡森的《寂静的春天》是一位开路者。这本书一开始还不能轻易地消除争议, 因为作者不仅是一个作家还是在农业部有着漫长职业生涯的专家。然而一些科学家指出了这本书的某些言论和受争议之处。1960年上任的约翰·F.肯尼迪(John F. Kennedy)总统,让他的科学顾问研究书中的主张并且深信这些观点能够通过法律保护环境。对环境和生态的重新思考——对世界将走向何方的一种全新的认识是吸引新一代的焦点问题。这是一个实验、思想创新和质疑被那些认为是理所当然的认识所假设的时代。

然而这并不代表在20世纪60年代或者70年代之前人们不关注环境问题(Gottlieb,2005;Dunlop and Mertig,1992;McCormick,1991)。事实上,在历史中能追踪到部分环境方面的立法和作品。早在14世纪英国就已通过禁止水污染的法律。在印度,在吠陀后期摩奴的法律包括对空气污染、水污染、和处置废物、食物质量、环境的清洁、纯净和道德原则的环境保护指南(Padhy,Dash and Mohapatra,2006)。下面我们回到对美国环保运动历史的概述。

在下文中,我们将探究对生态危机的理解而言,它如何成为全球化的危机以及生态运动如何让全球兴起保护生态系统等问题。事实上,环境给我们提供了一个进入全球化主题的切入点。一些分析家研究全球经济交易的功能,即将国际贸易、资本转移、金融交易作为经济全球化的证据,其他人指出观念、价值观等在不同国家之间的流动才是全球化的标志。但也有一些人会着眼于技术,特别是通信技术,如将卫星电视、长途电话、互联网、万维网的传播作为全球化的具体技术。然而,我们生活于其中的物理环境几乎不受限于地理边界。不仅气候模式、河流、海洋和山脉跨越了国境线,将国与国紧密地连接在一起,近期出现的对各个国家的生态系统的威胁也同样不以环境污染物为导向。

随着环境运动的展开,政府、科学家、公民社会都处于同一平台,尽管他们对此有着不均等的速度和热情。环境运动导致了对于经济增长的理所当然的假设的严重质疑。可持续性引发的关于经济增长率的清晰的焦点问题的争论绝不仅仅限于专家之间。

在 20 世纪 60 年代曾经有一段乐观和进步的时期，那时大家对一个勇敢的新世界，和先进的国际理念抱有很大希望。具有得天独厚自然资源的殖民地变成了国家，当地人的合作和共享被看作是真正的追求。但到了 20 世纪 70 年代慢慢地下滑至相反和隔离情绪状态，同时，一系列的联合国会议为重大问题上的较大合作提供希望。1972 年联合国关于人类环境问题的会议将工业化的国家和发展中国家聚集在一起，为了使人类共同的家园变成一个健康的、丰饶的大环境而描述出各国应有的"权利"。如下的一系列会议是：关于人们获得足够的食物，良好的住房，安全的水源，获得选择他们家庭的大小所采用的手段的权利。

布伦特兰委员会(the Brundtland Commission)的报告指出："缺乏社会关注是目前 10 年(20 世纪 80 年代)的标志。科学家们把我们的注意力带向关系到我们的生存的紧迫但复杂的问题上——全球气候变暖、地球臭氧层的威胁、农业用地的沙漠化。我们的反应首先是想要得到更详细的情况，然后再将这些问题分派给那些设备配套不足的机构去应对。环境恶化，首先被视为是富裕国家的问题和工业财富带来的副作用，而现在已经成为发展中国家的一个生存问题。它是许多贫困国家遭遇的生态破坏和经济下滑这种恶性循环的一部分。尽管官方的意愿已经得到了全方位的表述，可是到目前为止还没有形成清楚的发展走向，尚未制定任何的方案或者政策，也没有给予人们任何真正缩短富裕国家与贫穷国家之间日益加剧的差距的希望。作为我们'发展'的一部分，我们已经积累了足以改变经过数以百万年进化的道路的巨大能量，也拥有了创造一个连我们的祖先都认不出来的星球的能力。"(布伦特兰，《我们共同的未来前言》，1987)报告继续指出："我们生活在一个国家历史的时代，这比以往任何时候都更需要协调的政治行动和责任感。"(同上)

公民被带到了这些辩论的中心,且公民权的概念有了新的含义。这是符合参与或者协商民主的概念。但改变意识的运动才刚刚开始并且转变思维方式也是一个长期的过程。"为此,我们呼吁'公民'团体、非政府组织、教育机构,以及科学界。他们在创建的公众意识和过去的政治改变中都扮演了不可或缺的角色。他们在让世界走上可持续发展的道路,为我们共同的未来奠定了基础上将起到至关重要的作用。"(同上)

可持续性的"现代"概念起源于国际争论,即始于1972年的斯德哥尔摩并在20年后的里约热内卢得到巩固(Guimaraes,2004)。1987年布伦特兰的报告是对可持续发展的一个声明。报告说:"发展的主要目标是对人类的需求和愿望的满足。在发展中国家大量人口的基本需求如食物、衣物、住所、工作没有得到满足,除了他们的基本需求,这些人对改善生活品质有着正当的愿望。当贫穷和不平等成为一个世界的特有问题时,那么它将很容易出现生态的以及其他方面的危机。可持续发展需要满足所有的基本需求并且扩大所有的机会来满足他们对生活更美好的渴望。"(联合国世界环境与发展委员会报道,1987)

1972年,在莫里斯·斯特朗(Maurice Strong)的带领和联合国的赞助下,在斯德哥尔摩举行了一场环境会议。1972年的联合国环境会议认识到了环境管理的重要性和必要性,并为联合国专门机构美国国家环境保护局的设立铺平了道路(Johnson,2013)。斯德哥尔摩会议后一篇题为《只有一个世界》的文章发表了,它论述了生态与经济,环境和社会之间的相互依赖。事实上,这可以作为一个生态运动的宣言。生态政治学对于可持续发展的生态政治来说是这样一个简短的单词。莫里斯·斯特朗在最近出版的一本书中叙述到,"新项目的组织能力是脆弱的。一群支持组织成立的国家,包括英国、美国、德国、意大利、比利时、荷兰和法国,已经秘密地同意,以确保它得不到所需的支持。该组织担心任何新的环境法规会对贸易产生影响。他们也想确保联合国环境规划署不要有很大的预算,这样的话,该组织就只能集中精力去做他们能够胜任的工作了。"(Dodds,Staruss and Strong,2012)

一、环境运动的简要历史介绍

详细叙述环境运动的系谱学和知识背景是很重要的。在欧洲和美国,如观鸟协会这类组织的设立被视为是环境意识崛起的先驱。19世纪末和20世纪初,西方社会对自然与自然保护的日益关注,预示着环境运动的崛起。从自然保护到可持续发展理念是一个横跨200年左右的社会和经济发展的曲折过程。

18世纪末,欧洲工业化的反作用可能对怀旧的过去的保存发挥作用,并且对浪漫主义的兴起即对本质上是智力和艺术运动做出了解释。更确切地说,它是反对自然的科学理性主义的反映。英国浪漫主义者,特别是在诗歌方面如威廉·华兹华斯(William Wordsworth)(1770—1850)、罗伯特·拜伦(Robert Byron)(1788—1824)、P.B.雪莱(P.B. Shelley)(1792—1822)和约翰·济慈(John Keats)(1795—1821),在他们的创作中展现了一种对自然的日益关注。约翰·拉斯金(John Ruskin)和他的著作《给未来者言》(1860)特别值得一提,因为印度国家主义者的领袖和自然保护的拥护者 M.K.甘地对此印象深刻,他在1908年将这本书翻译成吉特拉特语。拉斯金和其他的自然主义者给甘地留下了难忘的印象。

18世纪末19世纪初,在德国,哲学可能比工业更知名,这为马克思主义的发展提供了理性的环境。马克思(Marx)在他年轻时的作品中是一个诗人和浪漫主义者的形象,而后期他被评为德国唯心主义真正的继承人。德国的唯心主义和浪漫主义植根于两位杰出的代表——赫尔德(Herder)(1744—1803)和歌德(Goethe)(1749—1832)。根据这个精神遗产,19世纪末20世纪初德国出现"生活改革"(Life reform)社会运动。1901年的漂鸟运动是一个典型的代表。土地和自然的分离造成的大众的精神异化(由于大自然的客体化和商品化的结果)是倡导两者再会合运动的主题。

19世纪,美国作家拉尔夫·沃尔多·爱默生(Ralph Waldo Emerson)(1803—1882)、赫尔曼·梅尔维尔(Herman Melville,《白鲸记》,1851)、亨利·大卫·梭罗(Henry David Thoreau)(1817—1862)(《瓦尔登湖》,1854)的著作影响了托尔斯泰(Tolstoy)、甘地、马丁·路德·金(Martin Luther King)等人。且在19世纪的美国也能看到致力于自然欣赏和保护的组织出现,比如1883年,美国鸟类学家联合会成立。1886年,奥杜邦协会成立。1892年,塞拉俱乐部成立。蕾切尔·卡森是奥杜邦协会的资深成员。卡森对自然的关注源于早期的自然保护运动,他也是这些早期环保运动的一位真正的传承者。

美国的环境运动开始于20世纪60年代与70年代的社会背景之下。这20年是一个真正社会运动的季节。有趣的是在20世纪60年代和70年代,一些社会运动同时浮出了水面。社会运动的连锁和重叠性质制造了一次动荡的社会变革。政策制定者很难忽略当时的流言蜚语。社会上出现了新的期刊和杂志,公众讨论占据中心地位。环境运动与民权运动,女权运动和反越战运动,把知识分子、学者、学生和各种民间社会组织带入了一个持续的对话,这种可持续的对话有助于创造良好的舆论来支持这些现有的问题。环境运动是伴随着其他生活方式运动而来的,如可供选择的生活方式,替代医学、宗教,回归自然,嬉皮士运动等。

环保运动不仅以一个新教育的兴起、富裕阶层对休闲和快乐的兴趣为依据,也受其他的客观因素的影响。它不仅是一种新的休闲阶层的消遣,也是一种基于新知识社会的崛起。如以下关系所示:知识—社会运动—机制改变。

科学知识的全球传播对环境问题引起关注来说是一个重要因素(Taylor,1992)。关于环境的新的科学知识在引发环境运动中发挥了重要作用。在本文中,铭记如巴里·康芒纳(Barry Commoner)作家的贡献是很重要的,巴里·康芒纳是一个生物学家,他通过研究和对公共利益的促进来支持环境和环境保护事业。他是"现代生态学的创始人,一个最具争议性的思想家,是在人民政治运动中倡导环保主义的动员军,是认识到美国二战后科技繁荣不良后果的科学积极分子,并且是第一个对公众理解风险和做出决定的权利做出轰动全国的辩论的人"。据《纽约时报》报道(2012年10月1日)。

他对在美利坚合众国核试验爆炸的环境影响的开创性研究,是影响美国公共政策的变化的一个重要因素。20世纪50年代后期,康芒纳对受到核武器大气试验造成放射性影响的乳牙进行研究。他的研究唤起了公众意识并在1963年完成的禁止核试验的条约中起到了重要作用。

康芒纳在《封闭的循环》中指出一种可持续的经济发展,其中可能包括公司、政府和消费者都需要意识到的生态学的四条法则:

1.每一种事物都与别的事物相关。

2.一切事物都必然要有其去向。

3.自然界知道最好的。

4.没有免费的午餐。

他提出的这四条法则成了生态活动家和支持者的口号。《封闭的循环》帮助引入可持续发展的思想。这一思想随时间变得越来越受欢迎并成为一个主流思想。然而在他的时代里,可持续发展的思想是饱受争议的。"康芒纳指出,所有的生物只有一个生态圈。它影响所有生物。他也提出自然界没有浪费,我们不能扔东西。因此我们需要设计和制作出不会打破人类和自然之间精湛平衡的产品。我们需要利用可替代的能源,如风能、太阳能和地热能。我们需要相应地改变我们的消费习惯——少用塑料制品(它是以石油为原料)、喷雾器(它会污染空气),和工业区域生长的食物(它含有害的化学物质)。"

巴里·康芒纳的著作《能源的贫困》(1976)是一项非凡的成就,它连接着能源危机和环境与经济危机。作为一个深度理解马克思主义政治经济学的科学家，康芒纳展现出一个整体经过改良了的马克思主义框架。对他而言，在经济基础之前先存在着生态基础，生态基础是经济以及随后产生的政治和文化层面的基础。巴里·康芒纳认为，造成全球贫困的不是许多他的同时代人主要关注的所谓的"人口爆炸"，而是帝国主义和资本主义的剥削。康芒纳拒绝 20 世纪 70 年代流行的新马尔萨斯学说的解释，认为贫困是导致所谓的人口或者人口爆炸的原因。人口的历史学家在这一点上将会更倾向于巴里·康芒纳的观点。

有趣的是在 20 世纪 70 年代，在经济发展的思考中发生了一个范式转变。诸如没有经济发展而产生的经济增长的观点受到了置疑。因文章《发展的意义》而著名的作家杜德利·希尔斯（Dudley Seers，1970）开始影响新一代的经济学家，这些新一代的经济学家对传统经济增长范式发起挑战，这个范式接受最初不平等的库兹涅茨曲线。于是整体发展的概念开始出现。

随着"知识—社会运动—机制改变"模式的发展，以环境运动为基础的新的科学思想开始传播到世界的其他地方。新兴国家支持产业发展等于经济发展的思想。苏联自 20 世纪 30 年代以来开始重工业化。不惜任何代价的工业化信条在社会主义国家中产生了巨大的环境开支。20 世纪 70 年代后期，当所谓的东亚和东南亚（韩国、中国台湾、中国香港和新加坡）经济四小龙开始出现时，环境问题还未被提到主要位置。这需要花费一些时间，因为环境意识还在沉睡。某些国家中环境恶化最初的开支是巨大的。

在《生态女性主义》（1993）一书中，玛丽亚·麦斯（Maria Mies）和范达娜·诗娃（Vandana Shiva）结合社会科学中的两个新生的范式提出了一个有力的论点：女权主义和环境保护主义。在新自由主义经济全球化浪潮涌动之前，印度公民社会及其有意识的知识分子就已经从事了生态学事业。印度有着深刻评定自然的传统。自然和社会之间的和谐关系植根于印度的传统、宗教和世界观之中。印度神学甚至宇宙学都是基于对人类社会与自然之间关系的尊重。在印度,关照自然的想法是一个本土的思想,而深深地植根于(西方的)科学知识之中的新重组和再重组的种种范式却在印度受到了极大的支持。爱德华·舒马赫(Edward Schumacher)的著作《小即是美》(1973)有一部分论述的是受到甘地的哲学和佛教的传统的启发。

当科学家、决策者和公民变得更加意识到社会福祉的关键问题时,对传统经济增长的重新定义就注定要发生。特别是在不计后果的经济增长中逐渐理解保护生态平衡的重要性,而正处于一种进步中的经济增长则被重新定义为可持续发展且具有包容性的发展。越来越多的经济学家,社会科学家和公众能够说服政治家和领袖用新的眼光看世界。

我们没有看到事物本质,只看到我们想看到的——现实总是被过滤掉了。人类知识是嵌入在给定社会和时间背景的认识论和意识形态前提中的。理清意识形态的基础不是很容易的。即使在蕾切尔·卡森的《寂静的春天》50周年庆中,华盛顿保守派智库——卡托研究所也仍对卡森的书中使用选择性的科学证据发表了评论。没有人会忘记科学和科学事实那具有争议性的本质,但否认全球变暖的趋势,相信自然会不需要人的干预就能解决自己的问题,这是违背科学精神的。那些否认生态危机加剧的人沉浸在新自由经济主义的意识形态之中,盲目相信市场能解决所有人类存在的问题。

二、发展:再概念化

很多经济学家正在挑战一些经济学的基本假设。许多经济学家现在倾向于通过建立一套新的标准去衡量进步,以这套标准追踪福祉并不仅仅是追踪经济表现。经济增长是一种手段不是一种目的(Sen,1984)。发展是实现健康和幸福的一种手段。幸福被视为目标,这种根植于亚里士多德哲学的新理念激发了许多人的想象力。经济增长的讨论开始解决的不仅仅是可测量的数量,而且是不可测量的经济增长的质量。是到了该将讨论的重点更多放在为什么增长以及为了增长付出了什么代价的问题上,而不是增长了什么的问题上的时候。不惜一切代价的发展不再是唯一的主导范式,具有争议性的观点是施行环境影响和可行性的开发项目。生态思想的培育是包容性全球化社会发展的一个必要条件。"我们需要改变那种创造我们想要的世界的思维方式。"(Lappe,2012)无论我们支持弗朗西斯·穆尔·拉佩《生态思想》(2012)的理念还是延续阿兰达蒂·罗伊(Suzanna,Arundhati Roy)《生活的成本》的环境运动的道路,对环境问题持中立态度已不再是一种选择。在描绘知识创造、社会意识、机制改变等问题的相互作用中,要加强对那些迫使我们研究不断变化的定义和"发展"的理解。

2010 年,挪威王子哈肯·马格努斯(Haakon Magnus)在扎耶德大学发表演讲时处理了发展与尊严之间的联系问题。发展不仅仅是目标——它是加强和维护我们作为人类尊严的一种手段。这位王子的观点借鉴了生命的意义这一哲学问题。

他通过让我们思考两件事来开始他的演讲:

1.你是为了什么?

2.为了帮助提高某人的尊严,明年你打算做些什么?

发展可以被定义为没有战争、法治、民主治理等。然而发展也可以被视为一种浪潮。关键问题是如何维持在稳定的浪潮之中。今天我们生活的世界是高度不平等的。所有人口中 20%最富有的人拥有 74%的财富。剩下的 80%的人拥有 26%的财富。他们之中,占所有人口 20%的底层人口(最贫穷的人)只拥有 2%的财富。

马格努斯说:"仅仅因为我的祖母生活的条件比得上莫桑比克的条件,但这不意味着她的生活比我曾祖母的生活差。"我们为什么要关心那些我们并不知道的人？答案是——因为,我们要增强我们的尊严。我们增强他人尊严的目的是我们也可以增强自己的尊严。我们可以回头看看我们得到了什么。我将如何操控我的生活,用一致的眼光看待所有人并帮助他们挑战我们的道德,这就是我们的道德是如何形成的。真正的全球化是全球的情感联系。

联合国报道称,千年发展目标取得的结果是喜忧参半。虽然已经实现了许多重要目标,但在环境领域的成就已然落后。"极端贫困减半的目标已经达到 2015 年之前 5 年的最后期限,就像人口比例减半的目标一样,这些人缺乏可靠的饮用水水源。超过 2 亿生活在贫民窟的人的生活状况已经有所改善——是 2020 年目标的两倍。小学入学的女孩数量等于男孩的数量,我们看到了在降低儿童和孕妇死亡率……降低生物多样性持续急剧减少,降低对人类和生态系统构成主要威胁的温室气体排放等方面快速进步。"(联合国千年发展目标报告,2012)

这里我们可以回到彼得·辛格(Peter Singer)的哲学,他一直倡导全球伦理的理念,这一理念针对的是所有人类的义务和责任,而不仅仅是一个特定国家的公民。他指出,人们更倾向于被直接获得的和壮观的事物所触动,而不是遥远的和间接的事物,虽然间接的和不太明显的事物可能危害更大。例如,环境污染的影响。真正全球化的想法是依赖于人类共同想法的恢复。为响应环境作者兼拥护者肯·萨诺·威瓦(Ken Saro-Wiwa)的号召,我们重申,清洁的环境是人类的基本权利,全球机构必须承担确保这项权利的责任。

古希腊生态哲学传统*

[美]加布里埃拉·R.卡罗内/文　王兴旺/译

在试图寻找我们当代环境危机根源的过程中，环境哲学家经常审视古希腊哲学家，尽管其评论并非总是言之有据。文章通过重点关注古希腊哲学家们被忽视的文本，试图描绘出其对待环境的态度的轮廓。其中，我将揭示一种流行于古希腊时的观点，即不论对自然、宇宙采取何种态度，这都与其对我们生活方式的影响息息相关。不论我们所构想的宇宙是无生命的、机械化的，还是具有目的论的，也不论这种目的论在其后是否带有人类中心色彩。对于上述问题的回应，在很大程度上决定了我们在宇宙中所扮演的角色。在本文中，我重点介绍了柏拉图（通过其导师苏格拉底）和亚里士多德在这一问题上的论述，尽管文章前部会将注意力放置于一些前苏格拉底哲学

* 本文原载于《环境哲学指南》（*A Companion to Environmental Philosophy*）2001 年第 5 章，第 67~80 页。由原作者授权译者翻译并发表此文（题目略有修改），译者在此特向卡罗内女士致谢！

加布里埃拉·R.卡罗内（Gabriela R.Carone），曾就任于科罗拉多大学波德分校哲学系，于 2005 年 10 月发表题为《柏拉图的宇宙观及其道德维度》（*Plato's Cosmology and its Ethical Dimensions*）一文，集中论述了道德领域中曾被研究者所忽视的柏拉图宇宙论的思想。

王兴旺，中国人民大学哲学院博士研究生，主要从事外国哲学研究。

邮箱:734690934@qq.com

家之上，而文章尾部则放在了后亚里士多德时期的哲学家上，因为他们的许多观点可能涉及该问题或留有该问题的印迹。

一、前苏格拉底时期

让我们从前苏格拉底时期说起，第一个哲学流派是米利都（公元前 6 世纪）。虽然关于记录该学派的一手文献少之又少，但是从目前我们所拥有的并不充分的正式文本或残篇来看，单纯将其哲学论点视为朴素唯物主义是不正确的。这些哲学家所著的具有朴素唯物主义特色的解释，很可能是简化借用亚里士多德的观点而导致的结果，诸如此类的哲学家归类为首次在物质世界中探求到了关于所有物体的第一原则解答的人。所以，泰勒斯在"水"得到了答案，阿那克西美尼则认为是"气"。一些人因此而将此阶段称之为"希腊奇迹"：哲学在观察的基础上，采取了科学探求的方式，从而也打破了哲学与希腊宗教化遗产之间的联系。如果这类的解释正确，那么这会使我们将前苏格拉底的哲学家刻画所描绘的世界为一个无生命物质的宇宙。但是，这种错误解读将存在于物质与生活之中的二元对立子虚乌有地强加于这些古希腊哲学家。相反，泰勒斯被（后世）认为，不仅将水作为万物的本源（亚里士多德，《形而上学》I 3,983b6–27，见赫尔曼·亚历山大·第尔斯和沃尔策·克朗兹，D&k 11A2 和 11A12），而且还认为磁石拥有灵魂是因为它能使铁器运动（亚里士多德，《论灵魂》I 2,405a19–21；同上，D&K 11A22），以及诸神内化于万物之中（同上 I 5,411a7–8；见 D&K 11A22），这都表明关于"物质"概念是有生命的，甚至是具有神性的。同样，阿那克西美尼将"气"视为一个总是存在于运动中且是无限性的神（同上，D&K 13A10）。所以从第一批哲学家之中，我们得出了我们称之为"物活论"的世界观，这种世界观认为物质和生命是不可区分的。此外，在阿那克西美尼的思想体系中，当他论证："正如我们的生命,作为空气,把我们连接在一起,所以是呼吸与空气将拥抱着整个宇宙"时(同上,D&K 13B2),我们可以得出关于人与自然世界的对应关系假想。在阿那克西曼德的哲学思想中也体现了这种对应关系,阿那克西曼德将宇宙视为一个具有合法性的广阔舞台,而希腊诸城邦是由梭伦(Solon)时代开始享受这种合法性的(D&K 12B1 和 12A9)。所有这些都表明,我们并非是孤立的微粒,隔离于世界,相反我们是更为宏阔的整体的一个组成部分,而这个整体是由那些掌管着人类生命的相同原则所管理的。

赫拉克利特(公元前6世纪—前5世纪)的思路也是如此,不过,他将第一原则称为"火"(D&K 22B30)、"神"(D&K 22B67,见22B32)和宇宙的"理性策划能力"(英文为"the rational planning of universe",希腊文为 logos,见D&K 22B2,72,50)。在赫拉克利特的哲学著作里,我们可以清楚地发现这样一种思想,即世界的存在方式对人们趋向于逻各斯的行为方式有重大影响。理解逻各斯内部的对立统一(D&K 22B80),例如昼夜交替(D&K 22B94)、生死相依(D&K 22B88,62),才是使人类更加健全的思维或更加节制而非自大(D&k 22B43)的经验。对于人类而言,有两种状态可以选择,一是处于"沉睡"的状态,即将自己的思想兴趣封闭起来,没有意识到我们周遭世界的宏大;二是处于"清醒"的状态,即使自己思维与万事万物都遵循的宇宙整体运行保持一致(D&K 22B1,2,73,89)。因此,"健全的思维才是最高的德性,真正的智慧就是当我们意识到自然规律时,能在言行上与之运行和谐"(D&K 22B112)。以四季和日夜的交替出现为例,这就足以表明了宇宙的和谐,对人类而言,我们应该通过自己的行为与之相顺应。我们必须使用理性(reason)和哲学思辨(philosophical discourse)来理解宇宙及逻各斯的理性运作方式。我们必须理解(正如我们在阿那克西曼德的哲学思想中找到其隐含的思想)"所有规则都是服务于那个永恒的最高规则的"(D&K 22B114)。对赫拉克利特而言,了解自身(D&K 22B116)无异于了解我们在宇宙中所处的位置,我们在这里处于笛卡尔式的那种内省的反面，即将我们与我们所处的世界分开。恰恰相反，"了解自身"意味着"健全的思考"（D&K 22B116），正如我们所看到的，也意味着言行要与"宇宙自然的运动规律相一致"（D&K 22B112）。在此意义上的反省，意味着发现我们自己其实是世界的一部分，而我们的理性（logos）则是更广泛逻各斯的一部分。

埃利亚学派的巴门尼德（公元前 6 世纪—前 5 世纪）被认为是赫拉克利特哲学观点的对立面，巴门尼德对于运动变化的否定，意味着他否定了我们身处的这个不断变化的世界。当然，巴门尼德认为只有人类的理性才能认识到"存在"，"不存在"是思考不到的，也是不可知的，考虑到变化的过程涉及了"不存在"这个富有争议性的概念（如，一些事物从存在［在世的苏格拉底］转变成非存在［逝世的苏格拉底］），因而巴门尼德认为的"存在"是永恒不变的（D&K 28B8）。巴门尼德在这里并没有批驳变化世界的观点，而是强调（或许在科学和哲学的历史上这是第一次）真知和理性所认识的对象必须是固定的。正如巴门尼德所说，如果我们想寻找到不可动摇的真理，那么我们必须要承认真实世界的不变性。这样一来，巴门尼德将"存在"的整体性看得比任何零星表象都更为真实，巴门尼德对其的强调，使得他比任何人都更接近于赫拉克利特所提出的所有对立物在更为优越的逻各斯内得以统一的观点（D&K 22B50）。

二、苏格拉底与柏拉图

苏格拉底（大约公元前 469 年—前 399 年）将其主要精力放在了道德领域，这一点我们可以从通常被认为是在阐述苏格拉底思想的柏拉图早期对话中看出来。受到赫拉克利特的影响，苏格拉底对自我认知产生了兴趣，强调通过其哲学追问的方式而促成的人类智慧与无知的意识界限范围（如《申辩》21D–E,23A–D;《卡尔米德》,164C ff)。这种自我意识就是人类智慧之所在，可以使人摆脱错误的认知，从而达到无对立冲突的和谐状态（《申辩》,29B–30D）。然而,和谐并不只是孤芳自赏的探求之物,而是一个在和谐环境里与一切事物友好共处的原则,同时也是在与一切事物相联系时贯穿于整个自然和宇宙中的原则。同样的观点也可以在赫拉克利特的论述中找到，他在《高尔吉亚》中强调一个灵魂没有秩序的人：

> 不会与任何人亲近，也不会与神亲近。因为他不会与他人沟通交流,因此,没有沟通交流,就没有友谊的产生。有智慧的人宣称,天与地,神与人,都是通过同仁、友谊、秩序、自制以及正义而连接在一起,也正是由于这些原因,他们将此宇宙称为一个"有序"的宇宙……而非"无序的"抑或是"不受控制的"（《高尔吉亚》,507E–508A）。

在同一篇对话里,苏格拉底反对将"自然"视为不受约束的本能领域,这是与人类文明、法律相对的观点,并以此作为反驳对话者卡里克勒斯(Callicles)。但苏格拉底提出了使法律与自然相协调的方法（如《高尔吉亚》,488C–489B,503D–504D）。

然而苏格拉底也被认为与巴门尼德一样,对某一确定知识的获得深感兴趣。尽管苏格拉底宣称自己无知,但是至少他期望在谈话的过程中,那些自认为有智慧的人能够对提到的智慧提出一个明确的定义(见《游叙弗伦》,4E–5D)。正是由于这个原因,比起对具体问题的关注,他更加倾向于一般性的问题(例如,对虔诚的普遍定义,而不是对这个或那个其他的虔诚行为的描述),这并不是忽视具体内容,恰恰相反,这是为了更好地解释和理解它们(见《游叙弗伦》,6D–E)。

柏拉图(大约公元前427年—前348年)吸收融合了赫拉克利特和巴门

尼德的哲学观点。亚里士多德叙述到，早期柏拉图沿袭赫拉克利特的观点，认为可感事物一直处于变动当中，且不存在知识可以将其区分开来，但之后柏拉图投入到喜欢下定义的苏格拉底门下。柏拉图认同苏格拉底的哲学思想，尽管借助了赫拉克利特的思想，柏拉图将这些定义应用于他称之为的"理念"或"形式"（亚里士多德《形而上学》(Ⅰ6,987a29–b10)）而非可感之物。这一观点被解释为柏拉图的"形而上学二元论"，可以在柏拉图对话中找到文本依据，如《斐多》(74A–C)、《理想国》(Ⅴ,476E–480A)和《会饮》(211)。但是，正如所指出的那样(卡罗内1998)，提出这种二元论假设的有关立场最主要体现在认识论方面：如果一个真正的哲学家希冀获得确定且恒定的知识与真理，那么他必须诉诸不变的理念而非可感且变化的具体之物（《蒂迈欧》,51B–E)。此外，这理念正如苏格拉底所探求到的那样，通过为我们提供具体现实之物（见《斐多》,100B–101B)分有理念特性的确定含义而解释了现实具体之物（最多使它们形成信条与意见）。即使柏拉图视理念为"真实的存在"，而非"既存在又不存在"的可感之物（见《理想国》Ⅴ,476E–480A)，但他似乎更多的不是指理念完满地存在，也不是如传统所认为的可感世界几乎不存在（或者认为可感世界是一个幻想之物）。相反，柏拉图似乎强调的是，每一个理念总是恒定不变的，用以对比处在流变中的具体可感之物是某一物体（如美，对罗斯来说，是美的）或不是上述的那一物，而是它的相反者（如之后则是丑陋的，对皮特来说是丑陋的；参见《理想国》Ⅴ,478E7–479B9;《会饮》,210E–211B)。理念与可感之物是真事物（《斐多》,79A)的两种类型。此外，自然事物的真实性不仅被认可，而且被高度赞扬，如《斐德罗》(230B—c)中，柏拉图引用了苏格拉底在学园讲学时所说：

> 这里确实是个休息的好地方。你瞧这棵高大的梧桐，枝叶茂盛，下面真荫凉，还有那棵贞椒，花开的正盛，香气扑鼻。梧桐树下的小溪真可

爱,脚踏进去就知道有多么凉爽……呵,这里的空气真新鲜!知了齐鸣,好像正在演奏一首仲夏的夜曲。[①]

尽管比起可消逝的可感的具体事物,柏拉图更加重视理念,但是理念依旧可以与某些具有重要性的可感之物相一致。接下来,让我们详细分析一下柏拉图对动物、植物、大地、宇宙赋予了何种价值,以及在这个角度上而言,柏拉图的观点是否带有人类中心主义的色彩。

在柏拉图对话中,诸多文段都提及了能转世于动物的人类。这种"转世"论的观点被视为是受到了毕达哥拉斯学派传统的影响,但是该学派主张的起源,几乎没有什么可以确定的说法。如以塞诺芬尼(约公元前 6 世纪)观点为证,他说:"曾几何时,毕达哥拉斯(约公元前 6 世纪)曾止步于被打的小狗面前,据说他对此深感遗憾并且说道:住手,别打了,因为那是某位男性朋友转世而来的灵魂,从它的叫喊中,我知道了是这样的。"(D&K 21B7)。似乎部分由于这些原因,在毕达哥拉斯学派中有禁止食肉的多条禁令。现在,当涉及柏拉图,许多文本将"转世于动物"表述为从所谓的更高级别人类条件的"下降",所以,并非每一个灵魂都能转世,而只是那些没有达到理性的人类最高标准的人才可以下降(如《斐多》,81D-E 和《蒂迈欧》,90E-92C)。但是,在其他篇目中(如《理想国》X ,620A-D,617A)则提及了每一灵魂都可以转世,不仅人类的灵魂可以转世于动物,而且动物的灵魂也可上升于人类。同样暗示出的是,动物对其灵魂地位的上升(至人类)具有选择的权利与义务(《理想国》X ,620A-D,617E 或《蒂迈欧》90E,92C),以上这些都表明动物存有理性的可能性,即使没有被使用。所以,动物与人类都具有两种选择能力,既可以通过选择应用理性控制其激情而使自己得以提升,亦可以相反的方

---

① [古希腊]柏拉图:《柏拉图全集》(第二卷),王晓朝译,人民出版社,2003 年,第 139~140 页。

式下降于更缺少理性的动物(见《蒂迈欧》,42C,91D–92B)。这说明动物与常人之间并无相对而言的区别,相反,二者拥有平等选择"上升"抑或"下降"的权利,如果二者选择"上升",那么其美德是同等的,如果"下降",则缺少该种美德。存在于人类与动物二者之间的区别,在这里虽没有详加叙述,但却涉及了能充分利用理性的人类与没有充分利用理性的人之间的差异,就这一点而言,人类与动物并无差别。所以,就柏拉图的观点而言,仅作为人是不能使人优先于动物的,理性才是重要的,因此人类和动物生存的目标即是理性。

如果是这样的话,那么不惊奇的是,在《政治家》中人类和动物的区分则不应该被认为是非自然的,也不应该是根植于带有人类中心主义色彩的相对主义。因为在平等且主观的立场上,仙鹤也能将全部的生物划分为仙鹤与包括人类在内的其他动物 (非仙鹤)(《政治家》262A–C,263C–E)。同样,在《理想国》(Ⅰ,343A–345D)中苏格拉底认为,牧羊人的技术所关注的不是什么别的东西而只是为羊群提供最好的服务,以此反驳色拉叙马霍斯的观点,即牧羊人是出于其自己的利益而非羊群而饲养羊群的。因为对苏格拉底而言,每一种形式的统治,就其本身而言,都只是为了被统治者的利益而着想。《蒂迈欧》中同样也没有表达过这种观点,即动物是为人类需求而存在,动物在宇宙中的目的是为了使它完整(41B)。这是一个为保存动物物种的论证,在某种程度上,动物使宇宙变得完美与多彩。

然而不确定的是,柏拉图是否应该为个体动物生命的保存提供任何论证,即使已承认动物应与其有亲缘关系的人类享有同等待遇。因为同样不确定的是,对柏拉图而言,人类是否享有最高尊严(即是有理性),或人类能否清晰地认识到人的权利。一些段落似乎赞同杀婴罪存在,也赞同出于较高理性目的而处决人的存在(如公共福利和政治福利,见《理想国》Ⅴ,459D–461C,《政治家》293D–E,297D–E),那么同样地,如果为了某个较宏伟的目标,可以为做出杀生的人正名(如宗教用途,见《斐多》[118A]中苏格拉底表示他有责任向阿斯克勒庇俄斯献祭一只鸡）。相似的,我们同样感到好奇的是,柏拉图是否公开赞同素食主义者,如果是的话,那么他的立论基础是什么呢?

一些文段表明,勿食动物包含于理想化的人类条件之中。《理想国》(Ⅱ,369A–372D)中所提及的"健康城邦"仅包括为满足食物获取目的的农业(水牛为生产工具)。苏格拉底提出了一个包括肉类消耗的"发高烧的城邦"(fevered state)以调和对话者对"更奢侈城邦"的诉求(《理想国》Ⅱ,373C),因此"发烧城邦"要求更多的医生(《理想国》Ⅱ,373C–D)。在这一文本中,柏拉图倾向主张素食主义似乎更多的是出于健康原因,而非对个体动物的特殊关切(毕竟,在理想城邦中,由制鞋目的而对于皮革的需求中,杀戮动物似乎是被允许的)。然而,如果动物(至少某些动物)转世成人类,那么素食主义的主张即可被理解,因为食肉此时类似于一种食人主义。《政治家》虚构刻画的"黄金时代"(golden era),我们了解到,没有动物是野生的,它们彼此之间也不会相食,人类拥有大地生产出的丰富水果(《政治家》,271E–272C);在《蒂迈欧》中,植物(而非动物)在宇宙中应服务于人类日渐消瘦的机体这一对象(《蒂迈欧》77A)。

值得注意的是,在《蒂迈欧》中,植物被赋予了"感知"(sensitivity,希腊文为 aisthesis)快乐和痛苦的能力。植物被认为拥有"与人类相类似的"自然天性(《蒂迈欧》,77A)。如果一个人采用功利主义的视角,将感知快乐与痛苦的能力视为本能价值的一个评判标准,那么他可能会认为植物会因被砍断而感到痛苦,那么采摘水果则更为可取一些(《政治家》,272A)。然而正如我们所见,只要其能有助于一个更为积极的目的,柏拉图似乎也不认为感知痛苦有何不妥之处。每个人的医疗救助或对无法改正的罪犯所进行的惩处就是一些典型的事例(见如《法律》Ⅸ,845B–E)。这句论证成为如下观点的基础,即如果痛苦的出现是为了适应整体的目的论,那么植物(或动物)承受痛苦则是有理有据的。不过我们必须注意的是,这种目的并不是全然以人类为中心的。因为是整体(如宇宙)优先于包括人类与植物在内的组成部分(见《法律》X,903B–C)。从这个角度而言,对待宇宙每一组成部分(如一块石头、一只动物或一株植物)的方式必须考虑此行为对整个宇宙系统有多大的影响,着眼于全局保存,原因在于"整体不为你而存在,但你却为了整体而存在"(同上)。所以,即使理性最后获取较高价值,但其原因在于不仅能促进个体的行为规范而且也在于能规范宇宙整体的秩序。这将引导我们更加细致地思考柏拉图宇宙目的论的观点以及在宇宙中人类所扮演的角色。

特别是在后期对话篇中(主要指《蒂迈欧》《斐多》《政治家》和《法律》)可以见到柏拉图希望不仅在理念世界中,而且在可感宇宙之中,寻找到秩序和稳定的来源。在这些对话篇目中,宇宙本身有生命和思想,而且这种宇宙思想或灵魂是作为该体系内有序变化的第一主要动因而出现的。在这方面,"自然"(phusis)不仅可以视为成长过程的结果,而且也可以被视为积极的生成过程本身,这也是我们于身边所见美的来源。在之后意义上的"自然",则是指生命的来源,成为"灵魂"的同义词(见《法律》X,891C,892B–C,896A–B)。在《蒂迈欧》中,这一灵魂是将德性引入到整个宇宙的一个要素,通过分有理性而可被称之为神,而且是最伟大的神(见《蒂迈欧》,29A,34A–C,92C)。无独有偶,美妙的躯体和世界被认为拥有了纯粹理性的灵魂,因而被称之为神(《蒂迈欧》,40B–D)。与上述灵魂不同,人类灵魂是复杂的,而且可分为非理性而产生有序或和谐之外的其他影响。正是因为这一点,宇宙理性作为一个模型以供人类所追随。所以,《斐勒布》将由躯体和灵魂所组合而成的宇宙描述为含有"和我们一样的因素,但却在每一方面都优于我们"(《斐勒布》,30A)。在《蒂迈欧》中,大地被描述为"我们的看护者"和"天堂诸神之中最为受尊敬的"(《蒂迈欧》,40B–C),以及《法律》中同样强调"土地是我们祖传的家园,我们必须付出比孩童关照母亲那样更多的关注,因为那既是神也是人类的女主人"(《法律》V,740A5–7)。就这个角度而言,作为整体的宇宙特别是大地,通过成为神而在它们自身中享有一种尊贵,而这种尊贵要比人类所享有的尊贵更加优越,同时也是人类所渴望达到的一个范式。

不止一篇文章强调人类与神之间合作的重要性,这是出于"善"的目的论在世界范围内得以实现的目的, 也为柏拉图对环境的关注留有足够的空间。因为在该体系内人类灵魂是万般变化的起因(见《法律》X,904C ff),我们不仅要效仿而且要助力宇宙维持其有序的结构。所以人类被描述为存于宇宙善恶之间战争的主要参与者, 更有甚者称其过多的人口数量是导致自然无序状态的一个原因(见《法律》X,906A-B;见卡罗内,1994 与 1998)。在《克里底亚》(111C-D)中,柏拉图意识到了环境问题,如阿提卡城邦的毁林和那里不断增多的水土流失问题。但是,不同于漠不关心,他批判一个只关注造船而缺少美德的社会(见《高尔吉亚》,518E-519A)。在《克里底亚》中,柏拉图将他所处希腊时期的状况与过去处于理想环境状态下同时也在美德方面更胜一筹的希腊进行了对比(《克里底亚》109C-112E)。

从这些方面, 我们可以了解到柏拉图不仅吸收了米利都学派的核心观点,也吸取了赫拉克利特关于宇宙神性的思想,还吸收了赫拉克利特关于我们应该主动分有普遍理性的观点。巴门尼德学派对于知识对象稳定性的寻求在理念世界中找到了基础,理念为可感世界的价值提供了依据,而非破坏这种价值。正如我们所见,后期对话涉及了宇宙思想或理性,这也确保了大多数事物分享有美德。这种目的论的非人类中心主义色彩的概念鼓励而非阻碍人类去关注环境。

三、亚里士多德

通常认为,柏拉图的继承者亚里士多德(大约公元前 384 年—前 322年),关注于可知的、物质的宇宙,从而使理念降落到了人间,即使理念依旧在哲学和科学中承担着对具体之物解释的角色：理念首先表现在对每一种类或每一物种之物的普遍定义中(《形而上学》Ⅶ12,1037b21-27 和 4,1030b4-6；见 V 11,1013a24 ff 和 Ⅰ 3,983a26 ff)。对亚里士多德而言,"自然"是作为运动的内在原则而存在的,或者存在于事物中(不同于那些由于外在主体造就的诸种变化,见《物理学》Ⅱ1,192b20-23,《形而上学》ⅩⅢ3,1070a7-8)。就这个角度而言,诸如石头趋向于向下运动、植物倾向于再生长、动物天然具有感知能力或人类享有理性,这些事物都被称之为"自然",以此区别于由技艺而来的人工造物。但亚里士多德不同于柏拉图的一点是,自然应是灵魂的同义词,只有在等级序列中(如植物、动物和人类)那些较高地位的事物才会拥有灵魂,即便其他事物(如人体器官、人体组织、火)都是自然的(见如《论灵魂》,Ⅱ 1)。对亚里士多德而言,某物的本质在某种意义上来说指的是该事物的质料,在另一意义上指的是该物的形式,即由"本性"而使质料与形式共生的合成物(《物理学》Ⅰ1,193a28-b8)。某物形式的完满实现是作为整体代际关系发展产生的一个目标而存在的(《物理学》Ⅰ1,193b12-18)。亚里士多德同样不赞同毕达哥拉斯学派和柏拉图主义者所主张的灵魂转世观点，因为亚里士多德认为,灵魂(如生活准则)是与其相吻合的质料而存在的,具体来说是作为该质料的一个功能而存在的(《论灵魂》Ⅰ3,407b15-26)。

亚里士多德"自然尺度"的概念继承了希腊的传统,"自然尺度"是以下面的等级序列进行划分的,最低等级的是我们所能找到诸如石头这样,没有灵魂甚至是较少理性的事物，然后走向较高等级，最高的是理性统治的等级。关于这一点的论证,我们可以在亚里士多德的《论灵魂》中可以找到,他明确区分了有生命和无生命的物体(《论灵魂》Ⅱ1,412a13-16),而这一文本也暗示出自然较低等级之物蕴含在较高等级之物中,反之则行不通。例如,植物获取营养的能力，是动物这类拥有感性知觉生命的前提假设的一个要素(在亚里士多德看来植物是缺乏这种能力的,这点不同于柏拉图),而与动物相适合的这种感觉的能力，则是以理性为显著特征的人类生命的基础（《论灵魂》，Ⅱ 3）。结合亚里士多德的《政治学》（Ⅰ 3，1256b15–22），得出了以下观点：亚里士多德自然尺度的目的论观点，确实是带有人类中心主义色彩的，大卫·塞得利（David Sedley，1991）强烈地拥护这一论点（不同于在当代环境讨论中已被接受的"人类中心主义色彩"，我们在这里所讨论的带有人类中心主义色彩的目的论是基于以下意义而言的，即自然物是为了人类的目的而被安排的）。原文如下：

> 　　自一开始，植物是为动物而存在，而其他动物为人类而存在（家养的牲畜既为了实用性也为了食物），如果不是所有的野生动物是为了食物或其他用途的话，多数动物也成为衣料或其他用途的来源。如果要使每个事物完整且有意义，那么自然有必要为人类利益而创造它们。（塞得利翻译，微改）

　　对此当然可以提出质疑，怎样断定在亚里士多德的这一文本中传递带有人类中心主义色彩目的论的观念。因为，正如塞得利所期望的，这个质疑可能会和以下观点不同，即文本中的亚里士多德并不是以物理学家的身份进行创作的，甚至亚里士多德可能认同着流行的诸多概念。事实上，罗伯特·瓦尔迪（Robert Wardy，1993）将这一文本视为与亚里士多德自然哲学不相一致的反常之作，瓦尔迪说道："这改变了为反对宇宙人类中心主义之可能性的平衡状态。"

　　然而，综合几个能让我们思考的缘由，塞得利的观点以及长期以来的传统，我在这里想揭示这一点，即亚里士多德的"自然尺度"和目的论的观点是带有人类中心主义色彩的，当涉及对物质的解释时，事情似乎要比它们看起来的那样更为宏阔。再者，一个重大问题是，在自然的尺度中，人类为较低等级事物的终极受益者(就那些可能有需求的人而言),这一点就其自身而言是否构成了亚里士多德目的论中带有人类中心主义色彩概念的一个论点。正如塞得利自己所承认的,对目的论概念的定义,在整体是终极的受益者这个意义上是不成立的,或至少不能仅在这个意义上成立,相反应从整体是所欲求的最终目的这一角度对目的论概念进行定义。如果我们出于目的性而定义目的论,而非利益角度,那么毫无疑问的是,神是最终目标,而非人类。所以,再生产之所以存在是为了使得所有有生命的生物能参与到以神作为代表的"永恒"中(《论灵魂》Ⅱ4,415a25-b7),与此同时,神也是对神圣天体热爱的客体(《形而上学》Ⅻ7,1072a26-30,b2-4),而这些躯体在等级序列中肯定优先于人类。反之,这种参与永恒的方式也成为人类所应追求,而达到永恒的方式则是通过理智的运用,这使得人相类似于神(《尼各马可伦理学》Ⅹ7,1177b26-34)。以此方式,正如《形而上学》篇(Ⅻ10,1075A19-25)中所暗示的,神被视为最终的目的,这确保自然中所有(或至少是大部分)个体的目标之间的协调——宇宙中的不同种类事物并不是混乱的而是处于有序结构的安排之中,这使得各种事物能够为整体而存在于相互关联(《形而上学》Ⅻ10,1075A19-25)之中。

然而,自然尺度这一传统概念受到了不同视角的挑战。人作为一种理性动物,这一定义已传承到亚里士多德学派(或许是基于《政治学》Ⅰ1,1253a9-10),这似乎暗示出理性是我们作为独特的物种所拥有的,如作为某种不被其他任何物种所分有的东西,就理性而言,人与动物之间应该存有本质差异,但是安德鲁·科尔斯(Andrew Coles,1997)在近期著作中质疑这一观点。科尔斯在亚里士多德的自然尺度的"跨跃"的观点和世界的"渐变"性的观点之间进行了区别,就前者而言,有些人可以在《尼各马可伦理学》Ⅰ7中找到论证,其著名的"功能性论证"似乎旨在确立以下内容,即人类不同于动物或植物的独特功能就在于使用理性或逻各斯;而就后者而言,在"渐变"的世界中,各种各样的事物更多的是一个处于不同阶段之间的或多或少的问题,而非分裂间隙之间的问题。为了强调"渐变"的观点,科尔斯将读者的注意力放在了亚里士多德关于动物学的大量著作中,在这些著作里,我们获悉了自然中的"持续性变化"(见《论动物部分》Ⅳ5,681a12–15,以及《动物志》Ⅶ1,588b4 ff),在讨论对这些文本的粗略解读时,我们也了解到了分有不同程度理性的动物。

值得特别注意的是,在《动物志》第八、九卷的50多章中,其中有不少于43篇的章节涉及了动物的理性。所以从广义角度(见《动物志》Ⅷ3,610b22)或实践角度来讲(见《论动物生成》Ⅲ2,753a9 ff),许多动物至少是具有理智的。例如,在《动物志》(Ⅷ3,620b24 ff)里,在风暴天气下动物易与住所分离证实了缺少努斯(nous)指引的羊群,以此对比于拥有理性(intelligent)的麋鹿,因为如麋鹿在道路旁分娩,因为在这里,由于对人类的害怕,其他野生动物不敢靠近路边(《动物志》5,611a16 ff)。在《动物志》第八、九卷的一些文本里,甚至将第二和第三等级的意向性和反射性知识归于动物对其自身精神状态的了解,这使得亚里士多德认为"动物接近于一种被现代哲学标准称之为'准人类'(quasi personhood)状态",引用一个例子,杜鹃可以理性地(intelligently)繁衍后代,这是因为它意识到了自身的局限性,不具有帮扶年轻一代的能力,因此出于安全性的考量,它会为雏鸟的安全未雨绸缪(《动物志》29,618a26 ff)。此外,为了反对自然尺度中的分裂间隙,而非连续性观点,科尔斯认为就理性而言,对待某些动物的方式与亚里士多德对待孩童的方式并无二致(见《论动物部分》Ⅳ10,686b23 ff,以及《动物志》Ⅶ1,588a21–b3),值得注意的一点是,在《动物志》第七、八卷的第1章中所构建的儿童发展图景是渐进式而非跨越。因此科尔斯得出结论,很显然,尽管亚里士多德并不认同动物拥有理性灵魂的每一特征(见《论灵魂》,Ⅲ 3),也不认同动物拥有在《尼各马可伦理学》第六卷中所讨论的理智德性,但是在动物学中,亚里士多德却认同动物具有某种程度的努斯,特别是,或多或少的实践理性(practical intelligence),在此情景下,亚里士多德似乎认为每一种动物具有不断照顾自己和顾及自己利益的能力。

如果我们沿着科尔斯的论证思路,我们可以看到亚里士多德植物学中的几个要素,亚里士多德的植物学所指向的是人类与动物之间的某种亲代关系,而非差异。此外,亚里士多德对于这些事物的广泛研究,恰恰证明了他对周围自然世界的兴趣,甚至是一种对自然进行美学的欣赏,正如亚里士多德在《论动物部分》(Ⅰ5)所描述的那样,这使得自然世界拥有了它本身的"尊贵"(《论动物部分》,644b31)。我们不能不研究任何动的本质,无论其是多么微不足道,因为就这一点而言,自然给予那些崇尚智慧的人"难以估量的愉悦"(《论动物部分》,645a4-10)。考虑到自然的目的性,每类动物研究中的"美的事物"是存在于"美"之中的,正如对动物的组织与功能进行研究所表明的那样(《论动物部分》,645a21 ff)。

为了完整地叙述亚里士多德的环境观点,我们把注意力放在《天象学》的一些文本上,哈格罗夫(Hargrove,1989)和阿特菲尔德(Attfield,1994)认为,亚里士多德在这一部分的著作中,已透露出对于自然的漠不关心,甚至是反自然的观点。在《天象学》(Ⅰ14)中,亚里士多德考虑了这样一个事实,即由于自然现象的原因,地球上的某些地区在不同时间里变得潮湿或干旱,这一过程需要很长时间,但却不被人类所察觉,而在这些变化被记录下来之前,全部种族就由于战乱、疾病、饥饿等原因而消亡了(《天象学》,351a19-b14)。埃及就是这样,"很显然,该地方已经变得越发干旱,整个区域是由于尼罗河沉积而成"(《天象学》,351b28-30)。许多人认为"由于干旱,海域的增长速度放缓",因为相较于从前,现在越来越多的海域向这一趋势靠近,亚里士多德批判了此种观点。宇宙是一个永恒的存在,应该认识到一个地区的干旱恰恰能弥补另一个地区的水灾(《天象学》,352a17-31)。这里亚里士多德所辩护的是,地球仍然保持着某种宇宙平衡,即使我们并没有意识到其作用范围之广,而且这种周期性的存在必须以某种较大的同质规律性为基础。所以,"人类必须假定所有这些事情的起因即是这种宇宙平衡,就像在一年四季中出现的冬季一样,所以在一个确定的时间段里,在某种大周期中,总会出现一个长时间的冬季且伴有过多的降雨量"(《天象学》,352a28-31)。这一论点与赫拉克利特流行于世的某种宇宙观的、目的论的平衡观点不谋而合。正如亚里士多德所说的,一个人当然可以抱怨,这些自然循环正在摧毁着诸城邦,但是,亚里士多德描述的中立立场并不会使他与自然环境对立。因为,亚里士多德并非是在说人类应该改变自然运作,相反,我们可以认为他在劝解我们尊重自然规律,以一种更为宽广、全面的对世界进行解释的态度融入自然运作当中,而非出于带有人类中心主义色彩的利益来对自然进行评鉴。

毫无疑问,亚里士多德所理解的世界是一个永恒的世界,因此他不可能像我们今天这样认为地球会消失,正如我们所了解到的,亚里士多德认为世界是一个目的论的世界,换言之,大多数的事物已经被安排得近乎最好。但是一方面亚里士多德允许自然目的论失效的事例存在(如怪兽,《物理学》II 8,199a33-b4),另一方面,亚里士多德认为人类的技艺能够改善自然(《物理学》II 8,199a15-16),鉴于这两方面的考虑,亚里士多德认为有必要建立一个完整的道德系统,该道德系统的目标即是人类所应为之奋斗的目标,毫无疑问,这一点为更加完善人类作为组成部分的世界整体状态,预留了足够的空间。因为有人会认为,正如城邦的善可以变得更宏大而优先于个体的善一样(《尼各马可伦理学》I 1,1094b7-9;见《政治学》I 1,1253a19-20),世界自身的整体善也优先于人类利益。因为,"整体必然优先部分",如果没有整体,部分则会失去其相应的功能(《政治学》I 1,1253a20-22)。总之,亚里士多德的道德观所推崇的美德是以节制生活为前提的,以此反对在各层面上的过多追求,其中包括对于感官愉悦感、权力或者金钱的贪婪,或许正如我们所想的那样,这最会导致对环境的滥加开发。相反,对人类而言,最高质量的生活是那种需要相对较少外在物的生活,即抽象的生活,这种生活通过强调存在于人类的最高级(状态)和宇宙之间的神圣亲缘关系,不仅能够引导人们趋近于那神圣的诸神(the heavens)中间那个不动的动者(Unmoved Mover)的理性活动(the noetic activity),也能够引导人类走向诸神(the heavens)自身的理智生活(intellectual life)(见《尼各马可伦理学》X 7,1177b26 ff 和《形而上学》XII 7,1072b14 ff)。

四、后亚里士多德学派哲学家

本文最后探讨一些后亚里士多德哲学家。尽管哲学家们对"自然"这个概念的理解各不相同,但此概念却至关重要。对于享乐主义的典范伊壁鸠鲁(约公元前 341 年—前 271 年)来说,尽管自然并不在目的论上起作用,而是在机械论上起作用,但是在道德领域自然与目的论有关联。因此,追求享乐的基础在于"万物自出生伊始,即把追求享乐作为至善,把痛苦作为至恶加以拒绝……动物确实是这样做的,这是因为它还没有衰败时,基于本性而做出的公正合理判断"。(西塞罗,《论目的》I 29 ff;安东尼·亚瑟·朗和大卫·尼尔·塞得利[L&S]《希腊哲学家》I 21A;斯多葛派和伊壁鸠鲁派翻译版也收录于安东尼·亚瑟·朗和大卫·尼尔·塞得利的作品《希腊哲学家》)。但是,人们却更喜欢基于自然的生活而不是那些违抗自然、复杂性的生活,即使涉及对乐趣进行分类(或可理解为欲望的满足)时也是如此。人类有天生和必需的欲望,比如食物和睡眠;有天生和非必需的欲望,如性欲;还有那些虚妄的、非自然的欲望,如穿着时尚、拥有豪车等(见伊壁鸠鲁,《致美诺西斯的

信》①,127 ff;见 L&S I 21B(1))。哲学劝导将我们的欲望局限至那些自然的
欲望之上,以此获得幸福,"所有自然之欲皆易获得,但虚无之欲却不易得到"
(L&S,I 21 B(4))。"贫穷,当以自然标准衡量时,是巨大的财富,但不加以限
制的话,财富又是极度的贫穷"(伊壁鸠鲁,《梵蒂冈语录》,第 25 条;见 L&S,
21F(3))。另外,正是部分基于这些观点,伊壁鸠鲁提倡素食主义。

> 说到吃肉,它既不能减轻我们天性的压力,也不能解除不满所带来
> 的痛苦……吃肉无助于保养生活,它只是享乐的一种,就像性和品尝异
> 域美酒一样。我们的天性完全可以不需要这些……此外,吃肉无益于身
> 体健康,却对身体有害(波菲利,《对以动物为食的节制》I.51.6 ff,乌西诺
> 464;见 L&S,I 21J)

斯多葛学派(公元前 4 世纪—公元 2 世纪)提倡把与自然和谐的生活作
为人类的目标(见斯托比亚斯 2.77,16-27 和 2.75,11-76,8;见 L&S I 63A,
B)。借鉴于赫拉克利特和柏拉图的哲学思想,斯多葛学派信仰一种包罗万象
的逻各斯(或宇宙理法),认为它统制并管理着整个物质世界,自然即这种秩
序。所以对于该学派来说,基于自然生活即按照在我们身上的理性因素生
活,这些理性因素反映那些遍及宇宙的理法,且是其一部分。整体而非单一
的观点在任何情况下都被视为追求幸福的方法:"我们不应祈求事情按我们
的意愿去发生,而应任其随心发展。"(爱比克泰德,《手册》8)即使该派的目
的论是宿命论的,此观点也指出了"如果我们不想,或不下最大决心、尽最大
努力去做,许多事情就不可能发生;也正是因为我们的想象、决心和努力,这
些事情才注定会发生"(戴奥真尼斯,尤西比乌斯,《福音的准备》,6.8.25-9,

---

① 伊壁鸠鲁《致美诺西斯的信》中文本收录于[古希腊]第欧根尼·拉尔修著:《名哲言行录》,徐
开来、溥林译,广西师范大学出版社,2010 年,第 536 页。

见 L&S I 62F[5])。该派强调"作为世界公民,你是世界的一分子;你不是其奴隶,而是其最重要的选民。因为你能够参与神圣的治理,也能预估其统治的后果"(爱比克泰德,《论说集》2.10.I-12,见 L&S I 59Q[3])。然而,动物被认为缺乏理性,因此要比人类和诸神低等(塞内加,《信件集》124.13-14;L&S I 60H 76.9-10;63D)。还有一些听起来像亚里士多德口吻的文本称动物是为人类而存在。所以即使他们强调所有人类之间的亲密关系,"世界即人类与诸神共享的城市和国家"(西塞罗,《论目的》3.62-8;见 L&S 57F[3]),但是他们也"否认人类和动物之间有任何权利(关系)。因为克利西波斯(Chrysuppus)出色地评论道,万事万物是为人类和神创造的,但是同时也是为了社区和社会而创造的, 因此人类可以利用牲畜满足自己的需求, 而这并不违反(动物与人之间的)权利"。同样,似乎有一个自然等级(a scala naturae),其中不同的自然领域出现在一个等级序列之中,"在印象(impression)和冲动(impulse)两种情感上,动物优于非动物"(斐洛,《寓意解经法》I 30;见 L&S 53P[1])。尽管,人类和动物拥有发声和接受印象的能力,但是,人类还是不同于那些非理性的动物,这主要体现在两个方面:一是内在的言语表述,二是由推断和组合所产生的印象(塞克斯都·恩披里柯,《驳教师》,8.275-6;见 L&S 53T)。但是,我们不该就此认为,斯多葛学派的目的论哲学直接等同于人类中心论:事情总是朝着最好的方向发展,但是"最好"却经常超出人们所能够理解的范围,也超出人类眼前的现实利益,尽管在不同物种之间存有等级,但是整体优于其组成部分:

> 除了世界之外,每一个事物都是为其他事物而存在:例如,从土地里生长出的粮食和水果是为了动物而存在, 而动物的生长则是为了人存在(如马用作交通工具,牛用作耕地的工具,狗用作捕猎和守护)。人类自身的存在则是为了认识和模仿世界,虽然人类的存在并不完美,却

是完美世界的一个微小组成部分。但是,由于世界容纳着一切,无所不包,因而,从各种角度来说,世界就是完美的。(西塞罗,《论诸神的本质》2.37–9,见 L&S 54H[1])

最后,让我们把一些笔墨留给新柏拉图主义者普罗提诺 (Plotinus)(约205 年—270 年)及其继承者波菲利(Porphyry)(约 232 年—209 年)关于柏拉图观点的复兴和综合。普罗提诺鼓励将我们自身从那种埋葬自我的分离和多样性的状态中提升出来,而发现一个与自然整体统一且与自然整体相联系的层面,在该层面上才能促进(我们)对待自然整体的各个方面和各种物种的同情心的发展(见如《九章集》,IV 9 3,1–9)。同样在该层面上,我们也被赋予了宇宙与灵魂共同管理整个宇宙的责任(同上,IV 8 2,19–24;IV 8 4,6–8)。较高层级的精神不断上升,最终达到超形而上学,且本性无法认知的"太一"(One),但是就目前章节的目的而言,我们仅仅把分析限制在与可感自然交融的初始阶段,假如我们具有更高的统一性,那么对于可感自然交流对话的理解,在任何情况都不会被否认,相反会得到丰富(同上,II 9 16)。最重要的依旧是认识自己,但是真实的自我本身却超脱于个人经验的界限范围,随着较高的自我认识显现,自我不仅没有消失,反而通过获得统一性,甚至对自然整体和宇宙、理念王国以及超越一切的终极"太一"的认知而获得了提升(同上,VI 5 12,24–25;IV 4 2,22 ff)。

普罗提诺对其思想继承者波菲利有着巨大的影响, 后者将前者称为素食主义者(《普罗提诺传》2①),同时,波菲利也创作了大量关于素食主义和与动物相处之道的经典古代文本。在其著作《对以动物为食的节制》(on abstinence from animal food)中,波菲利提倡素食主义的饮食方式,不仅将此当作

---

① 参见[古罗马]普罗提诺:《九章集》,石敏敏译,中国社会科学出版社,2009 年,第 2 页。

净化的手段,而且也当作趋向神的保持健康的方式。此外,也因为非素食是对动物的不正义,所以波菲利贬低动物祭祀的行为,声称正义要求我们不伤害动物,一方面因为动物是有理性的,另一方面动物(根据他的说法,不同于植物)会经历痛苦和威胁。在某种程度上,这又与柏拉图的思想如出一辙,波菲利强调我们应该将地球视为我们的母亲和守卫者。(《对以动物为食的节制》,2.32)

　　总之,从不同的古代哲学家那里,我们可以看到其诸多思想,这可能会给那些希望将人类生活纳入更为宽广的世界环境之中的学者,提供某些有益建议。姑且不论他们在许多问题上各执己见,但可以说的是这些古希腊的哲学家不会将其生活脱离于一个更为宏观的世界,尽管我们当代的观点经常关注的是自身利益而非他人(或其他存在物的)利益,可能会对他们产生影响。正如我们在众多的思想家那所认识到的,就在广阔宇宙中寻找到自己确切的位置而言,自我知识是能够被理解的。尽管这篇的标题所表达出来的话题,有太多需要述说,但我希望通过评价古希腊传统的几位重要的哲学家,至少能够给读者提供不同的视野,也希望如果读者能够深入这些富有魅力的文本中,能为他们带来一种他所找寻的东西。

自然观的非一致性

——论斯宾诺莎与深生态学*

[美]加尔·柯柏/文　耿玉娥/译

在《伦理学》①中,斯宾诺莎关于人与自然提出了一种严谨的自然主义观。人类作为自然的一部分,既不独立于自然,也非自然中的主导。人类不能违反自然或以非自然的方式开展活动,与自然中的其他部分或者生物相比,人类并非与众不同,具有更重要或本质的不同地位。自然的一般法则同样适用于自然之物,包括动物、人类、神、心灵以及感觉。自然在其自身内而被解释,无须外在或内在于自然的非自然因素,即不存在超自然的力量或神秘原

* 本文原载《伦理与环境》(*Ethics & the Environment*)2013 年第 18 卷第 1 期,第 45~65 页。由原著者授权译者翻译并发表此文,译者在此特向柯柏教授致谢!

加尔·柯柏(Gal Kober),美国桥水州立大学(Bridgewater State University)副教授,主要从事生态伦理学研究。

耿玉娥,中山大学博士研究生,主要从事政治哲学研究。

邮箱:gengyue2015@163.com

① 除了另外说明,所有对斯宾诺莎原文的引用都出自 1994 年由普林斯顿大学出版社出版的《伦理学》(Spinoza,Benedict.[1677]1994. *Ethics*. In A Spinoza Reader,translated and edited by Edwin M. Curley. Princeton:Princeton University Press.),以下简称 E。

则来创造、影响自然,也不需要其他的方式来解释它。

鉴于此,人们期望在斯宾诺莎的著作中找到一种理解自然和其存在物的方式,这种方法在理念上与后来被称为深生态学的观点和运动非常类似。根据这一观点,人类是自然中平等、内在的部分,这一观点既不应该从人类中心主义的角度被思考,除去对人类本身的有用性以外也有其固有价值。以下这种推理似乎就合理了,即基于同等的自然地位,人类、动物和自然资源被认为密切相关、彼此尊重、和谐共处,由此推断出对生命和生存物彼此的一种义务。

在本文中,我阐述了斯宾诺莎的自然观并试图论证能否从中推导出上述观点和义务。首先,解释"人类作为自然之部分"的含义以及基于这一格言式观点的自然主义方法。其次,进一步探讨深生态学基于斯宾诺莎自然概念的主要观点,以及它们是否与斯宾诺莎的思想相一致。再次,解释为了人类利益如何利用自然是被允许的。最后,对这些观点进行评价,即人类作为自然之部分和为了人类福祉利用自然是否自相矛盾,或者在何种方式上人类与自然之间看似紧张的关系能够和解。

一、自然之部分

《伦理学》开篇提出了一系列界定和公则,为关键性概念以及它们之间的相互关系奠定了基础。我试图沿着这一思路在其中阐释有关自然和人类的概念。

斯宾诺莎将实体定义为,存在于自身内且无须借助于任何别的概念。实体的"属性"就是知性所把握到的作为实体本质的东西,如思维和广延。事实上,不借助于属性的实体是任何知性都无法把握的[①]。实体的"样式"是其分

---

① Curley,Edwin M. 1988,*Behind the Geometrical Method:A Reading of Spinoza's Ethics*,Princeton,NJ:Princeton University Press,pp.12–15.

殊,通过其他概念被认识,产生于其他事物。"实体在本质上先于分殊"这一观点源于这一界定,即实体是自存的,不依赖于任何其他概念或事物,然而其分殊即样式以实体的存在为前提。因此,实体显然先于分殊。

任何两个不同且分离的事物,要么具有不同的属性,即作为实体而被认识的本质不同(从界定上),要么分殊不同。事实是,既然"一切事物不是在自身内,就必定是在他物中"①,属性就是外在于理智的实体本质在理智中的印象②,不在理智内而是在理智之外。此外,分殊也可用以区分不同实体(虽然通过不同的属性来区分实体是显而易见的,但并非适用所有情况。因此,通过分殊来区分不同实体可作为第二种有效方法)。因此,不同实体可以通过属性或分殊进行区分。分殊或样式是非本质和偶然的,而属性是本质的,据以决定不同的实体。因此,即使分殊不同的实体,只要属性相同它们就是同一个实体,"一个真观念必须符合其客体"③。相同本质即属性相同的实体只能是同一个实体。

上帝被定义为一个由无限属性构成的实体,其中每一个属性都表现出其无限和永恒的本质。既然完全不同、没有任何共同之处的事物彼此不成其构成因素,那么"一实体不可能由另一实体所产生"④。属性和分殊表现实体本质,且实体先于分殊,所以它们都不可能成为实体的原因,又加上实体之间也是独立的,实体必然是自因的。根据《伦理学》的第一条界定可以得出,自因事物的本质必然包含存在,即其本质作为必然存在而被设想,因此自因的实体必然存在。

---

① E,I A1.

② 关于实体属性存在着以下争论,即属性是实体的客观事实,还是理性内对实体本质反映的主观认识,持后者的学者有加勒特等。斯宾诺莎的观点似乎更赞同前者。我认为实体属性是理性在与实体客观特征直接关系中的被感知。(E,I A6)

③ E,I A6.

④ E,I P6.

实体不可能是有限的，因为有限的实体意味着它被别的相同本质的事物所限定。不可能存在这样的情况，即必然存在另一个实体，且二者具有相同的属性。所以"每个实体必然是无限的"，并且具有无限多"表现其必然或永恒、无限的属性"。①根据以上论述，既然这样的实体必然存在且没有两个相同属性的实体，那么这个具有无限属性、必然存在的实体只能是一个。显然，满足以上规定的实体只有上帝。上帝是实体，必然存在。它是不可分的，如果可以被分为有限的部分，那么就意味着它是有限的、可生灭的，这就与其本性相矛盾(它是不可分的，因为只存在一个无限实体)。因此，"除了上帝，没有任何实体存在或被设想"。既然不存在另一个实体，或另一个实体的样式和属性，那么"在上帝之中，没有任何事物可以离开上帝而存在或者被设想"②。

基于上帝的无限属性可以推出无限的样式。既然上帝是唯一的实体，每一事物都是它的一种样式，那么上帝就是所有事物的直接原因、必然理由和绝对的第一因。既然任何事物都源于上帝的必然本质，被包含于上帝之中且不能离开上帝而产生，那么就不存在上帝之外的事物，这样每一事物都在基于上帝本质的相同法则下运转。倘若不存在任何事物在上帝之外，那么也不存在任何事物能够决定、限制，或为其设定行动和运转的法则。因此，"上帝的活动只依赖于其自身本质的法则"③。除了其自身本性，不存在任何事物影响上帝的活动。上帝是自因的，它是唯一仅基于其本质之必然性而存在的，存在寓于其本质之中，是唯一的实体。既然上帝在其活动上是自由的，除了它自身外不受任何限制，那么上帝是仅存的一个自由因。

---

① 科里·埃德温认为，为了推论成立，"无限多的属性"可以被理解为"所有可能的属性"。而这一观点确实也是理解它的通常方式。

② E,I P14,P15.

③ E,I P117.

样式产生于他物且在他物之中(被定义),其本质虽不包含存在,但它们在其自身中存在,且是必然的。这样,"产生于上帝的事物本质不包含存在"①。因此上帝是"存在的原因"。既然任何事物不能脱离上帝而产生,那么上帝不仅是事物存在的直接原因,也是其本质(不能脱离上帝而产生)。既然一切存在的事物都在上帝之中,必须通过上帝而产生,且被上帝所创造,那么"上帝是内在固有而非外在赋予的,它是一切事物的原因"②。

"任何有限、非自因的事物,由其他原因决定并受其影响,这一原因又由其他有限和非自因的事物决定,循环往复……以此类推,直到无限。"③每一事物都被另外一些事物所产生。所有有限物被其他有限事物所产生,因源于上帝无限属性的有限样式而存在。因为有限的事物不能被如上帝以及其属性这样绝对、无限的事物直接产生。所有由其他事物所产生的事物,即使那些并非由上帝直接产生的,上帝依然是其存在的原因,因为没有任何事物可以脱离上帝而存在或者产生。"自然中不存在任何偶然事物,所有事物都由自然的必然性而决定,按照特定的方式存在和相互影响。"④

(一)自然主义

正如上文所述,上帝的本质包含存在,它不能被非存在所产生,自身是自己的原因。即使是万物之因且必然存在的上帝,也被认为是被创造的。⑤斯宾诺莎在这里展示了强自然主义观:每一事物都在自然中被解释,不存在非自然的外在因,世界及其自然构成的所有描述都使用同一理论。无须超自然

① E,I P24.

② E,I P18.

③ E,I P28.

④ E,I P29.

⑤ Garrett, Aaron V. 2003, *Meaning in Spinoza's Method*, Cambridge, UK: Cambridge University Press, p.24.

的力量或解释来说明任何自然事物。因为一切存在的因果解释和现象都可以找到一个确切和清楚的原因。这些都是作为一个整体系统,由内在的第一因决定其存在和活动,被源于第一因的内在法则统治和影响。既然所有事物都在上帝之中,不存在任何超自然的因素,在上帝之内也不存在任何非物质或形而上的东西。任何关于这类事物的论证都是虚假[1]和无意义的,因为它们完全缺乏依据。[2]

此外,自然法则同样适用于一切存在物,"根据一切现存的事物,自然法则和原则……在任何地方都是相同的"。所以,理解任何事物本质以及种类的方式必然都通过自然的普遍法则。基于此推出另一个重要的原则——自然中的任何事物不仅需要借助超自然的因素或力量而得到充分的解释,而且自然中一切事物都完全遵循相同的自然法也是显而易见的,即自然中的任何部分都不遵循其他法则而活动,没有任何例外。值得一提的是,斯宾诺莎将人类与自然中其他事物进行比较,他指出许多谈及关于人类与自然关系的人"似乎认为人类在自然中是作为不受主宰的主宰者"[3]。正如斯宾诺莎所反驳,这一观点是不可能的,因为自然中的一切事物都遵守着唯一相同的因果律。人类并非自然中的特殊存在,与其他存在物一样遵循相同的因果律和自然法则。自然法则适用于万物的统一性强化了斯宾诺莎观点的自然主义特点:所有事物以相同的方式遵循着同一法则,因此万物由自然的普遍法则而得到解释;再次证明无须超自然的基础、因果或解释东西被假定或提出。所有存在物包括人类都是自然的一部分,同等地适用自然法则,"人类如

---

① 一个观念为真就必须与其对象相符",而这些真观念没有与其相符合的任何对象(E,I P6)。

② Garrett,Aaron V. 2003,*Meaning in Spinoza's Method*,Cambridge,UK:Cambridge University Press,p.30.

③ E,Ⅲ,preface.

果被排除自然是不可能的"①,正如从水中倒映事物的角度观察水,或者番石榴的味道不是自然之部分类似的观点一样,是不可能的。②

(二)上帝即自然

从斯宾诺莎的实体本质逐步推导出唯一、无限、自因、万物之始等论点,表明了实体即上帝。在接下来的论述中他继续使用术语"上帝或自然",但在《理论学》中没有直接从自然整体③明确导出上帝,尤其是用物理性质。但是有充分的依据可以证明斯宾诺莎有这种倾向。

在第一部分命题5中"自然"概念首次被提及,作为存在物尤其是不存在相同的两个实体。自然作为存在物之整体而命名且被继续使用。实体、上帝和自然的区分并不明确,但可以得出以下结论,首先,如果自然中确实不存在两个相同的实体,且已经确定仅存在一个无限实体,那么在自然中存在的只有一个实体。既然除了上帝之外没有实体能够存在或产生,那么在自然中存在的唯一实体就是上帝。其次,因为仅存在一个实体,不存在其他实体或者实体的样式或属性,所以"一切事物都被包含在上帝之中,没有任何事物能够脱离上帝存在或产生"④。因此,实体、上帝和自然是同一的。

然而,是什么使斯宾诺莎用物质本质来界定上帝、实体和自然的呢?科里(Curley Edwin)认为这是由于受笛卡尔的直接影响,正如上文所论述的"斯

---

① E,Ⅳ P4.

② Garrett,Aaron V. 2003,*Meaning in Spinoza's Method*,Cambridge,UK:Cambridge University Press,p30;Bennett,Jonathan. 1984,*A Study of Spinoza's Ethics*,Indianapolis:Hackett,p29. 见下文中关于人类作为自然之部分的讨论。

③ 在早期没有用几何学的《伦理学》手稿中,斯宾诺莎明确将自然和上帝等同:"既然自然或上帝是同一存在⋯⋯那么必然⋯⋯存在⋯⋯一个无限的观念在其自身内包含着整个自然。"(Spinoza,Benedict.[1677]1994,*A Spinoza Reader*,translated and edited by Edwin M.Curley,Princeton:Princeton University Press,p.59.)

④ E,Ⅰ P15.

宾诺莎确实提及他的唯一实体与整个自然等同",这当然与具有广延的唯一实体和物理事物等同的观点相符(1988)。在《伦理学》(第一部分命题15S中,斯宾诺莎反驳了这一观点,即"从上帝中排除有形、广延的实体"。然而,既然广延作为上帝无限属性的一种,斯宾诺莎认为没有理由断言"物质不是自然的属性。作为上帝之部分,不可脱离上帝而存在"。既然上帝即万物的存在,万物也都在上帝之中,所以必然可以推出具有广延之物和物质被包含在上帝之中。

在第四卷的引言中斯宾诺莎谈道:"这个永恒的、无限的存在,我们称之为上帝或自然,它的活动和它的存在具有同样的必然性。"[①]这一点在论及上帝时已经被证明,但在之前没有被直接归于自然。正如在第一部分命题16中所证明的,"因为已经论证了源于自然活动的必然性与基于其存在的必然性是相同的"。"因此,上帝或自然活动的理由或原因以及其存在的依据只有一个且相同"[②]。

(三)部分与整体、人类与自然

自然法则平等适用于万物,所有存在物都在上帝之中,并且上帝的法则适用于存在它之中的所有事物,人类作为自然整体中的部分而存在。正如斯宾诺莎自己所提及,在某些特定方式上人类确实不同于其他动物。[③]尽管如此,"和其他事物一样,人类只是自然的一部分"[④]。这句话蕴含着什么意思呢? 作为自然之部分意味着什么呢? 部分与自然整体的关系是怎样的? 在无

---

① "它"在这里指的是上帝,和最初的主题一样。

② E, Preface to IV.

③ 人类拥有理性,以及更多的能力和优点;我会在后文再次论述。

④ Spinoza, Benedict.1966, *The correspondence of Spinoza*, Translated and edited by A. Wolf.NY: Russel and Russel, p.205.

限和无形的自然中所有事物是在何种意义上成为自然之部分呢？①

　　斯宾诺莎进一步阐释,"我不清楚自然的每一部分是如何与整体以及与其他部分相一致"②。部分彼此一致从而产生整体的思想似乎暗示了这样一种理论,即在与其他部分以及整体的关系上,每一部分拥有一个特定的位置和角色,这样它们就拥有了某种必要位置和功能,即拥有"影响"整体或者是在其产生中朝向某种目的或最终形式的位置和功能。因此,人类在自然中和所有其他存在物一样拥有特定的角色。

　　部分和整体之间较弱的关系可能是一种物质整体与连续体,在这个时空的绵延中每个单一的部分组成了一个更大的部分,但与其他部分没有必要的联系。另一种松散的意义就是部分是整体的一种延伸,例如用于某种规则或法则体系的所有事物。从以上角度来理解部分与整体的话,人类是自然法则以完全相同的方式延伸到所有其他事物的众多部分之一。

　　从上文的论述中可以推出,"个别事物只是上帝的属性之分殊或样式,以某种特定的方式展现"③。这个整体就是上帝,是所有存在物的整体。④作为部分的个别事物依赖于整体,其存在源于上帝,而整体却绝不依赖于部分。整体先于部分(在本质上实体先于其分殊)。既然整体是无限的,那么它就不可能由有限的部分所组成。因为个体即样式是有限的,所以整体绝不会由其部分来规定,而且它们也不能被视为在其构成中有必要的功能。整体并非部分的终极目的。"源于自然的必然性,在无限多的样式中一定存在无限多的事物(即任何可以归入无限理性的东西)"⑤。作为自然整体的上帝是一切事

---

① E,I P13.

② E,I P13.

③ E,I P25C.

④ 通过现实和完满,我明白了同样的事情(Ⅱ D6)。

⑤ E,I P16.

物的动力因，[①]而非终极因。它使一切事物得以存在，建立起运动中的因果链，但上帝不是事物运动的最终目的，"所有的最终原因都是人类虚构出来的"（《伦理学》第一部分，补释，部分二）。只有从有限人类的观点出发，对真实原因的无知才会把不过是有限样式的特定事物看成是上帝所创造的最终目的。出于某些原因，上帝并不把创造事物作为最终目的。第一，即使是上帝也没有选择创造何物的自由，上帝的行动源于其本质的必然性。第二，如果上帝要创造某事物作为最终目的，那么就意味着上帝的缺失。但这是不可能的，因为上帝是最完满的。第三，作为一切事物动力因的最完满事物，上帝是其直接因的事物成为其他更多事物的原因。在无限的因果链中上帝牵动一事物，这些事物继续影响其他事物。离上帝越近，就越接近完满。如果存在这种被创造出来作为最终目的的事物，那么它们就比这些直接被上帝创造的事物更完满，因为它们变得越来越接近最终、完满的形式。第四，上帝不可能创造作为最终目的的事物，因为上帝是他自己的原因，他创造的一切都是出于其自身原因。总之，"这种关于最终目的的学说将自然完全颠倒。什么是真实的原因被视为结果，反之什么结果被当作原因"。于是便有了这样一种看法，即自然的各个部分并不构成目的整体。那么，部分与整体的关系是怎样的呢？

在物理特性上，自然部分就是物质。它们是有限的，相互影响和制约。斯宾诺莎将这种方式描述为，在它们运动和静止时彼此作用、制约（因为它们是无限广延属性的有限样式）。"这些物体……是特殊事物……由于运动和静止的原因而相互区分，所以……每一事物必定由其他特殊事物决定即……由其他物体……且这一（主体）又以（相同的原因）决定其他事物，依次推至无限。"[②]由这些事物构成的物质整体是一个统一体，所有物体相互影响。不

---

① E, I P16C1.

② E, II P13L3Dem.

仅自然界中所有的物体都遵循同样的必然规律，它们总是与决定它们的其他物体相互作用。且这些物体也遵循它们的有限样式，这些样式又总是通过另一个来决定。人类并非异于其他物体，"人类的存在需要大量其他物体，通过这种方式人类得以持续繁衍"①。人类的存在不仅依赖于创造它的上帝，也持续地依赖于其他物体。"人体是由许多不同性质的部分组成的。"②整体是一个事物统一体，每一部分相互联系和影响，一部分包含于另一部分中，另一部分又被包含于其他部分之中。斯宾诺莎在给亨利·奥尔登堡(Henry Oldenburg)的信中解释了联结在一起的各个部分的意义："我的意思无非是，以彼此产生最小可能对立的方式，一个部分的法则或本质使自己适应另一个部分的法则或本质。"③

如果所有的部分都是相互联系的，并且在自然中是一个整体，那么它们是如何被视为独立的部分的呢？作为相互作用的独立物体，它们如何聚集成更大的物体？斯宾诺莎描述由不同的物体集合构成一个整体，当它们彼此十分靠近并能一起发挥作用时，此时它们的性质、特点使它们一起活动："至于整体和部分，我认为事物作为某一整体的部分，只要它们的本质是兼容的，那么它们就尽可能地和谐一致"④。但是即使是可以相互影响的部分，以不妨碍构成一个整体的方式活动，部分也不会失去其作为个体的独立性，"但就事物之间的差异而言，当一事物在我们头脑中产生一种不同于其他事物的观念，则这一事物被认为是一个整体而非部分"⑤。也就是说，我们的理性可以认识某一物体的特征，并在其自身内将其理解为一个整体。当它与其他物

---

① E, II P13L7 postulate IV.

② E, IV P45S.

③ Spinoza, Benedict.1966, *The correspondence of Spinoza*, Translated and edited by A. Wolf. NY: Russel and Russel, p.210.

④ Ibid.

⑤ Ibid.

体兼容形成另一个整体时，我们也可以将其作为整体的部分来认识。例如，水与沙混在一起就变成泥，据我们所知，水和沙都是其他事物的部分。然而，就我们能够分辨它们，以及将其看作独立的事物而言，水是被看作一个整体的，沙也一样。另一个这样的例子还有草坪和岩石：草坪与组成它的草叶的关系；一块岩石，可能作为更大的岩石，或被视为由不同的矿物、金属和盐分子组成的整体。斯宾诺莎用血液不同成分的例子证明了这一点。总之，构成物理本质不同物体之间的关系规定和定义它们。一事物与其相容的他物共同构成新的物质统一体，新的统一体又与其他事物结合形成另一个整体，以此类推。这些无限多的整体，一个在另一个之中，环环相扣共同组成了自然整体。每一事物都是自然整体的一个部分，但在更小的整体中它既作为这一小整体的一部分，也可视为由更小部分组成的一个整体。

> 既然，所有的自然物可以也应该是以相同的方式被产生，就如血液的组成：由于所有的物体都被其他物体所包围，并且以一种清楚和决定性的方式相互影响存在和活动……因此，每一个物体，只要它以某种方式存在，就必须被认为是整个自然的一部分，与整个自然相一致，并与其他部分相联系……但是，我认为就实体而言，每一部分与其整体拥有更紧密的联系。①

目前，人类作为自然之部分变得更清晰了，它也是部分与整体之间相互联系的这一庞大系统的一部分，和其他部分一样完全遵循自然法则。然而，事实上斯宾诺莎将这一点也延伸到心灵："如你所知，我所持有的人类在何

---

① Spinoza, Benedict. 1966, *The correspondence of Spinoza*, Translated and edited by A. Wolf. NY: Russel and Russel, pp.211-212.

种方式上作为自然之部分。关于人类心灵,我认为它也是自然的一部分。"①
心灵是思维无限属性的有限样式,它是由一个单一的观念构成的,是无限理
性的一部分,但它只感知身体这一有限部分。②身体发生的任何事物都能够
被心灵所感知。"每一事物都必然是上帝的一个观念,正如身体是上帝的观
念一样,在同一方式上也是心灵产生的原因。所以,我们所说的所有身体的
观念必然也是在说所有心灵的观念"③。这暗示广延的事物和思维的事物是
类似的,所有广延的事物都有一个相应的观念。"从这些(命题)中我们不仅
可以认为人类心灵与身体是统一的,而且也可以基于心灵与身体的统一来
理解其他的事物。"④不仅身体作为自然之部分与其他部分一样以完全相同
的方式遵守自然法则,与身体统一的心灵也是以相同的方式作为自然之部
分。人类正是在此意义上作为自然之部分,即作为整个人类无限个体的一个
有限个体即有限样式,如其他事物一样必然源于上帝并且在自然中遵守同
一法则,"到目前为止,正如我们已经论述的事物完全是普遍的,人类和其他
事物同样适用"⑤。

二、深生态学与斯宾诺莎

深生态学是一种生态行动主义运动,其成员和创始人都持有这样一种
假设,即基于作为自然之内在部分,人类对自然负有道德义务。深生态学思
想的提出与"浅生态学"相对立。后者呼吁通过政策保护自然环境、不可再生

---

① Spinoza,Benedict. 1966,*The correspondence of Spinoza*,Translated and edited by A. Wolf. NY:
Russel and Russel,p.212.

② Ibid.,p.212.

③ E,II P13S.

④ E,II P13S.

⑤ E,II P13S.

资源、濒危物种,保护这些环境可能会给人类社会带来好处,忽略上述做法就会导致以下破坏,如自然资源的枯竭、生态系统中多样性减少以及食品或水源的污染。这一生态思想的核心目标就是"发达国家人民的健康和富裕"①。与其相反,深生态学认为基于其内在的价值而非有用性,自然应该得到人类的保护和尊重。它的落脚点由人类中心主义转向生态中心主义。人类作为自然之内在、平等之部分,对自然负有伦理义务。整个生物圈被认为是一个相互联系、包罗万象的整体关系网。在这一相互联系的系统中,一切有联系的事物都同等重要,同样是中心。人类在自然中并非优于其他存在物的特殊部分,而是与其他部分平等的。至少在原则上,自然系统中的所有部分是平等的,它们不为了重要的目的利用或吞食其他部分。这里不存在等级关系,它们都"平等地生存与发展"。自然中所有生物都相互联系、彼此依存,不存在本质上优于其他生物的生物。因此,没有生物有权侵占其生物系统,包括植物和动物系统。生态平衡至关重要,多样性、复杂性和所有自然生物的繁荣都应该被保护。通过减少人口扩张、自然资源的使用,目前我们最应该去做的就是停止人类对动植物的利用, 与其他动物以及生态系统建立合作共生的关系。

这一生态思想(或者如一些其倡导者称为生态哲学,涅丝称作 ecosophy)经常与斯宾诺莎的观点联系起来, 即使深生态学不以斯宾诺莎的观点为基础,至少也与其一致。这种自然概念"在泛中心主义广义的意义上,是包容、创新、无限多样化、生动的,但从表面上看自然法则"②与斯宾诺莎的自然观在某些观点上是一致的,至少是有联系的。

深生态学将自然看作一个统一整体, 人类在自然中并未拥有优先的地

---

① Næss, Arne. 1973, The Shallow and the Deep, Long-Range Ecology Movement: A Summary, *Inquiry* 16: 95-100.

② Næss, Arne. 1977, Spinoza and Ecology, *Philosophia* 7: 45-54.

位。这一点确实与斯宾诺莎的观点是一致的,自然是一个无限的统一体,所有的存在物都存在于自然中,并遵守同一自然法则。人类作为自然的一部分,与其他任何存在物一样。从形而上学的角度讲,人类在自然中并不拥有优先的地位。自然中所有事物相互联系,形成的"因果关系链使各个事物彼此联结"①这些似乎与斯宾诺莎的观点也是相符的。

深生态学的核心观点是,自然不是为了人类的目的而存在,这与斯宾诺莎的观点也是兼容的。自然确实不是为了人类或其功用而存在。如上所述,人类仅作为和其他部分拥有平等地位的自然之部分,因自然而存在,并且是作为(上帝实体)的有限样式而存在,是自因的、必然存在、永恒和无限整体的派生。正如斯宾诺莎所说,自然中事物的最终不是为了人类的利益。因为上帝已经创造自然使其以特定的方式运转,也不是为了崇拜自己而创造人类。斯宾诺莎认为,这是人类对事物真实原因的无知,以及发现许多事物对人类有用。既然事物并非是自我产生的,也不是人类创造的,那么人类就假设这些事物由自然的某种统治者所创造。又因为这些事物对人类有益,他们就假定这些事物由这一假设的统治者或自然为了人类而创造。认为事物由上帝为了某一目的或某种最终目标而创造的观点,是一种颠倒的自然观。自然中有形的个体,无论对人类是否有用,都是源于最完满的上帝之必然因的必然结果。这些个体是"自然永恒必然性"的结果,它们的完满性随着不断延长的因果链而减少,因为距离上帝越来越远。如果它们是事物产生的目的,那么它们就会比先于它们的事物更完满,这与实际情况相反。自然中的事物不可能为了某一目的而被创造的另一个原因是,根据界定上帝是最完满的存在,尽管它是其他事物存在的原因,但它并非为了某种目的,否则它就不是完满的。宣称自然并非为了人类而存在这一看法与斯宾诺莎的观点完全一致。

---

① Næss, Arne. 1977, Spinoza and Ecology, *Philosophia* 7:45-54.

深生态学认为，有机体的复杂性或其进化水平并不赋予其优越性或者增加其重要性，并且在美学、道德或完美方面，自然中不存在等级次序。在第三十二封信中，斯宾诺莎写道："我并不把美或丑、有序或混乱归于自然。"①只有人类才会把这些特点赋予自然事物。从上帝的视角，或斯宾诺莎的观点来看，美或丑的本质不存在于自然中。如上文所述，人类和其他存在物一样，以完全平等的身份作为自然的一部分，没有任何事物有优先的地位。至于事物完满性在某种意义上确实不同，越由上帝直接创造，其完满性就越接近上帝。然而，斯宾诺莎并不把完满性作为道德或价值判断的依据，而是越完满的事物越真实，因为它有越多的属性，但是这并不意味着价值或意义的等级次序。

深生态学声称在生态中，思维和物质或者心灵和身体的区别是无关的。不管物质先于思维，或者相反，当涉及不同价值，这些二元性问题都是不成立的。事实上，对斯宾诺莎来说这不是一个相关的区分，而且是双重的意义。首先，"身体即心灵的观念"②只是同一事物的两个不同方面。因此，属于某些自然物的思维或心灵，没有在与其他事物的关系中赋予其更优越的地位。其次，为自然中的事物设定不同的价值，并非只是不相关的问题（因为自然事物中并不存在这一区分），与设定美与丑等的区分一样也是斯宾诺莎明确反对的。

涅丝认为"所有存在物竭力保存和发展其特有本质或本性"③。这一观点与《伦理学》第三部分命题 6 中的观点相似，"每一事物尽其所能，确保其存在"。因为单一事物是表现上帝属性的样式，并且是上帝力量的确定表现形

---

① Spinoza,Benedict. 1966,*The correspondence of Spinoza*,Translated and edited by A. Wolf. NY：Russel and Russel,p.210.

②③ Ibid.,p.212.

式,所以除非被另一事物毁灭或终结,它们将不会自行消失。只要不被阻碍,每一事物都将会持续存在。"深"生态学思想坚持的许多原则与斯宾诺莎的自然观确实非常相似,但是涅丝和其他深生态学者依据的原则是否源于斯宾诺莎的观点还有待考证。

人类与自然的统一,或者人类作为自然不可分割的部分,确实建立在斯宾诺莎的描述之上。"我们是自然之部分,并非拥有从自然必然性中豁免的特权。"①(罗伊德)每一个体都用来表现自然或上帝。斯宾诺莎认为,样式、上帝力量的表达就是所有事物的全部。"我们越了解单一物,也就越了解上帝。"②自然的所有部分都同等重要,对于了解上帝都具有同等的相关性。但在这一观点上深生态学走得更远,据此推出自然中各部分之间存在某种义务。对斯宾诺莎来说,所有生物之间存在亲缘关系是毫无意义的,尤其是假设这种亲缘关系源于自然的相互联系。这是一种逻辑事实,但并不蕴含道德意义。每一事物尽力自我保存是另外一个事实,涅丝将此作为阻止伤害其他自然存在物的依据。对斯宾诺莎来说,这只是关于有限样式或物质本质的又一个细节。尽管关于自然和人类在其中的地位有着类似的基本假设,但这也恰恰证明了深生态学的结论不能从斯宾诺莎的《伦理学》中推导出来。从形而上学的角度来看,二者的观点完全是一致的。但是当深生态学寻求道德义务或责任的时候,它并没有坚持斯宾诺莎的观点,而是在其本质上背离了斯宾诺莎。对于斯宾诺莎来说,不存在"应该"的义务,不仅因为他本身没有提出这样的要求,③也因为这与其思想体系是不相容的。如果自然是具有平等

---

① Lloyd,Genevieve. 1994,*Part of Nature:Self-Knowledge in Spinoza's Ethics*,Ithaca,NY:Cornell University Press,p.155.

② E,V P24.

③ 关于斯宾诺莎关于动物和自然关系的观点见下文。

地位、相互联系的整体，那也是出于自然本质的必然性。这些事物是必然①的而非偶然的产物，不存在价值、道德或其他②的衡量尺度。

深生态学提出了一种优于人类中心主义的生态中心主义观点，这种区别包含了一些预设。首先，必须假定人类在何种程度上与自然分离，或者直接脱离自然，并且不管是人类自身还是生态系统都要设定一个中心。从上文的论述中可以清楚看出，这些不是斯宾诺莎的观点。他在第一篇附录中明确反对以人类为中心的自然观，认为这是基于对真正原因的无知而得出的错误观点。此外，斯宾诺莎认为人类是自然的一部分，不可能独立于自然。然而，这种自然观并不能被称为生态中心主义。事实上，这两种自然观的区别在斯宾诺莎的世界观中是荒谬的。人类、动物以及其他生物只不过是上帝属性的样式。在斯宾诺莎的自然观中，所有生物同样是中心或者边缘。上帝、自然和实体是永恒的，是第一和根本原因，是一切存在的来源。如果存在值得关注的中心，那么只有上帝才能称得上是"世界"的中心。

类似的问题也出现在人类利用资源或动物等自然的观点中。因为斯宾诺莎的自然观是一种事物之间相互依存的系统，一个包含所有必然因果关系的网，所以很难给事物之间的特定关系赋予价值和评定标准。如果所有的现象都是由必然原因所引起并且都遵循着同样的自然法则，那么也不可能将某些活动或行为归为"自然"与"人为"或"违背自然"。称某物为"人为的"就在自然形成与人为制造的事物之间设立了一种区分。但是，既不存在人类的自由意志，在自然中也不存在非必然或不源于上帝的偶然因素，所以这种区别是根本不可能的。斯宾诺莎描述的这种完全自然主义的系统也并不存

---

① 在自然中不存在任何偶然（I P29）；即使意志也并非完全自由，而是有其必然因（I P32），因为所有事物都是由上帝之必然性创造的。

② Spinoza, Benedict. 1966, *The correspondence of Spinoza*, Translated and edited by A. Wolf. NY: Russel and Russel, p.210.

在道德问题。正如他文中所说"真理就是自身的标准"①，将因果链的任何一部分作为价值载体是毫无意义的，在自然系统中也没有任何东西可以建立这样的一个价值标准。

涅丝认为，"每一种生命形式原则上都有生存和发展的权利。当然，在世界形成之初，我们为了食物不得不杀戮，但是在深生态学中存在着一个基本的直觉，即我们没有权利在没有充足理由的情况下毁灭其他生物……当生物和环境被破坏时，我们会感到悲伤……对深生态学来说，在生物圈中有一个重要的民主概念"。

让人略显惊讶的是，在斯宾诺莎看来，自然万物都是有生命的这一暗示并不是那么牵强附会。由于身体和心灵的统一，可以断言一切事物都同样是有生命的或无生命的。在论述身体和心灵时，斯宾诺莎认为"就目前所阐释的事物来说都是普遍的，人类没有特殊性。所有事物在不同程度上都是有生命的"②。同样的自然法则适用于一切事物，凡是有思想或心灵的事物都能产生生命。不同的程度反映了与上帝的不同距离，离上帝越远其完满性就越少。出现的第一个问题就是有关"权利"的概念——没有任何东西可以作为一种权利的基础。既然自然中的所有事物都是必然的，那么我们最多只能说事物就是它们本来所是的样子，除了对事物状态的描述我们一无所知。不存在任何超然的价值、权利或道德。即使是上帝也不是超自然的，斯宾诺莎所描述的上帝也不是把所有问题都放在自身。如上文所述，"生物圈之民主"的概念似乎假定了其中的各个部分之间存在某种平等。然而假定这种民主意味着自由或选择，这在斯宾诺莎的世界观中也是无意义的。他认为"这种意志不能被称作自由，只是一种必然"③。因为它就像运动和静止或者其他任何

---

① E,II P43S.

② E,II P43S.

③ E,I P32.

自然现象一样,必然源于上帝。

尽管深生态学关于自然的一般观点与斯宾诺莎的自然观非常相似,甚至某些观点是一致的,但斯宾诺莎与深生态学最后所得出的结论却是不同的。如上文所述,深生态学的结论并非完全源于它们所依据的自然观,有些观点必然是附加上去的。它与斯宾诺莎的思想是不一致的,例如道德义务、命令或者权利和价值,这些都是必然引起事物的状态。

三、斯宾诺莎论人与动物的关系

斯宾诺莎认为利他、同情、帮助等通常被称为道德的行为是基于效用和自利。互相帮助是一种有用的方式,可以让人们"更容易地得到他们需要的东西"。一事物越追求自己的利益,[①]它的行动力就越强,对其他事物也就越有用。但是这只适用于人与人之间的关系。"对人类最有用的东西是最符合其本性的"[②],这也就是他者。

动物拥有感觉,但是它们的感觉与人类不同,因为他们的本性不同。"我们不能以任何方式怀疑低等级的动物拥有感觉"[③],然而这并没有规定我们对有感觉的生物有任何方式上的义务。事实上,并不存在充足的理由限制我们猎杀动物,或者限制用我们希望的任何方式利用自然中的东西。

> 除了人以外,我们不知道自然中有其他事物可以和人一样拥有思维,分享与人类同样的友谊或者其他的某种交往。因此,无论自然中除了人类之外还有任何追求自身利益的原则,都没有对我们提出保护的

---

① E,Ⅲ P6.
② E,Ⅳ P35C1.
③ E,Ⅲ p57S.

要求。相反,这一原则指导我们根据其有用性来保护或毁坏它,或者以任何方式使其满足我们的需要。①

我们只对与我们相似的事物负责,既然动物在本质上与我们不同,那么我们只需把它们视为潜在有用的东西。"除非它符合我们的本性",否则没有什么东西对我们有益。"追求自身利益的理性原则指导我们与人建立联系,而不是与低等的动物或者本性与人类不同的事物。"②因此,禁止猎杀动物是不合理的,这只是基于"虚幻的迷信和缺乏男子气概的同情心"③。人类的行为权利是"由其美德或权力来定义",④更大的行为能力意味着更大的行为权利。"与动物相比,人类对低等动物有更大的权利"(同上),因为人类的理性使其对自然有更多的了解。因为知道得更多,也就能做更多。此外,我们的行动力不会受到与我们本性完全不同事物的影响。⑤这并不是说动物与我们完全不同,否则我们也根本无法对它们采取行动。但它们的不同之处足以让人类利用它们。斯宾诺莎并不否认"低等动物也有感觉。但我要否认的是,我们因此就不被允许考虑我们自己的利益,随意利用它们,将其视为对我们最便利的东西对待。因为它们在本质上与我们不同,其作用在本性上与我们也不一样"⑥。这种差异足以让我们有别于动物。尽管动物与我们并非完全不同,但本质上的差异足以使我们不必认为动物与我们是相同的。只有当对他人有感觉时,我们才会考虑某些感受(如仇恨)。即使我们能够认识动物的感

---

① E,Ⅳ P27.

② E,Ⅳ P37S1.

③ E,Ⅳ P37S1.

④ 一个人的德行和行动力是一个人本质的表现,即他通过行动努力保护自己(Ⅳ D8,Ⅲ P7)。

⑤ 这种推理类似于物体(甚至假定的实体)可以相互限制和界定,但不能决定与其毫无共同之处的事物。

⑥ E,Ⅳ P37S1.

觉,但是同情并非不必然的。同情是非理性和无用的,如果一个人能够提供帮助他就应该去做而不是仅仅同情。然而,这仅在人类关系中才存在。如果这一情况适用于动物,那么自然的其他部分就比没有知觉的部分更适用于动物。

斯宾诺莎坚持动物有感觉,这一点与笛卡尔的观点完全不同。[①]动物与人类的不同,更多是质的差异。它们的感觉与人类不同,如我们是相似的一样,我们之间的区别也是清晰的。基于斯宾诺莎对身心统一的论述,没有理由假设人类与其他生物的感觉有着绝对的不同。因为它们都遵循着同样的自然法则,都是由相同的第一因必然创造,都是自然属性和实体的样式。"所有这些意味着,拥有理性并不会将人类从自然事物中分离出来。相反,它让我们意识到与自然的和谐一致"。[②]但是,这种与自然的和谐并不意味着我们对自然的其他事物负有任何形式的道德义务。劳埃德(Lloyd Genevieve)试图通过引入人类道德共同体的概念来解释这种表面上的紧张,这其中即使存在义务也排除了非人类。动物也许拥有感觉,但与人类是不同的,所以它们不能被认为与我们的本质完全相同。因此,它们并非人类道德共同体的一部分,即在这共同体中人类按照为维护自身利益而有利于他人的方式活动。与动物和自然其他事物的关系中,人类可以不考虑它们的情况下获取自己的利益。尽管一些权利可能来自每个生物尽力保持生存和行动力中,但道德权是一种独立的权利,具有物种相对性即它适用这样的生物道德共同体,其中

---

① 动物是自发、机械的,身体与思维没有联系。它们没有感觉,也没有任何理性的痕迹。(Descartes, René. 1988[1637]. Discourse on Method. In The Philosophical Writings Of Descartes, Volume 1, translated by John Cottingham, Robert Stoothoff, and Dugald Murdoch, 20–56 Cambridge, UK: Cambridge University Press. AT VI 58–59)。的确,正如塞申斯指出的那样(1977),这种差异源于一个更为根本的不同:与笛卡尔(还有培根、莱布尼茨,以及整个启蒙运动者)相反,斯宾诺莎的探寻主要是为了促进自我认识和认识作为自然的上帝,而不是为了掌握作为人类进步方式的自然等级。

② Lloyd, Genevieve. 1994, *Part of Nature: Self-Knowledge in Spinoza's Ethics*, Ithaca, NY: Cornell University Press, p.155.

成员彼此之间因为理性而相互合作,而这种方式正是人类特有和共同的。[①]
而斯宾诺莎承认动物能够感觉绝不是关注动物或自然幸福的依据。

正如涅丝所指出的那样,"道德权利""德性社会"以及此类的概念不属于斯宾诺莎的思想体系。因此,劳埃德的解释没有很好地将斯宾诺莎关于动物在自然中的平等权利和拥有感觉与对待它们福祉的不同方法相协调。正如他所展示的那样,因为人类和动物并不完全不同,而实际上确实又有一些共同之处,至少没有排除人类为动物的利益而行动,在方式上类似于人类为了缺少理性的人如婴儿、精神病人、体弱之人的利益而行动。涅丝总结到,尽管斯宾诺莎提出了一种物种主义的观点,他的体系却不必然需要这样一个位置。

---

① Lloyd, Genevieve. 1980, Spinoza's Environmental Ethics, *Inquiry* 23:293–311.

深生态学：所说的和要做的是什么？*

[加拿大]米克·史密斯/文　毛洁、杨康/译

一、说过和做过哪些

在苏·亨德勒去世的前两年——她是环保主义者、女权主义者以及城市规划者——她曾递给我一摞一直保存在大学办公室的《号兵》期刊。从开始发行到 1987 年秋季刊的第 4 卷，《号兵》只是一张简单的由影印机双面打印的纸张。它发行之初，我也刚开始攻读环境哲学博士学位。艾伦·德雷格逊在创刊首篇文章中建议，说创建一个加拿大"生态网络"时机已经成熟①，而这

* 本文原载《号兵》(The Trumpeter)2014 年第 30 卷第 2 期，第 141~156 页。由原著者授权译者翻译并发表此文，译者在此特向史密斯先生致谢！

米克·史密斯(Mick Smith)，加拿大皇后大学环境研究学院哲学系副教授，专业：环境伦理学、自然界的社会结构、环境社会学、场所的伦理学和情感、伽达默尔社会理论和诠释学、现代主义和后现代主义理论。

毛洁，天津外国语大学对外汉语助教。杨康，石家庄新世纪职业中学，高中英语老师。

邮箱：maojiesue@yeah.net，775988377@qq.com

① Drengson, Alan, The Trumpeter 1, 1983(1), 1.

本由内部通讯刊物逐渐发展成为深生态学重要期刊的事实似乎也验证了这一说法。确切地说，它最初只是一些有助于区分深生态学和浅层的以人类为中心的环境保护论以及科学的生态学的一些"基本概念"的简单讨论。

生态学，在狭义上是指生态的生物科学。然而，目前生态范式和原理正被开发和应用在几乎所有学科上，这些范式和我们理解生命体内部和相互之间的关系以及内部联系的方法有关。这些联系给予了生命体各自特殊的地位和身份。例如，人类生态学一定要根据他们的生态效应考虑我们的主观生活和精神需求的作用以及我们的生物属性。在这个意义上，生态学不是一个还原论者，而是向更加完整（或整体）的视野和对世界的认识过程的运动。深生态学试图研究存在的所有层面。①

深生态学的后续影响可以通过它和环保激进主义联系的频繁度来衡量，还可以通过它被传统政治派别一些思虑不周且粗暴的文章攻击的程度来衡量。

深生态学，被认为是神秘主义的、厌世的、政治错误的、乌托邦的、非理性的以及不切实际的，其主观主义和整体主义所构成的"愚蠢的教条"被认为是它的创立者阿伦·奈斯（Arne Naess）的"智慧的贫乏"②。除了指出它天真的自然主义，许多人还认为深生态学不够唯物主义，甚至是一种"理想主义"的当代形式。它外显的知识的多样性被重新解读为缺乏连贯的理论范式和没有任何改革潜能的政治纲领。③蒂莫西·卢克（Timothy Luke）在定义深生态

① Drengson, Alan, *The Trumpeter 1*, 1983(1), p.2.

② Bookchin, Murray, *Deep ecology, Anarcho-Syndicalism, and the Future of Anarchist Thought*[J], Deep Ecology and Anarchism, Freedom Press, 1993, p.47.

③ Martin, D. Bruce, *Sacred Identity and Sacrificial Spirit: Mimesis and Radical Ecology*[J], Critical Ecologies: The Frankfurt School and Contemporary Environmental Crises, 2011, p.112.

学时说，深生态学在"提问或回答列宁的关于先进工业化的问题上是失败的"①，因此它"缺乏过渡理论"②。

深生态学知识来源的多样性，使卢克称之为"生态煎蛋卷"，能让深生态学家迷失在"理论之雾"当中③。正如范·威克评价德瓦尔和塞申斯的一篇重要著作《21世纪的深生态学》说，它"大篇幅引用和摘录从老子到格雷戈里·贝特森的论述，读起来就像新时代巴特利特语录"④。奇怪的是，这种意识形态上的折中主义显然也通过"人民运动"和反动的现代主义如"之前崛起的纳粹主义"⑤使其本身促进了缺乏思考的极权主义。这些观点是从吕克·费希自由（非自由）抨击中寻找的灵感。费希认为那些受到深生态学影响的都是尼采活力论者，是共产主义的跟风者，是"纳粹生态主义"核心价值观复兴的无知傀儡；他们是反民主的，技术恐惧的，不抵抗主义的，是"由对人道主义以及西方文明的仇恨而驱动"的反启蒙运动厌世者⑥。

我并不是要对这些言论进行辩护（任何感兴趣的人可以读一下卡里沃夫[1998]对吕克·费希的批判）。我的观点是深生态学似乎能体现环保主义论的一切错误。例如一些政见不同的作者，比如吕克·费希和布克钦，在分析深生态学上是有共同点的，他们都很突出，同时奇怪的是，他们都认为自己过度的辩论是理性和开明话语的缩影。显然我们这里还要谈论其他一些东

① Luke,Tim,*Ecocritique:Contesting the Politics of Nature,Economy,and Culture*[J],University of Minnesota Press,1997,25(1):24.

② Ibid.,p.26.

③ Luke,*Deep Ecology:Living as if Nature Mattered:Devall and Sessions on Defending the Earth*[J],Organization and Environment,2002,(15):183.

④ Wyck Van,Peter C,*Primitives in the Wilderness:Deep Ecology and the Missing Human Subject*[M],Albany:State University of New York Press,1997,p.40.

⑤ Ibid.,p.73.

⑥ Ferry Luc,*The New Ecological Order*[M],The New Ecological Order. Chicago:University of Chicago Press,1992,p.78.

西。这个问题的一部分原因可能是,它是一个可识别的与众不同的方法,深生态学确实提供了一个相对普及的、具有启发性的框架去思考当代环境关系。对许多环保主义者来说,它提供了一个与传统的理论、政治和经济理论形成竞争的激进选择,并且拒绝尝试深入了解这些传统理论,无论是(新)自由主义者、马克思主义者,还是像布克钦的社会生态学这样同时代的生态学变体。因为它是那些关注环境问题的民众的内心与思想的热门选择,所以深生态学就陷入了和各种思想一系列阶段式的对抗中。

在某种程度上,这是不可避免的。但是问题在于批评深生态学的学者基于自己既定的利益和逻辑来进行学术交锋,虽然这无可厚非。但这就使深生态学成为一个容易受到抨击的目标。因为虽然德伦森在认为深生态学没必要成为"还原剂"上是正确的,但在其分析上却存在"典型"漏洞。也就是说,许多人明确认为他们的工作属于"深生态学"范畴,而相对地他们对许多形式的社会政治、文化甚至政治理论漠不关心,有时甚至不屑一顾。塞尔曾赞同地写道,"或许可以准确地说,深生态学家主要从生物角度而不是社会角度来思考问题"①。他这么认为是因为"从更宏观的角度上看,导致我们生态危机的琐碎的社会政治安排其实并不重要"。

我认为,塞尔的观点大错特错,尽管它可以解释为什么许多深生态学家在写作时,好像社会、文化和政治理论和哲学(以下简称社会学理论)都不存在或者还不如不存在,好像深层生态政治只是关于心理启蒙、生态区域主义和科学驱动政策的问题。他们认为,我们应当关注的只是那些在与生态纠缠的人类个体意识,和被称作"自然"的东西之间起直接作用的关系,这也是他们的关注点。当然除此之外,即使那些更具社会意识的方法也必须注意到这一缺陷。但我们可以说,社会是一个被留下来的黑匣子,在这种意义下一些

① Kirkpatrick Sale, *Philosophical Dialogues: Arne Naess and the Progress of Ecophilosophy*[M], Lamham: Rowman & Littlefield, 1999, p.217.

深生态学家的宣言确实呈现出社会政治还原论和天真的自然主义。比如,在过去关于自然的"社会建构"的争论中,深生态学家经常忽视社会关系对他们自己思想的影响(Smith,1999)。

许多深生态学家经常担心的似乎是,所有关于社会影响我们的自我认识和环境关系,尤其会影响我们伦理和审美价值这样的认知,因为它会导致我们陷入文化相对主义。反过来说,这可能被认为会消减提及深生态学和"自然"本身的可能性,而不是仅仅提供以文化为媒介的对世界的另一种理解。

例如,在《号兵》的第 4 期第 4 卷中,沃里克·福克斯批判亨利克·斯科利莫斯基:重点……是他没有克服困扰所有持主观主义和非认知主义立场人的相对主义的基本问题,如果我的价值观仅仅是我的文化或者我的物种的一个功能,那么它们必须比任何(其他)文化或物种的价值观更好。

当然,价值观绝不仅仅是某个人的文化的一个功能。它们不是凭空想象出来的,也不仅仅是功能性的由某人的文化所决定的,也不是单单由文化发展而来的。个人和"自然"的相遇、个人的自我反思、个人的脑化学、天气、个人的生态学知识等都会对个人的价值和行动产生深远的影响。更重要的是,所有的这些东西以一种复杂的方式相互作用。也就是说,在某种程度上(或者说在很大程度上),我们潜意识的价值观被我们的经济、社会、历史和文化环境影响、形成和限制。我们必须承认这一点,在没有一些社会特定预设的情况下,任何一种价值观都不能宣称优于其他价值观。而正如环境社会学或历史学的每一项研究所表明的那样,价值观确实会随着文化和时间的变化而变化,包括深层生态的观点都"更"善变(因为"更"本身是个相对项),即使这可能使其他人相信某些价值观的各种言论。

我认为,对社会文化"相对主义"和社会理论的恐惧从理论上和伦理上消减了深生态学。认识到社会历史和自然历史对我们理解自我和自然都有着重要作用,并且它俩往往是不可分割的,这实际上是我们应对不断变化环境的能力的一个重要方面。

二、社会学理论在深生态学中所起的作用

想象一下这样一个社会,在这个社会里,人们对彼此之间的关系、对自己的建筑和技术、对自己的政治和经济体制、对影响他们的社会停滞或变化的过程、对自己与价值观、伦理道德和社会之间的关系、对这些与自然之间的关系没有理论上的了解。对他们交流的语言以及所使用的传播媒介、对社会与健康的关系、对各种知识和知识生产、历史、美学、意识形态、权力、性别等的作用或地位也没有理论上的认识。这样的社会与其说是社会,不如说是蚁群的巢穴。在这样的社会只有一种方法来理解所有这些东西,可能会按照命运、惯例、生物学等这样的形式去理解。

像这样一个缺少社会反身性维度的社会,不太能很好地理解因环境变化使整个社会处于危险之中的境遇,更不要说去改变它。尤其是当这些变化是由社会本身的文化经济结构的某些方面引起时,也就是说,它十分缺乏或非常有限的自我理解和面临的现实之间存在着矛盾。在一种情形之下对批判性反身性的要求变得更加明显,就是当我们所说的"自然"它不是一个有着自己完全独立动力的外部环境,当它本身陷入了它和这样的社会的关系中,并有时被这种关系彻底改变的时候。在这种社会中,许多情况下我们可能会谈到一片稻田、一块农地、一个城市公园、受全球变暖影响的天气系统,而不会谈到拥有完全独立意义的自然和文化。在这里,很多情况下不可能把自然从文化中剥离出来。但是如果问题是缺乏社会反身性的话(哪怕是在某种程度上),那么批评家们要做的可不仅仅是指出这个问题,他们需要尝试提供思考及处理这些矛盾的方法。

　　承认生态学需要社会学理论并不意味着我们屈服于文化相对主义批评者所强调的"万物等价",也不意味着我们忽视自然科学或我们的"生态自我"。认识到社会关系的现实性并不意味着我们必须否认每个社会对比它更早出现的"不仅仅是社会的"世界的依赖性(尽管两者接触后,其形式上常常发生不可逆的改变)。这意味着,在"大于人类"的世界中,要充分考虑到我们认识和活动的社会媒介。事实上,如果我们逆向思考,把社会条件从自然条件中剥离出来,那么广义相对主义的另一个术语实际上可能就是"生态学"。

　　这似乎是一个奇怪的言论,但让我们回到德伦森的开场白,"生态范式"需要理解"生物内部和生物之间的关系和内在联系,这些关系和内在联系赋予了每一个生物特殊的地位和身份"①。如果这适用于每一个生命体的存在和身份所构成的生态关系,那么完全可以假设它也适用于人类的价值观。事实上,许多深生态学家想强调,这就是自然被关注的地方。如果我们承认社会关系的影响,那么最终有一个"社会生态学",它不仅仅是布克钦意义上的社会生态学,它是社会文化的"存在的层次"(level of existence)②,而深生态学需要解决这个问题。因此,深生态学想要为目前对自然的理解或者误解提供合理的(或者"更好")分析,那么不妨与以了解社会和文化为中心的"学科"观点相结合。但这只能避免还原成"那些社会和文化理论之所以受到重视是因为它们提供生态可能性"。到目前为止,深生态学未能做到这一点,甚至没有将重点放在那些在更广泛的意义上(不仅仅是生物学意义上)来说最具还原性和最不具生态性的社会生物学理论上, 这是包括我在内的许多重视社会理论的生态学家都不愿意称自己是深生态学家的主要的原因。

　　因此,如果社会实际上不像蚁群,如果它们不仅仅是生物性的,而且存在着思考社会关系和动态的框架、可能性和整个研究领域,那么与它们接触

---

① Drengson, Alan, *The Trumpeter 1*, 1983,(1):2.

② Ibid.,p.2.

当然是有意义的。批判性社会文化理论的任务是提供这样的理解。如果深生态学的社会分析不仅仅是一个还原性社会生物学推测和哲学自然主义的知识库，那么它需要解决社会理论的缺失，并以创造性的方式加以解决。

三、什么是需要说的？

当然，试图将深生态学的批评性见解同社会、文化、政治理论结合起来有诸多难题。关注大于人类之间有意义的关系，就会将深生态学与更为主导的政治方法以及社会学等学科内的各种理论范式区分开来——无论是马克思主义、理性选择、韦伯主义、解释学、结构功能主义、女权主义、系统理论、符号互动主义、民族计量学、后现代主义等。社会科学直到近期才开重视生态学，即使经常只把它看作是社会运转的"外环境"或"系统"，而不是一种大于人类的生物性的相互联系的模式，更不用说作为构成人类伦理和政治价值观和社区的一种模式。

另一方面，深生态学通常以更广泛的"社会性"概念为框架。它认识到地球上各种各样的生命社区，这些社区不仅通过生物因素构成，而且在适用的情况下还通过伦理关系构成，也就是说，将其他生物的价值不仅仅视为资源。简单地说，深生态学如果没有环境伦理，不关心一些大于人类的生物的福祉，那么它就不能算深生态学。这种对所有传统政治意识形态所共享的核心假设（认为只有人类才是最终目标）的道德抵抗也激发并影响着环保行动主义。深生态学形式多样，和其他形式的激进的环境保护主义一样，找到了试图谈论价值观和意义的方法，这些价值观和意义是以人类为中心的，或者冒着被误解的风险，我们可以称之为"人道主义"——被范式认为没有价值和意义。

这就使深生态学家不可能简单地采用主流社会理论和传统政治学的理

论框架和意识形态预设,没有人期望这样的结果。而且,当人道主义作为最终的政治原则在意识形态上根深蒂固并得到明确的提倡时,即使质疑它的作用,也几乎是自然而然地被贴上了厌世的标签。但是,激进的生态主义者发现自己经常表达的一个观点是,对人类最高统治权这一公认的假说持反对立场并不是贬低或诋毁人类,而是站在大于人类的伦理重要性的一边。在论战中,他们支持的不仅仅是人类的伦理重要性。激进的生态学反对的是普遍存在的狭隘的人道主义,这种人道主义不仅存在于占主导地位的(新)自由主义方法中,而且也存在于西方马克思主义思想中,尽管西方马克思主义思想具有批判性的见解,但它仍然坚定地坚持人类中心论,认为自然只是人类使用的资源。这部分解释了为什么深生态学家倾向于避免用马克思主义术语构建他们环境危机的讨论。但如果我们仅以此为例,任何对环境问题的分析,不分析其主导的社会经济形式,那么资本主义显然会出现社会政治还原。可以预料,如果马克思受到冷遇,那么其他社会和文化理论家获得的关注就会更少。

然而深生态学作为一个领域,或多或少地结合了各种形式且不断变化的社会文化理论,这些社会文化理论都是有启发性的和有用的,尽管这些理论作为一个整体在其通常的学术环境中可能会有严重的生态问题,尽管它们的一些支持者对深生态学表示明确反感。我不想低估这些困难,我已经厌倦了阅读和回顾那些从主流社会理论和政治角度对激进和深生态学的轻蔑(有时甚至只是无知)评论。但正如前面所述,我担忧的是,许多这样的评论确实挑出了一种深生态学的问题,这种深生态学由于缺失社会方面,几乎没有实质性的内容。也有一些作家对一些深生态学家的观点表示反对,如伊里加里、德里达、赛义德、福柯、阿甘本、巴特勒、兰奇埃、伽达默尔、阿多诺、霍克斯、维里里奥、拉图尔、德勒兹、克里斯特瓦、格罗斯、拉康、本杰明、阿伦特、勒斐伏尔等。他们确实表达了一些和深生态学直接相关的重要而有趣的东西，尤其是当我们把深生态学放在不仅仅是人类社区这样更广泛的意义中时，如前文所述。他们中的一些学者，比如维里里奥，甚至把生态学这一术语在他们作品中作为一个关键概念使用，尽管有一些特殊的变化，但似乎并不适用于深生态学。

我认为，公平地说他们很少有人把自己当作深层生态家并从环境角度对这些理论进行积极评述。这些思想家也许只赞同奈斯著名的八个重要纲领的某些部分，但他们没有兴趣把它作为一个深生态学宣言。他们甚至认为一些深生态学家对这个纲领的痴迷会适得其反。因为一个或某个版本对它的维护已经形成了某种号召力，号召反对用"不受欢迎的"社会理论方面的知识对深生态学进行批判。

例如，乔治·塞申斯在对社会理论方法进行广泛批判的过程中，斥责生态女权主义者卡伦·沃伦竟敢提出，北美某些深生态学家与"运动"创始人阿恩·奈斯之间可能存在差异。她似乎没有认识到，"深生态学的'五大美国理论家'全部接受了1984年的八个重要纲领，后者从"八个纲领"中分离出了'最终目标'（如自我实现）"①。尽管这样说可能会使深生态学听起来有像山达基派或者1970年代一些马列主义小教派，在那里人们被接纳为教派成员取决于他是否接受某一特定的教义立场。有趣的是，如果沃里克·福克斯是美国人，他将无法通过这一层面的审核。接着，塞申斯声称："这场由普卢姆伍德·沃伦和其他生态女权主义者发起的所谓'生态女权主义生态辩论'只不过是学术上的'游戏'和涉及'争夺地位'的政治权力游戏，这些从根本上混淆了问题并且拖延了生态危机的现实解决方案。"

可以说这种说法是毫无帮助的，它不仅贬低了那些深刻关注生态问题的思想家的人格，而且还指出女性主义对深层生态的批判行为，应该对拖延

①　Sessions，George，Wildness，Cyborgs，and Our Ecological Future：Reassessing the Deep Ecology Movement［J］，*The Trumpeter 22*，2006，（2）：153.

了环境危机的"现实的解决方案"负有责任。因此,它摒弃了整个社会理论知识作品,而这些作品为理解生态危机提供了一些最有趣、最精明和最多样的方法。生态女权主义者非但没有阻碍现实的解决方案,反而为这些问题和解决方案可能涉及的方面提供了多种理解。他们还指出了深生态学理论中的一些明显差距(见 Salleh,1999)。

塞申斯真正抱怨的是,每当出现社会问题,自然就不再是深生态学关注的重点。换句话说,以他的观点来看,文化相对主义并不是严肃对待社会理论所带来的唯一危险。还有一个真正的风险,那就是将人类中心论问题与深生态学的生态和伦理问题混为一谈,从而贬低了深生态学的使命。这种对生态问题的"稀释"是从政治和经济两方面进行的,以人类的利益或损失来考虑环境问题。理论方面,以社会理论学家提出的人类中心论的假说来考虑环境问题。因此塞申斯认为,深度生态学将被视为"仅生态"的运动而不是一种(政治)危险,并且从广义上讲,这正是奈斯本人提出的。奈斯和塞申斯希望至少有一个运动来支持"未被稀释的生态学的观点"①,并且反对如常被塞申斯抨击的环境正义运动的观点。

然而,这混淆了两个截然不同的问题。没人怀疑许多社会理论中的人类中心说(我们也许加上历史上的种族中心主义、男性中心主义、西方中心主义等)带有的偏见。尽管有证据表明,这几个不同的有趣的领域正发生着变化(生态女权主义也是变化的原因之一)。诚然,从激进的生态学角度来看,人类中心说代表并揭示了许多与制造生态危机密切相关的理念和实践,而不是解决生态危机。它还体现了环境正义运动的主要支持者所采取的明确的人类中心论立场,正如德卢卡(DeLuca,2007)指出的那样,环境正义运动更像是人类正义运动,后者主要解决人们遭受环境危害时社会的不平等。但

---

① Sessions, George, Wildness, Cyborgs, and Our Ecological Future: Reassessing the Deep Ecology Movement[J], *The Trumpeter 22*, 2006, (2): 122.

是社会理论并不是仅仅用于人类中心说，它也是环境正义的理念中必不可少的（它极其重要，但经常被深生态学所忽视）。社会理论并不会消减对大于人类世界的关心的迫切需要，也不会消减对抵制把自然仅仅作为人类资源这一立场的需要。正如一些深生态学家可能会扩大他们的社会关注一样，社会理论对于加深那些先加入环境正义论人士的伦理关怀有着重要的影响，因为生态危机不仅仅是人类的危机。

社会，文化和政治理论在这里也能发挥重要的作用，虽然这显然对社会、文化和政治的许多理念要求相当彻底的反思。但此时此刻，为何深层次的反思不是以激进生态学家对非人类生物伦理政治关怀的现实感受为出发点呢？这是毫无根据的，正如过去试图提供对社会的另类理解是从对特定人类群体的特定伦理和政治关怀开始的。我们需要的是用创造性的方式思考生态系统和社会之间的联系，而这些方式不会完全甚至不是主要地从资源的开采和分配的角度来看待自然。补充和揭示深生态学多元化的方法有无数种可能性，但是认为深生态学必然是还原性的是不可能的。在此再次强调，将社会和自然视为相互联系的，并不意味着他们以相同的方式或程度联系着，也不排除一些形式的联系对其中某些构成要素有害。这样的看法不能仅以生物学为基础，也就是说，我们需要对社会、政治和文化方面的说法要保有反身性。

从深生态学思想和以生态为导向的社会理论的未来共同演进来看，我们可以认为它俩将是"互利互惠"的关系。只要深生态学家明确认识到伦理关系对大于人类世界的重要性，那么他们就会发现这种关系会大概率发生。毫无疑问，这些观点将不同于目前构建的深生态学中的许多观点。例如，它们不需要哲理上的"整体性"，它们几乎不关注人类的人口数量本身，它们可能不一定宣扬所有生命的内在价值，也不一定涉及超个人心理学的思想，但它们将挑战人类最高统治权原则，并提供思考生活在地球上的生命社区的不同方式。

因此,我认为这种透着深生态学精神,我们称之为"以生态导向的社会理论生态学"的发展,是解决深生态学缺陷的重要途径,同时也将其精神和政治主张推向前进。即使是对社会理论几乎不感兴趣的奈斯,有时也会承认这方面的缺陷。例如,他在评论生态女性主义者萨拉和沃伦对深生态学批判时,说"可悲的是,在深生态学理论家中,极少有人能从社会和政治理论内出发进行广泛写作"。这确实是可悲的,一个激进的生态哲学应该设法解决,尤其是如果正如塞申斯指出,奈斯他"真的相信多元化的世界观(类似于后现代主义思维)……并希望吸引尽可能多的不同的宗教和哲学观点,为深生态学运动提供支持"①。

四、在说完和做完这些之后

回到期刊《号兵》中的一个重要议题,社会理论与深生态学的一个关键问题是,"我们应该如何理解生物内部和生物之间的关系和内在联系,这些关系和联系赋予了每个生物特殊的位置和身份"②。这个问题也可以表述为,"我们应该如何理解'生态社区'以及它是由什么构建的",也就是说,我们以何种方式理解生态社区,这种方式要在伦理、社会、政治层面都要比以"狭隘的"③科学生物学来理解生态社区的方式更为广泛。我们该如何认识生态社区的概念(物质的、现象学的、解释学的、伦理的)并使其理论化,所有这些感知方式都和我们如何共享这个世界有关,不是像切蛋糕或共享资源那样分

---

① George Sessions, Wildness, Cyborgs, and Our Ecological Future: Reassessing the Deep Ecology Movement[J], *The Trumpeter 22*, 2006, (2): 166.

② Drengson, Alan, *The Trumpeter 1*, 1983, (1): 2.

③ Ibid., p.2.

享或分割这个世界,而是与他人分享我们的生活,并被世界奇迹般的创造所感动。

这个问题需要通过不同的理论方法来解决,而不是忽略将社会和自然杂糅在一起的方法。奈斯一直认为,在社会理论上扩大生态哲学的多样性是有利的,尽管,它们不容易转化为单一的意识形态或过渡理论(见 Smith,2013)。这意味着我们需要摆脱"谁是深生态学家谁不是"这样的偏见,尤其要摆脱的观点是"这个问题可以通过八大行动纲领来解决,因为八大行动纲领是珍视万物的人所一致认同的"[①]。这是因为,我们需要认识到"我们如何理解赋予每个生物地位和身份的生物内部和生物之间的关系和内在联系",以及我所主张的——它的独特价值;这两者都是固有的社会问题"。这些问题不能用纯生物学方式解决,尤其是当我们主张伦理价值观,而不是主张从这些关系中派生的工具价值观。

也许我们可以说,深生态学家和生态导向的社会理论家之间的共同点是认识到生态社区的存在,以及认识到大于人类的物种之间的关系和内部联系,这些关系和联系并不仅仅是以工具性的方式进行的。但除了这一共同关心的问题之外,从更广泛的生态意义上看,"共同点"的真正概念,是哪里有理论差异哪里就有生态学。我认为深生态学的关键问题在于,"与其他理论的共同点"包括哪些内涵。而且,任何对此的解释,都不可避免地涉及社会、历史、文化和政治方面和影响。这意味着,深生态学家单一的解释不会得到普遍赞同,但同时这也意味着,我们可以提供对生态社区的不同理解,这些理解超越了人道主义的狭隘。也许这种发展的时机已经成熟。

---

① McLaughlin, Andrew, *The Heart of Deep Ecology*[J], Deep Ecology for the 21st Century, 1995, p.92.

韩国生态哲学新篇新译专栏

主持人语

赵华 *

    学术界对环境哲学以及生态哲学的探讨已持续 20 余年,其中既有对西方环境论、生态论的系统介绍,也有对东方哲学相关含义的重新阐释。但是面对生态危机以及生命、生存、生活问题的解决困境,能够从东方哲学视角出发,持续探讨其所蕴含的生态哲学意义的研究却并不多见。因此韩国学者金世贞教授的研究工作对于学界来说是弥足珍贵的,他的研究扩大了生态问题的研究范围,研究深度也不断深化。

    李滉是朝鲜李朝时期唯心主义哲学家,朝鲜朱子学的主要代表人物,是朝鲜性理学之巨擘,其学以朱子学为宗。第一篇译文《退溪李滉哲学思想的生态学特征探究》立足生态哲学,重新解读李滉的哲学思想,深入挖掘和探索李滉哲学思想的生态学特征及其意义。研究认为,李滉主张的"仁爱之法"是遵循人类的自然情绪,通过提升道德修养实现仁爱的扩充。西方的环境伦理强调理性,忽视人类的自然情绪,不考虑道德修养。儒家生态哲学则突破

* 赵华,天津外国语大学韩语系教授,主要从事韩国语语言学、翻译理论与实践研究。
邮箱:flower1107@163.com

了这种限制,"仁爱"为解决此类问题,为新环境伦理的建立带来了重要启示。

第二篇译文《儒家生态哲学的特性与未来》基于西欧人类中心主义与生态中心主义所面临的诸多局限性,强调了提出能够超越二者的第三种替代方案的必要性与迫切性。该研究从"儒家生态哲学"的立场出发,对儒学思想进行了重新审视,与此同时,探索了第三种替代方案的可能性。研究认为:人类乃自然万物之心,具有治愈、照顾和关照自然这一与生俱来的使命。这样的儒学思想不同于人类中心主义和深层生态主义,可以称作是"人类中枢主义"。儒学思想重视为了达到天人合一或者天人一体的实践性修养。修养的归宿是人类主体地、能动地参赞天地万物之化育,实现天地位、万物育。

儒学思想所具有的多样性和修养论一方面丰富了生态研究,另一方面在克服以西欧为中心的生态研究所面临的局限性上,可以发挥重要作用。该研究旨在考察这样的儒学思想的哲学思想与修养论中所包含的生态论特性,与此同时,对儒家生态哲学的未来进行展望。

通过与西方生态观点的比较研究以及东方特色的儒家生态修养论的探索,我们不仅了解了东方儒家生态哲学的地位与特点,也了解了儒家生态哲学对西方生态哲学的突破。

同时,我们也深刻体会到,现阶段的生态学思维与研究尚不能解决现如今人类所面临的生态系统危机问题。但是我们相信对东方生态哲学的研究绝不应止步于此,我们应该以此为基础,关注中韩哲学中其他儒学思潮对生态的思考,开展更有深度的比较研究和应用研究,构建出严谨的、具有东方生态学特色的理论体系。我们期待作者的后续研究,也期待关注该领域的各位学者的创新性研究。

退溪李滉哲学思想的生态学特征探究*

[韩]金世贞/文　赵华/译

一、引言

哲学以解决时代问题为使命。先思考自身面临的时代问题，再找出问题

* 本文原载《退溪学论集》2017 年 12 月 1 日第 21 卷，第 211~244 页。由原著者授权译者翻译并发表此文，译者在此特向金世贞教授致谢！霍思辰、麻文丽、吴怡薇、姜羽萌、刘丽红、马嘉文、杨晓朋对本文翻译给与了大力协助，一并致谢。
李滉(1501—1570)，号退溪，谥号文纯。朝鲜李朝唯心主义哲学家，朝鲜朱子学的主要代表人物，是朝鲜性理学之巨擘，其学以朱子学为宗。晚年定居故乡，在退溪建立书院，从事教育和著书事业，发展了朱熹哲学，并创立退溪学派，被公认为是朝鲜儒学泰斗。著有《退溪集》(68 卷)，《朱子书节要》《启蒙传疑》《心经释录》《天贫图说》《四端七情论》等。——译者注

金世贞，韩国忠南大学人文学院哲学系教授。主要著作有《阳明学派钱德洪的良知哲学》(2013)、《王阳明的〈传习录〉阅读》(2014)、《韩国性理学中的心学》(2015)、《关照与共生的儒家生态哲学》(2017)等 30 余部；发表中国哲学、韩国哲学、环境哲学相关的研究论文百余篇。目前从生命哲学、环境哲学、关照哲学、关怀伦理等观点出发开展研究，旨在重新定义儒家哲学。

邮箱:kimshd@cnu.ac.kr

赵华，天津外国语大学韩语系教授，主要从事韩国语语言学、翻译理论与实践研究。

邮箱:flower1107@163.com

的原因,进而制定解决方法,这就是哲学。那么,如今我们面临什么亟待解决的时代问题呢? 当然,问题有很多,关乎个人、家庭、社会、国家、人类、地球等。其中,现代文明所面临的最严峻的时代问题是由自然生态系统破坏所造成的全球生存危机。一方面,人类借助全球工业化进程和科技飞速发展,创造出有史以来最富饶的物质生活。另一方面,自然生态系统则遭到严重破坏,如森林减少、臭氧层破坏、水质污染、核废弃物增多、化石燃料枯竭、动植物物种灭绝、地球变暖等,以及由此产生的全球生存危机问题日渐突显。这种对自然生态系统的破坏是在"机械论世界观""人类中心主义""道具的自然观"的主导下造成的。"机械论世界观"把生物视为无生命的自动机器,"人类中心主义"认为只有拥有理性和灵魂的人类才具备内在价值,"道具的自然观"将自然视作满足人类欲望、追求幸福的一种工具。[1]

如果不改变展望世界、看待人类、认识自然的方式,即世界观、人类观、自然观,那么如今面临的全球生存危机问题就无法得到解决。对于这些时代问题,儒家传统思想以及较为小众的退溪学有何意义? 儒学是时代的产物。同样是继承孔子儒学,孟子儒学就不同于荀子儒学;同样是继承孔孟儒学,朱子儒学就不同于阳明儒学;同样是继承朱子儒学,退溪儒学就不同于高峰儒学[2]、栗谷儒学[3]和牛溪儒学[4],其原因也在于此。他们并不是单纯继承并盲目追随先儒的思想,而是为解决自身所面临的不同的时代问题,对儒学进行

---

① 김세정,돌봄과 공생의 유가생태철학,소나무,2017,쪽참조.

② 【译者注】奇大升(1527—1572),字明彦,号高峰、存斋。朝鲜王朝中宗、宣祖年间的性理学家。李滉的弟子,著书有《高峰集》《朱子文录》《论思录》等。

③ 【译者注】李珥(1536—1584),号栗谷。朝鲜李朝哲学家、政治家、教育家。是李元秀与申师任堂的第三个儿子,世称栗谷先生。著有《栗谷全书》44 卷,哲学代表作有:《答成浩原》《圣学辑要》《东湖问答》《击蒙要诀》《经筵日记》《四书栗谷谚解》等。

④ 【译者注】成浑(1535—1598),字浩原,号牛溪、默庵。朝鲜王朝中宗、宣祖年间的一位重要的文臣和性理学者、作家和诗人。曾经接替了李珥成为朝鲜中期一大党派西人党的党首。与李珥经 6 年间展开了四端七情的论争,在性理学上打下了畿湖学派的理论基础。著有《牛溪集》。

了重构,其中蕴含着延续数千年的儒学生命力。当今时代下,我们也可以将儒学思想与自然生态系统遭受破坏,以及由此引发的全球生存危机等问题联系起来,进而重构儒学,探索解决问题的方法。

　　笔者一直在挖掘先秦儒学、宋明儒学以及韩国儒学蕴含的有机体论式和生态学式特征,并将其重构形成儒家生态哲学,最终出版了《关照与共生的儒家生态哲学》(Sonamu,2017)一书。该书中未涉及退溪李滉(1501—1570)的哲学思想所蕴含的生态学特征,本文将对此进行深入探究。当然,有关退溪学的大部分著作和论文都是关于理气论、心性论、修养论、经世论,但并不是完全没有涉及环境和生态哲学的研究成果。如李东熙的《环境哲学对性理学的启示》(《东洋哲学》13 辑,韩国东洋哲学会,2000);张胜求的《退溪思想的生态哲学照明》(《退溪学报》,退溪学研究院,2001);李钟浩的《退溪李滉的有机体宇宙论和生态思想》(《韩国汉文学研究》,韩国汉文学会,2004);李仁喆的《退溪〈圣学十图〉和生态主义教育原理》(《退溪学论丛》,16 辑,退溪学釜山研究院,2010)。李东熙在论文中介绍了韩国性理学的整体内容,概括性地提及了李滉。①与之相反,张胜求把李滉的自然观判定为"道学的自然观",并试图将李滉的敬思想重塑为环境伦理。②在文学方面,李钟浩认为将李滉所具有的丰富的人文情感与生态思维相结合,可形成"共生"和"相生"的美学。他以此为前提,通过分析西铭图,探究了李滉"万物一体的有机体宇宙观"的结构与特点。③在教育学方面,李仁喆以李滉《圣学十图》的上五图为

---

　　① 이동희,한국 성리학의 환경철학적 시사,東洋哲學13집,한국동양철학회,2000,9,49쪽참조.

　　② 장승구,退溪思想의生態哲學的照明,退溪學報,110집,퇴계학연구원,2001,236~249쪽참조.

　　③ 이종호,퇴계이황의유기체우주론과생태사상,韓國漢文學研究,한국한문학회,2004,41~61쪽참조.

中心,探索了李滉的生态主义教育原理。①在哲学方面仅有张胜求的一篇论文,其他领域的三篇论文均停留在试论阶段。②鉴于先行研究,笔者认为对于李滉的哲学思想,有必要联系西方环境论和生态学来进行具体而深刻的探究。

二、"一理"的普遍性和平等原理

朱子学认为世界由"理"与"气"构成。"理"指的是形而上学的普遍原理,"气"指的是形而下学的材料。"理"和"气"是世间万物的本源,普遍存在于世间万物的原始生成过程中。③那么李滉对于"理"和"气"持何种观点呢? 对此,李滉指出:

> 若能穷究众理,到得十分透彻,洞见得此个物事至虚而至实,至无而至有,动而无动,静而无静,洁洁净净地,一毫添不得,一毫减不得,能为阴阳五行万物万事之本,而不囿于阴阳五行万物万事之中,安有杂气而认为一体,看作一物耶。④

"阴阳五行"指的是"气",万事万物是由"气"构成的现象世界。但在"气"和"现象世界"之外,还存在着一个事物,是"气"和"现象世界"的本源,却不包含在"气"和"现象世界"的范畴之内。它是无法感知、无声无味的经验对

---

① 이인철,退溪《聖學十圖》와生態主義教育原理,退溪學論叢 16집,퇴계학부산연구원,2010,41~75쪽참조.

② 关于环境哲学视域下对李滉哲学思想的研究倾向, 其具体分析和批判可参考笔者发表在《ECOLOGY AND KOREAN CONFUCIANISM》(Keimyung University Press,2013)的论文《The Present Situation of Ecological Discourse in Korean Neo-Confucianism and Its Future Prospects》。

③ 김세정, 주희철학사상의생태론적특성, 東西哲學研究 77호, 한국동서철학회,2015,64쪽참조.

④ 退溪先生文集(한국문집총간 29)卷 16,答奇明彦,〈論四端七情第二書〉,426쪽.

象,它真实、无形,是"理"。它可动可静,却没有动、静的形体,这就是"理"。"理"是"气"和现象的本原,但却能超脱"气"和现象,具有"超越性"和"普遍性"。李滉在《太极图说》中,对"理"做了进一步阐释。

> 天即理也,而其德有四,曰元亨利贞是也,四者之实曰诚。盖元者,始之理,亨者,通之理,利者,遂之理,贞者,成之理,而其所以循环不息者,莫非真实无妄之妙,乃所谓诚也。故当二五流行之际,此四者常寓于其中,而为命物之源。是以,凡物受阴阳五行之气以为形者,莫不具元亨利贞之理以为性。其性之目有五,曰仁义礼智信,故四德五常,上下一理,未尝有闲于天人之分。然其所以有圣愚人物之异者,气为之也,非元亨利贞之本然.故子思直曰天命之谓性,盖二五妙合之源,而指四德言之者也。①

"天即理"中的"理"并不局限在某个人或事物等特定的个体当中。相反,"理"普遍存在于宇宙自然中,具有普遍性而非局限性。元亨利贞作为天之德性,即天道"诚"。宇宙自然就是一个"生""长""遂""成"自然法则循环往复的生命体。宇宙自然中万事万物的产生、消亡和生长遂成都遵循这种生命原理。如果说阴阳五行的"气"是构成万事万物形体的质料,"理"就是形成万事万物本性的根源。五常的"仁""义""礼""智""信",即本性不仅是人的本性,亦不仅是自然万物的本性。五常是人与自然万物共同的本性。天理"元亨利贞"在世间万物中的内在形式就是五常的本性。因此可以说,人和自然万物作为宇宙自然的一部分,从根本上具有同一本性。

在李滉的哲学思想中,可以从"理"的根本层面得出人与自然万物的普遍性和内在的价值平等性。"理"并不专属于人类,而是由上天赋予所有自然

---

① 《退溪先生文集》(한국문집총간 31) 卷 8,《天命图说》,209쪽.

万物的。故从内在价值来看,人与自然万物是平等的。人与自然万物的生命源于上天。人与自然万物从上天获得"阴阳五行"之"气",从而具备形体,并将上天赋予的理当作本性。对于人与自然万物而言,"健顺""五常"等作为德性的本性均是由上天平等赋予的。由于上天赋予人与自然万物相同的理,故在内在价值上,可以说人与自然万物是没有差别的、平等的。李滉对"天命之谓性"与"四德"做了如下阐释:

> 理本一也,其德至于四者,何也。曰:理太极也。太极中本无物事,初岂有四德之可名乎? 但以流行后观之,则必有其始,有始则必有其通,有通则必有其遂,有遂则必有其成。故其始而通,通而遂,遂而成,而四德之名立焉。是以,合而言之,则一理而已,分而言之,则有此四个理。故天以一理命万物,而万物之各有一理者此也。[1]

"太极"既是自然万物的本源,也是本体。虽然现实中的自然存在物形象各异,但究其根本即本原,其产生均遵从"太极"这一普适的先验性法则。同时,从李滉对"天命之谓性"的解读中可以看到,自然存在物均以"太极"即"理"为自己的本性,即本体(性即理)。从"一理",即"太极"的角度上,探讨的是自然万物的"相同点"而非"区别",是"普遍性"而非"差异性"。人与自然万物被赋予了相同的"太极",因此不能说人比自然万物更优越或更有价值,相反,可以说两者具有相同的价值。这与西方人类中心主义的工具自然观[2]所主张的"人具有独特的内在价值,自然只具有工具价值"不同。依据"一理"与"太极"的相同之处和二者的普遍性,可以说人与自然万物具有相同的"太极"和同等的内在价值。因此,人没有肆意破坏和统治自然万物的特权。人不

---

[1] 《退溪先生文集》(한국문집총간 31)卷 8,《天命图说》,209쪽.

[2] 김세정,왕양명의생명철학,청계,2006,26~27쪽참조.

应视自然万物为手段，而应当视其为目的。

三、气禀所致的人与自然物的差等性

李滉认为"理"具有普遍性。仅从这一点出发，那么人和自然物不仅是平等的，还具有同等的内在价值，且人不能为了自己的繁荣和福祉而利用自然物。"生命中心主义者"[①]主张所有的有机体都具有同等的内在价值，"深生态主义者"[②]主张人、自然界的生命体以及生态系统的多样性和丰富性都有其内在价值。那么，我们是否可以说李滉既是一个"生命中心主义者"，又是一个"深生态主义者"呢？李滉虽然在普遍的理即本源层面上，主张人和自然物的相同性和平等性，但在现实层面上他认为人与自然物是不同的。

李滉认为，从"理"的角度来看，人与自然物被赋予相同的"理"，它们将"理"看作自己的本性(性即理)，因此可以说它们是相同的。然而，现实中由于禀受的"气"不同，人与自然物又具有不同特性。不仅是人与自然物之间，自然物与自然物之间由于禀受的"气"不同，也存在各种各样的区别。首先，李滉就"理"所致的普遍性和"气"所致的多样性提出如下主张：

> 天地之间，理一而气万不齐。故究其理，则合万物而同一性也，论其气，则分万物而各一气也。何者，理之为理，其体本虚，虚故无对，无对故在人在物，固无加损，而为一焉。至于气也，则始有阴阳对立之象，而互为其根，故阴中不能无阳，阳中不能无阴，阴中阳之中，又不能无阴，阳中阴之中，又不能无阳，其变至于十百千万，而各不能无对焉。[③]

---

① 김세정，돌봄과 공생의 유가생태철학，40쪽 참조.
② 김세정，돌봄과 공생의 유가생태철학，47~49쪽 참조.
③ 《退溪先生文集》(한국문집총간 31)卷 8，《天命图说》，211쪽.

也就是说,"理一"提出的根据是理的普遍性,"气万不齐"的根据就是气的"多样性"。"理"是无形的超越性原理,是没有对立的绝对原理,因此对于所有存在物来说,"理"具有相同的普遍性。相反,由于"气"有阴阳两个不同属性,根据阴阳不同的对立状态,万事万物的形成具有了"多样性"和"局限性"。那么,人和物不同的原因是什么呢?

> 然则凡物之受此理气者,其性则无间,而其气则不能无偏正之殊矣。是故,人物之生也,其得阴阳之正气者为人,得阴阳之偏气者为物。人既得阴阳之正气,则其气质之通且明,可知也,物既得阴阳之偏气,则其气质之塞且暗,可知也。[①]

人与自然物都集"理"和"气"于一体。然而,由于性即理,所以无论是人还是物,性是相同的,不存在差异。但是,构成存在物形象的"气"却有"正气"和"偏气"之分,接受正气则生成人,接受偏气则形成物。人和物的差异不在于构成本性的"理",而在于构成形体的"气"。因此,人与物存在气质上的差异,人的气质畅通且明亮,物的气质闭塞且黑暗。气质的差异不是单纯的不同,其中包括"差异"和"差等"两方面。气质存在优劣的差等,即人是优越的,物是劣等的。这种气质的优劣所造成的差等不只存在于人和物之间,李滉还对物和物之间的差等性提出如下主张:

> 然就人物而观之,则人为正物为偏,就禽兽草木而观之,则禽兽为偏中之正,草木为偏中之偏。故禽兽则其气质之中,或有一路之通,草木则只具其理,而全塞不通焉。然则其性之所以或通或塞者,乃因气有正

---

① 《退溪先生文集》(한국문집총간 31)卷 8,《天命图说》,211쪽.

偏之殊也,其形之所以或白或黑者,乃示气有明暗之异也. 夫何有他义
于其间哉。①

即便是由偏气构成的物也存在不同,比如动物是由偏气中的正气构成,
而植物则是偏气中的偏气构成。因此,动物尚存一丝通,但植物即使内中有
普遍性的理,却全然闭塞不通。本性的通与不通是因为构成本性的气存在正
直和歪斜之分,形体的白与黑也是因为构成形体的气有白与黑之分。也就是
说,是动物和植物之间由于气质不同会存在本性的稍通与不通、形体的白与
黑这种优劣差等。

人类、禽兽、草木的模样或圆、或方、或平躺、或直立,造成这种不同的原
因是什么? 对于这一问题,李滉以如下问答形式进一步论证了人与动物、植
物之间存在差等:

> 人与禽兽草木之形,所以有圆方横逆之不同者,何耶。曰:人物之形
> 所以异者,亦阴阳二气之所致也。盖阳之性,顺而平,阴之性,逆而倒。故
> 人为天地之秀子而为阳,故头必如天,足必如地,而平正直立,物为天地
> 之偏塞子而为阴,故形不类人,而或横或逆。然禽兽则乃为阴中之阳,故
> 生不全倒而为横,草木则乃为阴中之阴,故生必逆而为倒,此皆禀气之
> 不同,而气有顺逆之所致也。②

这里隐含了两个要素,一个是李滉将人与物定义为天地之子,将世间万
物看作一个家族。另一个是,人与动物植物虽同为天地之子,但其气不同,因

---

① 《退溪先生文集》(한국문집총간 31)卷 8,《天命图说》,21쪽.
② 《退溪先生文集》(한국문집총간 31)卷 8,《天命图说》,211-212쪽.

此人、动物、植物具有不同的形体。构成形体的气分"阳气"与"阴气","阳气"纯净平和,"阴气"浑浊翻涌。人是天地最优秀的孩子,相当于纯净平和的阳,因此其形似天地之样,头像天一样圆,脚像地一样平坦,能够直立行走。物是天地歪斜闭塞的孩子,相当于浑浊翻滚的阴,其中动物因阴中带阳能用四肢横过来行走,而植物因阴中带阴,所以其根部被固定向下。气的纯净与浑浊使人、动物、植物间产生了不同和等级。

以上观点表明,尽管李滉认为人与自然物在理一方面具有普遍性,但其立场不同于生命中心主义和深生态主义思想,即认为所有存在物都是平等的且有相同的内在价值。这更说明,虽然李滉主张在气质方面人与自然物存在差等,但其立场不同于西方环境伦理的"人类中心主义",即所有价值都是人类的价值,除人类外的其他存在不过是为人类价值服务的道具和手段。[①]李滉认为差等性造就了人类的优秀性,但不同于人类中心主义,这种优秀性不是人类征服、支配自然的正当依据。

四、人之心即天之心

李滉以理气论为基础探讨了人与天地合一,即"天人合一"的依据。

> 夫人之生也,同得天地之气以为体,同得天地之理以为性,理气之合则为心。故一人之心,即天地之心,一己之心,即千万人之心,初无内外彼此之有异。[②]

人从天地处得到"气",形成体,又从中获得"理",形成本性。从天地处得

---

① 박이문,문명의위기와문화의전환,민음사,1996,77쪽.
② 《退溪先生文集》卷18,《答奇明论改心统性情图》,465쪽.

到的"理"(性)与"气"(体)结合起来便形成人之"心"。因人之心的形体与本性是由天地给予,所以一人之心即为天地之心,也是所有人之心。换言之,人之心与天地之心在本源上是统一的。那么天地之心是怎样的心,以此为根源产生的人之心又是如何呢?

首先,李滉曾对"恻隐之心,人之生道"进行解释,从中我们可以明确"天地之心"为何物。

> 恻隐之心,人之生道,程子此一段语,朱门辨说三条,详见下文,可考也。盖此生字,只是生活之生,生生不穷之义,即与天地生物之心,贯串只一生字。故朱子答或问天地生物之心曰,天地之心,只是个生,凡物皆是生,方有此物,人物所以生生不穷者,以其生也,才不生,便干枯死了。①

在"恻隐之心,人之生道"中,"生"即生活,是指绵延不断的出生与维持生计,即生命的延续性。参考朱熹所说的"天地生物之心",可以得知人的"恻隐之心"和天地"生物之心"均属"生"这一共同分母,同时世间万物都将"生生不息"中的"生"作为生命的本质,而与生相对的则是死。因此可以说人之心与天地之心均以"生"为本质。天地孕育、养育了生命,也正因如此,人的"生道"即为天地。

其次,李滉在《圣学十图札》和《仁说图》中介绍了朱熹将人心定义为"天地生物之心"的言论,具体内容如下:

> 朱子曰:仁者,天地生物之心,而人之所得以为心。未发之前,四德

---

① 《退溪先生文集》,(한국문집총간 30)卷 24,《答郑子中别纸》,72쪽.

具焉,而惟仁则包乎四者。是以,涵育浑全,无所不统。所谓生之性爱之理,仁之体也。已发之际,四端着焉,而惟恻隐则贯乎四端,是以,周流贯彻,无所不通,所谓性之情爱之发,仁之用也。专言则未发是体,已发是用。偏言则仁是体,恻隐是用。公者,所以体仁,犹言克己复礼为仁也。盖公则仁,仁则爱,孝悌其用也,而恕,其施也,知觉,乃知之事。①

天地间"生物之心"即为"仁",也是人之"心"。朱熹原本认为"天地以生物为心者也,而人物之生,又各得夫天地之心以为心者也"②,要把包括人在内,产生自然实体及天地万物的"心"作为人自身的"心"看待。换言之,产生万物的"心"是人与自然实体中普遍存在的"心",也是人与自然实体之间共同性与平等性的依据。人与自然实体的产生都依赖于天地间的"生物之心",因此天地、人、自然实体这三者之间具有"德"的一致性。③但是这里李滉并未提及自然实体,只说明了人应该把产生万物的"心"看作人自身的"心"。④

李滉如此论述的理由如下。首先,李滉规定"仁"统摄"四德","恻隐"贯通"四端",同时把人看作为"未发"的本体,将"恻隐"视为"已发"的作用。之后提出"公"是领悟何为人的途径,具体方法即孔子提出的"克己复礼为仁"。同时也规定"孝悌"指人的作用,"恕"是对人的施舍,"知觉"是指知道的事。这部分是朱熹《仁说》中并未提及的内容。事实上,"克己复礼""孝悌"或者"恕",都仅仅是针对人的,与自然实体无关。李滉也并未将朱熹的《仁说》看作是对宇宙万物生命原理的论述,而是人的事,即人通过道德行为实现天人合一的方法。

---

① 《退溪先生文集》,(한국문집총간 29)卷 7,《進聖學十圖劄》,208쪽.

② 朱子大全,卷 67,仁說。

③ 김세정,주희철학사상의생태론적특성,71쪽.

④ 当然,李滉在《退溪先生文集考证》(韩国文集总刊 31)卷 5,第 24 卷,《答郑子中别纸》379 页中也提及"仁者,天地生物之心,而人物之所得以为心",这是引用了朱熹的原话。

根据上述内容可得,李滉哲学思想在生态学视角下具有以下三点特征:第一,天地是人道德性的根源;第二,人与自然实体不同,具有道德上的优点;第三,人通过道德修养和道德实践可以实现天人合一。另外,李滉在《仁说》中做出以下论述:

> 又曰:天地之心,其德有四,曰元亨利贞,而元无不统。其运行焉,则为春夏秋冬之序,而春生之气,无所不通。故人之为心,其德亦有四,曰仁义礼智,而仁无不包。其发用焉,则为爱恭宜别之情,而恻隐之心,无所不贯。盖仁之为道,乃天地生物之心,即物而在。情之未发,而此体已具,情之既发,而其用不穷。诚能体而存之,则亲善之源,百行之本,莫不在是。此孔门之教,所以必使学者汲汲于求仁也。……又曰:事亲孝,事兄悌,及物恕,则亦所以行此心也。此心,何心也。在天地则块然生物之心,在人则温然爱人利物之心,包四德而贯四端者也。[①]

上文除"此孔门之教,所以必使学者汲汲于求仁也"为李滉原话外,其余部分皆引用朱熹所言。其中谈到天地之心和人之心的普遍性和同一性,即上文阐明的"生物之心"。天地有四德(元、亨、利、贞),自然有四季(春、夏、秋、冬)。同时人也有四德(仁、义、礼、智),并通过"爱""恭""宜""别"四种感情显露出来。另外,人的道德性和道德价值均起源于天地的道德性和道德价值。天地中"元"占据首位,统领四方;自然里,"气"由春生,影响一角一隅。同样,人之"仁"也可囊括万物。可见"天地之元""万物之春""人之仁"都具有同样的普遍性与相同的价值,因此可以说人与自然是平等的。从天地产生万物之心的层面看,我们也并不能说人比自然更优秀或更优越。人与自然二者具有

---

① 退溪先生續集(한국문집총간 29)卷7,進聖學十圖札,第七仁説圖,208쪽.

同样的生命价值,因而是平等的。由此可见,人应将产生天地万物的"心"看作人自身的"心",做到"仁民爱物"。

五、以"存养省察(主敬)"实践"四德"

李滉认为,由于天生禀受气质的差异,不仅人和自然万物间存在优劣之分,人与人之间也有优劣之分。首先,对于"人物通塞之分,由气有正偏之殊者,既得闻命矣,吾人也皆得气之正者也,然亦有上智中人下愚三等之殊,何耶"①这个问题,李滉做出了如下回答:

> 曰:人之气正则正矣,而其气也有阴有阳,则其气质之禀,亦岂无清浊粹驳之可言乎。是以,人之生也,禀气于天,而天之气有清有浊,禀质于地,而地之质有粹有驳。故禀得其清且粹者为上智,而上智之于天理,知之既明,行之又尽,自与天合焉。禀得其清而浊驳而粹者为中人。而中人之于天理,一则知有余而行不足,一则知不足而行有余,始与天有合有违焉。禀得其浊且驳者为下愚,而下愚之于天理,知之既暗,行之又邪,远与天违焉。此人之禀,大概有三等者也。②

与自然万物相比,人类天生禀赋正气,优于动植物。人从天地获得"气质",气有清浊之分,质有纯杂之别,造成了人与人之间的差异。这世间有三种人:先天气质清明、纯粹的"上智",先天气质清浊纯杂混为一体的"中人",先天气质浑浊、驳杂的"下愚"。而这种区别以不同形态体现在对宇宙万物天理的"知行"上。上智自出生起就知天理、尽天理,自然地达到天人合一的境

---

① 退溪先生續集(한국문집총간 31)卷 8,《天命图说》,212쪽.
② 退溪先生續集(한국문집총간 31)卷 8,《天命图说》,212–213쪽.

界；中人能知天理、行天理，但是在某一方面不足或多余，因此不一定能达到天人合一之境；下愚气质浑浊阻塞，不仅无法知天理、行天理，而且远远违背于天理。

先天气质造成的人与人之间的差别，会像动植物一样固化，后天也无法改变吗？除去上智和中人，其余的下愚和动植物又有什么区别呢？让我们来看看李滉是如何解释这一问题的。

> 虽然，理气相须，无乎不在，则虽上智之心，不能无形气之所发，理之所在，不以智丰，不以愚啬，则虽在下愚之心，不得无天理之本然.故气质之美，上智之所不敢自恃者也，天理之本，下愚之所当自尽者也.是故，禹大圣人也，而舜必勉之以惟精惟一，颜子大贤人也，而夫子必道之以博文约礼，至于大学，学者事也，而曾子必以格致诚正，为知行之训，中庸，教者事也，而子思必以择善固执.为知行之道，然则学问之道，不系于气质之美恶，惟在知天理之明不明，行天理之尽不尽如何耳。[1]

不论上智、中人还是下愚，身份并不是永远不变的。上智、下愚心中都有发自个人形气中的人欲。不论上智、下愚，上天都赋予其同等的理。性即理，因此下愚也同上智一样，本性中内含天理之本然。所以人不能拘于天生的气质。即便身为上智也不能自持天生气质优越而骄傲自满；反之，即便身为下愚也不应自暴自弃，而应相信自身内在的天理之本然，不懈努力。也正因如此，圣贤之人也将"惟精惟一""博文约礼""格致诚正""择善固执"作为知行之道，为尽天理而极尽努力。学问之道，并不在于天生气质，而在于明晓天理，极尽天理。所以即便生为下愚，也能通过超越他人数百数千倍的努力达

---

[1] 退溪先生續集(한국문집총간 31)卷 8,《天命图说》,212–213쪽.

到与上智相同的境界。虽然由于天生气质有清浊纯杂之分,后天努力(学习)的结果也多少存在差距,但重要的是其归宿都是相同的。这个归宿就是孟子所说的人与禽兽的不同之处,即恢复"四德"等道德性。对此,李滉进行了如下说明:

> 人之受命于天也,具四德之理,以为一身之主宰者,心也。事物之感于中也,随善恶之几,以为一心之用者,情意也。故君子于此心之静也,必存养以保其体,于情意之发也,必省察以正其用。然此心之理,浩浩然不可模捉,浑浑然不可涯涘,苟非敬以一之,安能保其性而立其体哉。此心之发,微而为毫厘之难察,危而为坑堑之难蹈,苟非敬以一之,又安能正其几而达其用哉。是以,君子之学,当此心未发之时,必主于敬而加存养工夫,当此心已发之际,亦必主于敬而加省察工夫。此敬学之所以成始成终而通贯体用者也。①

任何人都有天赋的道德本性,即"四德"。人心主宰身体,体现四德。人心在接触事物发生感情之前,需要"存养"的工夫,保存其性——四德。而当人心与事物接触流露情意时,为了不被欲望驱使、不违背四德,需要"省察"的工夫。通过"存养省察"理解、实践"四德"的方式便是敬学。不论先天气禀差异如何,任何人都能够通过敬学这种道德修养,克服先天气质的障碍与制约,保存、实现天理(即四德),成为有道德的人。只有人类才能做到这一点,自然万物的局限性在于其无法克服、突破先天气质的障碍和局限。可以说,人类和自然万物存在差异,即差等的最终目的并不在于保障人类支配自然

---

① 退溪先生續集(한국문집총간 31)卷 8,《天命图说》,213쪽.

万物的正当性,而在于树立人类道德的形象,强调道德修养的必要性。

六、以"扩充仁爱"实现"天地万物为一体"

李滉在《西铭图》和《西铭考证讲义》中介绍了张载的《西铭》并在"天地万物一体"和"理一分殊"的理论上提出了"仁爱的扩充"。首先,李滉在《圣学十图》中对《西铭图》的介绍如下。

"乾称父,坤称母,予兹藐焉。乃混然中处,故天地之塞,吾其体,天地之帅,吾其性。民吾同胞,物吾与也,大君者,吾父母宗子,其大臣,宗子之家相也。尊高年,所以长其长,慈孤弱,所以幼其幼。圣其合德,贤其秀也,凡天下疲癃残疾惸独鳏寡,皆吾兄弟之颠连而无告者也。"①

图中没有将天地、人、万物画为一个统一的生命体,而是将其画为一个大家庭。天为父,地为母,万物为天地之子,因此百姓是我的同胞,万物与我相伴。李滉在图中将大君称作天地的长子,大臣称为长子家中的宰相。他认为即使是在宇宙这个大家庭中也存在君臣关系,分长幼贵贱。至于为何按照身份、长幼贵贱进行区分,可以在"理一分殊"中窥见一斑。李滉引用了朱熹的话,对其进行了如下解释。

朱子曰:"西铭,程子以为明理一而分殊。盖以乾为父,坤为,有生之训,无物不然,所谓理一也。而人物之生,血脉之属,各亲其亲,各子其子,则其分亦安得而不殊哉。"②

---

① 退溪先生文集(한국문집총간 29),卷7,《圣学十图劄》,《第七仁说图》,202쪽.
② 退溪先生文集(한국문집총간 29),卷7,《圣学十图劄》,《第七仁说图》,202쪽.

《西铭》主张"理一分殊",即"整体的理在各部分有其特殊性"。李滉曾说过:"盖横渠此铭。反覆推明吾与天地万物其理本一之故。"①从这句话中可以得知,"理一"无论是人还是自然万物都是"天地"这个共同父母的产物,这就意味着同根同源。因此也可以说是被赋予了一个生命原理。"分殊"所指的是,即使在同一片天地下被赋予了生命,也存在着许多不同。在一个家庭中有父母和子女,同样是子女也分长子和长女、次子和次女,还有底下更小的弟弟妹妹,子女们的地位和作用也各不相同。就如同一个家庭,在这个天地万物的大家庭中,人类、动物、植物以及非生物的地位和作用也各有不同。综上所述,将"西铭"解释为"理一分殊"的目的是什么? 难道只是想凸显人类与自然万物的差别吗? 从以下李滉的话中可知并非如此。

> 西统而万殊,则虽天下一家,中国一人,而不流于兼爱之蔽。万殊而一贯,则虽亲疏异情,贵贱异等,而不梏于为我之私,此西铭之大旨也。观其推亲亲之厚,以大无我之公,因事亲之诚,以明事天之道,盖无适而非所谓分立而推理一也。"②

首先,"分殊"的目的是为了与墨子的"兼爱"进行区分。但是即使存在亲疏之别、贵贱不同,但因"理一"的存在,不能陷入独善吾身的"为我"之中。李滉也提到了龟山杨氏所说的相关内容。

> 龟山杨氏曰:西铭,理一而分殊。知其理一,所以为仁,知其分殊,所以为

---

① 退溪先生文集(한국문집총간 29),卷7,西銘考證講義,220쪽.
② 退溪先生文集(한국문집총간 29),卷7,聖學十圖箚,第七仁説圖,202쪽.

义。犹孟子言亲亲而仁民,仁民而爱物。其分不同,故所施不能无差等耳。"①

"分殊"如果与"理一"无关或独立于"理一"存在的话,就不是真正的"分殊"。"分殊"必须建立在"理一"的基础上,或者说和"理一"互为前提。

墨子曾说:"视人之国若视其国,视人之家若视其家,视人之身若视其身。"②由此可知,"兼爱"主张我与他人,我的家人与邻居,我的国家与他国不加区分,都等同而视之,爱之。墨子不加区别的"兼爱"有进步性但也存在局限性,无法反映现实社会的多样性。

相反,杨朱则主张"拔一毛利而天下,不为也。"③这种"为我"思想助长了人的私欲,从而引起各种矛盾和纷争,导致大家庭被破坏。今横渠亦以为仁者,虽与天地万物为一体。然必先要从自己为原本,为主宰,仍须见得物我一理,相关亲切意味,与夫满腔子恻隐之心,贯彻流行,无有壅阏,无不周徧处,方是仁之实体。④

在对"仁体"有了正确的认知后,依据亲疏关系,按从近到远的顺序对"仁"的范围进行扩充。即先爱父母,再爱百姓,在此基础上珍爱外物。以这样的顺序,逐渐进行扩充。"分殊"的最终目的不是孝敬父母,爱惜子女。而是在可选择的情况下,首先要爱亲近的人或人类,其次是遥远的人或自然万物。但是最终要以对亲近人的爱心出发渐渐扩大到其他人及自然万物。对此李滉称:"观其推亲亲之厚,以大无我之公,因事亲之诚,以明事天之道,盖无适而非所谓分立而推理一也。"不是无差别的爱,而是在正确认识"仁体"后,由亲到亲的思想。如墨氏爱无差等,释氏认物为己之病,皆不知比义故也。⑤

---

① 退溪先生文集(한국문집총간 29),卷7,聖學十圖箚,第七仁説圖,202쪽.

② 孟子,兼爱篇。

③ 孟子,尽心上,26쪽.

④ 退溪先生文集(한국문집총간 29),卷7,西銘考證講義,220쪽.

⑤ 退溪先生文集(한국문집총간 29),卷7,西銘考證講義,220쪽.

　　"盖圣学在于求仁,须深体此意,方见得与天地万物为一体,真实如此处,为仁之功,始亲切有味。"①对此李滉如是说道:"反覆推明吾与天地万物其理本一之故,状出仁体,因以破有我之私,廓无我之公,使其顽然如石之心,融化洞彻,物我无间,一毫私意无所容于其间,可以见天地为一家,中国为一人,痒痾疾痛,真切吾身,而仁道得矣。故名之曰订顽,谓订其顽而为仁也。"②

　　在"理"的层面上,我与天地万物为同一"理"。但是从"理"的角度来说,以"一"为要素,在现实中无法实现我与天地万物成为"一体"。"有我"的"私心"将物与我"一体"进行剥离,分为"内外"与"物我",将"外"与"物"视作满足"内"与"我"的欲望的工具和手段,并加以剥削、破坏。要克服"有我"的"私心"需要培养后天的素养。通过素养消除私心,到达"无我"的"公心"境界时,才算是真正的内、外与物、我的合一成为"一体"。只有与万物成为"一体"才能切实感受到他人的痛楚。如果说"有我"的"私心"是个别自私人的"小我"的内心体现,那么"无我"的"公心"便实现与天地万物成为一体的"大我"的内心世界。大我不是天生的而是通过后天不断地提升个人素养而实现的境界。当通过素养到达大我、自我的境界时,才是真正意义上的到达我与自然万物通融无隔阂,实现"物我一体"。

　　李滉所主张的"仁"的实现途径便是从亲、近的地方逐渐向疏、远的地方不断进行"扩充"的方式。从"爱亲人"到"爱邻居"再到"爱自然",一步步地不断进行扩充。不同于"兼爱"和"博爱"的"扩充爱",这是一种建立在人类自然流露的感情基础上的、非常具有现实意义的方法。

---

①　退溪先生文集(한국문집총간 29),卷7,聖學十圖箚,第七仁説圖,203쪽.
②　退溪先生文集(한국문집총간 29),卷7,西銘考證講義,220쪽.

七、结语

以上内容对李滉哲学思想中蕴含的生态学特征进行了考察，现将其内容简略概括如下：第一，"一理"的普遍性和平等原理。世上所有的存在物都是由形而上学原理——"理"，以及构成形体的质——"气"构成的。人与自然万物均得一理为其根本，故在本原和内在价值上，人与自然万物皆为等同齐一。此处类似于环境伦理的深生态主义。第二，气禀所致的人与自然物的差别性。在"理"的层面，即本源，一切存在物皆平等，但在现实层面，禀受之气有清浊和粹粕之分，因此人与自然物之间存在差别。即人由正直通畅的气组成，自然物由偏斜滞塞的气组成。这让人联想到重视人类优越性的人类中心主义。第三，人之心即天之心。人之心不是自私的个体之心，而是天地生养万物的仁心。人以此心爱人利物。上面所说的人的优越性，就如人类中心主义一样，不是征服和支配自然的依据，而是人类肩负拯救和呵护自然之使命的依据。第四，以"存养省察（主敬）"实践"四德"。通过主敬来保存和实践"四德"。根据天生气质的差异，人分为上智、中人和下愚。但即便是中人和下愚，也和上智一样，拥有天理之本然。每个人都可以通过敬等道德修养，克服气质上的障碍与制约，保存和实现先天之四德，成为有德之人。第五，以"扩充仁爱"实现"天地万物为一体"。李滉既反对墨子不以亲疏远近的自然情绪为基础的"兼爱"，又反对自私利己的"为我"。仁体将天地万物视为一体。以此深刻认识为基础，将对家人的爱逐渐扩充为对邻里的爱，乃至对人类和自然存在物的爱。要实现它，必须通过"主敬"来克服"有我"之私心，恢复"无我"之公心。依靠公心来扩充爱，方可实现物我一体。

从本源的角度来看，李滉认为：以"一理"的普遍性为依据，所有存在物都具有相同的内在价值，都应该作为珍贵的生命体而被尊重。"生命的同等性原则"①也认为要尊重所有生命体。二者的立场是相通的。在现实层面上，非生物和植物、植物和动物都有所不同，动物和人类也不同。从现实角度来看，李滉认为，禀受的气质之差导致了人与自然存在物之间的差异。仅凭普遍性原理无法如实地反映现实，因此以气质为依据，展示现实世界的不同面貌。另外，比起疏远的存在，人类的自然情绪更热爱亲近的存在。李滉以这种自然情绪为基础，论述了爱的差别，即"亲亲""仁民""爱物"。这种差别性原则有助于在同等性大原则下解决生命之间的等级问题。②但这并不意味着这种有差别的爱会像家庭利己主义和人类中心主义一样，固化为有选择性和差别性的爱。对父母的恭敬之心和对子女的爱护之心不能仅局限于自己的家庭，而应该扩大到邻里乃至全人类。将对家人的爱扩充至对邻里、人类和自然物的爱，逐渐扩充仁心。这并不会固化等级和差别，反而可以超越二者，体现宇宙自然的生命本质与生命的尊严。

李滉所提倡的"仁爱的扩充"是儒教式的方法，即以人的自然情绪为基础，通过修养逐渐扩充仁爱。西方的环境伦理不仅仅是人类中心主义，还涉及动物权利主义和生命中心主义等以个体为中心的环境伦理，甚至包括深生态主义或社会生态主义等生态中心主义。它们都以自然物为对象，探讨内在价值的赋予对象和范围，同时处理人类对自然的义务和权利问题。③理性主义和合理主义是其深层次原因。因此相对而言，这些主张都倾向于不重视人的自然情绪。自然情绪的流露反而会被否定，被认为不可信。④但是，在对待自然的方式上，如果仅从理性的角度来处理，稍有不慎就会与人的自然情绪相悖，从而产生与实践相脱节的问题。同时，西方的环境伦理并不考虑修

① 변순용，쉬바이처의생명윤리에니타난윤리적원칙에대한연구，FELSI연구卷1,1호，KAIST Press，2003，52쪽.

② 변순용，쉬바이처의생명윤리에니타난윤리적원칙에대한연구，44쪽.

③ 김세정，돌봄과공생의유가생태철학，29-77쪽참조.

④ 默里·布克金（Murray Bookchin）著，文顺洪译，《社会生态学的哲学》，Sol，1997，138，148.

养问题。因此,理性有可能会沦为工具,使人陷入自我合理化。综上,我们既要尊重人的自然情绪,又要通过修养,将"亲亲"扩充到"仁民",将"仁民"扩充到"爱物"。这是一种具有现实意义的方法。

儒家生态哲学的特性与未来*

[韩]金世贞/文　马永利/译

　　儒学思想与道家或佛教相比,具有更强的人类中心主义性质,儒家思想还包含着丰富的有机体论因素和生态论因素, 但儒学思想与生态中心主义并不相同。不仅是人类中心主义,生态中心主义也面临着诸多课题,这就需要提出能够超越二者的第三种替代方案。本文将从"儒家生态哲学"的立场,对儒学思想重新审视,与此同时,探索第三种替代方案的可能性。

　　儒学思想不同于深层生态主义,它不否认自然物和其他人的优越性,而是积极肯定。但是其优越性并不像人类中心主义那样,将其用作支配自然的正当性,而是作为人类应该治愈、照顾和关照自然这一与生俱来的使命的依据。这是因为人类本来就和自然构成一个统一的生命体系,但人类并不单纯

────────────────

　　* 本文原载《환경철학(环境哲学)》2015 年第 20 卷,第 63~97 页。由原著者授权译者翻译并发表此文,译者在此特向金世贞先生致谢! 该论文基于 2015 年 12 月韩国环境哲学会冬季学术大会上发表的유가생태수양론을 통해 본 유가생태철학의 미래一文修改完善而成。

　　马永利,(韩国)国立首尔大学人文学院国语国文专业博士生,主要从事韩国语语法研究及汉韩互译实践。

　　邮箱:mayongli0903@naver.com

是自然的一部分,而是具有自然万物之心的地位。自然万物之心,即因为是痛觉主体,所以自然万物的损伤可以通过自己的痛苦来感受,因为痛所以才会去治愈和照顾。因此可以说,儒学思想不同于人类中心主义和深层生态主义,可以称作是"人类中枢主义"。

西欧环境伦理学重视对内在价值的所在和看待自然的观点的认识转换;相反,儒学思想重视为了达到天人合一或者一体的实践性修养。儒学思想并不将灵性、理性、感性、感情等人类内在因素视为优劣的问题或者对立关系中选择取舍的问题。为了修养人类的这些要素在与自然万物的感应过程中,不至于陷入过度抑或不及的状态,而应保持中节的状态。修养的归宿是人类主体地、能动地参赞天地万物之化育,从而实现天地位、万物育。这样的话,儒家生态哲学就可以避免陷入人类中心主义和深层生态主义中任何一个极端,而超越两者的问题。并且,实践的儒家生态修养论追求人类与自然真正一体,这不仅丰富了生态研究,而且极有可能成为第三种替代方案。当然,这样的"儒家生态哲学"或者"儒家生态修养论"不是已经完成的,而是还有大量的工作要做。

一、引言

对于当今世界人类面临的全球性生态系统危机,目前世界上还没有完美的思想,也没有完美的对策。理由很简单,因为生态系统危机的原因多种多样且极其复杂,而且世界也在不断变化。一个原因,导致一个结果,需要一个对策,这种公式化、机械性的直线型思考方式根本无法解决现如今的生态系统危机。因此过去数十年间,关于生态系统危机的问题,虽然出现了大量理论,提出了无数对策,但是它们都面临着自身的局限和问题。因为这样的原因,即使在当下,环境伦理和生态哲学也在不断进化着。

在过去的 2500 年里，儒学思想历经兴亡盛衰的过程，绵延不断地维持生命至今，它不能用一个框架来衡量，也不能用一个理论来统一。在世界的不断变化与历史的沉浮中，儒学思想随着时代变迁变换着不同的衣装，并一直延续发展下来。不仅是看待人与自然的视角，对人与自然的关系，也随着时代和思想家的不同，有着非常多样的面貌。将如此具有多样面貌的儒学思想统编为"儒家生态哲学"这一思想体系绝非易事。不仅不易，在统编的过程中稍有不慎就可能做出将儒学思想所内含的丰富性与多样性一概而论的愚蠢之举。但尽管有这样的难处，儒学思想也已经到了换上符合这个时代的新装的时候了。我们要解决的重要课题之一就是，找到办法，以解决全球所面临的生态系统危机。

笔者一直在探索的问题是，儒学思想为解决现如今的生态系统危机问题，能否起到积极作用。并且在这个过程中可以发现两个特征。第一，虽然有评价称，儒学与道家和佛教相比更加接近人类中心主义，但儒学思想不仅含有丰富的有机体论要素与生态主义要素，而且还具有极为多样的层次。以先秦儒学为例，孔孟儒学包含着丰富的人类中心主义要素和社会生态主义要素，与此相反，《周易》和《中庸》含有丰富的有机体论要素和深层生态主义要素。宋明儒学也含有丰富的有机体论要素和生态主义要素，具有多样性。思想家们提出了多种理论，北宋张载（1020—1077）主张将气视为宇宙自然的本体的生态主义，南宋朱熹（1130—1200）主张以理为本体的生态主义，明代王守仁（1472—1528）主张以心为本体的生态主义等。韩国儒学也有性理学家李珥（1537—1584）的"实心与沟通的生态主义"，阳明学者郑齐斗（1649—1736）的"生气与灵性的生态主义"，实学家朴趾源（1737—1805）的"冥心与相生的生态主义"等多种性质的生态主义。

第二，西欧环境伦理学重视对内在价值的所在和看待自然的观点的认识转换；相反，儒学思想重视为了达到天人合一或者一体的实践性修养。比如说,孔子的"克己复礼"和"忠恕",孟子的"求放心"和"四端"的扩充,《中庸》中的"诚之",张载的"穷神知化",朱熹的"居敬穷理",王守仁的"致良知"和"亲民",李珥的"实心的发现",郑齐斗的"四端的扩充"和"亲民",朴趾源的"虚心""冥心"和"相生"等。

这种儒学思想所具有的多样性和修养论一方面丰富了生态研究,另一方面在克服以西欧为中心的生态研究所面临的局限性上,可以发挥重要作用。本文旨在考察这样的儒学思想的哲学思想与修养论中所包含的生态论特性,与此同时,对儒家生态哲学的未来进行展望。

二、儒家生态哲学的特性与多样性

(一)超越机械论世界观,走向有机体世界

"机械论世界观"被认为是破坏环境的主要原因之一。有评价称,机械论的世界观通过将自然客体化,不认可自然物具有任何生命权,为将生命体的技术操作正当化的技术导向态度与对自然的破坏和杀生没有任何意识的非生命伦理态度提供了根据(金国泰,1996)。那么有什么样的世界观能够代替这种机械论世界观呢?作为其中之一,我们可以设想一下将世界不是作为没有生命的物质,而是看作活着的生命体的"有机体世界观"。

儒学思想在"机械论世界观"和"有机体世界观"中更接近哪一方呢?儒学思想基本上指向有机体世界观,从先秦儒学到韩国儒学一致展现出的有机体世界观的特征可以归纳为以下三点:

第一,宇宙自然(天地万物)不是机械原理,而是具有生生不息的"自我-组织性"的。首先,在《周易》中,宇宙自然并未被理解为没有生命的机械性物

体,而是以生养生命为目的的生命体。①天地按照相辅相成的感应原理,不断创生和养育万物,②宇宙自然是根据阴阳的对待与迭运的"对待性"(崔英镇,2002),即根据内在的感应原理,不断自我-组织的一个有机的生命体。《中庸》把天地看作创生和养育万物的生命主体,③将天地的自我-组织性定义为"诚"。④诚具体表现为创新性、无穷性、包容性、永续性的"至诚无息"(金世贞,1999)。将这样的诚更加具体化的儒学者就是李珥。李珥首先规定了天地万物与人类是一体的,并且人乃天地之心;⑤他主张,理和气是天地之父母,天地是人与自然万物之父母。⑥宇宙自然是具有意识和生命的一种有机体。以"对待"和"互补性"的"实理"为基础,人物得以生成,自然现象得以发生。⑦像这样,天以实理实现化育万物的功能就是作为自我-组织性的"诚"。⑧在儒家思想中,宇宙自然不是无生命的物理机器,而是自己创生和养育生命的,具有自我-组织性的一个有机体。

第二,基于"气"的存在连续性。张载从"气"中寻找人与自然的连续性与相生的根据。宇宙自然作为通过气这一全宇宙的生命力,自主地创造生命的

---

① 周易[M].系辞传(上),1 章,"天地之大德曰生",5 章,"生生之谓易",复卦·象传,"复其见天地之心乎",咸卦·象传,"天地之情见矣"。

② 周易[M].泰卦·象,"天地交而万物通也","天地感而万物化生"。

③ 中庸[M].1 章,"致中和,天地位焉,万物育焉",17 章,"天之生物",22 章,"天地之化育"。

④ 中庸[M].20 章,"诚者,天之道也"。25 章,"诚者,自成也,……诚者,物之终始,不诚无物"。

⑤ 栗谷全书Ⅱ[M].舍遗,卷 5,神仙策,552 页,"盖闻天地万物,本吾一体"。及栗谷全书Ⅰ[M].卷 14,天道策,310 页,"人者天地之心也"。

⑥ 栗谷全书Ⅰ[M].卷 10,答成浩原,199 页,"推本则理气为天地之父母,而天地又为人物之父母矣"。

⑦ 栗谷全书Ⅱ[M].舍遗,卷 5,神仙策,550~551 页,"天地之理,实理而已。人物之生,莫不依乎实理。……天地不可以长春,故四时代序,六气不可以独运,故阴阳迭行。日往则月来,寒往则暑来,有盛则有衰,有始则有终,莫非天地之实理也"。

⑧ 栗谷全书Ⅱ[M].舍遗,卷 6,诚策,572 页,"天以实理而有化育之功,人以实心而致感通之效,所谓实理实心者,不过曰诚而已矣"。

一个有机体,宇宙自然的原动力在于表现为太和的气自身的系统。[1]它以阴阳相互之间的对待关系为基础,在自发地维持和谐与均衡的同时,通过相互感应的方式生成万物(金世贞,2015b),气是存在连续性的根据。郑齐斗主张天人一元,物我一体,[2]他也从气中寻找根据。人或万物回到其本源的话,都将生理这一单纯的气作为统一的根源,人或动植物都充满生气这一统一的生命力(金世贞,2015c)。也就是说,生理和生气是人类与自然万物存在连续性的根据。像这样,新儒学者与韩国儒学者以气为根据明确表明自然存在物与人类是连续性的存在。

第三,“互惠性”与“相生”。王守仁首先主张天地万物与人是一体的,人是天地之心。[3]并且,根据一气流通说,自然物通过和人相同的一气的流通,治疗人类疾病,维持人类生命健康。[4]相反,人类通过与天地万物的感应,将对自然存在物的破坏和损伤作为自己的痛苦来感受,在引起痛觉(怵惕恻隐之心、不忍之心、悯恤之心、顾惜之心)作用的同时,也伴随着治愈和照顾的行为。[5]因此可以说,人与自然存在物之间存在互惠关系。朴趾源定义相生是宇宙自然的生命本质。自然万物通过阴阳相生作用——气化而生成和被养育。天与地只有成对才能生成和养育万物,铁与石只有碰撞才能生出火花。所有生成的作用都不是通过自然物的对立与矛盾,而是通过相资相依的相生作用达成的,这里的“相生”就是宇宙自然自然的生命原理与本质。相生不是由一方单方面付出的关系,而是彼此在对等的关系中互助生活,对彼此都

---

① 正蒙[M].太和,“太和所谓道,中涵浮沉升降动静相感之性,是生絪缊相荡胜负屈伸之始”。

② 霞谷集[M].卷2,答朴大叔论天命图书,55页,“大氐吾心天命元是一物,则凡物理之流行而散殊于其间者,宁有彼此而在吾心之外乎”。

③ 传习录[M](中),答聂文蔚,179条目,“夫人者,天地之心。天地万物,本吾一体者也”。

④ 传习录[M](下),黄省曾录,274条目,“风雨露雷日月星辰禽兽草木山川土石,与人原只一体。故五谷禽兽之类,皆可以养人;药石之类,皆可以疗疾。只为同此一气,故能相通耳”。

⑤ 参见王阳明全集[M].卷26,大学问,968页。

有帮助的互补关系。①相生不是只有我活,或者只有你活,而是大家一起生活的方式(金世贞,2015a)。这样的宇宙自然均等与相生的原理就是"仁"。天地仁慈,所以虎与蝗蚕蜂蚁与人一起被抚养而互不相悖。②这样的互惠性与相生是一个生命体维持健康生命的基础,也是整个生命的部分能够得以健康养育的基础。

儒学思想中主张的"生生不息的自我-组织性"和"基于气的存在连续性"以及"人与自然的互惠性和相生原理"是不把宇宙自然看作没有生命的机器或神的创造物,而是看作不断生成和养育自我的一个活生生的生命体的基础,人类作为一个有机体的宇宙自然的一部分,提供了不能随意破坏和剥削自然生态系统的哲学合理性。自然不是工具或者手段,而是人类应该治愈和关怀的存在。

(二)超越人类中心主义,走向生命平等的世界

在西欧环境伦理学领域,"人类中心主义"的信念认为,所有的价值都是人类价值,为了这样的价值,人类以外的所有存在都不过是单纯的工具和手段;"工具性自然观"认为,自然沦为为了人类利益而存在的一个工具。二者作为环境破坏的根本原因而被关注。人类中心主义与工具性自然观为人类对自然的无限制开发与工具化,即人类对自然的征服与支配赋予了合理的正当性,人类根据自己盲目的语言,利用科学技术,毫无慈悲地掠夺自然,致使环境污染与生态系统破坏,不仅如此,还会导致地球生病,最后走向死亡的情况。(朴异汶,1996,韩冕熙,1995)

---

① 燕岩集[M].卷1,序·洪范羽翼序,15—16页,"万物归土,地不增厚,乾坤配体,化育万物,曾谓一窭之薪,能肥大壤乎。金石相薄,油水相荡,皆能生火,雷击而烧,蝗瘗而焰,火之不专出于木,亦明矣。故相生者,非相子母也,相资焉以生也"。

② 燕岩集[M].卷12,热河日记·虎叱,189页,"汝谈理论性,动辄称天,自天所命而视之,则虎与人,乃物之一也,自天地生物之仁而论之,则虎与蝗蚕蜂蚁与人并畜,而不可相悖也"。

一般而言,道家思想倾向于被评价为自然主义,而儒家思想倾向于被评价为人类中心主义。当然,儒学思想并不否认自然与其他人类的优秀性。并且事实上,比起对于宇宙自然本质的疑问,对于人类自身的疑问占多数;比起人与自然的关系,对人与人关系的讨论占多数。而且许多学者主张,基于环境伦理评价儒学思想时,比起生态中心主义,儒学站在人类中心主义的立场。(金世贞,2008)这样的话,我们可以说儒学思想主张的是西欧环境伦理学所说的人类中心主义吗? 当然不是。儒学思想从未将人类从自然中分离开来,也没有将人类定义为自然的征服者或支配者,更从未将自然视为单纯只是为了实现人类欲望与幸福的工具。正如前一节所阐述的,儒学思想以"天人合一"与"万物一体"思想为基底。天人合一与万物一体思想是人类与自然万物之间平等的根据。

首先,天人合一的根据可以从先秦儒学中找到。孔子在将天定义为人类道德性根源的同时,也将其内化为了人类的道德性。[①]天本身意味着四时运行或万物生育等[②]能动而自发的自然现象中内含的自然界自然的运行法则,即"天道"。天道也意味着自然界内含的"能动性"与"自发性"以及"互补性"。天以天命的形态赋予人类道德生命。[③]作为自然界的能动性与自发性以及互补性的天道,以天命的形态内化于人类的本性之中,这就是人道。天道与人道本质上不是分开的二者,而是一体的。因此可以说,被赋予同样的天道的自然万物或人类具有同样的内在价值,并且是平等的。(金世贞,2014a)

关于人与自然万物平等的讨论到了新儒学变得更加丰富且得以深化。首先是张载的气学中所展现的人与自然万物之间的平等原理。这个世上的所

---

① 论语[M].述而,22,"天生德于予"。

② 论语[M].阳货,19,"曰: 天何言哉。四时行焉,百物生焉,天何言哉"。

③ 论语[M].为政,4,"五十而知天命"。

有存在物都由同样的气构成,并通过天地阴阳的感应作用生成和养育的。①
不仅是自然存在物,人类同样作为这样的宇宙自然神秘和谐(神化)的果实,
是宇宙自然的一部分。张载不通过个别的个体来看世界,而是从宇宙自然这
一整体的角度来看世界。从宇宙自然的角度来看, 不会因为是人类就更优
秀, 是自然物就更卑劣。因此不能说只有人类具备区别于自然物的内在价
值。自然存在物不是为了人类繁荣与福祉的单纯的工具或手段,而是生活的
伴侣和同伴。②可以说,并不是在植物、动物、人类中,某一个体具有内在价
值, 而是生成和养育宇宙自然的无限生命力和万物的和谐过程本身具有内
在价值。(金世贞,2015b)

与张载的气学不同, 朱熹的理学中人与自然万物的普遍性与内在价值
的平等性可以从本源层面的"理一",即"太极"中找到。理绝不是只有人类内
含的东西,而是所有自然万物从上天同等地获得的东西。③因此可以说,人类
与自然万物在内在价值的层面也是毫无差别的平等的。人类或自然万物都
被赋予了同样的太极, ④因此不能说人类比自然万物更加优越或更有价值。
应该说被赋予了同样的太极,且内含同样的价值。自然万物同人类一样,因
被赋予了同样的太极,具有同样的价值,所以人类不能随意破坏或者支配自
然万物。不应该将自然万物作为手段,而应作为目的来对待。(金世贞,2015c)

朴趾源站在将气学和理学统合的立场, 提出了人类与自然物之间平等
的原理。人类或自然物都被赋予了同样的天命,通过同样的气化的过程而形

---

① 正蒙[M].乾称,7,"感即合也,咸也。以万物本一,故一能合异,以其能合异,故谓之感。若
非有异,即无合。天性乾坤阴阳也,二端故有感,本一故能合。 天地生万物,所受虽不动,皆无须臾
之不感"。

② 张子全书[M].卷1,西铭,"乾称父,坤称母,予兹藐焉,乃混然中处。故天地之塞吾其体,天地
之帅吾其性。民吾同胞,物吾与也"。

③ 朱子大全[M].卷58,答黄道夫,"是以人物之生,必禀此理,然后有性,必禀此气,然后有形"。

④ 朱子语类[M].卷94,203条目,"本只是一太极,而万物各有禀受,又自各全具一太极尔"。

成,是从人类与自然物平等的立场出发的。①也就是说,人类或自然万物都是根据普遍的天理,被赋予了同样的气,无论从人类的立场来看,还是从事物的立场来看,人类或自然物没有贵贱之别,都是均等的。②即使从天命的立场来看,人类或老虎都是万物之一,从天地生养万物的仁的立场来看,也不会因为是人类而爱得多,因为是自然物而爱得少,都是以同样的爱来培养的。③因此,人类与自然物之间既不能有差等或差别,也不能互相伤害。(金世贞,2015a)

如上所述,儒学思想从本源之气的层面和理的层面都主张人与自然万物本源的平等性。即自然万物从本源层面出发,都是由相同的气构成,具有相同的本性,所以人与自然万物是平等的。儒学从未赋予人类征服或支配自然的特权。自然万物绝不是为了满足人类欲望、实现幸福的一种工具或手段,更不是人类征服和支配的对象。

(三)超越深层生态主义,走向人类中枢的世界

在儒家哲学中,人类并不像西方人类中心主义所主张的那样,是凌驾于自然之上,被赋予了征服、支配和剥削自然特权的存在。那么,人类是依附于自然,崇拜和惧怕自然的存在吗?或者像深层生态主义中那样,是和自然物具有同样价值和地位的自然生态系统的平等成员吗?即使在本源的层面人类与自然万物平等,但现实的层面也并非如此。深层生态主义将人类与自然定义为生命共同体的平等成员,赋予了人类与自然存在物同样的价值。因此

---

① 燕岩集[M].卷2,答任亨五论原道书,37页,"有万物同在气化之中,何莫非天命。……物与我无不同也,是则天命之性也"。

② 燕岩集[M].卷2,"以我视彼,则匀受是气,无一虚假,岂非天理之至公乎。即物而视我,则我亦物之一也"。

③ 燕岩集[M].卷12,热河日记·虎叱,189页,"自天所命而视之,则虎与人,乃物之一也,自天地生物之仁而论之,则虎与蝗蚕蜂蚁与人并畜,而不可相悖也"。

对于一个人,仅仅是赋予了作为一个成员的责任与作用,而没有赋予其总体的责任感。这起源于,从认为自然生态系统破坏来源于人类中心主义的深层生态主义立场来看,人类只有从自然的支配者或者征服者的地位上升到自然生态系统同等的成员,才能克服人类中心主义,解决生态系统危机问题。提升自然的价值,降低人类价值的这种思考,是为了自然界的存在价值,推翻可以称得上地球进化最高成果的人类的存在价值,而犯下的使人类沦为仅仅是自然附属物的另一种错误。极端情况下,可能被批判为,为了实现自然生态系统的本质价值而牺牲人类的生态法西斯。(金世贞,2015b)

鉴于这样的深层生态主义的问题,只主张人类和自然万物平等的原理引起了其他问题。儒学思想中作为解决这样现实问题的方案,提到了与人类中心主义主张不同的人类的优秀性与天赋使命。这既不同于西欧人类中心主义,也不同于深层生态主义,我们将其称为"人类中枢主义"。这样的观点比起气学与实学,在理学与心学中得到了突出体现,下面以朱熹理学和王守仁心学为中心来分析一下这一问题。

朱熹虽然从被称为理一和太极的本源层面主张人与自然物的普遍性与平等性,但现实层面却阐述了人与自然物不同的理论。也就是说,人与自然都被赋予了同样的理,并将各自的理作为本性(性即理),因此可以说是相同的,但现实中由于所赋予的气有差异,人类具有不同于自然物的特性。最上位的人具有最神灵的仁义礼智信的五常品性。因为人类是由天地之正气构成的,所以懂得道理,通晓知识。而自然物是由天地偏斜之气构成的,所以具有局限性;禽兽不能像人类一样直立行走,植物将根埋于地下,根本无法移动。[1]从心的层面,人类与自然物之间也存在差别。人心具有虚灵的属性,包

---

① 朱子语类[M].卷1,41条目,"人之所以生,理与气合而已。……然而二气五行,交感万变,故人物之生,有精粗之不同。自一气而言之,则人物皆受是气而生;自精粗而言,则人得其气之正且通者,物得其气之偏且塞者。惟人得其正,故是理通而无所塞;物得其偏,故是理塞而无所知。……"

括道理,无所不通;即使变得浑浊,也可以通过自身修养,恢复本来明朗的知觉与沟通功能。相反,自然物之心无法包括道理,尽管气稍正,也无法超越部分的局限性与限制性。①这样的不同与差别不是源于理,而是源于气禀的差异。人类与自然物不同。在知觉与道德性的层面,人类是优秀的,但自然物是劣等的。朱熹所说的气禀差别导致的人类的优秀性,就像人类中心主义一样,不仅仅是为了保证或保障人类对自然征服与支配的正当性。人类比自然物优越,只有人类具有孝悌忠信或仁义礼智等道德性,并且这样的道德性是人类可以与所有自然物沟通的根据。(金世贞,2015c)

以万物一体论为根据的人类中枢世界观到了王守仁获得了极大发展。王守仁主张:"人者,天地万物之心也,心者,天地万物之主也。"②也就是说,人类不仅仅是宇宙自然单纯的一部分,而是作为有机生命体,具有宇宙自然之心的地位。"气"是天地万物同样的材料基础,同时根据其精密性,分为"物理现象—具有生命意志的植物—具有知觉的动物—人类—人类心灵的灵明属性"。③人类拥有最具精密之气的灵明属性的心灵,因此占据了"天地万物之心"的中枢位置。这样的阶层差别性并没有赋予人类可以支配和剥削自然万物的无所不为的特权。王守仁主张:"夫人者,天地之心。天地万物,本吾一体者也,生民之困苦荼毒,孰非疾痛之切于吾身者乎? 不知吾身之疾痛,无是非之心者也。是非之心,不虑而知,不学而能,所谓良知也。"④并且人类通过

---

① 朱子语类[M].卷1,41条目,"所以不同者,心也。人心虚灵,包得许多道理过,无有不通。虽间有气禀昏底,亦可克治使之明。万物之心,便包许多道理不过,虽其间有禀得气稍正者,亦止有一两路明"。

② 王阳明全集[M].卷6,答李明德,214页,"人者,天地万物之心也,心者,天地万物之主也"。

③ 明儒学案[M].卷25,南中王门学案一,语录,"今夫茫茫堪舆,苍然隤然,其气之最粗者欤。稍精则为日月星宿风雨山川,又稍精则为雷电鬼怪草木化醨,又精而为鸟兽鱼鳖昆虫之属,至精而为人,至灵至明而为心"。

④ 传习录(中)[M].答聂文蔚,179条目,"夫人者,天地之心。天地万物,本吾一体者也,生民之困苦荼毒,孰非疾痛之切于吾身者乎? 不知吾身之疾痛,无是非之心者也。是非之心,不虑而知,不学而能,所谓良知也"。

与天地万物的感应引起痛觉作用,不仅是对于他人与动植物,对于无生物的生命破坏,也能当作自身的痛苦来感受。比如,看到小孩子快要掉进水井里,一定会唤起怵惕恻隐之心;看到鸟兽被拖走宰杀时悲痛的鸣叫或意味着害怕的样子,一定会唤起不忍之心;看到草木被折断,一定会唤起悯恤之心;看到瓦片石头破碎,一定会唤起顾惜之心。①因此人类"天地万物之心"就是人类将天地万物的生命损伤作为自身的痛苦来感受的"痛觉的主体",即"生命的中枢性存在"。

儒学思想中人类并不像人类中心主义那样,是凌驾于自然之上,被赋予可以征服、支配和剥削自然特权的存在;也不像深层生态主义那样,是被赋予和自然物同样价值的自然生态系统的平等成员。儒学思想中人类是有机生命的关系网中将自然万物的生命损伤感受为自身的痛苦,并且被赋予应该照顾和养育它们生命的全宇宙使命与责任的"天地万物之心",即宇宙自然的中枢性存在。②

三、通过生态修养走向万物一体的世界

生态界系统危机不能仅靠哲学研究来解决。只有伴随着实际的实践活动,自然生态系统和人类才能摆脱生存危机。那么儒家生态哲学可以落实到实践的根据和方案都有什么呢?那就是"修养"。这里的修养是可以区别于西欧环境伦理、生态哲学的儒家生态哲学固有的领域。儒家修养的归宿就是全宇宙层面的"天地位、万物育"。我们将这种修养论称为"儒家生态修养论"。

---

① 参见王阳明全集[M].卷 26,学问,968 页。

② 李珥和郑齐斗也将人类定义为天地万物之心,并发展了这种将人视为宇宙自然中枢性存在的思维体系。

(一)儒家生态修养论的端倪

儒家哲学生态学修养的端倪可以从先秦儒学中找到。对于孔子而言,人类不仅具有可以作为与自然合一、共生的原动力的"生态感受性"的仁,还具有对于物质、权力、名誉等的无限欲望。如果这种欲望毫无节制地迸发出来,人类社会中矛盾和斗争就会不断发生,自然会被过度渔猎,最终人类与自然共同走向灭亡。为了防止共同灭亡并发现仁,首先需要自我调节欲望的"克己"的修养。①"克己复礼为仁""己所不欲,勿施于人""己欲立而立人""己欲达而达人",这样伴随着恕的修养过程才能实现仁。②对于自然存在物也一样,"子钓而不纲,弋不射宿",③通过这些努力,人类生存得以存续的同时,还能努力维护自然生态系统的自净能力,进而努力维持生态平衡。

孟子首先通过茂盛的牛山由于人类过度的砍伐与放牧,最终变成光秃秃的荒山的例子,警告人类过度的欲望可能会破坏自然生态系统的循环再生产结构。④对此,孟子提出了"寡欲"的修养方法,为了自然生态系统的健康和人类生存,应该节制过度的欲望,顺应自然本性和秩序来利用自然。⑤寡欲是认可基本的生理欲求与生存欲求,但否定破坏和损伤他人和自然存在物的过度的欲望与贪欲。寡欲是不仅保证自身生存,还要让其他存在物生存的共生的方案。作为生态休养的方法,孟子还主张勿忘与勿助长的和谐。做农活时要好好调节以适应自然秩序与生命原理,既不能放置不管(勿忘),也不

---

① 论语[M].颜渊,1,"颜渊问仁。子曰:克己复礼为仁"。

② 论语[M].颜渊,"仲弓问仁。子曰:……己所不欲,勿施于人"。论语[M].雍也,28,"夫仁者,己欲立而立人,己欲达而达人"。

③ 论语[M].述而,26,"子钓而不网,弋不射宿"。

④ 参见孟子[M].告子上,8。

⑤ 孟子[M].梁惠王上,3,"数罟不入洿池,鱼鳖不可胜食也。斧斤以时入山林,材木不可胜用也"。孟子[M].尽心下,35,"养心莫善于寡欲"。

能人为地助长(勿助长)。①人类的道德修养归根结底是根源于这样的自然秩序与原理,人类通过勿助长的无事与勿忘的有事之间适当的和谐,符合自然生态系统的秩序与节奏的同时,可以健康地养育人类和自然物的生命。(金世贞,2014a)

在将宇宙自然的生命本质定义为"诚"的《中庸》中,将诚付诸实践,即将"诚之定义为人类的生命本质(人道)。②"诚之"被定义为"择善而固执的人为的努力过程"。③至诚之人不仅能够实现自身的本性,还可以实现他人乃至自然万物的本性,主体地参与到天地万物化育的过程中。④这个过程就是诚之,诚之就是达到天人合一的修养方法。

(二)宋明儒学中的儒家生态修养论的多样化与深化

宋明新儒学在继承这样的先秦儒学修养论的同时,展开了更加系统化、深化的修养论。首先来探讨主张气学的张载的修养论。张载提出了"穷神知化",它既是人类为了与天地万物过上融为一体的生活的修养方法,也是圣人的境界。⑤宇宙自然的对待关系与感应是无穷无尽的,不仅无法提前预测,而且也不能用一定的框架来定型,所以将之称为"神"。⑥化意味着根据神的作用不断的变化与和谐,所以化也和神一样无法预知。⑦穷神知化的主体是

---

① 孟子[M].公孙丑上,2,"必有事焉而勿正。心勿忘,勿助长也 。……天下之不助苗长者寡矣。以为无益而舍之者,不耘苗者也。助之长者,揠苗者也。非徒无益,而又害之"。

② 中庸[M].20章,"诚者,天之道也,诚之者,人之道也"。

③ 中庸[M].20章,"诚之者,择善而固执之者也"。

④ 中庸[M].20章,"惟天下至诚,为能尽其性,能尽其性,则能尽人之性,能尽人之性,则能尽物之性,能尽物之性,则可以赞天地之化育,可以赞天地之化育,则可以与天地参矣"。

⑤ 正蒙[M].天道,"圣人有感无隐,正犹天道之神"。神化,"穷神知化,与天为一,岂有我所能勉哉?乃德盛而自致尔"。

⑥ 正蒙[M].太和,"鬼神者,二气之良能也。圣者,至诚得天之谓;神者 太虚妙应之目。凡天地法象,皆神化之糟粕尔"。

⑦ 正蒙[M].神化,"气有阴阳,推行有渐为化,合一不测为神"。

见闻、思虑、聪明、识知等非理性知的天性的"德性良知"。①人类如果充满知识、成见、执着、欲望、固执等的话,就无法与自然万物完全感应。因为被偏见所束缚,所以无法原原本本地去看待对象,无法准确感知变化的瞬间。因此张载主张,只有摒弃"成心",即个体固定的意识,即成见,才能入道;和谐则无成心,无成心则可时中(时中:适应当下)。②成心更具体地表现为意、必、固、我,这是将内外、物我一分为二的自私的个体心。③相反人类作为宇宙自然和谐的产物,无论是谁都先天具有宇宙自然的功能——天德良能。只是后天自私的个体心将之遮蔽了。④因此需要有剔除自私个体心的后天修养过程,这就意味着摆脱被困在个体藩篱里的自私的自我,达到"无我"之境,即达到大人、圣人的境界。⑤人类在全宇宙的圣人之境发现自己的本性,能够实现不仅是同事,还有所有自然万物的生命本质。⑥这就意味着人类成己、成物,即不仅是人类自己,还有主体地参与宇宙自然的生命创生过程。(金世贞,2015b)

主张理学的朱熹主张不同于张载的修养论。朱熹主张人与自然物之间差等的爱和爱的扩充的修养论。人类比起自然物,被赋予了更加精密之气,所以也更优秀,并且人类被赋予的气也有昏明清浊的差异。自然物具有无法克服或超越天生气质的制约与局限性。而人类无关气禀的差异,无论是谁都可以通过道德修养克服气质的障碍与制约,恢复先天的道德性,成为道德的

① 正蒙[M].诚明,"诚明所知,乃天德良知,非闻见所知而已"。
② 正蒙[M].乾称,"成心忘,然后可与进于道"。"化则无成心矣。成心者,意之谓与!","无成心者,时中而已矣"。
③ 正蒙[M].中正,"意,有思也;必,有待也;固,不化也;我,有方也。四者有一焉,则与天地为不相似"。
④ 正蒙[M].诚明,"天良能本吾良能,顾为有我所丧尔"。(张子自注:明天人之本无二。)
⑤ 正蒙[M].三十,"无意必固我,然后范围天地之化,从心而不逾矩"。至当,"能通天下之志者,为能感人心。圣人同乎人而无我,故和平天下,莫盛于感人心"。
⑥ 正蒙[M].三十,"穷理尽性,然后至于命;尽人物之性,然后耳顺,与天地参"。

人类。①人类与自然物的差异,即位阶的终极目的不仅在于确保人类对自然物支配的正当性,更是在树立道德的人类形象的同时,强调人类道德修养的必要性。朱熹主张根据不忍之心的差等爱。现实的层面,即气禀的层面,人类与自然物之间存在贵贱之别,在待遇上也会发生差等。人类因为是同种,所以高贵;相反,自然物因为是异种,所以与人相比,相对没那么尊贵。因此对于同种的其他人,互相亲近,在唤起恻隐之心时也非常急切;但对异种的自然物就相对迟缓。②将仁付诸实践时也一样,对他人的仁民容易,但对自然物的爱物却很难。即在待遇上也有强弱、难易之分。但这样的差等之爱不意味着会固化为像家人利己主义或者人类中心主义一样的选择之爱与差别之爱。对自己父母子女的恭敬与照顾之心应该扩充到邻居以及全人类,终极地扩充到对自然物的爱。③像这样,通过修养,不断扩充爱之心,反而可以超越差等与差别,实现宇宙自然的生命本质与生命的尊严性。这在实现人类自身本性同时,也是帮助天地万物化育。④可以说通过爱的扩充,人类实现了与宇宙自然融为一体的天人合一。(金世贞,2015c)

主张心学的王守仁也提出了多种修养方法。虽然人人都天生拥有"万物一体之仁心",但以自身的形体为基准,将自身与自然万物分为我他、内外,有可能激发只追求自身个体利益的私欲。私欲导致人与人之间的虚假与伪善,以及竞争与斗争,最终导致人类社会乃至作为整体生命的天地万物生命

---

① 参见朱子语类[M].卷1,41条目。

② 孟子集注[M].梁惠王章句上,7章,"盖天地之性人为贵。故人之与人,又为同类而相亲。是以恻隐之发则于民切而于物缓,推广仁术则仁民易而爱物难"。

③ 孟子集注[M].梁惠王章句上,7章,"盖骨肉之亲本同一气,又非但若人之同类而已。故古人必由亲亲推之然后,及于仁民,又推其余然后,及于爱物,皆由近以及远,自易以及难"。

④ 朱子语类[M].卷64,55条目,"赞天地之化育。人在天地中间,虽只是一理,然天人所为,各自有分,人做得底,却有天做不得底。……裁成辅相,须是人做,非赞助而何?"

的毁灭。①因此需要通过内在的知觉与省察,去除私欲的遮掩,来恢复本源的、先天的万物一体之仁心,即需要恢复良知的修养。通过内在的自觉与省察来恢复万物一体的仁心(良知),可以归结为对于自然万物积极的主体的亲爱的实践活动。人类与天地万物一体,是天地万物之心,所以人类先天的生命本质——明德,即仁心在与其他存在物隔绝、孤立的状态下是无法被发现或实现的。明德(仁心)必须是通过对包含他人、动植物与无生物的自然生态系统的其他存在的实际的亲爱的实践活动才能实现。②对此,王守仁在《大学问》中主张,从爱我的父亲,推及爱天下所有人的父亲,这样我的仁就和我的父亲以及天下所有人的父亲实际上融为一体,这样孝的明德就得以点亮,以此为前提,"从君臣、夫妻、朋友之间到山川、鬼神、鸟兽、草木,如果它们实际上并不相互亲爱,没有到达我的一体之仁,就不会有我的明德被点亮,就不会真实地实现天地万物一体"③。照料和养育天地万物的亲爱的实践活动就是我的本源——明德(仁心)的发现和实现过程,所以"作为亲爱的实践活动的亲民"与"作为明德发现的明明德"并不是分开的两个过程,而是可以统合为健康地维持总体的有机体的一个过程。王守仁主张,对人的亲爱(仁民)与对自然物的亲爱(爱物)的实践活动是从人心自然的生命意志的发源处——家人之爱,自然而然成长与发现的,④并且对人类与自然物的亲爱,不过就是与家人之间真实诚恳地一起承担痛苦的良知(真诚恻怛之良知等于仁)的感应。⑤在人类和自然界存在物的亲民的实践活动与他们融为一个有机体的状态下,作为人心的内在自觉与实践过程,人心的自觉与实践不仅是一个个体的

① 王阳明全集[M].卷26,大学问,"及其动于欲,蔽于私,而利害相攻,忿怒相激,则将戕物圮类,无所不为,其甚至有骨肉相残者,而一体之仁亡矣"。及参见传习录(中)[M].答聂文蔚,180条目。

② 参见王阳明全集[M].卷7,亲民堂记。

③ 参见王阳明全集[M].卷26,大学问。

④ 参见传习录(上)[M].陆澄录,93条目。

⑤ 参见传习录(中)[M].答聂文蔚,190条目。

完成,还归结为包括自然生态系统的整体有机体的完成。

(三)韩国儒学中儒家生态修养论的繁荣

在可以称为儒家生态哲学之花与果实的韩国儒学中,修养论也是一个非常重要的要素。比起由单一品种的花构成的花坛,由多种品种的多种花构成的花坛更加美丽和谐。因为多种品种的多种花可以结出多样的果实。像这样,修养论也一样,比起单一的修养论,丰富多样的修养论更美丽。人类也是非常多样的,他们所处的环境也非常多样,现实的问题也非常多样,所以比起统一的修养论,多样的修养论更加有效。韩国儒学就具有多样的修养论。

首先,性理学家李珥非常重视修养。因为气禀上的差异存在天地—人类—万物等多种层级差异。天地或万物的品性是固定不变的。但是,从气禀清澈纯粹之人(圣人)到浑浊杂乱之人(愚人),形成多样层级差异的人类,每个人都有虚灵洞彻之心,可以将浑浊之气变得清澈,将杂乱之气变得纯粹。只有人类可以通过修养使气质清澈、端正、纯洁、通达,摆脱个体的局限性与障碍。人类被赋予了天地最尊贵的理,并将此作为自己的本性,将充满天地的气作为形体,所以人心的作用不局限于人类个体,而是天地的和谐。[1]因此尽性就是参赞天地之化育。在通过修养到达的境界里,我与天地不是一分为二的。我就是天地,天地就是我,我和天地是一体的。[2]我与天地万物融为一体并不是随便给予的,而是通过不断的修养才有可能达成。关于人与自然沟

---

① 栗谷全书Ⅰ[M].卷10,答成浩原,199页,"推本则理气为天地之父母,而天地又为人物之父母矣。天地,得气之至正至通者,故有定性而无变焉。万物,得气之偏且塞者,故亦有定性而无变焉。是故,天地万物,更无修为之术。惟人也得气之正且通者,而清浊粹驳,有万不同,非若天地之纯一矣。但心之为物,虚灵洞彻,万理具备,浊者可变而之清,驳者可变而之粹。故修为之功,独在于人,而修为之极,至于位天地育万物,然后吾人之能事毕矣"。

② 栗谷全书Ⅰ[M].卷10,答成浩原,200页,"其得各遂其性者,只在吾人参赞化育之功而已。夫人也,禀天地之帅以为性,分天地之塞以为形。故吾心之用,即天地之化也。天地之化无二本,故吾心之发无二原矣"。

通与共生的具体修养方法,李珥提出了"实心之诚"。天以实理化育之功,人以实心达到感通的效果,实理和实心都不过是诚。①作为人道的实心之诚是大贤以下之事。气禀不清明的一般人无法完整地保存天理,其被人欲所牵引,所有行为都不真实,所以需要后天努力向善正心。②虽然是从实心之诚出发的,但归结点是万物健康的创生和养育。③因此实理与实心不是一分为二的,而是一体的。这意味着天与人不是一分为二的,而是一体的。人与自然沟通与共生之道就此打开。即使有气禀的障碍,但人类可以通过发现实心的修养,主体地参与天地之化育,从而与自然融为一体。

接下来是阳明学者郑齐斗的修养论。人虽本源上与天一元,与自然万物融为一体,但如果构成自己身体的形气强大的话,人类就可以将自己的肉身看作是人,忘记自然万物与人的根本本来就是一体的。形气作为构成人类与每一个自然存在物的材料,反而成了个体局限性的根据。形气强烈作用的话,就会被"嗜欲"和"名利"等个体私欲所束缚,只追求个体肉身的舒适与利益,只会痛击天人一元的本性。④个体欲望阻碍和痛击人类的灵明,不仅会妨碍与自然万物完整的感应作用,还会引起为了满足自身欲望而损伤和破坏自然万物的问题。⑤人类不是从本源层面,而是从现实层面,为了过上与自然

---

① 栗谷全书Ⅱ[M].舍遗,卷6,诚策,572页,"天以实理而有化育之功,人以实心而致感通之效,所谓实理实心者,不过曰诚而已矣"。

② 栗谷全书Ⅱ[M].舍遗,卷6,四子言诚疑,584页,"天道卽实理,而人道卽实心也。……实心之诚则大贤以下,气禀未纯乎清明,而不能浑全其天理,性情或牵于人欲,而不能百行之皆实,故明善而实其心"。

③ 栗谷全书Ⅱ[M].舍遗,卷6,四子言诚疑,584页,"推而上至于形而着,着而明,明而动,动而变,变而化,以至洋洋乎发育万物,峻极于天,则大贤之用功,于是乎终,而诚之之道,极矣"。

④ 霞谷集[M].卷7,名儿说,214页,"虽然人之一身形气胜而天理微,故人只血肉蠢然者之为人,穹然在上者之为天,而不知其卽一也。以蠢然者为人,故只以嗜欲名利凡可以便身利者为足,以在上者为天,故任其梏性灭天而不自知焉"。

⑤ 霞谷集[M].卷8,存言上,〈圣学说〉,237页,"心之于义理自无不知,如目之于色,耳之于声,口之于味,无不能知者。其有不能者,以欲蔽之也,习昏之也(……心中有一私欲者蔽之,习气者因之,以失其本体也)"。及参见霞谷集[M].卷10,存言下,〈学问者养心之方〉,263页。

万物真正融为一体的生活,应该先进行"修养",以消除阻碍人类与自然万物感应的个体欲望。消除郑齐斗提出的个体欲望,点亮英明的修养学习非常多样,有"通过四端扩充的天地万物一体的实现""通过明明德与亲民的一元化与自然万物合为一体""通过尽性参赞天地化育"等。它们具有如下共同点:第一,虽然有多样的表现,如本性、明德、四端、良知、礼义等,但这些都意味着,人类将自然万物生命的损伤感受为自身痛苦的"痛觉的主体"。第二,这样的痛觉主体的主要功能就是与天地万物的"感应"。感应包括为因自然万物的损伤感到疼痛并治愈、照料和养育的实践行为。第三,虽然是我与自然万物感应,但从作为感应主体的我来看,可以叫作"明明德""成己""忠";从作为被感应的自然万物来看,则可叫作"亲民""成物""恕"。第四,实现我的本性,不仅是自然万物的本性,还归结为天地万物的创生与养育。(金世贞,2014d)

最后是实学家朴趾源的修养论。虽然本源层面,即"气化"与"天命之性"的层面,人类与自然物是平等的,但现实世界中人类尊贵,而自然物卑贱的不平等观点仍占主导地位。朴趾源将原因归结为"将我与他人一分为二的分辨意识""时空受限与固化的语言和文字的局限""固定观念与感官的局限"。分辨心发展为对我的执着,对我的执着又会萌发和加大只为自己的自私欲望。[1]分辨意识导致差别,差别意识包含在语言和文字中,成了固有观念,人类通过定型的语言和文字看世界。[2]并且由于感官的局限性与固定关联,不仅无法真实地看到不断变化的真实情况,反而会歪曲和禁锢。同时分辨心与其说

---

[1] 燕岩集[M].卷70,爱吾庐记,113页,"夫民物之生也,固未始自别。则人与我皆物也。一朝将己而对彼,称吾而异之。于是乎天下之众,始乃纷然,而自谓事事而称吾,则已不胜其私焉。又况自加以爱之乎"。

[2] 燕岩集[M].卷70,菱洋诗集序,108页,"噫,瞻彼乌矣。莫黑其羽,忽晕乳金,复耀石绿,日映之而腾紫,目闪闪而转翠。然则吾虽谓之苍乌可也,复谓之赤乌亦可也。彼既本无定色,而我乃以目先定。奚特定于其目不覩,而先定于其心"。

是为了原原本本地看自然物，不如说是为了用贵贱尊卑的差别与差等来做裁断。因此，平等的人与自然变质为贵贱的差等关系，自然物会沦为人类的工具。（金世贞，2015a）朴趾源为了消除这样的分辨心与固定观念导致的差别意识，恢复平等意识，作为与自然物重新融为一体的修养方法，提出了"虚心"与"冥心"。为了原封不动地理解和接受对象事物的实体，前提是内心不能有丝毫的私心，以及成见或偏见的平淡状态，即虚心状态。[1]人类只有在虚心的状态才可以如实地接受自然物。并且"冥心"不同于分辨意识，接近不受感官障碍影响的直观的精神形式，可以理解为通过直观到达的心境。（朴熙秉，1999）在"冥心"的境界，没有内外之分，达到了我与外物合二为一的内外无间的物我一体的境。[2]因为是物我一体的境界，所以自然不再是他者，而是我。朴趾源还从"相生"的观点主张，摆脱地球中心的宇宙观以及人类中心的宇宙观。相生不是只有你生存或者只有我生存，而是大家一起生存的方式。[3]为了相生，首先要摒弃对自身的执念，打开心扉面向世界。紧接着要摒弃只有我优秀，其他存在物都劣等的优越意识。从比人大的天的立场来看，人与老虎都是一样的动物，所有存在都是均等的。[4]因为均等，所以才能相互尊重、相互依赖、一起生活。（金世贞，2015a）

---

[1] 燕岩集[M].卷 3，素玩亭记，65 页，"今子穴牖而专之于目，承珠而悟之于心矣。虽然，室牖非虚，则不能受明，晶珠非虚，则不能聚精。夫明志之道，固在于虚而受物，澹而无私，此其所以素玩也欤"。

[2] 参见燕岩集[M].卷 14，热河日记·山庄杂记·一夜九渡河记，273 页。

[3] 燕岩集[M].卷 1，序·洪范羽翼序，15~16 页，"万物归土，地不增厚，乾坤配体，化育万物，曾谓一臡之薪，能肥大壤乎。金石相薄，油水相荡，皆能生火，雷击而烧，蝗瘗而焰，火之不专出于木，亦明矣。故相生者，非相子母也，相资焉以生也"。

[4] 燕岩集[M].卷 12，热河日记·虎叱，189，"汝谈理论性，动辄称天，自天所命而视之，则虎与人，乃物之一也，自天地生物之仁而论之，则虎与蝗蚕蜂蚁与人并畜，而不可相悖也。"

四、结语

以上本论中对儒家生态哲学的多样性和特性以及儒家生态修养论的展开过程进行了考察。笔者在开篇讲道，儒学思想从两个方面为解决现今的生态危机问题可以起到积极作用。第一，儒学思想与西欧的环境哲学表面上相似，但具有不同的要素和特性。第二，重视人与自然融为一体（天人合一，天地万物一体）的实质性修养，提出了多种修养论。这种儒学思想丰富了生态研究，结论部分将讨论在将其定位为解决生态系统危机问题的第三种替代方案时儒学思想存在怎样的意义与可能性。

现在人类中心主义将自然视为满足人类欲望的一种工具，从而无法摆脱造成环境破坏和生态系统危机的根本原因。相反，深层生态主义在否认不同于自然存在物的人类优秀性的同时，将人类归属为自然的一部分，无法摆脱否定人类存在价值的生态法西斯的批判。没有自然的人类也无法生存，但没有人类的自然也会导致丧失意识到自我存在的问题。当下急需的是超越人类中心主义和深层生态主义的"第三种替代方案"。儒学思想如前所述，在一些方面可能看起来像是人类中心主义，但在另一些方面则更倾向于深层生态主义。但是考虑到儒学思想的整体面貌，儒学思想既不是人类中心主义，也不是深层生态主义。儒学思想不否定自然物和其他人类的优秀性，反而积极地肯定。但是其优秀性并不是用作自然支配的正当性，而是作为要治愈、照顾、关照自然的人类天赋使命的根据。这是因为人类本来与自然形成统一的生命体系，但人类不是单纯的自然的一部分，而具有自然万物之心的地位。因为是自然万物之心，即痛觉的主体，所以能够用自己的痛苦来感受自然万物的损伤，因为疼痛而治愈和照顾。

正如前面所说，生态危机光靠哲学理论和研究是不能解决的。只有伴随着实际的实践活动,自然生态系统以及人类才能摆脱生存危机。儒家生态哲学付诸实践的根据与方案就是"修养"。儒家生态哲学的生态修养论是区别于西欧环境伦理、生态哲学的儒家生态哲学的固有领域。深层生态主义也重视内在价值的范畴和认识转变(Arne Naess,1989;Thomas Berry,1988)。并且布克金的社会生态主义绝对信任人类的理性,过分地指责东方思想与印度文化为重视直觉、灵性、体验、冥想等为神秘主义(Murray BooKchin,1998)。这样的主张从另一面反映了西欧优越主义与理性主义占据主导地位。这又将人类与文化的多样性要素等级化,从而产生损毁生态研究多样性的问题。不管怎样,仅基于理性的认识转变具有局限性,任何时候都可能被基于工具理性的自我合理化所征服。人类绝不是只具有理性的单纯的存在。人类是除理性之外,还具有感性、感情、本能、感觉、自觉、灵性、道德心等多种属性和功能的总体的复杂的有机体。所以在好好地调节这些多样的属性,达成相互有机和谐的同时,还需要按照正确方向进展的过程。这就是儒家哲学所说的"修养"。儒家生态哲学中灵性、理性、感性、感情等人类内在要素不是优劣问题,也不是对立关系乃至取舍选择的问题。这些要素都是人类与自然万物感应时缺一不可的重要因素。重要的是,通过修养,这些要素在与自然万物的感应过程中不要陷入过度或者不及的状态,而应维持中节的状态。人类多样的属性与功能达成了有机和谐,人类为了过上道德导向的生活,需要学习的就是修养。道德的生活就是前面屡次说明的,不仅仅局限于人类社会的道德规范或遵守纲常伦理的生活,而是意味着主体地、能动地参赞天地万物化育。儒家修养的归结点是全宇宙层面的"天地位,万物育"。

当然,这样的"儒家生态哲学"或"儒家生态修养论"并不是完成的哲学思想或者理论体系。使其完满还需要大量的工作。但探索新的可能性就很有意义了。而超越可能性,为实现这一目标而努力是我们所有人的责任。

外国生态哲学新著新介与术语双语专栏

主持人语

佟立

　　策划设立本栏目的目的,一是向我国生态哲学、环境哲学学者及翻译学者介绍近年来国外英文著作的出版情况, 以便及时了解国外相关方向的研究现状及趋势,为进一步开展学术研究和翻译著作提供文献主题信息。二是通过组织研究生开展文献调研,培养研究生文献检索能力、文献鉴别能力、文献翻译能力和哲学思维能力,为研究生开题提供新的文献资源。三是通过掌握新的文献信息,进一步查阅文献主要内容,运用速读、泛读、精读相结合的方法,及时掌握文献主题思想,了解前人做了哪些研究,解决了哪些问题,存在哪些问题等,以便围绕研究方向确立选题,选择有代表性的参考文献作为文本研究依据,进而揭示命题赖以成立的依据,使之成为具有说服力的正确论断。四是提倡文本研究与现实问题研究相结合,以目标和问题为研究导向,崇尚求是,开展有深度的学术研究,努力为我国生态文明建设提供具有原创性价值的新成果,促进理论创新。

　　本栏目收集整理了 2017—2020 年国外英文著作 98 部,组织 2019 级研究生编译了内容简介98篇。因版面所限,特选16篇作介绍。编译内容标注了汉英术语双语及国外作者基本信息,为读者进一步查阅英文著作提供便利。

2017 年

Environmental Ethics: An Introduction and Learning Guide[①]
Kees Vromans, Rainer Paslack, Gamze Isildar & Rob de Vrind[②]

《环境伦理学：介绍和学习指南》

[荷]埃斯·沃曼斯等/著　　闫彤/编译

随着全球变暖（global warming）、水资源短缺（water scarcity）、生物多样性（resource and biodiversity）的减少日益严重，人们越来越认识到环境保护（environmental protection）的重要性。从事所谓环境行业（environmental industries）或在日常工作中承担环境责任（environmental responsibilities）的人

---

① Kees Vromans, Rainer Paslack, Gamze Isildar & Rob de Vrind, *Environmental Ethics: An Introduction and Learning Guide*, Routledge, New York, 2017.

② 作者简介：埃斯·沃曼斯，荷兰人；雷纳·帕斯拉克，在马尔堡和比勒费尔德学习德语、哲学和社会学，2001 年毕业于汉诺威医学院人类生物学专业。作为比勒费尔德大学和哥伦堡大学的研究员，他参与了有关生物科学主题的各种研究项目，并著有几本书和许多科学论文。他的工作重点是生物医学领域的生物伦理学和技术影响评估（在体细胞基因治疗、分子遗传学诊断和异种移植方面的工作）；加姆泽·伊西达尔，土耳其人；罗布·德文德，一位生物学家，也是森林环境集团（MINC denbosch Environmental Bar）的创始人，该集团是绿色产业和可持续管理层收购基金会的创始集团。他曾写过几本关于自然和历史的书，但也曾在 MBO 中就可持续性在世界各地发表过许多演讲。

编译简介：闫彤，天津外国语大学欧美文化哲学研究所 2019 级硕士研究生。

数如雨后春笋般增长。然而,在许多情况下,负责保护环境(protecting the environment)的个人有一套经验上的优先事项:做什么,而不是考虑应该做什么的道德上的优先(moral priorities)事项。将环境知识(environmental knowledge)与道德行为(ethical behaviour)协调起来,从而实现行为改变(achieve behavioural change)和环境道德价值观的内化(the internalisation of environmentally ethical values),这一需要从未像现在这样紧迫。这本书是欧盟计划的一部分,旨在将环境伦理应用于污染控制(pollution control)决策,是对重述环境道德(restatement of environmental ethics)、行为准则(a code of behaviour)和一套价值观(set of values)需要的回应,这些行为准则和价值观可以内化并被采纳,旨在指导从事环境保护工作的个人行动。在市政府工作的决策者和环境专家(environmental experts)、行政人员、工作人员和公共组织、政府组织遍及欧盟和土耳其。它不失为一本道德培训手册,将指导环境专家和决策者做出正确的判断和决定,并担当了环境知识(environmental knowledge)和环境行为(environmental behaviour)之间的桥梁。这本书将是地方当局和负责环境保护的政府组织工作的决策者和专家的必读教材,包括环境相关学科(environment-related disciplines)的大学生、研究生和关注环境问题的职业教师。

General Ecology: The New Ecological Paradigm[①]

Erich Hörl[②]

《普通生态学:新生态范式》

[德]埃里克·赫尔/著　胡少童/编译

生态学(Ecology)作为人文学科中重要、热门的领域之一,其范围正在迅速扩大(dramatic widening of scope),超出了它原来所关注的生物在自然环境(natural environment)中共存(coexistence)的范畴。人们逐渐认识到,存在着信息(information)生态、感觉(sensation)生态、感知(perception)生态、权力(power)生态、参与(participation)生态、媒体(media)生态、行为(behavior)生态、归属(belonging)生态概念、价值(values)生态、社会(social)生态、政治(political)生态等数以千计的生态概念。这种扩展不仅仅是对自然生态学(natural ecology)比喻化潜力(figurative potential)的隐喻扩展(metaphorical extension),还反映了我们所居住的当代环境构成对自然和技术元素的彻底渗透,以及控制论(cybernetic)自然状态的兴起及其相应的模式力量(corresponding

---

① Erich Hörl, *General Ecology: The New Ecological Paradigm*, Bloomsbury Publishing, Germany, 2017.

② 作者简介:埃里克·赫尔,哲学家、文化理论家。他是德国吕内堡大学数字媒体文化与美学研究所的媒体文化教授。

编译简介:胡少童,天津外国语大学欧美文化哲学研究所 2019 级研究生。

mode of power)。因此这种生态学的提出,要求必须超越任何特定生态学的特殊性(particular),必须有一种生态学的普通思维(general thinking),这种思维也可以构成思想本身的生态转变。

　　在这一雄心勃勃又激进的新著作中,一些最杰出的当代思想家受现代社会技术条件影响,承担着揭示和理论化(revealing and theorizing)存在生态化(ecologization)程度的任务,它们共同揭示了生态思想挑战的复杂性(complexity)和迫切性(urgency)——如果想寻求(并且我们确实有机会影响)哪些生命形式、中介、生存模式、人类或其他生物将要参与以及如何参与地球未来的话,我们就无法置身事外。

Environmentalism: An Evolutionary Approach[①]

Douglas Spieles[②]

《环境保护主义：一种进化论的方法》

[美]道格拉斯·斯皮莱斯/著　胡少童/编译

　　这本书以我们的环境困境（environmental dilemmas）是生物（biological）和社会文化（sociocultural）进化（evolution）的产物为基础，通过对进化的理解，我们可以重新构建思想和行动的辩论。本书的目的是解释各种各样的环境世界观（environmental worldviews）——它们的起源（origins）、共同点（commonalities）、争论点（points of contention）以及它们对现代环境运动（modern environmental movement）的影响。

　　这本书分为三个部分，涵盖了环境保护主义（environmentalism）的起源、演变和未来，为教师和学生提供了一个框架，在此基础上，他们可以绘制理论，研究案例和经典文献。研究表明，环境保护主义可以用人类的六种价值

---

　　① Douglas Spieles, *Environmentalism: An Evolutionary Approach*, Taylor and Francis Press, USA, 2017.

　　② 作者简介：道格拉斯·斯皮莱斯是美国俄亥俄州格兰维尔市丹尼森大学的环境研究教授。

观来描述——效用(utility)、稳定(stability)、公平(equity)、美(beauty)、神圣(sanctity)和道德(morality),这些都深深植根于我们的生物学(biological)和文化起源(cultural origins)。在构建这个案例时,本书借鉴了生态学(ecology)、哲学(philosophy)、心理学(psychology)、历史学(history)、生物学(biology)、经济学(economics)、精神学(spirituality)和美学(aesthetics),但并没有独立地考虑这些问题,而是将它们整合在一起,编织出一幅关于人类及其家园的马赛克叙事。在我们进化的起源中,孕育着一个人类的故事:我们如何威胁到自己的生存,以及为什么我们在确保我们共同的未来方面如此艰难。从进化的角度理解环境问题(environmental problems)为我们提供了一条前进的道路。它提出了一种环境主义(environmental studies),其中人类生活的物质方面包括灵性(spirituality),人类中心行为(anthropocentric behaviors)包含生态功能(ecological function),环境问题(environmental problems)通过人类与非人类世界以及彼此之间的有意关系来解决。针对学习环境研究课程的学生,这本书清晰地阐释了环境论中复杂的、难以理解的思想和概念。

Creating an Ecological Society：Toward a Revolutionary

Transformation①

Magdoff Fred，Chris Williams②

《创建生态社会：迈向革命性转型》

[美]马格多夫·弗雷德等/著　　张蕴泽/编译

由于对地球的水和空气污染感到厌恶,越来越多的人开始意识到,正是资本主义(capitalism)导致了这一现状。比以往任何时候都更加清楚的是,资本主义也在削弱地球支持其他形式生命的能力。资本主义的目的是不惜一切代价获利并不断扩大,这种行为正在破坏地球的气候(Earth's climate)稳定,同时在全球范围内加剧人类的苦难和不平等。在无数的财富、不断的战争、日益增长的种族主义(racism)和性别压迫(gender oppression)中,已经有数亿人面临贫困。组织社会和环境改革(environmental reforms)的需求迫在眉睫。尽管改革至关重要,但它无法解决我们相互交织的生态和社会危机(e-

---

① Magdoff Fred，Chris Williams，*Creating an Ecological Society：Toward a Revolutionary Transformation*，Monthly Review Press，New York，2017.

② 作者简介:马格多夫·弗雷德在佛蒙特大学任教,他是《月度评论》基金会的负责人,并撰写了多年的政治经济学著作;克里斯·威廉姆斯是一名环境活动家、教师。

编译简介:张蕴泽,天津外国语大学欧美文化哲学研究所2019级硕士研究生。

cological and social crises)。《创建生态社会》揭示了一个极其简单的事实:争取改革是至关重要的,但革命也是必不可少的。因为它的目的是要以生态上无害且社会上公正的社会主义取代资本主义,所以《创建生态社会》充满了革命希望。马格多夫·弗雷德和克里斯·威廉姆斯致力于行动主义(activism)、马克思主义分析(Marxist analysis)和生态科学(ecological science),他们对如何从旧的灰烬中创造出一个新世界提供了深刻而有趣的见解。这本书表明,有可能构想并创建一个真正民主、公平和生态可持续(ecologically sustainable)的社会。这个社会有可能从根本上发生变化,并与自然和谐相处。

2018 年

Encyclopedia of Ecology[①]

Brian D. Fath(ed.)[②]

《生态学百科全书》

［美］布莱恩·法斯/编　张钰晗/编译

《生态百科全书》(第二版)延续了 2008 年出版的第一版备受赞誉的盛况。它涵盖了生物组织(biological organization)的所有规模,从生物体到种群、社区和生态系统(ecosystems),介绍了实验室、现场、模拟建模和理论方法,以显示生命系统(living systems)如何在空间和时间上维持结构和功能。新的重点领域包括微观和宏观的范围,分子和遗传生态学(molecular and genetic e-cology)以及全球生态学(global ecology),例如,气候变化、地球变化、生态系统服务(ecosystem services)以及食物–水–能源的关系。此外,国际生态学专家(international experts in ecology)也参与了多个主题。他们提供了生态学领

---

① Brian D. Fath(ed.), *Encyclopedia of Ecology*, Elsevier, Amsterdam, 2018.

② 作者简介:布莱恩·法斯,陶森大学(美国马里兰州)生物科学系教授、国际应用系统分析研究所高级系统分析计划的研究学者。

编译简介:张钰晗,天津外国语大学欧美文化哲学研究所 2019 级硕士研究生。

域最广泛、最全面的资源，也提供了基本内容。本书结合了 500 多位生态学领域杰出研究人员的专业知识，包括具有研究和教学经验的顶尖年轻科学家、多媒体资源（multimedia resources），例如交互式地图查看器（Interactive Map Viewer）以及与社区表面动力学建模系统（Community Surface Dynamics Modeling System）的链接。

Social Science Theory for Environmental Sustainability[①]
Marc J. Stern[②]

《环境可持续性的社会科学理论》

[美]马克·斯特恩/著　张博崴/编译

　　这是一本对环境可持续性(environmental sustainability)研究感兴趣的人都可以使用的相关社会科学理论与实用指南。环境问题首先是人的问题。这本书回答了什么是社会科学理论,并提供了通过社会科学理论来解决人的问题的相应策略。它包含 30 多种社会科学理论的简明摘要,并演示了如何在与环境冲突(environmental conflict)、自然保护、自然资源管理(natural resource management)和其他环境可持续性挑战相关的不同背景下使用它们。这些理论的实际应用包括说服性的沟通(persuasive communication)、冲突的解决(conflict resolution)、协作、谈判、增强组织效力(enhancing organizational effectiveness)、跨文化工作(working across cultures)、产生集体效应(generating collective impact),以及建立更灵活的社会生态系统治理。全书中的示例和插

　　① Marc J. Stern, *Social Science Theory for Environmental Sustainability*: A Practical Guide, Oxford University Press, England, 2018.

　　② 作者简介:马克·斯特恩,弗吉尼亚理工大学教授。康奈尔大学自然资源学士、耶鲁大学林业与环境研究学院社会生态学硕士、耶鲁大学社会生态学博士。

　　编译简介:张博崴,天津外国语大学欧美文化哲学研究所 2019 级硕士研究生。

图详细地说明了如何结合多种社会科学理论(social science theories)来制定解决环境问题的有效策略，在后一章列出了加强这些工作的关键原则(key principles)。该书将作为环境专业人士、商人、学生、科学家、公职人员、政府雇员或相关领域的主要参考书，希望他们能够更好地应对环境挑战，并对环境问题(environmental issue)做出有意义的贡献。

Companion to Environmental Studies①

Noel Castree,Mike Hulme & James D. Proctor(eds.)②

《环境研究指南》

［英］诺埃尔·卡斯特里等/编　　陈政蒴/编译

　　《环境研究指南》对当今定义环境研究的关键问题、辩论、概念和方法进行了全面和跨学科的概述。这本内容广泛的书涵盖了环境科学（environmental science）的方法，其中包括对生物物理世界的人文和后自然观点（humanistic and post-natural perspectives）。尽管现在许多学科都把环境研究作为其研究内容的一部分，但只是在最近几年，环境才成为社会科学和人文学科关注的中心，并非仅限于地球科学（geosciences）。从渔业科学（fisheries science）到国际关系（international relations），从哲学伦理学（philosophical ethics）

---

　　① Noel Castree,Mike Hulme & James D. Proctor(eds.),*Companion to Environmental Studies*,Routledge,New York,2018.
　　② 作者简介：诺埃尔·卡斯特里，英国地理学家，主要研究资本主义与环境的关系，近年来又在全球环境变化的讨论中扮演专家的角色，目前，他是同行评审杂志《人类地理学》的主编；迈克尔·赫尔姆是剑桥大学地理系人文地理学教授，他曾任伦敦国王学院气候与文化教授（2013—2017）和东英吉利大学（UEA）环境科学学院气候变化教授；詹姆斯·D.普罗克特，路易克拉克大学环境研究教授兼环境研究主任。
　　编译简介：陈政蒴，天津外国语大学欧美文化哲学研究所 2019 级硕士研究生。

到文化研究(cultural studies),环境现在是一切事物的关键词。《环境研究指南》将这些主题领域及其独特的观点和贡献汇集在一起。由国际知名专家撰写的150多个简短章节提供了该领域所有主要和新兴主题的简明、权威和易于使用的摘要,而由7个部分组成的导言为章节条目提供了背景。通过进一步阅读和链接到在线资源,为研究者提供了一个深入了解的途径。

Problems，Philosophy and Politics of Climate Science[①]

Guido Visconti[②]

《气候科学的问题、哲学与政治学》

[意]吉多·维孔蒂/著　　王艺璇/编译

这本书是对所谓气候科学(Climate Sciences)现状的批判性评价(critical appraisal)。这些评价都是由许多其他的基础科学,如物理学、地质学、化学等其他基础科学所贡献的,因此采用了理论和实验方法。在过去的几十年中,大多数的气候变化被认为是全球变暖(global warming)问题,而数值模型被用作研究的主要工具。产生的预测只能部分地用实验数据进行检验,这可能是气候科学偏离科学方法路线的原因之一。另一方面,气候研究还面临着许多其他有趣且大多未解决的问题, 这些问题的解决方案可以阐明气候系统是如何工作的。至于全球变暖,虽然它的存在已经得到了有力地证明,但科学地说,只有经过几十年的大规模实验努力,它才能得到解决。当未经证实的假设被用作公共政策的基础而人们又没有意识到这些假设可能站不住脚

---

① Guido Visconti，*Problems，Philosophy and Politics of Climate Science*，Springer Nature，Switzerland，2018.

② 作者简介:吉多·维孔蒂是意大利阿奎拉大学物理科学与化学系教授。

编译简介:王艺璇,天津外国语大学欧美文化哲学研究所 2019 级硕士研究生。

时,就会出现问题。全球变暖与社会的强烈互动为气候科学带来了另一个巨大的政治性问题。

本书认为,到目前为止,有关特定全球变暖问题的知识已足以做出相关的政治决策, 而且气候科学应以适当的手段和方法来恢复对气候系统的研究。本书在正文和附录处,介绍了具有本科以上学历背景的一般公众在讨论相关问题时所需的概念。每一章都以气候科学家(climate scientist)和人文主义者(humanist)之间的辩论结束,以反映气候科学与哲学或气候科学家与社会之间的讨论。

Eco–Deconstruction: Derrida and Environmental Philosophy[①]

Matthias Fritsch, Philippe Lynes & David Wood(eds.)[②]

《生态解构主义：德里达与环境哲学》

[加拿大]马蒂亚斯·弗里奇等/编　张蕴泽/编译

　　《生态解构主义》一书展示了德里达(Derrida)的思想如何突破现有环境哲学对话的局限,德里达对世界、身份和自身关系的批判被带入到一系列生态问题中,包括"自然"(nature)、"地球"(earth)、"生态规模"(ecological scale)和"世界尽头"(the end of the world)等概念。

　　与现有生态思想(environmental thought)的衔接是本书的优势之一。任何从事和围绕环境伦理学(environmental ethics)主题工作的人都将对它产生兴趣。本书不仅简单地阐述了德里达的作品为环境人文学科(environmental humanities)提供了什么,还对德里达的思想极限做了不懈探索。

　　《生态解构主义》是一本重要的著作,是一部为跨德里达研究和环境人

---

　　① Matthias Fritsch,Philippe Lynes & David Wood （eds.）,*Eco–Deconstruction:Derrida and Environmental Philosophy*,Fordham University Press,New York,2018.

　　② 作者简介:马蒂亚斯·弗里奇博士,加拿大康考迪亚大学乔治威廉姆斯校区文理学院哲学系教授;菲利普·莱恩斯,加州大学欧文分校环境人文学院访问研究主席;大卫·伍德,范德比尔特大学哲学教授。

文学科做贡献的作品。鉴于我们无法像这本书所提醒的那样继续思考,如果我们希望解决气候灾难(climate catastrophe)的极端复杂性,那就比以往任何时候都需要新的约定、重新构想、重新思考和独特组合,并且有必要在任何可能的地方找到资源,并以创造性的方式加以利用。如果这是当今哲学发展的当务之急,那么《生态解构主义》一书就为这种思想可能是什么给我们提供了一种令人信服的模型。

2019 年

Ecology and Justice—Citizenship in Biotic Communities[①]

David R. Keller[②]

《生态学和正义——生物社区的公民身份》

[美]大卫·R.凯勒/著　　张霜霜/编译

这是第一本用学术哲学(academic philosophy)的标准范畴概述生态学的基本哲学(a basic philosophy of ecology)的书。全球正义(global justice)的问题总是包含生态因素,然而生态学本身就充满了哲学问题。因此,在研究生态正义(ecological justice)这一与人与自然系统(human and natural systems)相互作用有关的全球正义的子学科(sub-discipline)之前,应该先研究生态学哲学(the philosophy of ecology)。这本书能够使读者了解生态学哲学,并向读者展示了这种哲学的固有规范,以及为保护生态正义所提供的工具。生态学的道德哲学(the moral philosophy of ecology)直接解决了生态和环境的不正

---

①　David R. Keller, *Ecology and Justice—Citizenship in Biotic Communities*, Springer International Publishing, Switzerland, 2019.

②　作者简介:大卫·R.凯勒,哲学教授,曾任犹他谷大学伦理学中心名誉主任。

编译简介:张霜霜,天津外国语大学欧美文化哲学研究所 2019 级硕士研究生。

义的根本原因,即由工业主义(industrialism)的收益(经济)和成本(非经济)分配不公(inequitable distribution)而造成的对人权的侵害。生态学哲学对人权、污染、贫穷、获得资源的不平等、可持续性、用户至上主义(consumerism)、土地使用、生物多样性、工业化、能源政策,以及其他社会和全球不正义的问题都有影响。这本书提供了历史和跨学科的阐释,从自然科学、社会科学和人文学科三个方面分析了西方生态思想史上的伟大思想家。

What Can I Do to Help Heal the Environmental Crisis?[1]
Haydn Washington[2]

《面对环境危机，我们能做什么？》

[澳]海顿·华盛顿/著　　张羽佳/编译

　　本书是环境科学家、作家海顿·华盛顿长达 30 多年写作生涯的巅峰之作，重点研究全球环境危机（global environmental crisis）并提出解决方案。众所周知，世界正经历着环境危机并因此受到了伤害。面对这些问题，我们还没有意识到产生的原因是什么，更不知道该怎样应对。本书围绕环境危机的三个主要方面（即生态、社会和经济）（the ecological，the social，and the economic）展开讨论，华盛顿分析了每一方面陷入危机的原因，并提出了个人"医治"世界的方法。他敦促读者接受现实问题（accept the reality of our problems），并探索可行的解决方案（practical solutions），例如向可再生能源（renewable energy）过渡，摒弃气候否认的观念（rejection of climate denial），倡导利用恰当的科

---

① 　Haydn Washington，*What Can I Do to Help Heal the Environmental Crisis?* Routledge，London，2019.

② 　作者简介：海顿·华盛顿，环境科学家、作家，就职于澳大利亚新南威尔士州环境研究所，研究重点为可持续性、解决环境危机、人类对自然的依赖以及人类对自然问题的否认等。

　　编译简介：张羽佳，天津外国语大学欧美文化哲学研究所 2019 级硕士研究生。

技方式(the championing of appropriate technology)处理环境问题,以及重新调整伦理方法(readjustment in ethical approaches)。此外,这本书还列出了19位杰出环境学者提出的环境危机解决方案合集。

Benefit-sharing in Environmental Governance:Local
Experiences of a Global Concept[①]
Louisa Parks[②]

《环境治理中的利益共享：
全球环境治理的本地经验》

[意]路易莎·帕克斯/著　　张羽佳/编译

本书作者的观点自下而上（bottom-up perspective），在本地化的框架中
（local framings）探讨了全球环境治理（global environmental governance）的一
个重要概念——利益共享（benefit-sharing）。

本书借鉴了南非、纳米比亚、希腊、阿根廷和马来西亚的原始案例研究，
从本地化（the local viewpoint）的角度分析了利益共享的方式。本书对这些地
方案例的研究不仅摆脱了单一国际组织（a single international organization）
或条约所定义的利益共享理念，而且反映了各种涉及利益共享的情况，例如
农业、土地和植物的获取（access to land and plants）、野生动植物管理（wildlife

---

① Louisa Parks, *Benefit-sharing in Environmental Governance:Local Experiences of a Global Concept*, Routledge, London, 2019.

② 作者简介：路易莎·帕克斯，意大利特伦托大学国际研究学院社会学与社会研究系的政治社
会学副教授。

management)以及采掘业(extractives industries)。地方社区在《生物多样性公约》(Convention on Biological Diversity,CBD)中表达意见,这一平台为地方声音登上国际舞台奠定了基础,因此《生物多样性公约》被视作最开放的非国家行动者(non-state actors)的舞台,它为地区声音在全球范围表达提供了重要的机会。本书分析了《生物多样性公约》缔约方的相关决定,深入思考了这一平台如何建立并界定地方社区表达自己想法的空间和程度,以及地方社区(包括社区协议)参与(local community participation)该公约的途径。最后,本书将环境治理中的全球公民社会(global civil society)和协商民主(deliberative democracy)这些普遍问题置于了更广泛的开放性讨论中。

Ecological Living[①]

John Gusdorf[②]

《生态的生活方式》

[加拿大]约翰·古斯多夫/著　　闫彤/编译

这本书强调了我们已经拥有的技术,包括可再生能源(renewable energy)和循环(recycle)利用大多数材料的能力,使生态生活(ecological living)成为可能,以及跨越能源转换(energy transitions)的障碍。

人类生活依赖于两个系统,生物圈(biosphere)和生产服务系统。今天这两个系统发生了冲突, 我们都面临着这样一个问题——我们是否能够在提供我们赖以生存的基本产品和服务的同时,停止对环境的破坏? 生态生活通过展示如何使生产系统(productive system)与资源开采(resource extraction)脱钩,以及强调这是在环境范围内实现公平世界的关键手段,代表了我们对未来的乐观看法。为了实现长期可持续性(long-term sustainability),本书认为我们必须提高资源利用效率(become more efficient in the use of our resources),以便减少资源开采以及随之而来的环境成本(environmental costs)。生态生活

---

① John Gusdorf, *Ecological Living*, Routledge, New York, 2019.

② 作者简介:约翰·古斯多夫,曾是加拿大自然资源部的研究专家,哈拉帕韦拉克鲁斯大学的讲师和可再生能源协会的创始成员。

展示了建立一个公正和可持续的世界(sustainable world)的基本步骤,这将引起所有在环境和可持续性领域工作的学生、学者和决策者极大的兴趣。

Canadian Environmental Philosophy[①]

C. Tyler Desroches, Frank Jankunis & Byron Williston(eds.)[②]

《加拿大环境哲学》

[美]泰勒·德斯罗奇等/编　　陈政蓢/编译

　　《加拿大环境哲学》是当今第一本研究加拿大环境哲学理论和实践问题的论文集。这些论文涵盖了多个学科,包括生态民族主义(ecological nationalism),加拿大人"外在"的含义(the meaning of "outside" to Canadians),我们对自然的理解从原理到生态转移,关于加拿大保护生物多样性(biodiversity protection)的挑战,在气候变化时代杂交农作物(crossbred species)的保护状况,以及生态系统的道德状况(the moral status of ecosystems)。这个宽泛的主题与加拿大本身一样多彩并富有挑战性。考虑到人类当前对生物圈的影响程度,特别是在人为气候变化(anthropogenic climate change)和持续毁坏(on-

　　① C. Tyler Desroches, Frank Jankunis & Byron Williston(eds.), *Canadian Environmental Philosophy*, McGill Queen's University Press, Canada, 2019.

　　② 作者简介:泰勒·德斯罗奇是可持续发展学院的可持续发展和人类福祉助理教授,也是亚利桑那州立大学历史、哲学和宗教研究学院的哲学助理教授;弗兰克·詹库尼斯,卡尔加里大学哲学博士;拜伦·威利斯顿,威尔弗里德·劳里尔大学哲学教授。

going mass extinction)方面,这些环境挑战对加拿大人民和全世界人民来说变得前所未有的紧迫。《加拿大环境哲学》从这个角度展开了这场对话。

African Environmental Ethics: A Critical Reader[1]
Munamato Chemhuru(ed.)[2]

《非洲环境伦理学：一部批判性读本》

[津巴布韦]穆纳马托·切姆胡鲁/编　张羽佳/编译

当代非洲环境哲学和伦理学中有一些尚未明确的(under-explored)和经常被忽略的重要问题(often neglected issues)，包括自然的道德身份(moral status of nature)、非洲环境伦理视角下的动物道德身份和权利(African conceptions of animal moral status and rights)、非洲环境正义的概念(African conceptions of environmental justice)、与非洲相关的环境主义(African relational Environmentalism)、乌班图精神(ubuntu)、非洲神灵论环境主义(African theocentric)、目的论环境主义(teleological environmentalism)等。本书详尽地分析了这些问题，其独特之处在于超越了人们对非洲形而上学(African metaphysics)和非洲伦理学(African ethics)的普遍关注，在将非洲环境伦理学概念化(conceptualize

---

① Munamato Chemhuru(ed.), *African Environmental Ethics : A Critical Reader*, Springer International Publishing, Cham, 2019.

② 作者简介：穆纳马托·切姆胡鲁，约翰内斯堡大学哲学博士，大津巴布韦大学艺术、哲学和宗教学院教员，研究方向为伦理与社会可持续性和宗教哲学。

African environmental ethics)的过程中,用另一种方式解读了这些人们普遍关注的问题。我们的世界正处于一系列的环境困境中——污染(pollution)、气候变化(climate change)、动植物灭绝(extinction of flora and fauna)和全球变暖(global warming),此时研究非洲环境伦理思想(African conceptions of environmental ethics)可以为应对这些环境问题提供参考。

2020 年

The Anthropocene and the Humanities：From Climate Change to
a New Age of Sustainability[①]
Carolyn Merchant[②]

《人类世与人文学科：
从气候变化到可持续性新时代》

[美]卡罗琳·麦钱特/著　　张羽佳/编译

本书由著名环境历史学家卡罗琳·麦钱特撰写，围绕保罗·克鲁岑和尤金·斯托默在 2000 年的奠基式论文中首次提出的人类世的原始概念（original concept of the Anthropocene），全面地分析了人类如何通过科学、技术和人文学科，重新认识人对环境的深刻影响（human impacts on the environment）。

麦钱特以历史、艺术、文学、宗教、哲学、伦理和正义为重点，追溯了人类

---

① Carolyn Merchant，*The Anthropocene and the Humanities：From Climate Change to a New Age of Sustainability*，Yale University Press，NEW HAVEN，2020.

② 作者简介：卡罗琳·麦钱特，加州大学伯克利分校环境历史、哲学和伦理学名誉教授。

世历史上（the Anthropocene era）一些人文学科界的关键人物，以及人文学科的发展过程，并探讨了这些学科在 22 世纪对可持续性（sustainability）可能产生的影响。

《世界生态哲学》编委会郑重声明

1. 转载或者引用本书内容请注明来源及原作者；

2. 对于不遵守此声明或者其他违法使用本书内容者,依法保留追究权等；

3. 文章作者(译者、编译者)如涉及知识产权争议、版权争议等问题,由文章作者(译者、编译者)承担全部责任。

特此声明。

《世界生态哲学》编委会

2020 年 7 月 25 日